PRODROME

DE

PALÉONTOLOGIE STRATIGRAPHIQUE

UNIVERSELLE

DES ANIMAUX MOLLUSQUES ET RAYONNÉS.

OUVRAGES DU MÊME AUTEUR.

Paléontologie française, description zoologique et géologique de tous les Animaux mollusques et rayonnés fossiles de France, comprenant leur application à la reconnaissance des couches; avec des figures de toutes les espèces, lithographiées d'après nature par M. J. Delarue.

Cours élémentaire de Paléontologie et de géologie stratigraphiques, faisant suite au Prodrome de Paléontologie stratigraphique universelle des Animaux mollusques et rayonnés. 3 vol. in-18, avec 628 figures dans le texte et 18 tableaux réunis en un atlas in-4°. 15 fr.

Paléontologie française (terrains crétacés). Les 186 livraisons publiées contiennent les Mollusques céphalopodes, gastéropodes, acéphales, brachiopodes et bryozoaires, formant 5 volumes de texte et 5 volumes de planches.

Paléontologie française (terrains jurassiques). Il a déjà paru 74 livraisons comprenant les Céphalopodes et les Gastéropodes.

Les prix, sont par livraison comprenant 4 planches in-8° et du texte correspondant : 1 fr. 25 c. pour Paris, 1 fr. 35 c. pour les départements.

Foraminifères fossiles du terrain tertiaire de Vienne (Autriche), découverts par Joseph de Hauer et décrits par Alcide d'Orbigny. Ouvrage publié sous les auspices de l'empereur d'Autriche. Paris, 1846. 1 vol. in-4, avec 21 planches litthographiées par Delarue. 25 fr.

Histoire naturelle générale et particulière des **Crinoïdes** vivants et fossiles, comprenant la description zoologique et géologique de ces animaux. Il a paru trois livraisons composées chacune de 6 planches, gravées par la Plante, et du texte correspondant. Prix de la livraison : 7 fr.

Corbeil, typ. et stéréot. de Crété.

PRODROME

DE

PALÉONTOLOGIE

STRATIGRAPHIQUE UNIVERSELLE

DES

ANIMAUX MOLLUSQUES & RAYONNÉS

FAISANT SUITE

AU COURS ÉLÉMENTAIRE DE PALÉONTOLOGIE

ET DE GÉOLOGIE STRATIGRAPHIQUES,

PAR

M. ALCIDE D'ORBIGNY

Docteur ès sciences,

Chevalier de l'ordre national de la Légion d'honneur, de l'ordre de Saint-Wladimir de Russie, de l'ordre de la Couronne-de-Fer d'Autriche; officier de la Légion d'honneur Bolivienne; membre des Sociétés philomathique, de géologie, de géographie et d'ethnologie de Paris; membre honoraire de la Société géologique de Londres; membre des Académies et Sociétés savantes de Turin, de Madrid, de Moscou, de Philadelphie, de Ratisbonne, de Montevideo, de Bordeaux, de Normandie, de la Rochelle, de Saintes, de Blois, etc.

TROISIÈME VOLUME.

VICTOR MASSON,

Place de l'École-de-Médecine, 17. — Paris.

1852

TERRAINS TERTIAIRES.

VINGT-SIXIÈME ÉTAGE : — FALUNIEN.

(A. — PARTIE INFÉRIEURE OU TONGRIEN.)

MOLLUSQUES GASTÉROPODES.

HELIX, Linné, 1758.

1. Desmarestina, Brong., Ann. du Mus., t. 15, p. 376, pl. 23, fig. 10. Deshayes, 1824, t. 2, p. 57, pl. 6, fig. 7, 8. Palaiseau.

2. Ferrantii, Deshayes, 1824, t. 2, p. 56, pl. 7, fig. 10. Oigny près Villers-Cotterets.

3. Lemani, Brong., Ann. du Mus., t. 15, p. 378, pl. 23, fig. 9. Deshayes, 1824, t. 2, p. 56, pl. 6, fig. 5, 6. Palaiseau, Damerie-Fay, près Orléans.

4. Coquandiana, Mathéron, 1843, Catalogue, p. 197, pl. 33, fig. 5, 6. Éguilles, près d'Aix (B.-du-Rhône).

5. Aquensis, Marcel de Serre, p. 98, pl. 1, fig. 18. Aix.

6. galloprovincialis, Mathéron, 1843, Catalogue, p. 198, pl. 33, fig. 7-9. France, Aix (B.-du-Rhône).

7. Beaumonti, Mathéron, 1843, Catalogue, p. 200, pl. 33, fig. 18, 19. Aix.

8. Massiliensis, Mathéron, 1843, Catalogue, p. 200, pl. 33, fig. 20. France, Marseille (B.-du-Rhône).

9. torus, Mathéron, 1843, Catalogue, p. 200, pl. 33, fig. 21. France, Marseille (B. du Rhône).

10. subdepressa, d'Orb., 1847. *H. depressa*, Gratteloup, 1838. Moll. terr., n° 6, pl. 1, fig. 7, 8 (non Montagu, 1803). France, Gaas (Landes).

11. aspera, Grat., 1838, Moll. terr., n° 7, pl. 1, fig. 9. Gaas.

12. subtrochoides, d'Orb., 1847. *H. trochoides*, Gratteloup, 1838, Moll. terr., n° 5, pl. 4, fig. 5 (non Gmel., 1789). Gaas, Lesbarr (Landes).

13. subcontorta, d'Orb., 1847. *Helix contorta*, Gratteloup, 1845 Conch. foss. hel., pl. 1, fig. 15, 16, 17 (non Donovan, 1799). Dax Gaas, Lesbarritz.

BULIMUS, Bruguière, 1791.

14. subcylindricus, Mathéron, 1843, Catalogue, p. 206, pl. 34, fig. 6, 7. France, Aix (B.-du-Rhône).

15. Aquensis, Mathéron, 1843, Catalogue, p. 207, pl. 34, fig. 8, 9. France, Aix (B.-du-Rhône).

16. galloprovincialis, Mathéron, 1843, Catalogue, p. 207, pl. 34, fig. 10. France, Peyrolles (B.-du-Rhône).

17. Christolianus, Mathéron, 1843, Catalogue, p. 207, pl. 34, fig. 11, 12. France, Peyrolles (B.-du-Rhône).

18. Matheronianus, d'Orb., 1847. *Cyclostoma aquensis*, Mathéron, 1843, Catalogue, p. 210, pl. 35, fig. 14, 15 (non *Bul. aquensis*, Mathéron). C'est un *Bulimus* et non un *Cyclostoma*. France, Aix (Bouches-du-Rhône).

19. crassilabrum, d'Orb., 1847. *Cyclostoma, idem*, Mathéron, 1843, Catalogue, p. 211, pl. 35, fig. 18, 21. Ce n'est pas un *Cyclostoma*. France, Vaucluse.

AURICULA, Lamarck, 1796.

20. subjudæ, d'Orb., 1847. *Auricula Judæ*, Gratteloup, 1847, Aur., pl. 1, nº 11, fig. 1 (non Lamarck). Dax, Gaas, Lesbarritz (Landes).

LYMNEA, Lamarck, 1801.

* **21. cornea,** Brong., Ann. du Mus., t. 15, p. 373, pl. 22, fig. 12. Desh., 1824, t. 2, p. 94, pl. 11, fig. 13, 14. Milon, Palaiseau, Saint-Prix, Montmorency, Serans.

* **22. cylindrica,** Brard, Journ. de Physiq., 1811, pl. 2, fig. 6, 7. Deshayes, 1824, p. 98, pl. 10, fig. 18, 19. Saint-Prix, Jouy, Montmélian.

* **23. inflata,** Brong., Ann. du Mus., t. 15, pl. 22, fig. 18. Desh., 1824, t. 2, p. 98, pl. 11, fig. 17, 18. Saint-Prix, Milon, Montmorency, Sanois.

* **24. fabula,** Brong., Ann. du Mus., t. 15, p. 374, pl. 22, fig. 16. Desh., 1824, t. 2, p. 374, pl. 22, fig. 16. Jouy, Saint-Prix, Montmorency, Serans, Mont-Javoult. Belgique, Kleyn-Spauwen.

25. obtusa, Brard, Ann. du Mus., t. 15, pl. 24, fig. 3, 4. Deshayes, 1824, t. 2, p. 96, pl. 10, fig. 16, 17. Saint-Prix, Montmorency.

* **26. symetrica,** Brard, Ann. du Mus., t. 15, pl. 27, fig. 9, 10. Desh., 1824, t. 2, p. 97, pl. 11, fig. 19. Jouy, Milon, Mont-Javoult (Oise).

PLANORBIS, Guettord, 1756.

* **27. cornu,** Brong., Ann. du Mus., t. 15, p. 371, pl. 22, fig. 6. Desh., 1824, t. 2, p. 83, pl. 9, fig. 5, 6. Saint-Prix, Palaiseau, Milon, la Villette, Serans.

* **28. rotundatus,** Brong., Ann. du Mus., t. 15, p. 370, pl. 22, fig. 4. Desh., 1824, t. 2, p. 83, pl. 9, fig. 7, 8. Saint-Prix, Palaiseau, Milon, Triel, Forêt de Fontainebleau, la Villette, canal Saint-Martin, Plailly (Oise).

29. Massiliensis, Mathéron, 1843, Catal., p. 213, pl. 35, fig. 30, 31. Marseille (B.-du-Rhône).

* **29'. depressus,** Nyst., 1843, Belgiq., p. 471, pl. 38, fig. 19. Kleyn-Spauwen, Looz.

ANCYLUS, Geoffroy.

30. depressus, Deshayes, 1824, t. 2, p. 101, pl. 10, fig. 13. Jouy.

CYCLOSTOMA, Lamarck, 1801.

*31. **elegans-antiquum,** Brong. *C. elegans*, Desh., 1824, Paris, t. 2, p. 75, pl. 7, fig. 415 (non Draparneau). Étampes (Seine-et-Oise), Aix (B.-du-Rhône).

32. **plicata,** d'Archiac. Bulletin sc. géol., 1845, p. 336. France, Saint-Christophe-en-Halatte (Oise).

33. **Coquandii,** Mathéron, 1843, Catalogue, p. 211, pl. 35, fig. 16, 17. France, Aix (B.-du-Rhône).

34. **Draparnaudii,** Mathéron, 1843, p. 211, pl. 35, fig. 22, 23. Aix.

35. **cancellata,** Gratteloup, 1845, Conc. foss. cyclost., pl. 1, fig. 30. Dax, Saint-Jean de Marsac, Saubrigues.

PALUDESTRINA, d'Orb., 1839. Voy. t. 2, p. 300.

*36. **pygmæa,** d'Orb., 1847. *Paludina pygmæa*. Deshayes, 1824, t. 2, p. 130, pl. 15, fig. 9, 10. Montmorency, Palaiseau, Serans (Oise).

*37. **terebra,** d'Orb., 1847. *Paludina terebra*, Deshayes, 1824, t. 2, p. 131, pl. 16, fig. 5. Fontenay-sur-Bois près Vincennes, Quincy près Meaux.

*37'. **Draparnaudii,** d'Orb., 1847. *Paludina Draparnaudii*, Nyst., 1843, Belgique, p. 405, pl. 37, fig. 12. Kleyn-Spauwen, Vieux-Jonc Looz, Hosselt, Lethen, Nurpen, Heenis, Heerderen.

*37". **pupa,** d'Orb., 1847. *Paludina pupa*, Nyst., 1843, Belgique, p. 405, pl. 37, fig. 13. Kleyn-Spauwen, Looz, Nurpen, Vieux-Jonc, Hoesselt, Heerderen.

PALUDINA, Lamarck, 1822.

*38. **semicarinata,** Brard, 3e mém., Jour. de Physiq., juin 1811, fig. 4, 5. Desh., 1824, t. 2, p. 127, pl. 15, fig. 11, 12. Beaurain, Crissay, Pontchartrain, Septeuil.

39. **Gratteloupi,** d'Orb., 1847. *Globulus*, Gratteloup, 1845, Conch. foss. pal., pl. 1, fig. 43, 44 (non Deshayes, 1828). Dax, Gaas.

MELANOPSIS, Ferussac, 1807.

40. **gibbosula,** Gratteloup, 1845, Conch. foss. melan., pl. 1, fig. 59. Dax, Quillac.

41. **nereis,** d'Orb., 1847. *Costata*, Gratteloup, 1845, Conch. foss. melan., pl. 1, fig. 61 (non Lamarck, Olivier. Voy. pl. 31, fig. 3). Dax, Saint-Geours, Abesse.

42. **lauræa,** Mathéron, 1847, Catalogue, p. 219, pl. 36, fig. 23, 24. Vaucluse.

RISSOA, Freminville, 1814.

*43. **nerina,** d'Orb., 1847. *R. nitida*. Gratteloup, 1847, Conch. foss. Riss., pl. 1, (n° 4), fig. 63, 64, 65, 66 (non Defrance, 1827). *Rissoa polita*, Desm. Dax, Gaas, au Tartas.

*44. **Montagui,** Payradeau, Gratteloup, 1847, Riss., pl. 1 (n° 4), fig. 57, 58. Dax, Gaas.

*45. **Aquensis,** Gratteloup, 1847, Riss., pl. 1, n° 4, fig. 44, 45, 46. Dax, Saubrigues.

*45'. **plicata,** Dehayes, 1838. *Turbo plicatus*, Desh., Paris, pl. 34, fig. 12-14. *Rissoa Michaudii*, Nyst., 1843, Belgique, p. 417, pl. 37, fig. 18. Parc de Versailles, Jeur, près d'Étampes; Kleyn-Spauwen, Vieux-Jonc, Looz, Lethen, Heerderen.

45 a. **Duboisii**, Nyst., 1843, Belg., p. 418, pl. 37, fig. 19. Kleyn-Spauwen.

45 b. **succincta**, Nyst., 1843, Belgique, p. 419, pl. 38, fig. 13. Kleyn-Spauwen.

'45 c. **Chastellii**, d'Orb., 1847. *Paludina Chastellii*, Nyst., 1843, Belgique, p. 403, pl. 38, fig. 10. *Paludina cuspidata*, Nyst. 1836. Kleyn-Spauwen, Hœsselt, Neerepen, Vieux-Jonc, Vliermael, Tongres, Heerderen, Looz, Galgenberghe près Kielce.

RISSOINA, d'Orb., 1839. Voy. t. 1, p. 183.

'46. **elegans**, d'Orb., 1847. *Rissoa elegans*, Gratteloup, 1847, Conch. foss. Riss., pl. 1, n° 4, fig. 42, 43. Dax, Saubrigues.

'46'. **Nystii**, d'Orb., 1847. *Melania Nystii*, Duch., Nyst., 1843, Belgique, p. 411, pl. 38, fig. 11. Kleyn-Spauwen, Looz, le Vieux-Jonc, Heenis, Hœsselt, Neerepen, Heerderen, Rickhoven, Limbourg.

SCALARIA, Lamarck, 1801. Voy. t. 2, p. 2.

'47. **clandestina**, Gratteloup, 1845, Scal., pl. 1, fig. 5 (non Sow., 1845). Dax, Saint-Jean-de-Marsac.

47'. **costulata**, Nyst., 1843, Belgique, p. 392, pl. 38, fig. 6. Kleyn-Spauwen.

TURRITELLA, Lamarck, 1801. Voy. t. 2, p. 67.

'48. **submarginalis**, d'Orb., 1847. *T. marginalis*, Gratteloup, 1845, Conch. foss. turr., pl. 1, fig. 11 (non Brocchi, 1814). Dax, Saubrigues.

49. **Gratteloupi**, d'Orb., 1847. *T. incisa*, Gratteloup, 1845, pl. 1, fig. 12 (non Brongniart, 1823). Dax, Saint-Jean-de-Marsac.

'50. **Calliope**, d'Orb., 1847. *T. multisulcata*, Gratteloup, 1845, pl. 1, fig. 13 (non Lamarck, 1804). Dax, Saint-Jean-de-Marsac.

51. **punctulata**, Gratteloup, 1845, pl. 1, fig. 14. Dax, Saint-Jean-de-Marsac.

52. **subimbricata**, d'Orb., 1847. *T. imbricata*, Gratteloup, 1845, pl. 2, fig. 10-12 (non Lam.). Dax, Gaas, Lesbarritz.

'53. **strangulata**, Gratteloup, 1845, pl. 2, fig. 13. *T. gigantea?* Bonelli. Dax, Gaas, Lesbarritz.

'54. **subreplicata**, d'Orb., 1847. *T. replicata*, Gratteloup, 1845, pl. 2, fig. 4 (non Brocchi). Dax, Gaas.

55. **Cytherea**, d'Orb., 1847. *T. asperula*, Grattel., 1845, pl. 2, fig. 15 (non Brongniart, 1823). Dax, Gaas.

56. **cingulata**, Gratteloup, 1845, pl. 1, fig. 7. Dax, Saint-Jean-de-Marsac.

57. **subsuturalis**, d'Orb., 1847. *T. suturalis*, Gratteloup, Tabl., n° 235. *T. terebralis*, Gratt., pl. 1, fig. 3 (exclus. fig. 1, 2, non Phillips, 1836). Gaas.

58. **quinquesulcata**, d'Orb., 1847. *T. vermicularis*, Gratteloup, 1845, pl. 1, fig. 8 (exclus. fig. 4). Gaas.

59. **sublamellosa**, Gratteloup, 1845, pl. 1, fig. 15. Dax, Gaas, Lesbarritz.

60. **subcancellata**, d'Orb., 1847. *T. cancellata*, Gratteloup, 1845, pl. 1, fig. 16 (non Risso). Dax, Saint-Paul, Abesse.

'61. **Thetis**, d'Orb., 1847. *T. Archimedis*, Gratteloup, 1845, pl. 1, fig. 17, 18 (non Brongniart, 1823). Les côtes sont plus grosses. Dax, Saint-Jean-de-Marsac, Saubrigues.

'62. **subacutangula,** d'Orb., 1847. *T. acutangulata*, Gratteloup, 1845, pl. 1, fig. 19 (non Brocchi, 1814). Dax, Saint-Jean-de-Marsac, Saubrigues.

63. **simplex,** Gratteloup, Tab. *T. varicosa*, Gratteloup, 1845, pl. 2, fig. 7, 8 (non Brocchi, 1814). Dax, Saubrigues.

'64. **Desmarestina,** Bast., pl. 4, fig. 4. Gratteloup, 1845, pl. 2, fig. 9-11. Dax, Gaas; Piémont, Turin.

'64'. **crenulata,** Nyst., 1843, Belg., p. 399, pl. 37, fig. 6. Hœsselt, le Bolderberg, Boom, Vliermael, Grimittingen.

'64". **planispira,** Nyst., 1843, Belgique, p. 401, pl. 38, fig. 9. Hœsselt, le Bolderberg et Boom, Vliermael, Lethen, Grimittingen.

CHEMNITZIA, d'Orb., 1839. Voy. t. 1, p. 172.

'65. **semi-decussata,** d'Orb., 1847. *Melania semi-decussata*. Lamk., Desh., 1824, 2, p. 106, pl. 12, fig. 11, 12. *Melania corrugata*, Lamk., Anim. s. vert., t. 7, p. 545, n° 6. Pontchartrain, le parc de Versailles, Chavançon, Aumont, Jeur (Seine-et-Oise).

'66. **Gratteloupi,** d'Orb., 1847. *Melania costellata*, Gratteloup, 1847, Conch. foss. melan., pl. 1, n° 4, fig. 1 (non Lamarck, 1804; non var. *romana*, Brongniart, 1823). Dax, Gaas, au Tartas.

TURBONILLA, Risso, 1825.

'67. **miliaris,** d'Orb., 1847. *Auricula miliaris*, Desh., 1824, 2, p. 69, pl. 8, fig. 8, 9. Le parc de Versailles, à la ménagerie.

'68. **terebralis,** d'Orb., 1847. *Acteon terebralis*, Gratteloup, 1847, Conch. foss. Acteon, pl. 1, n° 11, fig. 67, 68. Dax, Saint-Jean-de-Marsac.

'69. **tornatella,** d'Orb., 1847. *Acteon tornatella*, Gratteloup, 1847, pl. 1, n° 11, fig. 53, 54, 55, 56, 57, 58. Dax, Gaas.

'70. **nitidula,** d'Orb., 1847. *Acteon nitidula*, Gratteloup, 1847, pl. 1, n° 11, fig. 59, 60. Dax, Gaas, Bordeaux.

'70'. **Aonis,** d'Orb., 1848. *Auricula acicula*, Nyst., 1843, pl. 87, fig. 25 (non Lam.). Belgique, Kleyn-Spauwen.

'70". **Nystii,** d'Orb., 1848. *Auricula spina*, Nyst., 1843, pl. 87, fig. 26 (non Desh.). Belg., Kleyn-Spauwen.

71. **intermedia,** d'Orb., 1847. *Acteon intermedia*, Gratteloup, 1847, pl. 1, n° 11, fig. 71, 72. Dax, Saubrigues.

'71'. **cancellata,** d'Orb., 1847. *Pyramidella cancellata*, Nyst, 1843, Belg., p. 430, pl. 38, fig. 14. Kleyn-Spauwen, Hœsselt, le Bolderberg et Boom, Looz, Vieux-Jonc, Neereepen, Lethen, Heerderen, Henis.

PYRAMIDELLA, Lamarck, 1796. Voy. t. 2, p. 191.

'72. **striatella,** Gratteloup, 1847, Conch. foss. Pyr., pl. 1, n° 11, fig. 82, 83. Dax, Gaas.

ACTEON, Montfort, 1810. Voy. t. 1, p. 263.

73. **cancellatus,** d'Orb., 1847. *Tornatella cancellata*, Gratteloup, 1847, Torn., pl. 1, n° 11, fig. 30, 31. France, Dax, Cazordite.

'74. **alligatus,** d'Orb., 1847. *Tornatella alligata*, Deshayes, 1824, 2, p. 188, pl. 23, fig. 3, 4. A la ménagerie dans le parc de Versailles.

'74'. **Nystii,** d'Orb., 1848. *Tornatella Nystii*, Duchâtel. *Tornatella* *sinulata*, Nyst., 1843, Belgique, pl. 37, fig. 21 (non Sow.). Kleyn-Spauwen, Boom.

RINGICULA, Deshayes, 1838.

'75. subventricosa, d'Orb., 1847. *Ringicula ventricosa*, Gratteloup, 1847, Conch. foss. auricules, pl. 1, n° 11, fig. 10 (non Sow., 1824). France, Dax, Gaas.

'76. Gratteloupi, d'Orb., 1847. *Ringicula ringens*, Gratteloup, 1847, pl. 1, n° 11, fig. 6, 7 (non Lamarck, 1804). Dax, Saubrigues, Saint-Jean-de-Marsac.

NATICA, Adanson, 1757. Voy. t. 1, p. 29.

'77. crassatina, Deshayes, 1824, 2, p. 171, pl. 20, fig. 1, 2. Gratteloup, 1847, Conch. foss. nat., pl. 1, fig. 3. *Ampullaria crassatina*, Lam. *Natica maxima*, Gratteloup, pl. 1, fig. 1, 2. Pontchartrain, le parc de Versailles, Jeur, Dax, Larrat, Lesplaces, Gaas, Lesperon (Landes); Allem., Alzey.

'78. Delbosii, Hébert, *Natica ponderosa*, Gratteloup, 1845, pl. 2, fig. 2, 3, 5, 6 (non Deshayes, 1828, pl. 17). Dax, Gaas, au Tartas, Lesperon.

'79. ferruginea, Gratteloup, 1845, pl. 2, fig. 4, pl. 1, fig. 4. Dax, Gaas, au Tartas, Lesperon.

'80. gibberosa, Gratteloup, 1845, pl. 4, fig. 1-4. Dax, Gaas, Lesbarritz.

81. auriculata, Gratteloup, 1845, pl. 4, fig. 5-8. Dax, Saint-Paul, Vielle.

'82. subpatula, d'Orb., 1847. *N. patula*, Gratteloup, 1845, pl. 4, fig. 9 (non Desh., 1828, pl. 21, fig. 3, 4). Dax, Gaas, Lesbarritz.

83. angustata, Gratteloup, 1845, pl. 3, fig. 1-5. Dax, Gaas.

84. parvula, Gratteloup, 1845, pl. 3, fig. 6. Dax, Gaas.

85. subdepressa, Gratteloup, 1845, Conch. foss. nat., pl. 3, fig. 7, 8. Dax, Saint-Paul, Vielle, Abesse, Gaas.

'86. compressa, d'Orb., 1847. *Ampullaria compressa*, Bast., n° 1, pl. 4, fig. 17. *N. globosa*, Gratteloup, 1845, pl. 3, fig. 9, 10, 11, 12, 13, 14. Dax, Saint-Paul, Quillac, Vielle, Abesse, Mainot; Piémont, Turin.

'87. semisphærica, d'Orb., 1847. *N. cepacea*, Gratteloup, 1845, pl. 3, fig. 15, 16 (non Desh., 1828, pl. 22). Dax, Gaas, Lesbarritz, St-Paul, Mainot.

88. eburnoides, Gratteloup, 1845, pl. 3, fig. 17, 18. Dax, Saint-Paul, environs de Bordeaux.

'89. sublabellata, d'Orb., 1847. *N. labellata*, Gratteloup, 1845, pl. 5, fig. 20, 21 (non Deshayes, 1828, pl. 20, fig. 3, 4). Dax, Saubrigues, Saint-Jean-de-Marsac.

89'. submutabilis, d'Orb., 1848. *Ampullaria mutabilis*, Nyst., 1843, pl. 37, fig. 14 (non Brander). Belgique, Vliermael.

'89''. Nystii, d'Orb., 1848. *N. glaucinoides*, Nyst., 1843, p. 442, pl. 37, fig. 32 (non Sow.). Belg., Kleyn-Spauwen, etc.

'89'''. subhautoniensis, d'Orb., 1848. *N. Hautoniensis*, Nyst., 1843, p. 407, pl. 39, fig. 2 (non Sow.). Belg., Kleyn-Spauwen.

DESHAYESIA, Raulin, 1844.

'90. Parisiensis, Raulin, 1844, Magasin de zoologie, pl. 3. France, Morigny, près d'Étampes.

91. neritoides, d'Orb., 1847. *Naticella neritoides*, Gratteloup, 1845, Conch. foss. nat., pl. 5, fig. 27, 28. *Natica neritoides*, Gratt., Bull. Soc. de Bordeaux, 2, p. 8, n° 7. Dax, Gaas, Lesbarritz.

SIGARETUS, Adanson, 1757.

'**92. sublævigatus,** d'Orb., 1847. *Sigaretus lævigatus*, Gratteloup, 1847, Suppl., pl. 3, n° 48, fig. 22 (non Deshayes, 1828). Dax, Gaas, Lesbarritz.

NERITA, Linné, 1758. Voy. t. 1, p. 214.

'**93. Duchasteli,** d'Orb., 1847. *Neritina Duchasteli*, Deshayes, 1824, 2, p. 154, pl. 17, fig. 23, 24 (non Gratteloup). Parc de Versailles, à la ménagerie.

'**94. Aquensis,** d'Orb., 1847. *Neritina id.*, Mathéron, 1843, Catal., p. 227, pl. 38, fig. 6-8. Aix (Bouches-du-Rhône).

'**94'. pseudo-concava,** d'Orb., 1848. *N. concava*, Nyst., 1843, Belgique, pl. 37, fig. 30 (non Sow., 1823). Kleyn-Spauwen.

PHORUS, Montfort, 1810.

'**95. Deshayesi,** Michelotti. *T. Benetiæ*, Brongniart, Vicentin, pl. 6, fig. 8 (non Sow.). *Trochus conchyliophorus*, Gratteloup, 1845, Conch. foss. troch., pl. 1, fig. 1 (exclus. fig. 2-4, non B[illegible]n). France, Dax, Saubrigues (Landes); Piémont, Turin.

'**96. Gratteloupi,** d'Orb., 1847. *Trochus conchyliophorus*, Grattel., 1845, Conch. troch., pl. 1, fig. 2 (exclus. fig. 1, 3, 4). France, Dax, Saubrigues.

96'. subextensus, d'Orb., 1848. *Trochus extensus*, Nyst., pl. 36, fig. 9 (non Sowerby). Boom.

TROCHUS, Linné, 1758. Voy. t. 1, p. 64.

97. cyclostoma, Desh., 1824, 2, p. 237, pl. 29, fig. 9, 10, 14. Longjumeau (Seine-et-Oise).

98. bicarinatus, Lamck., Desh., 1824, 2, p. 243, pl. 40, fig. 17, 18. Longjumeau.

'**99. subincrassatus,** d'Orb., 1847. *T. incrassatus*, Desh., 1824, 2, p. 239, pl. 30, fig. 1-5 (non Chemnitz, 1781). Parc de Versailles, Montmorency.

'**100. submonilifer,** d'Orb., 1847. *T. monilifer*, Gratteloup, 1845, Conch. foss. troch., pl. 1, fig. 9 (non Lam., 1804). Dax, Gaas, Lesbarritz.

'**101. Noe,** d'Orb., 1847. *T. Boscianus*, Gratteloup, 1845, pl. 1, fig. 10, 11 (non Brongniart, 1823). Dax, Gaas, au Tartas.

'**102. Labarum,** Basterol, Bord., pl. 1, fig. 23. Gratteloup, 1845, pl. 1, fig. 12. Dax, Gaas, au Tartas.

103. subcingulatus, d'Orb., 1847. *T. cingulatus*, Grattel., 1845, pl. 1, fig. 14 (non Brocchi, 1814). Dax, Gaas.

104. labiosus, Gratteloup, 1845, pl. 1, fig. 5, 6 (exclus. syn.). Dax, Saubrigues.

105. Dargelasii, Gratteloup, 1845, pl. 1, fig. 20, 21. Dax, Gaas, Lesbarritz.

'**106. Bucklandi,** Bast., 1825, Bord., pl. 1, fig. 21. Grattel., 1845, pl. 1, fig. 17. Dax, Gaas, Lesbarritz.

107. Napoleonis, d'Orb., 1847. *M. Napoleonis*, Gratteloup, 1845, Mon., pl. 1, fig. 5. Dax, Saubrigues.

108. Moulinsii, d'Orb., 1847. *Monodonta Moulinsii*, Gratteloup, 1845, pl. 1, fig. 2. Dax, Gaas.
109. elegantissimus, d'Orb., 1847. *T. elegans*, Gratteloup, 1845, pl. 1, fig. 15 (non Gmelin, 1789). Dax, Gaas, Lesbarritz.
†**110. subexcavatus,** d'Orb., 1847. *T. excavatus*, Brongniart, 1823, Vicentin, p. 57, pl. 6, fig. 10 (non Lamarck, 1822). Mayence.
110'. subcalliferus, d'Orb., 1849. *T. calliferus*, Nyst. (non Deshayes). Kleyn-Spauwen.
SOLARIUM, Lamarck, 1801.
111. Gratteloupi, d'Orb., 1847. *S. pseudo-perspectivum*, Grattel., 1845, Cadram., pl. 1, fig. 30-32 (non Brocchi, 1814). Dax, Saubrigues, Bordeaux.
111'. Dumontii, Nyst., 1843, Belg., p. 369, pl. 36, fig. 6. Hœsselt, le Bolderberg et Boom, Lethen, Grimittingen (Limbourg).
TURBO, Linné, 1758. Voy. t. 1, p. 5.
***112. Anthonii,** Grattel., 1845, Conch. foss. Turbo, pl. 1, fig. 20. Dax, Gaas.
113. sublævigatus, d'Orb., 1847. *T. lævigatus*, Gratteloup, 1845, pl. 1, fig. 21 (non Deshayes, 1824). Dax, Gaas.
***114. Gratteloupi,** d'Orb., 1847. *Turbo Asmodei*, Gratteloup, 1845, pl. 1, fig. 22, 23 (non Brongniart, 1823). Dax, Cazordite.
115. Perrissii, d'Orb., 1847. *Delphinula Perrissii*, Grattel., 1845, pl. 1, fig. 13 a, 13 b. Caneux.
***116. Parkinsoni,** Bast., 1825, Bord., pl. 1, fig. 1. Grattel., 1845, pl. 1, fig. 14, 15, 16, 17. Dax, Gaas, Bordeaux.
117. Meleagris, Gratteloup, 1845, pl. 1, fig. 18. Dax, Gaas.
118. variabilis, Gratteloup, 1845, pl. 1, fig. 6, 7, 8, 10. Dax, Cazordite.
119. multicarinatus, Gratteloup, 1845, Turb., pl. 1, fig. 9. Dax, Lesbarritz.
***121. subscobinus,** d'Orb., 1847. *Delphinula scobina*, Gratteloup, 1845, Conch. foss. Dauph., pl. 1, fig. 19 (non Brongniart, 1823). Dax, Cazordite, Launcille; Piémont, Turin?
122. pyramidatus, d'Orb., 1847. *Delphinula pyramidata*, Gratt., 1845, Conch. foss. Dauph., pl. 1, fig. 15. Dax, Gaas.
***123. subsulcatus,** d'Orb., 1847. *Delph. sulcata*, Gratteloup, 1845, Dauph., pl. 1, fig. 16 (non Lam., 1804; non *sulciferus*, Desh., 1828). Dax, Gaas.
DELPHINULA, Lamarck, 1804. Voy. t. 1, p. 191.
124. Hellica, d'Orb., 1847. *Delph. marginata*, Gratteloup, 1845, Conch. foss. Dauph., pl. 1, fig. 19-21 (non Lam., 1804). Dax, Gaas.
CYPRÆA, Linné, 1740.
125. rugosa, Gratteloup, 1845, Conch. foss. Cypræa, pl. 2, fig. 7 (exclus. syn.). Dax, Gaas, Lesbarritz.
126. subphysis, d'Orb., 1847. *C. physis*, Brocchi, pl. 2, fig. 3. Gratteloup, 1845, pl. 2, fig. 8. Dax, Gaas, Lesbarritz.
***127. splendens,** Gratteloup, 1845, pl. 2, fig. 9-14. Dax, Gaas, au Tartas.
128. Michaudiana, Gratteloup, 1847, Suppl., pl. 2, n° 47, fig. 4 a, b. Dax, Saubrigues.

129. Prevostina, Grattel., 1847, Suppl., pl. 2, nº 47, fig. 6 a, b. Dax, Gaas, Lesbarritz.
130. subcolumbaria, d'Orb., 1847. *C. columbaria*, Gratteloup, 1845, pl. 1, fig. 17, pl. 2, fig. 5 (non Lamarck). Dax, Gaas, Lesbarritz.
131. ovulina, Gratteloup, pl. 2, fig. 1 a, b (exclus. syn.). Dax, Gaas, Lesbarritz.
***132. pseudo-annulus,** d'Orb., 1847. *C. annulus*, Gratteloup, 1845, pl. 2, fig. 3; Suppl., pl. 2, fig. 10, 11 (non Brocchi). Dax, Saubrigues.
133. flavicula, Lam., Gratteloup, 1845, pl. 2, fig. 21. Dax, Gaas.
MARGINELLA, Lamarck, 1801.
***134. splendens,** Gratteloup, 1845, Conch. foss. Margin., pl. 1, fig. 36, 37. France, Dax, Gaas.
***135. subeburnea,** d'Orb., 1847. *M. eburnea*, Gratteloup, 1845, pl. 1, fig. 38, 39, 40 (non Lamarck). Dax, Gaas, Cazordite.
OLIVA, Lamarck, 1801.
***136. pseudo-clavula,** d'Orb., 1847. *O. clavula*, Gratteloup, 1845, Conch. oliv., pl. 1, fig. 27 (exclus. fig. 25, 26, et syn.). Saubrigues.
***137. Noe,** d'Orb., 1847. *O. flammulata*, Gratteloup, 1845, pl. 1, fig. 32 (exclus. syn., non Lamarck). Dax, Garrey, Clermont.
ANCYLLARIA, Lamarck, 1801.
***138. subinflata,** d'Orb., 1847. *A. inflata*, Gratteloup, 1845, pl. 1, fig. 4, 5 (exclus. fig. 13, 14). Saubrigues.
***139. subglandiformis,** d'Orb., 1847. *A. glandiformis*, Gratteloup, 1845, Anc., pl. 1, fig. 6, 7, 8, 9, 10, 11, 12, 15, 16, 17, 18 (non Lam., 1822). Dax, Saint-Paul, Saubrigues, Saint-Jean-de-Marsac.
TEREBELLUM, Lamarck, 1801.
140. subconvolutum, d'Orb., 1847. *T. convolutum*, Gratteloup, 1845, Conch. foss. tereb., pl. 1, fig. 1 (non Lamarck, 1804; elle est plus étroite). Dax, Gaas, Lesbarritz, Lesperon.
141. subfusiformis, d'Orb., 1847. *Terebellum fusiformis*, Gratt., 1845, pl. 1, fig. 2, 3 (non Deshayes, 1828). Dax, Gaas, Lesbarritz, Lesperon.
VOLUTA, Linné, 1758.
142. picturata, Gratteloup, 1845, Conch. foss. voluta, pl. 2, fig. 5, 6, 7, 8, 9, 10, 11; Suppl., pl. 1, fig. 24. Dax, Saubrigues, Saint-Jean-de-Marsac.
143. subcostaria, d'Orb., 1847. *V. costaria*, Gratteloup, 1845, pl. 2, fig. 12 (non Lamarck, 1804). Dax, Gaas, Lesbarritz.
144. subharpula, d'Orb., 1847. *V. harpula*, Gratteloup, 1845, pl. 2, fig. 13, 14, 17 (non Lamarck, 1804; elle est bien plus large). Dax, Gaas, Lesbarritz.
145. subcytharella, d'Orb., 1847. *V. cytharella*, Gratteloup, 1845, pl. 2, fig. 15, 16 (non Brongniart, 1823; elle est plus courte). Dax, Gaas, Lesbarritz.
146. submitræformis, d'Orb., 1847. *V. mitræformis*, Gratteloup, 1845, pl. 2, fig. 18, 19, 21, 22 (non Lamarck, 1822). Dax, Gaas, Lesbarritz.
147. leporis, d'Orb., 1847. *V. auris-leporis*, Gratteloup, 1845, pl. 2, fig. 20 (non Brocchi). Dax, Saubrigues.

148. subelegans, d'Orb., 1847. *V. elegans*, Gratteloup, 1845, pl. 1, fig. 2-5 (non Gmelin, 1789). Dax, Saint-Paul, Vielle.

***149. ficulina,** Lamarck, 1822, Ann. du Mus., 1, p. 479. Grattel., 1845, pl. 1, fig. 4, 6, 10, 11. Dax, Saubrigues, Saint-Paul, Lavar.

***150. subambigua,** d'Orb., 1847. *V. ambigua*, Gratteloup, 1845, pl. 1, fig. 14, 15 (non Lam., 1804). Dax, Gaas, Lesbarritz.

***151. subaffinis,** d'Orb., 1847. *Voluta affinis*, Brongniart? pl. 2, fig. 6? Gratteloup, 1845, pl. 1, fig. 16, 20, 17. Dax, Saubrigues, St-Jean-de-Marsac.

152. Tarbelliana, Gratteloup, 1845. pl. 2, fig. 1, 2. Dax, Saubrigues, Saint-Jean de Marsac.

153. subcostata, d'Orb., 1847. *V. costata*, Gratteloup, 1847. Suppl. pl. 1, (n° 46), fig. 14, a, b (non Sowerby). Dax, Saubrigues.

153'. suturalis, Nyst., 1843, Belgique, p. 592, pl. 45, fig. 6. Klein-Spauwen; Hoesselt, le Bolderberg et Boom, Lethen, Vliermael; France, Jeur (Seine-et-Oise).

***153''. cingulata,** Nyst., 1843, p. 593, pl. 45, fig. 7. Hoesselt, le Bolderberg, Boom, Vliermael, Lethen.

153'''. semiplicata, Nyst., 1843, Belgique, p. 593, pl. 44, fig. 10. Hoesselt, le Bolderberg, Boom.

153''''. semi-granosa, Nyst., 1843. Belgiq., p. 594, pl. 44, fig. 11. Hoesselt, le Bolderberg, Boom, Lethen.

***153 a. Rathieri,** Hebert, 1849. *V. depressa*, Nyst., 1844. Id., p. 588, pl. 45, fig. 5 (non Desh., 1824). Klein-Spauwen, Lembourg, Jeur (Seine-et-Oise).

***MITRA,** Lamarck, 1801. Voy. t. 2, p. 154.

154. eburnea, Gratteloup, 1845, Conch. foss. Mitr., pl. 1, fig. 26, 28. Dax, Cazordite.

155. lævissima, Gratteloup, 1845, pl. 1, fig. 27. Dax, Gaas, Lesbarritz.

156. Aquensis, d'Orb., 1847. *M. pyramidella*, Gratteloup, 1845, pl. 1, fig. 12, 13 (non Brocchi, 1814; elle en diffère par les stries de ses tours). Dax, Saubrigues, Saint-Jean-de-Marsac.

157. substriatula, d'Orb., 1847. *M. striatula*, Gratteloup, 1845. pl. 1, fig. 14 (non Lamarck, 1804). Dax, Saubrigues.

***158. submutica,** d'Orb., 1847. *M. mutica*, Gratteloup, 1845, pl. 1, fig. 22 (non Lamk., 1804). Dax, Cazordite.

159. subventricosa, d'Orb., 1847. *M. ventricosa*, Gratteloup, 1847, Suppl., pl. 1, n° 46, fig. 16 (non Risso, 1826). Dax, Saubrigues.

CANCELLARIA, Lamark, 1801.

***160. Grateloupi,** d'Orb., 1847. *C. acutangula*, Var. B. D. Gratt., 1845, Conch. foss. cancell., pl. 1, fig. 2, 4 (exclus. fig. 1, 3, 20). Saubrigues (Landes).

161. subsuturalis, d'Orb., 1847. *C. suturalis*, 1836. Gratteloup, 1845, pl. 1, fig. 11, 12 (non Sow.). Dax, Saubrigues.

***?162. Dufourii,** Gratteloup, 1832, 1845, pl. 1, fig. 26, 29. *C. Bronnii*. Bellardi, 1841, Canc., pl. 4, fig. 11, 12? Dax, Saint-Jean-de-Marsac, Saubrigues. Piémont, Turin.

***163. spinifera,** Gratteloup, 1845, pl. 1, fig. 15. Dax, Saubrigues.

164. Laurensii, 1832, Gratteloup, 1845, pl. 1, fig. 24. Dax, Saubrigues.
165. stromboides, Gratteloup, 1845, pl. 1, fig. 6. Dax, St.-Jean-de-Marsac, Saubrigues.
'**165'. Pseudo-evulsa,** d'Orb., 1847. *V. evulsa*, Nyst., Belgique, pl. 39, fig. 13 (non Sow.). Belgique, Boom, Lethen.
165''. elongata, Nyst., 1843, Belgique, p. 476, pl. 38, fig. 21. Hoesselt, le Bolderberg et Boom, Vliermael, Lethen.
165'''. planispira, Nyst., 1843, Belgique, p. 481, pl. 38, fig. 22. Bolderberg.
'**165 a. granulata,** Nyst., 1843, Coq. Belg., p. 479, pl. 39, fig. 14. Klein-Spauwen.
CONUS, Linné, 1758.
'**166. clavatulus,** d'Orb., 1847. *Conus clavatus*, Gratteloup, 1845. Conch. foss. canc., pl. 2, fig. 4 (exclus. fig. 1, non Lam). Saubrigues.
167. maculosus, Gratteloup, 1845, pl. 2, fig. 17; pl. 3, fig. 4-6. Dax, Saubrigues, Orthez.
'**168. Gratteloupi,** d'Orb., 1847. *C. deperditus*, Gratteloup, 1845, pl. 2, fig. 18, 19 (non Brug., 1789). Dax, Gaas, Cabanes.
'**169. subfigulinus,** d'Orb., 1847. *C. figulinus*, Gratteloup, 1845, pl. 2, fig. 11 (non Lamarck). Dax, Orthez, Soustons.
'**170. Belus,** d'Orb., 1847. *C. pyrula*, Gratteloup, 1845, pl. 2, fig. 12, 13 (non Brocchi, 1814). Dax, Saubrigues.
171. Bathis, d'Orb., 1847. *C. betulinoides*, Gratteloup, 1845, pl. 3, fig. 20 (non Lamarck). Dax, Saubrigues.
'**172. Baldus,** d'Orb., 1847. *C. Noe*, Gratteloup, 1845, pl. 1, fig. 10 (non Brocchi). Dax, Saubrigues.
'**173. avellana,** Lam.? Gratteloup, 1845, pl. 2, fig. 5. Dax, Saubrigues.
'**174. Aquensis,** d'Orb., 1847. *C. antediluvianus*, Gratteloup, 1845, pl. 2, fig. 2, 6 (non Brug., 1789). Dax, Saubrigues, Saint-Jean-de-Marsac.
175. Tarbellianus, Gratteloup, 1845, Conch. foss. con., pl. 1, fig. 2, 5, 8; pl. 3, fig. 23. Dax, Saubrigues, Castelmon.
STROMBUS, Linné, 1758. Voy. t. 2, p. 132.
176. fasciolarioides, Gratteloup, 1845, Conch. foss. Stromb., pl. 2, fig. 2. Dax, Gaas, Lesbarritz.
177. sublatissimus, d'Orb., 1847. *S. latissimus*, Gratteloup, 1847, Suppl., pl. 1, n° 46, fig. 3 (non Linné, 1767). Dax, Gaas, Lesbarritz.
178. fusoides, Gratteloup, 1845, pl. 1, fig. 17. Dax, Gaas, Lesbarritz.
179. conoideus, Gratteloup, 1845, pl. 2, fig. 5. Dax, Gaas, Lesbarritz.
180. auricularius, Gratteloup, 1847, pl. 1, n° 46. Supp., fig. 1. Dax, Gaas, Lesbarritz.
CHENOPUS, Philippi, 1837.
180'. crassus, d'Orb., 1847. *Rostellaria crassa*, Van-Beneden, 1835. *R. Margerini*, de Koninck, 1837. *Chenopus Sowerbyi*, Nyst., 1844, pl. 44, fig. 4 (non Sow.). Belgique, Klein-Spauwen.
PLEUROTOMA, Lamarck, 1801.

'**181. glaberrima,** Grateloup, 1847, Conch. foss. Pleurotomes, pl. 2, nº 20, fig. 6. France, Dax, Saubrigues, Saint-Jean-de-Marsac (Landes).
182. Aquensis, Grateloup, 1847, pl. 2, nº 20, fig. 14 et 14 *bis*, pl. 3, fig. 7. Dax, Saubrigues, Saint-Jean-de-Marsac.
183. Laurensii, Grateloup, 1847, pl. 1, nº 19, fig. 3. Dax, Saubrigues.
'**184. Cytheræ,** d'Orb., 1847. *P. Moulinsii*, Grateloup, 1847, pl. 2, nº 20, fig. 15 ; pl. 3, fig. 14 (non Bellardi). Dax, Saubrigues.
184'. Selysii, de Koninck, p. 25, nº 25, pl. 1, fig. 4. Nyst., 1843, Belgique, p. 515, pl. 40, fig. 11. Boom.
185. aciculina, Grateloup, 1847, pl. 2, nº 20, fig. 53, 54, 55. Dax, Saint-Jean-de-Marsac.
'**186. Partschii,** Grateloup, 1847, pl. 2, nº 20, fig. 56, 72. Dax.
187. Meyracina, Grateloup, 1847, pl. 3, nº 21, fig. 16. Dax, Saubrigues.
'**188. obeliscus,** Desmoulins, Revinc. du Pleur., nº 59. *P. multinoda*, Grateloup, 1847, pl. 2, nº 20, fig. 19, 20, 21 (non Lam.). Dax, Saint-Jean-de-Marsac, Saubrigues.
'**188'. ?subturbida,** d'Orb., 1847. *P. turbidus*, Nyst., Belgiq., 1843, pl. 40, fig. 31. *P. colon*, Nyst., 1836. Lethen.
189. Gratteloupii, Desmoulins, Grateloup, 1847, pl. 3, nº 21, fig. 24 ; pl. 2, fig. 42, 44. Dax, Gaas, Lesbarritz.
'**190. subturris,** d'Orb., 1847. *P. turris*, Grateloup, 1847, pl. 3, nº 21, fig. 13 ; pl. 1, fig. 18 (non Lam.). Dax, Saubrigues.
191. gibberula, Grateloup, 1847, pl. 3, nº 21, fig. 29. Dax, Saubrigues, Lesbarritz.
192. Broderipii, Grateloup, 1847, pl. 2, nº 20, fig. 74. Dax, Saubrigues.
'**193. plicatula,** Grateloup, 1847, pl. 2, nº 20, fig. 31. Dax, Saubrigues.
'**194. subfilosa.** *P. filosa*, Grateloup, 1847, pl. 2, nº 20, fig. 45 (non Lam., 1804). Dax, Gaas, Lesbarritz.
'**195. emarginata,** d'Orb., 1847. *P. marginata*, Grateloup, 1847, pl. 2, nº 20, fig. 46 (non Lam., 1804. Elle manque de la bordure inférieure). Dax, Gaas, Lesbarritz.
195'. Morreni, De Kon., Nyst., 1843 ,Belgiq., p. 510, pl. 40, fig. 6. Hoesselt, le Bolderberg et Boom.
195''. crenata, Nyst., 1843, Belgique, p. 511, pl. 40, fig. 7. Hoesselt, le Bolderberg, Boom, Baescle, Klein-Spauwen.
'**195 a. subconoides,** d'Orb., 1847. *P. conoides*, Nyst., 1843, Belg., p. 515, pl. 40, fig. 10 (non *Murex conoides*, Brander, 1766, pl. 1, fig. 17). Hoesselt, le Bolderberg et Boom, Lethen, Vliermael.
'**195 b. Belgica,** Munster, Nyst., 1843, Belg., p. 524, pl. 41, fig. 6. Goldfuss, p. 20, pl. 181, fig. 2. Klein-Spauwen, Hoesselt, le Bolderberg et Boom.
'**195 c. costellaria,** Duch., Nyst., 1843, Belgiq., p. 529, pl. 41, fig. 7. France, Jeurre. Klein-Spauwen, Heerderen et Looz.
195 d. subacuminata, d'Orb., 1847. *P. acuminata*, Nyst., 1843, p. 519, pl. 42, fig. 1 (non Sow., 1826). *P. multicostata*, de Koninck,

1837 (non Deshayes). Belgique, Hoesselt, le Bolderberg et Boom, Baescle, Klein-Spauwen.

195 e. Bosquetii, Nyst., 1843, Belgiq., p. 514, pl. 40, fig. 9. Hoesselt, le Bolderberg et Boom, Vliermael.

195 f. Dumontii, Nyst., 1843, Belgiq., p. 527, pl. 42, fig. 4. Hoesselt, le Bolderberg et Boom, Grimittingen.

195 g. Nystii, d'Orb., 1847. *P. semi-colon*, Nyst., 1843, Coq. tert. de Belgiq., p. 527 (non Sow., 1816). Hoesselt, le Bolderberg et Boom, Vliermael.

195 h. Koninckii, Nyst., 1843, p. 517, pl. 41, fig. 3. Belgique, Hoesselt, le Bolderberg et Boom, Baescle, Lethen.

195 i. Nisus, d'Orb., 1847. *P. Delucii*, Nyst., 1843, p. 532, pl. 41, fig. 10 (non Defrance). Belgique, Hoesselt, le Bolderberg et Boom, Vliermael.

'195 j. acuticosta, Nyst., 1843, Belgique, p. 529, pl. 42, fig. 5. Hoesselt, le Bolderberg et Boom, Grimittingen, dans le Limbourg ?

195 k. Waterkenii, Nyst., 1843, Belgique, p. 518, pl. 41, fig. 4. *P. striatula*, de Koninck, 1837, pl. 1, fig. 6 (non Desjardin, 1836). Hoesselt, le Bolderberg et Boom, Klein-Spauwen.

195 l. Stoffelsii, Nyst., 1843, p. 521, pl. 44, fig. 1. Belgique, Bolderberg.

195 m. exorta, Nyst., 1835. *P. rostrata*, Nyst., 1843. Belgique, pl. 42, fig. 2 (non *murex rostratus*, Brander, pl. 11, fig. 34). *P. regularis*, de Koninck, 1837, pl. 3, fig. 7. Belgique, Beascle, Boom, Schelta.

FUSUS, Bruguière, 1791. Voy. vol. 1, p. 303.

196. pagodula, Gratteloup, 1847, Conch. foss. Fusus, pl. 3, n° 24, fig. 5. France, Dax, Gaas, Lesbarritz (Landes).

197. sublongævus, d'Orb., *F. longævus*, Gratteloup, 1847, pl. 3, n° 24, fig. 6 (non Lamarck, 1804). Dax, Gaas, Lesbarritz, Bordeaux ?

198. stromboides, Gratteloup, 1847, pl. 3, n° 24, fig. 7. Dax, Gaas, Lesbarritz.

199. Serresii, Gratteloup, 1847, pl. 3, n° 24, fig. 42. Dax, Gaas, Lesbarritz.

200. decurrens, Gratteloup, 1847, pl. 3, n° 24, fig. 42, 44. Dax, Gaas, Lesbarritz.

201. subintortus, d'Orb., 1847. *F. intortus*, Gratteloup, 1847, pl. 3, n° 24, fig. 12 (non Lamarck, 1804). Dax, Gaas, Lesbarritz.

202. subminax, d'Orb., 1847. *Pyrula minax*, Gratteloup, 1845, Pyrules, pl. 1, fig. 4-9 (non *Fusus minax*, Lam., Desh.). Dax, Gaas, Lesbarritz.

203. Tarbellianus, d'Orb., 1847. *Pyrula Tarbelliana*, Gratteloup, 1845, Pyr., pl. 2, fig. 1, 7. Dax, Gaas, Lesbarritz.

204. subsimplex, d'Orb., 1847. *F. simplex*, Gratteloup, 1847, Fusus, pl. 3, n° 24, fig. 20 (non Deshayes, 1824). Dax, Gaas, Lesbarritz.

'204'. subelongatus, d'Orb., 1847. *F. elongatus*, Nyst., 1843, Belgique, p. 493, pl. 38, fig. 25 (non Bronn, 1847). Jeurre. Belgique, Hoesselt, le Bolderberg et Boom, Baescle, Lethen, Rupelmonde.

204''. erraticus, de Koninck, Nyst., 1843, Belgiq., p. 496, pl.

40, fig. 2. Hoesselt, le Bolderberg et Boom, Baescle, Rupelmonde.

204'''. Deshayesii, de Koninck, Nyst., 1843, Belgique, p. 502, pl. 40, fig. 3. Hoesselt, le Bolderberg et Boom, Baescle, Rupelmonde.

204 a. Koninckii, Nyst., 1843, p. 503, pl. 40, fig. 4. Belgique, Hoesselt, le Bolderberg et Boom, Baescle.

204 b. subscalariformis, d'Orb., 1847. *P. scalariformis*, Nyst., 1843, Belgique, p. 504, pl. 40, fig. 5 (non Gould, 1841). Hoesselt, le Bolderberg et Boom, Lethen.

204 c. multisulcatus, Nyst., 1843, p. 494, pl. 40, fig. 1. Klein-Spauwen, Hoesselt, le Bolderberg et Boom, Baescle, Schelle, Rupelmonde, dans le Limbourg.

204 d. cuniculosus, d'Orb., 1847. *Murex cuniculosus*, Duchatel, Nyst., 1826, 1843, p. 551, pl. 43, fig. 4 (exclus. Syn.). Jeurre, Klein-Spauwen, Hoesselt, le Bolderberg et Boom, Lethen, Anvers, Boom, Rupelmonde.

205. Thorei, Gratteloup, 1847, Suppl., pl. 1, n° 46, fig. 17. Dax, Gaas, Lesbarritz.

PYRULA, Lamk., 1801.

'205'. Nystii, d'Orb., 1847. *P. nexilis*, Nyst., 1843, pl. 39, fig. 26 (non Lam., 1803). Belgique, Vliermael.

206. subelegans, d'Orb., 1847. *P. elegans*, Gratteloup, 1845, Pyr., pl. 2, fig. 13, 14 (non Lam., 1804). Dax, Gaas, Lesbarritz.

207. longicauda, d'Orb., 1847. *P. cancellata*, Gratteloup, 1845, Pyr., pl. 3, fig. 8-11 (non Lamarck). Dax, Gaas, Lesbarritz.

FASCIOLARIA, Lamarck, 1801.

208. aculeata, Gratteloup, 1847, Conch. foss. fasciolaires, pl. 1, n° 22, fig. 2. Dax, Gaas.

209. clavata, Gratteloup, 1847, pl. 2, n° 23, fig. 15. Dax, Gaas, Lesbarritz.

210. polygonata, Gratteloup, 1847, pl. 1, n° 22, fig. 18; pl. 2, fig. 12. Dax, Gaas.

211. pyrulina, Gratteloup, 1847, pl. 1, n° 22, fig. 15. Dax, Gaas.

212. subcarinata, Gratteloup, 1847, pl. 2, n° 23, fig. 13. Dax, Gaas.

213. tuberosa, Gratteloup, 1847, pl. 1, n° 22, fig. 12. Dax, Gaas.

'214. Gratteloupi, d'Orb., 1847. *F. uniplicata*, Gratteloup, 1847, pl. 1, n° 22, fig. 4 (non Lam., 1804). Dax, Gaas, Lesbarritz, Bordeaux.

214'. pyruliformis, d'Orb., 1847. *Turbinella pyruliformis*, Nyst., 1843, Belgiq., p. 486, pl. 38, fig. 24. Hoesselt, le Bolderberg et Boom, Vliermael.

TURBINELLA, Lamarck, 1801.

'215. elegans, Gratteloup, 1847, Conch. foss. Turbinelles, pl. 1, n° 22, fig. 19. France, Gaas.

216. buccinoides, Gratteloup, 1847, pl. 1, n° 22, fig. 20. Dax, Gaas, Lesbarritz.

'217. cancellata, Gratteloup, 1847, pl. 1, n° 22, fig. 17. Dax, Gaas, Lesbarritz.

218. muricina, Gratteloup, 1847, pl. 3, n° 24, fig. 18. Dax, Gaas, Lesbarritz.

*219. **subpugillaris,** d'Orb., 1847. *Turbinella pugillaris,* Gratteloup, 1847, pl. 1, nº 22, fig. 3 (non Lamarck). Dax, Gaas, Lesbarritz.

MUREX, Linné, 1758.

220. **subtricarinatus,** d'Orb., 1847. *M. tricarinatus,* Gratteloup, 1847, Conch. foss. Murex, pl. 3, nº 31, fig. 21 (non Lam., 1804). Dax, Gaas, Lesbarritz.

221. **trifrons,** Gratteloup, 1847, pl. 3, nº 31, fig. 9. Dax, Gaas.

222. **subquadrifrons,** d'Orb., 1847. *M. quadrifrons,* Gratteloup, 1847, pl. 3, nº 31, fig. 10 (non Lam., 1822.) Dax, Gaas, Lesbarritz.

223. **ornatus,** Gratteloup, 1847, pl. 3, nº 31, fig. 11. Dax, Gaas, Lesbarritz.

224. **Lamarckii,** Gratteloup, 1847, pl. 2, nº 30, fig. 27, 36. Dax, Gaas, Lesbarritz.

224'. **subtricarinoides,** d'Orb., 1850. *M. tricarinoides,* Hebert, 1849 (non Desh., 1824). *M. tricarinatus,* Nyst., 1843, pl. 42, fig. 12 (non Lam.). Belgique, Lethen, Vliermael.

224''. **Pauwelsii,** de Kon., Nyst., 1843, Belgiq., p. 543, pl. 42, fig. 11. De Kon., 1837, Descript. coq. foss. de Belg., p. 10, nº 10, pl. 11, fig. 1. Hoesselt, le Bolderberg et Boom, Baescle et Rupelmonde.

224 a. **subfusiformis,** d'Orb., 1847. *M. fusiformis,* Nyst., 1843, Belgiq., p. 546, pl. 42, fig. 13 (non Gmel., 1789). Hoesselt, le Bolderberg et Boom, Vliermael.

224 b. **dentatus,** Van Beneden, 1835, Bull. de zool., Guérin, p. 148. *M. Deshayesii,* Nyst., 1843, Belgiq., p. 543, pl. 41, fig. 13. (Le premier nom imprimé est celui de *dentatus,* le second est un nom de collection qui ne peut prévaloir.) Klein-Spauwen, Hoesselt, le Bolderberg et Boom, Baescle, Rupelmonde, Vliermael, Grimittingen, Lethen.

TIPHIS, Montfort, 1810.

225. **tripterus,** d'Orb., 1847. *Murex tripterus,* Gratteloup, 1847, Conch. foss. Murex, pl. 2, nº 30, fig. 22. Dax, Gaas, Lesbarritz.

225'. **Nystii,** d'Orb., 1849. *Murex tubifer,* Nyst., Belgique (non Brug.). Klein-Spauwen.

TRITON, Montfort, 1810.

226. **crassum,** Gratteloup, 1847, Conch. foss. Tritons, pl. 1, nº 29, fig. 20. Dax, Gaas, Lesbarritz.

227. **Hisingeri,** Gratteloup, 1847, pl. 2, nº 30, fig. 25. Dax, Gaas, Lesbarritz.

227'. **gracilis,** Van Beneden, 1835. *T. flandricum,* de Konninck, 1837. *T. argutum,* Nyst., 1843, pl. 42, fig. 14 (non Sow., 1822). Le Bolderberg, Lethen, etc.

CERITHIUM, Adanson, 1757.

*228. **trochleare,** Lamk., Ann. du Mus., t. 3, p. 349, nº 31, Anim. s. vert., t. 7, p. 83, nº 31. Desh., 1824, 2, p. 388, pl. 55, fig. 10, 11. Pontchartrain, la Ménagerie, dans le parc de Versailles, Jeur (Seine-et-Oise).

*229. **plicatum,** Lamk., Ann. du Mus., t. 3, p. 345, nº 18, Anim.

s. vert., t. 7, p. 81, n° 18. Desh., 1824, 2, p. 389, pl. 55, fig. 5-9. Goldf., pl. 174, fig. 15. *C. Galeotti*, Nyst. Pontchartrain, la Ménagerie, Montmorency, Jeur, forêt de Hallette (Oise), Dax; Allemagne, Alzey, près de Mayence.

*230. **conjunctum,** Desh., 1824, 2, p. 387, pl. 75, fig. 1-3. Le parc de Versailles, à la Ménagerie, Jeur près d'Étampes.

*231. **Boblayi,** Desh., 1824, 2, p. 423, pl. 61, fig. 1-4. Montmorency, la Ménagerie, parc de Versailles, Jeur près d'Étampes.

*232. **sublima,** d'Orb., 1847. *C. lima*, Desh., 1824, 2, p. 362, pl. 54, fig. 13-15 (non Linné). *C. variculosum*, Nyst., pl. 42, fig. 9. Montmorency, le parc de Versailles, à la Ménagerie, Jeur près d'Étampes; Klein-Spauwen.

*233. **dentatum,** Defr., Desh., 1824, 2, p. 363, pl. 54, fig. 22-24. Montmorency, le parc de Versailles, à la Ménagerie, Jeur près d'Étampes; Allemagne, Alzey.

*234. **Lamarckii,** Desh., 1824, 2, p. 410, pl. 59, fig. 27, 28. Montmorency, Meulière, Serans, la Croix-St-Ouen (Oise).

*235. **elegans,** Desh.,1824, 2, p. 387, pl. 51, fig. 10-12. *C. margaritaceum*, Nyst., Belgique. Le parc de Versailles, à la Ménagerie; Klein-Spauwen.

*236. **conoïdale,** Lamk., Ann. du Mus., t. 3, p. 350, n° 35, Anim. s. vert., t. 7, p. 84, n. 35. Desh., 1824, 2, p. 425, pl. 61, fig. 5-8. Le parc de Versailles, à la Ménagerie, Pontchartrain.

237. **Coquandianum,** Mathéron, 1843, Catalog., p. 245, pl. 40, fig. 5. France, Aix (Bouches-du-Rhône).

238. **concisum,** Mathéron, 1843, Catalog., p. 245, pl. 40, fig. 6. Venelles (Bouches-du-Rhône).

239. **Palinurus,** d'Orb., 1847. *C. provinciale*, Mathéron, 1843, Catalogue, p. 246, pl. 40, fig. 7, 8 (non d'Orb., 1842). France, Venelles (Bouches-du-Rhône).

240. **Lauræ,** Mathéron, 1843, p. 246, pl. 40, fig. 9, 10. Aix.

*241. **Ceres,** d'Orb., 1847. *C. lemniscatum*, Gratteloup, 1847, Conch. foss. Cerithium, pl. 2, n° 18, fig. 21 (non Brongn., 1823). France, Dax, Gaas.

242. **incertum,** Gratteloup, 1847, pl. 2, n° 18, fig. 25. Dax, Gaas, Lesbarritz.

243. **subparvulum,** d'Orb., 1847. *C. parvulum*, Gratteloup, 1847, pl. 2, n° 18, fig. 32 (non Koninck, 1847). Dax, Gaas.

244. **turellum,** Gratteloup, 1847, pl. 2, n° 18, fig. 30. Dax, Gaas.

245. **ocirrhoe,** d'Orb., 1847. *C. Koninckii*, Gratteloup, 1847, pl. 2, n° 18, fig. 1, 5 (non d'Archiac, 1843). Dax, Gaas.

246. **nassoides,** Gratteloup, 1847, pl. 1, n° 17, fig. 20. Dax, Gaas, Lesbarritz.

*247. **subterebellum,** d'Orb., 1847. *C. terebellum*, Gratteloup, 1847, pl. 1, n° 17, fig. 24 (non Brocchi, 1814). Dax, Gaas.

248. **Orthesianum,** d'Orb., 1847. *C. spinosum*, var. A. Gratt., 1847, pl. 1, fig. 1 (exclus. fig. 30. Non Deshayes). Orthez (Landes).

249. **Boryanum,** Gratteloup, 1847, pl. 2, n. 18, fig. 12. Dax, Gaas, Lesbarritz.

*250. **pseudo-spinosum,** d'Orb., 1847. *C. spinosum*, Gratteloup, 1847, pl. 1, n° 17, fig. 1, 30 (non Desh., 1824). Orthez.

251. **subclathratum,** d'Orb., 1847. *C. clathratum*, Gratteloup, 1847, pl. 1, n° 17, fig. 14 (non Deshayes). Dax, Gaas.

252. **submutabile,** d'Orb., 1847. *C. mutabile*, Gratteloup, 1847, Cerith., pl. 1, n° 17, fig. 18 (non Lam.). Dax, St-Paul, Blaye?

253. **Testasii,** Gratteloup, 1847, Suppl., pl. 3, n° 48, fig. 3. Dax, Gaas, Testas.

254. **subtrochleare,** d'Orb., 1847. *C. trochleare*, Gratteloup, 1847, pl. 1, n° 17, fig. 8, 26 (non Lamarck, 1804). Dax, Gaas, Cazordite.

255. **impressum,** Gratteloup, 1847, Cerith. suppl., pl. 3, n° 48, fig. 5. Dax, Gaas, Lesbarritz.

*256. **subconoideum,** d'Orb., 1847. *Citherium conoideum*, Gratteloup, 1847, Suppl., pl. 3, n° 48, fig. 6 (non Lamarck, 1804). Dax, Gaas, Lesbarritz.

257. **Lesbarritziensis,** Gratteloup, 1847, Suppl., pl. 3, n° 48, fig. 9. Dax, Gaas, Lesbarritz.

*258. **gibberosum,** Gratteloup, 1847, pl. 2, n. 18, fig. 3, 26. Dax, Gaas, Bordeaux.

*259. **Bellardi,** Gratteloup, 1847, pl. 2, n° 18, fig. 4. Dax, Gaas.

259'. **Henckelii,** Nyst., 1843, Belg., p. 540, pl. 41, fig. 12. Klein-Spauwen.

*259''. **subtricinctulum,** d'Orb., 1849. *C. tricinctum*, Nyst. (non Brander). Klein-Spauwen.

COLUMBELLA, Lam., 1801.

260. **turgidula,** d'Orb., 1847. *Mitra turgidula*, Gratteloup, 1845, Colomb., pl. 1, fig. 23 (non Brocchi, 1814). France, Dax, Saubrigues; Turin.

BUCCINUM, Linné, 1758.

*260'. **Gossardii,** Nyst., 1843, Belgiq., p. 578, pl. 43, fig. 15. Klein-Spauwen, Hoesselt, le Bolderberg et Boom, Neerepen, Lethen.

*260''. **suturosum,** Nyst., 1843, Belgiq., p. 579, pl. 43, fig. 16. Kleyn-Spauwen, Hoesselt, le Bolderberg et Boom, Grimittingen.

261. **costellatum,** Gratteloup, 1845, Buccin., pl. 1, fig. 42. Dax, Gaas, Lesbarritz.

TEREBRA, Lamarck, 1801.

*262. **melaniana,** Gratteloup, 1845, Conch. foss. Terebra, pl. 1, fig. 23. France, Dax, Abesse.

MORIO, Montfort, 1810. *Cassidaria*, Lam., 1811.

262'. **Nystii,** d'Orb., 1847. *Cassidaria Nystii*, Kickx, Nyst., Belgique, pl. 44, fig. 5. Klein-Spauwen, Boom.

262''. **subambiguus,** d'Orb., 1847. *Cassidaria ambigua*, Nyst., 1843, pl. 43, fig. 3 (exclus. Syn. Non *Buccinum ambiguum*, Brander). Vliermael.

HARPA, Lamarck, 1801.

263. **submutica,** d'Orb., 1847. *H. mutica*, Gratteloup, 1847, Conch. foss. Harpa, suppl., pl. 1, n° 46, fig. 21, 22 (non Lamarck, 1804). France, Dax, Gaas, Lesbarritz.

CASSIS, Bruguière, 1791.

264. elegans, Grateloup, 1845, Conch. foss. Cassis, pl. 1, fig. 1. Dax, Gaas, Lesbarritz.

CAPULUS, Montfort, 1810. Voy. vol. 1, p. 31.

265. anciliformis, d'Orb., 1847. *Pileopsis anciliformis*, Grateloup, 1845, Conch. foss. fissur., pl. 1, fig. 40, 41, 42, 43. France, Dax, Gaas.

INFUNDIBULUM, Montfort, 1810. Voy. vol. 2, p. 232.

'266. crassiusculum, d'Orb., 1847. *Calyptræa crassiuscula*, Grateloup, 1845, Conch. foss. calyptreis, pl. 1, fig. 64, 65. France, Dax, Soustons.

266'. striatellum, d'Orb., 1847, *Calyptræa striatella*, Nyst., 1843, Belgiq., p. 362, pl. 36, fig. 4. *Calyptræa lamellosa*, Nyst., 1836 (non Desh., 1824). France, Jeur; Klein-Spauwen, Hoesselt, le Bolderberg et Boom.

266''. sublævigatum, d'Orb., 1847. *Calyptræa lævigata*, Nyst., pl. 35, fig. 12 (non Desh., 1824). Kleyn-Spauwen.

FISSURELLA, Bruguière, 1791.

267. intermedia, Grateloup, 1845, Conch. foss. fissurelles, pl. 1, fig. 27, 28. France, Dax, Gaas (Landes).

'268. clypeata, Grateloup, 1845, pl. 1, fig. 23, 24, 25, 26. Dax, Gaas.

EMARGINULA, Lamarck, 1801. Voy. vol. 1, p. 197.

269. subclathrata, d'Orb., 1847. *E. clathrata*, Grateloup, 1845, Conch. foss. Emarginules, pl. 1, fig. 11, 12, 13, 14 (non Deshayes, 1824). Dax, Gaas, Lesbarritz.

HELCION, Montfort, 1810. Voy. vol. 1, p. 9.

'270. subcostaria, d'Orb., 1847. *Patella costaria*, Grateloup, 1845, Conch. foss. patelles, pl. 1, fig. 6, 7 (non Deshayes, Paris). Dax, Gaas.

271. acuminata, d'Orb., 1847. *Patella acuminata*, Grateloup, 1845, pl. 1, fig. 8, 9, 10. Dax, Gaas.

BULLA, Linné, 1758.

'272. minuta, Desh., 1824, 2, p. 43, pl. 5, fig. 16, 17, 21. Parc de Versailles, à la Ménagerie.

273. plicatula, Grateloup, 1847, Conch. foss. Bulla, pl. 1, n° 2, fig. 23, 24, 25. Dax, Gaas, Lesbarritz.

274. crassatina, Grateloup, 1847, pl. 1, n° 2, fig. 26. Dax, Gaas, Lesbarritz.

'275. marginata, Grateloup, 1847, pl. 1, n° 2, fig. 27, 28. Dax, Gaas, Lesbarritz.

276. fallax, Grateloup, 1847, pl. 1, n° 2, fig. 19, 20. Dax, Gaas, au Tartas.

'277. cancellata, Grateloup, 1847, pl. n° 2, fig. 21, 22. Dax, Gaas, Lesbarritz.

DENTALIUM, Linné, 1758. Voy. vol. 1, p. 73.

'277'. Nystii, d'Orb., 1847. *D. grande*, Nyst., 1843, Belgique, pl. 35, fig. 1 (non Deshayes, 1825). Klein-Spauwen, Hoesselt, Lethen; Jeur.

MOLLUSQUES LAMELLIBRANCHES.

PANOPÆA, Menard, 1807. Voy. vol. 1, p. 164.
277''. suboblata, d'Orb., 1847. *P. oblata*, Nyst., 1843, Belgique, p. 76 (non Sow.). Boom.
*'277'''. **subintermedia,** d'Orb., 1849. *P. intermedia*, Nyst., pl. 1, fig. 10, p. 54 (non Desh). Belgique, Klein-Spauwen.
DONACILLA, Lamarck, 1801. Voy. p. 75.
?277 a. **donaciformis,** d'Orb., 1847. *Ligula donaciformis*, Nyst., 1843, Belgique, p. 92, pl. 4, fig. 9. Klein-Spauwen? Lethen? Heerderen?
TELLINA, Linné, 1758.
277 b. **subrostralis,** d'Orb., 1847. *T. rostralis*, Nyst., 1843, Belgique, p. 113, pl. 5, fig. 6 (non Lamarck, 1806). Lacken.
DONAX, Linné, 1758.
277 c. **Stoffelsii,** Nyst., 1843, p. 117, pl. 6, fig. 3. Belgique, Bolderberg près Hoesselt.
VENUS, Linné, 1758. Voy. t. 2, p. 15.
*'277 d. **Kickxii,** Nyst., 1843, Belgiq., p. 176, pl. 13, fig. 3. Klein-Spauwen, Vieux-Jonc.
*'277 e. **Nystii,** d'Orb., 1847. *V. meroe*, Nyst., 1843, Belgiq., p. 181, pl. 13, fig. 6. Kleyn-Spauwen, Hoesselt, le Bolderberg et Boom, Bolderberg, Vliermael; Westphalie, Bunde?
*'277 f. **sublævigata,** Nyst., 1843, p. 166, pl. 12, fig. 1. Klein-Spauwen, Hoesselt.
277 g. **Westendorpii,** Nyst., 1843, p. 183, pl. 18, fig. 8. Klein-Spauwen.
*'278. **incrassatoides,** Nyst., 1847. *Cytherea incrassata*, Desh., 1824, 1, p. 136, pl. 22, fig. 1, 2, 3 (non Sow., 1817). Klein-Spauwen; Pontchartrain, le parc de Versailles, Orsay, Jeur (Seine-et-Oise), Montmeillan (Oise).
278'. Bosquetii, Hebert, 1849. *V. sulcataria*, Nyst., 1843, Belgiq., pl. 11, fig. 5 (non Desh). Grimittingen, Hoesselt.
CYCLAS, Bruguière, 1791. Voy. vol. 2, p. 60.
279. Gargasensis, Mathéron, 1842, Catal., p. 147, pl. 14, fig. 6. Gargas (Vaucluse), Aix (Bouches-du-Rhône).
280. Aquensis, Mathéron, 1842, p. 148, pl. 14, fig. 8, 9. Aix.
281. Coquandiana, Mathéron, 1842, p. 147, pl. 14, fig. 7. Gargas (Vaucluse), Aix (Bouches-du-Rhône).
?282. **subpisum,** d'Orb., 1847. *C. pisum*, Mathéron, 1842, p. 148, pl. 14, fig. 10, 11 (non Desh., 1824). Martigues, la Chapelle-St-Julien.
?283. **globosa,** d'Orb., 1847. *Cyrena globosa*, Mathéron, 1842, p. 148, pl. 14, fig. 12, 13. France, Martigues (B.-du-Rhône), Cadière, le Beausset (Var).
?284. **Ferussaci,** d'Orb., 1847. *Cyrena Ferussaci*, Mathéron, 1842, p. 149, pl. 14, fig. 14, 15. Martigues (B.-du-Rhône).
*'284'. **semistriata,** d'Orb., 1847. *Cyrena semistriata*, Desh., 1830,

Nyst., Belgique, p. 143, pl. 7, fig. 3, 4. Belgique, Klein-Spauwen, Looz, Vliermael, Colmont, etc., forêt de Hallatte (Oise).

CORBULA, Bruguière, 1791. Voy. vol. 1, p. 275.

*284 a. **Henckelinsiana,** Nyst., 1843, Belgiq., p. 63, pl. 2, fig. 3. Klein-Spauwen, Hoesselt, le Bolderberg, Boom, Lethen, Vliermael, Looz, prov. de Limbourg ; France, Jeur.

*284 b. **triangula,** d'Orb., 1847. *Corbulomya triangula*, Nyst., 1843, Belgiq., p. 61, pl. 1, fig. 12. Kleyn-Spauwen, Hoesselt, Rickhoven, Heerderen, Neerepen ; Limbourg, Weinheim, duché de Bade.

*284 c. **subpisum,** d'Orb., 1849. *Corbula pisum*, Nyst. (non Sow.). Klein-Spauwen.

ASTARTE, Sow., 1818.

*284 d. **Kickxii,** Nyst., 1843, p. 157, pl. 10, fig. 3. Belgique, Hoesselt, le Bolderberg et Boom, Baesele, Schelle, Rupelmonde, Lethen ; Limbourg, Griffel, près Winterswick, dans la Gueldre.

284 e. **Bosquetii,** Nyst., 1843, p. 158, pl. 6, fig. 16. Belgique, Hoesselt, le Bolderberg et Boom, Vliermael.

*284 f. **Henckelinsiana,** Nyst., 1843, p. 154, pl. 9, fig. 4. *A. Basterotii*, Goldf., p. 194, pl. 135, fig. 1 (non la Jonkaire). Belgique, Lacken, Klein-Spauwen, Colmont, Hoesselt, Jette, env. de Bruxelles.

*284 g. **trigonella,** Nyst., 1843, p. 161, pl. 6, fig. 18. Belgique, Klein-Spauwen et Hoesselt.

CRASSATELLA, Lamarck, 1801. Voy. vol. 2, p. 77.

284 h. **intermedia,** Nyst., 1843, p. 85, pl. 4, fig. 2. Hoesselt, le Bolderberg et Boom, Vliermael.

CARDITA, Bruguière, 1791. Voy. t. 2, p. 77.

*284 i. **latisulca,** Nyst., 1843, p. 209, pl. 15, fig. 5. Belgique, Hoesselt, le Bolderberg et Boom.

284 j. **Kickxii,** Nyst., 1839, 1843, p. 210. *Venericardia deltoidea*, Nyst., 1835 (non Sow.). *Venericardia orbicularis*, Kouinck, 1837 (non Sow.). Belgique, Boom, Schelle, Baescle, Rupelmonde, Hoesselt, le Bolderberg et Boom, Vliermael, Lethen.

*284 k. **Omaliana,** Nyst., 1843, p. 212, pl. 16, fig. 8. *Venericardia chamæformis*, Nyst., 1836 (non Sow.). *C. orbicularis*, Goldf., pl. 134, fig. 1 (non Sow., 1825). Belgique, Klein-Spauwen, Hoesselt ; Prusse, Egeln, près Magdebourg et Bunde ?

CYPRINA, Lamarck, 1812. Voy. t. 1, p. 173.

*285. **rotundata,** Braun, Agass., 1845, Icon. des coq. tert., p. 53, pl. 14. Alzey, près Mayence.

*285'. **Nystii,** Hebert, 1849. *C. scutellaria*, Nyst., 1843, Belgique, p. 145, pl. 7, fig. 5, pl. 8, fig. 1 (non *scutellaria*, Lamarck, 1806). Ces deux espèces n'ont pas la même forme). Klein-Spauwen, Hoesselt.

*285". **neglecta?,** d'Orb., 1847. *Erycina neglecta*, Nyst., 1843, p. 89, pl. 3, fig. 134. Belgique, Klein-Spauwen, Looz, le Vieux-Jonc, Hoesselt et Heerderen (Limbourg).

LUCINA, Bruguière, 1791. Voy. t. 1, p. 76.

*286. **squamosa,** Lamk., Ann. du Mus., t. 7, p. 240, n. 10, et t. 12, pl. 42, fig. 10. Desh., 1824, 1, p. 106, pl. 17, fig. 12, 13, 14. Longjumeau, le parc de Versailles.

*286'. **Thierensii,** Hebert, 1849. *L. albella*, Nyst., 1844, pl. 5, fig. 8 (non Lam.). Belgique, Klein-Spauwen, Juirre.

*286''. **striatula,** Nyst., 1843, p. 131, pl. 4, fig. 9. France, Jeur; Belgique, Klein-Spauwen, Looz, Heerderen, Limbourg.

*286'''. **gracilis,** Nyst., 1843, p. 132, pl. 6, fig. 8. Belgiq., Hoesselt, le Bolderberg et Boom, Vliermael, Lethen.

*286 a. **subangulata,** d'Orb., 1847. *Axinus angulatus*, Nyst., 1843, p. 141, pl. 6, fig. 13 (non Sow., 1821). Belgique, Hoesselt, le Bolderberg et Boom, Baescle.

*286 b. **tenuistria,** Hebert, 1849. *L. uncinata*, Nyst., 1843, Belgique, p. 130, pl. 5, fig. 12 (non Defrance, 1823). Klein-Spauwen, Vieux-Jonc.

*286 c. **Delbosii,** d'Orb., 1847. C'est l'espèce de Morillac (Gironde), rapportée à tort au *Lucina gigantea*, Desh. de l'étage parisien, mais bien plus ovale, et moins ronde.

ERYCINA, Lamarck.

*286 d. **striatula,** Nyst., 1843, p. 90, pl. 4, fig. 7. Bolderberg, Baescle.

ANODONTA, Lamarck, 1801.

287. **Aquensis,** Mathéron, 1843, Catalogue, p. 171, pl. 24, fig. 9. France, Beaulieu, près d'Aix (B.-du-Rhône).

CARDIUM, Bruguière. Voy. t. 1, p. 33.

287'. **subelegans,** d'Orb., 1847. *C. elegans*, Nyst., 1843, Belgiq., p. 192, pl. 18, fig. 1 (non Münster, 1840). Hoesselt, le Bolderberg et Boom, Vliermael.

*287''. **subtenuisulcatum,** d'Orb., 1847. *C. tenuisulcatum*, Nyst., 1843, Belgiq., p. 191, pl. 14, fig. 7 (non Münster, 1840). France, Jeur; Klein-Spauwen, Hoesselt, le Bolderberg, Boom; Westphalie, Bunde?

287 a. **Raulini,** Hebert, 1849. *C. papillosum*, Nyst., 1843, Belg., p. 194, pl. 11, fig. 6 (non Poli, 1791, exclus. syn. et local.) Klein-Spauwen, Jeurre, Marigny.

287 b. **Nystianum,** d'Orb., 1847. *C. striatulum*, Nyst., 1843, Belgique, p. 195, pl. 11, fig. 7 (non Brocchi, 1814). (Cette espèce nous paraît distincte). Klein-Spauwen.

ISOCARDIA, Lamarck, 1799. Voy. t. 1, p. 182.

287 c. **harpa,** Goldf., Nyst., 1843, Belgiq., p. 199, pl. 16, fig. 2. Bolderberg, en Prusse, envir. de Santen?

287 d. **subtransversa,** d'Orb., 1847. *I. transversa*, Nyst., 1843, Belg., p. 201, pl. 16, fig. 3 (non Münster, 1835). Klein-Spauwen, Hoesselt, le Bolderberg et Boom, Vliermael.

287 e. **submulticostata,** d'Orb., 1847. *I. multicostata*, Nyst., 1843, Belgiq., p. 200, pl. 15, fig. 4 (non Philips, 1829). Hoesselt, le Bolderberg et Boom, Vliermael, Lethen.

287 f. **carinata,** Nyst., 1843, Belgiq., p. 200, pl. 18, fig. 2. Hoesselt, le Bolderberg et Boom, Lethen.

NUCULA, Lam., 1801. Voy. t. 1, p. 12.

287 g. **Archiacana,** Nyst., 1843, Belgiq., p. 234, pl. 24, fig. 1. *N. pectinata*, Nyst., 1835 (non Sow.). Hoesselt, le Bolderberg et Boom, Baescle.

287 h. Chastellii, Nyst., 1843, Belgiq., p. 235, pl. 16, fig. 1. Hoesselt, le Bolderberg et Boom, Baescle.

287 i. Rickholtiana, Nyst., 1843, Belgiq., p. 233, pl. 15, fig. 10. Bolderberg (Limbourg).

***287 j. subtransversa,** Nyst., 1843, Belgiq., p. 227, pl. 17, fig. 7. (exclus. Syn.). Klein-Spauwen, Vliermael, Hoesselt, Rosmeer, dans le Limbourg.

LIMOPSIS, Sassy. Voy. t. 1, p. 280.

***287 k. Goldfussii,** d'Orb., 1847. *Trigonocœlia Goldfussii*, Nyst., 1843, Belgiq., p. 243, pl. 19, fig. 4. *Pectunculus auritus*, Nyst., 1835 (non Brocch.). *Pectunculus minutus*, Goldf. (non Phillipi). Klein-Spauwen, Vieux-Jonc, Colmont, Hoesselt, Looz, Rickhoven ; Allemagne, Bunde?

***287 l. subscalaris,** d'Orb., 1847. *Trigonocœlia scalaris*, Nyst., 1843, Belgiq., p. 242, pl. 19, fig. 2. Hoesselt, le Bolderberg et Boom, Vliermael.

PECTUNCULUS, Lamarck, 1801. Voy. t. 2, p. 80.

***288. angusticostatus,** Lamk., Ann. du Mus., t. 6, p. 216, n. 1 et t. 9, pl. 18, fig. 7. Deshayes, 1824, 1, p. 224, pl. 34, fig. 20, 21. Le parc de Versailles, Pontchartrain, Étampes, Alzey.

***289. subterebratularis,** d'Orb., 1847. *P. terebratularis*, Lamk., Ann. du Mus., t. 6, p. 217, n. 3 (pars). Deshayes, 1824, 1, p. 221, pl. 35, fig. 10, 11. Klein-Spauwen ; Jeur, près d'Étampes (Seine-et-Oise) ; Allemagne, Alzey, près de Mayence.

***290. Goldfussii,** d'Orb., 1847. *P. angusticostatus*, Goldf., 1838, Petref., 2, p. 16, pl. 126, fig. 10 (non Lamarck, 1804). Allemagne, Kreuznach, Alzey et Tongre.

ARCA, Linné. Voy. t. 1, p. 13.

290'. latesulcata, Nyst., 1843, Belgiq., p. 256, pl. 18, fig. 8. Bolderberg.

***290''. sulcicosta,** Nyst., 1843. Belgiq., p. 257, pl. 18, fig. 9. Hoesselt, le Bolderberg et Boom, Vliermael.

290 a. subcancellata, d'Orb., 1847. *A. cancellata*, Van Beneden, 1835, Bull. de zoolog., p. 149 (non Sow., 1827). *A. decussata*, Nyst., 1839, 1843, Belgiq., p. 258, pl. 15, fig. 11 (non Linné, 1767). Hoesselt, le Bolderberg et Boom, Baescle.

DREISSENA, Van Beneden, 1835. *Congeria*, Partsch, 1835.

290 b. Nystiana, d'Orb., 1847. *D. Basteroti*, Nyst., 1843, Belgiq., p. 265, pl. 7 (non Deshayes, Basterot., exclus. Syn.). Klein-Spauwen, Looz (Limbourg).

MYTILUS, Linné, 1758. Voy. t. 1, p. 32.

290 c. subfragilis, d'Orb., 1847. *M. fragilis*, Nyst., 1843, Belg., p. 268, pl. 24, fig. 2 (non Eschwald, 1840). Klein-Spauwen, Looz, le Vieux-Jonc (Limbourg).

PECTEN, Gualtieri, 1742. Voy. t. 1, p. 87.

***290 d. subreconditus**, d'Orb., 1847. *Pecten reconditus*, Nyst., 1843, Belgique, p. 302, pl. 25, fig. 2 (non *Ostrea recondita*, Brander, 1766). Vliermael, Lethen, etc.

290 e. Diomedes, d'Orb., 1847. *P. Deshayesii*, Nyst., 1843, Belg., p. 288, pl. 23, fig. 3 (non Lea, 1833). Klein-Spauwen, Weinheim.

290 f. incurvatus, Nyst., 1843, Belg., p. 289. Hoesselt, le Bolderberg et Boom, Vliermael.

SPONDYLUS, Linné, 1758. Voy. p. 83.

290 g. auriculatus, Nyst., 1843, Belg., p. 300. Hoesselt, le Bolderberg, Boom, Vliermael.

OSTREA, Linné, 1752. Voy. t. 1, p. 166.

'291. callifera, Lamk., Deshayes, 1824, 1, p. 339, pl. 50, fig. 1; pl. 51, fig. 1, 2. *Ostrea hippopus*, Lamk., Ann. du Mus., t. 8, p. 159, n. 2, et t. 14, pl. 21, fig. 1; Nyst., pl. 29, fig. 1. *Ostrea callifera*, Lam., Anim. s. vert., t. 6, p. 218, n. 19; Goldf., pl. 83, fig. 2. Le parc de Versailles, Viroflay; Allem., Alzey, Kreuznach, Dischengen; Belgique, Pietrebais.

'292. cochlearia, Lamk., Ann. du Mus., t. 8, p. 162, n. 8. Desh., 1824, 1, p. 370, pl. 62, fig. 3. Roquencourt, près Versailles, Viroflay; Belgique.

'293. longirostris, Lamk., Ann. du Mus., t. 8, p. 161, n. 9, et t. 14, pl. 21, fig. 9. Deshayes, 1824, 1, p. 351, pl. 54, fig. 7, 8; pl. 60, fig. 1, 2, 3; pl. 61, fig. 8, 9; pl. 62, fig. 4, 5; pl. 63, fig. 1. *O. spatulata*, Lamk., Ann. du Mus., t. 8, p. 163, n. 13, et t. 14, pl. 22, fig. 4. Desh., 1824, 1, p. 353, pl. 62, fig. 6, 7, 8, 9. *O. lamellaris*, Desh., 1824, 1, p. 372, pl. 54, fig. 3, 4. France, Montmartre, Sceaux, Longjumeau, Pontchartrain, parc de Versailles, Viroflay. C'est bien cette espèce qui se trouve dans le calcaire à astéries du bassin pyrénéen, près de Blaye, à Ste-Foy-la-Grande, et partout ailleurs.

'294. cyathula, Lamk., Ann. du Mus., t. 8, p. 163, n. 12. Desh., 1824, 1, p. 369, pl. 54, fig. 1, 2; pl. 61, fig. 1-4. *O. planicosta*, Desh., 1824, 1, p. 368, pl. 55, fig. 4, 5, 6. France, Longjumeau, parc de Versailles, Jeur (Seine-et-Oise).

294'. paradoxa, Nyst., 1843, Belgiq., p. 331, pl. 34, fig. 3. Hoesselt, le Bolderberg et Boom, Baesele, Anvers.

294''. Nystii, d'Orb., 1847. *O. Meadii*, Nyst., 1843, Belg., p. 339 (non Sow., 1819). Bolderberg, arrondissement de Hoesselt.

'294'''. ventilabrum, Goldf., Nyst., 1843, Belgiq., p. 320, pl. 29, fig. 2. Goldf.; 1833, 2, p. 13, n. 31, pl. 76, fig. 4. Hoesselt, le Bolderberg et Boom, Vliermael, Lethen, dans le Limbourg.

'294 a. Belgica, d'Orb., 1847. *O. Bellovacina*, Nyst., 1843, Belg., p. 318, pl. 30, 31, 32, fig. 1 (non Lamarck, 1806, espèce bien distincte). Belgique, Klein-Spauwen, Hoesselt, Lethen. Peut-être le *Ventilabrum*.

MOLLUSQUES BRACHIOPODES

CRANIA, Retzius, 1781.

'295. abnormis, Defr., Goldf., Petref. Germ., pl. 162, fig. 13. France, Terre-Nègre, Bordeaux.

MOLLUSQUES BRYOZOAIRES.

MEMBRANIPORA, Blainville, 1834.

*296. **philostracites,** Michelin, 1845, Iconog. zoophyt., p. 174, pl. 46, fig. 12. France, Longjumeau, Montmartre.

ÉCHINODERMES.

RUNA, Agassiz.

*297. **decemfissa,** Agass., 1847, Cat., p. 81 et Monog. des scutel., p. 33. France, Terre-Nègre, près Bordeaux (Gironde).

SCUTELLA, Lamarck.

*298. **striatula,** Marcel de Serres, Agass., 1847, Cat., p. 76, et Monog. des scutell., p. 81, pl. 18, fig. 1-5. France, Terre-Nègre, Combes près Bordeaux (Gironde), Beaurech, sur la Garonne, Belleville près de Paris.

ECHINARACHNIUS, Van Phels.

299. **porpita,** Agass., Cat., p. 76. *Scutella porpita*, Explic. des planch. de l'Encycl. méth., pl. 152, fig. 3, 4. *Cassidulus porpita*, Desmoulins. Terre-Nègre, près Bordeaux.

VINGT-SIXIÈME ÉTAGE : — FALUNIEN.

(B. — DEUXIÈME SOUS-ÉTAGE : FALUNIEN.)

MOLLUSQUES CÉPHALOPODES.

SPIRULIROSTRA, d'Orb., Moll. viv. et foss., p. 311.
*301. **Bellardii,** d'Orb., 1842. Paléont. univ., pl. 9. Colline de Turin.
NAUTILUS, Breynius, 1732. Voy. vol. 1, p. 52.
*302. **Michelottii,** d'Orb., 1847. *N. Bucklandi*, Michelotti, 1847, Prec. faun. mioc., pl. 15, fig. 6 (non Risso, 1826). Turin.
*303. **Allioni,** Mich., *N. excavatus*, Sismonda, Catalogue, 1847, p. 58 (non Sow., 1826). *N. Allioni*, Mich., Prec. faun. mioc., pl. 15, fig. 1. Turin.
MEGASIPHONIA, d'Orb., 1847. Voy. vol. 2, p. 309.
*304. **Aturi,** d'Orb., 1847. *Aganides Aturi*, d'Orb., 1825, Tab. des céph., p. 71. *Nautilus Aturi*, Basterot, 1825, Mem. Géol., p. 17 (non Syn. Auctorum). *Clymenia Morrisi*, Michelotti, 1848, Prec. mioc., pl. 15, fig. 315. Bordeaux (Gironde), Dax (Landes), Mantelan (Indre-et-Loire); Turin.

MOLLUSQUES GASTÉROPODES.

HELIX, Linné, 1758.
305. **Carryensis,** d'Orb., 1847. *H. Orbigniana*, Mathéron, 1843, Catalogue, p. 198, pl. 33, fig. 10-12 (non Webb., 1839). Carry (B.-du-Rhône).
306. **Michelініana,** Mathéron, 1843, Catalogue, p. 199, pl. 33, fig. 14, 15. Rognes (B.-du-Rhône).
307. **pisum,** Mathéron, 1843, Cat., p. 199, pl. 33, fig. 16, 17. France, Rognes (B.-du-Rhône).
308. **Christolii,** Mathéron, 1843, Catalogue, p. 201, pl. 33, fig. 22, 23. France, Cucuron (Vaucluse).
309. **Dufrenoyii,** Mathéron, 1843, Catalogue, p. 201, pl. 33, fig. 24-26. France, Cucuron (Vaucluse).

310. pseudo-conspurcata, Mathéron, 1843, Catal., p. 202, pl. 33, fig. 27-29. France, Cucuron (Vaucluse).

312. subglobosa, Gratt., 1845, Conch. foss. Helix, pl. 1, fig. 4. Mandillot (Landes).

313. intermedia, Gratt., 1838, Moll. terr., n. 9, pl. 4, fig. 10, 11. St-Paul (Landes).

314. Haveri, Michelotti, 1848, Prec. fauss. mioc., pl. 5, fig. 15. Turin.

BULIMUS, Bruguière, 1791.

315. buccinulus, d'Orb., 1847. *Achatina buccinula*, Gratteloup, 1845, Conch. foss. Ach., pl. 1, fig. 28, 29. Dax, Mandillot.

316. sublubricus, d'Orb., 1847. *B. lubricus*, Gratteloup, 1845, Conch. foss. Bul., pl. 1, fig. 21 (non Brug., 1791). Dax, St-Paul.

PUPA, Draparnaud, 1801.

317. maxima, d'Orb., 1847. *Clausilia maxima*, Gratteloup, 1845, Conch. foss. claus., pl. 1, fig. 20. Dax, Mandillot.

318. subquadridens, d'Orb., 1847. *P. quadridens*, Gratteloup, 1845, Conch. foss. Pup., pl. 1, fig. 18 (non Draparnaud). Dax, Mandillot.

319. substriata, d'Orb., 1847. *P. striata*, Gratteloup, 1845, Conch. foss. Pup., pl. 1, fig. 19 (non Schumacher, 1817). Dax, Mainot.

AURICULA, Lamarck, 1796.

320. pyramidalis, Sow., 1822. Min. Conch., t. 4, p. 109, pl. 379, fig. 12. Nyst., 1843, Belgiq., p. 473, pl. 39, fig. 12. Anvers, Calloo, Stuyvenberg; Angl., Suffolk, Postwick, Thorpe, Sutton, Walton.

321. marginalis, Gratteloup, 1847, Conch. foss. Aur., pl. 1, n. 11, fig. 2. Dax. St-Paul.

322. subpisum, d'Orb., 1847. *Auricula pisum*, Gratteloup, 1847, Aur., pl. 1, n. 11, fig. 3 (non *Voluta pisum*, Brocchi). Dax, St-Paul.

323. subbiplicata, d'Orb., 1847. *A. biplicata*, Gratteloup, 1847, Aur., pl. 1, n. 11, fig. 4, 5 (non Deshayes, 1830). Dax, St-Paul.

324. Turonensis, Desh., Dujard., 1837, Mém. Soc. géol. de France, t. 2, p. 276. Mantelan.

LYMNEA, Lamarck, 1801.

'325. subfragilis, d'Orb., 1847. *L. fragilis*, Gratteloup, 1845, Conch. foss. Lym., pl. 1, fig. 36, 37 (non Montagu, 1804; Brown, 1827). Dax, Mandillot.

326. subinflata, d'Orb., 1847. *L. inflata*, Gratteloup, 1845, Lym., pl. 1, fig. 38 (non Brard). Dax, St-Paul, Mainot.

327. subauricularia, d'Orb., 1847. *L. auricularia*, Gratteloup, 1845, Lym., pl. 1, fig. 39 (non Linné). Dax, Mandillot.

328. pseudo-ovata, d'Orb., 1847. *L. ovata*, Gratteloup, 1845, Lym., pl. 1, fig. 40 (non Draparnaud). Dax, Mandillot.

'329. pseudo-palustris, d'Orb., 1847. *L. palustris*, Gratteloup, 1845, Conch. foss. Lym., pl. 1, fig. 41 (non Gmelin, 1839, non Brongniart). Dax, Mandillot.

330. striatella, Gratteloup, 1845, Lym., pl. , fig. 35. Dax, St-Paul, Mainot.

*331. **peregrina,** Desh., 1838, Mém. Soc. géol. de France, t. 3, p. 63, pl. 5, fig. 8, 9. Crimée.

332. **obtusissima,** Desh., 1838, id., p. 63, pl. 5, fig. 10, 11. Crimée.

333. **velutina,** Desh., 1838, id., p. 64, pl. 5, fig. 12, 13, 14. Crimée.

CHILINA, Gray.

*333'. **antiqua,** d'Orb., 1847, Pal. de l'Am. mér., p. 114, n. 101. Patagonie, embouchure du Rio-Negro.

PLANORBIS, Guettard, 1756.

*334. **Gratteloupi,** d'Orb., 1847. *P. cornu*, Gratteloup, 1845, Conch. foss. Plan., pl. 1, fig. 33 (non Brongniart, 1821. Espèce totalement distincte). Dax, St-Paul, Mandillot.

CYCLOSTOMA, Lamarck, 1801.

*335. **Lemani,** Gratteloup, 1845, Conch. foss. Cyclost., pl. 1, fig. 31, 32. Dax, Mandillot.

336. **Serriana,** Mathéron, 1843, Catal., p. 212, pl. 35, fig. 24, 25. Rognes (B.-du-Rhône).

FERUSSINA, Gratteloup, 1827. *Strophostoma*, Deshayes, 1828.

337. **anostomæformis,** Gratteloup, 1845, Conch. foss. Fer., pl. 1, fig. 12, 13, 14. *Strophostoma lævigata*, Desh., 1828. Dax, St-Paul, Abesse, Quillac, Gaas (Landes); Piémont, Turin.

PALUDINA, Lamarck, 1822.

*338. **achatinoides,** Desh., 1838, Mém. Soc. géol. de France, t. 3, p. 64, pl. 5, fig. 6, 7. Crimée.

PALUDESTRINA, d'Orb., 1839. Voy. vol. 2, p. 300.

339. **subvaricosa,** d'Orb., 1847. *Phasianella varicosa*, Gratteloup, 1845, Conch. foss. Phas., pl. 1, fig. 37, 38, 39, 40. Dax, St-Paul.

*340. **subglobulus,** d'Orb., 1847. *Bulimus globulus*, Gratteloup, 1845, Bul., pl. 1, fig. 22, 23. Dax, St-Paul.

*341. **turrita,** d'Orb., 1847. *Bulimus turritus*, Gratteloup, 1845, Bul., pl. 1, fig. 24, 25. Dax, Mainot.

342. **abbreviata,** d'Orb., 1847. *Paludina abbreviata*, Gratteloup, 1845, Pal., pl. 1, fig. 47, 48. Dax, St-Paul.

*343. **minutissima,** d'Orb., 1847. *Paludina minutissima*, Gratteloup, 1845, Pal., pl. 1, fig. 49, 50. Dax, St-Paul.

344. **planata,** d'Orb., 1847. *Cyclostoma planatum*, Dubois, 1831, Conch. foss., p. 48, pl. 3, fig. 38, 39. Podolie, Krzemienna.

345. **Bialozurkensis,** d'Orb., 1847. *Cyclostoma id.*, Dubois, 1831, id., p. 48, pl. 1, fig. 37, 38. Volhynie, Szuskowce.

346. **rotundata,** d'Orb., 1847. *Cyclostoma id.*, Dubois, 1831, id., p. 48, pl. 1, fig. 39, 40. Volhynie, Szuskowce.

*347. **terebellata,** d'Orb., 1847. *Melania terebellata*, Nyst., 1843, Belgiq., p. 413, pl. 38, fig. 12. Calloo, Stuyvenberg, Anvers; Angleterre.

*348. **suboperta,** d'Orb., 1847. *Littorina suboperta*, Nyst., 1843, Belgiq., p. 388, pl. 37, fig. 1. *Vivipara suboperta*, Sow., 1813, Min. Conch., t. 2, p. 80, pl. 31, fig. 6. Calloo, Stuyvenberg, Anvers; Angleterre, Holywell.

349. rimata, d'Orb., 1847. *Rissoa rimata*, Philippi, 1844, Beitr. zur Kenntn., p. 52, pl. 3, fig. 17. Cassel (Hesse).

MELANIA, Lamarck, 1801.

350. quadristriata, Philippi, 1844, Foss. tert. du N.-E. de l'Allemagne, p. 19. Cassel.

350'. secalina, Philippi, 1844, id., p. 19, pl. 3, fig. 15. Allem., Cassel.

'351. curvicosta, Deshayes, Ed. de Lam., An. s. vert., 8, p. 459. Michelotti, Prec. fauss. mioc., pl. 6, fig. 21. *M. granulosa*, Bonnelli, Mich., Riv. Gast., p. 4. Sismonda, 1847, Syn. meth., p. 55. Piémont, Dertona.

352. oryza, Bonnelli, E. Sismonda, 1847, Syn. meth., p. 31 et p. 55. Dertona.

353. patula, Bonnelli, Bellardi et Michelotti, Sagg. oritt., p. 71, pl. 7, fig. 8, 9. Sismonda, 1847, Syn. meth., p. 55. Piémont, Dertona.

354. semigranosa, Michelotti, Rivist. Gaster., p. 4. Sismonda, 1847, Syn., p. 55. Piémont, Dertona.

MELANOPSIS, Férussac, 1807.

'355. Dufourii, Férussac, 1807, Hauer, 1847, Naturwiss. Abhandl., p. 350. Gratteloup, 1845, Conch. foss. Melan., pl. 1, fig. 60. St-Paul (Landes); Piémont, Dertona, Turin; Autriche, Gonersdorf, Korod.

356. Aquensis, Gratteloup, 1845, Melan., pl. 1, fig. 56, 57, 58. Dax, St-Paul, Mandillot.

357. olivula, Gratteloup, 1845, Melan, pl. 1, fig. 51, 52, 53. Dax, St-Paul, Mandillot.

'358. subbuccinoides, d'Orb., 1847. *M. buccinoides*, Gratteloup, 1845, Melan., pl. 1, fig. 54, 55 (non Férussac, 1823). France, Dax, St-Paul, Mandillot; Vienne.

†359. Ius-haut, d'Archiac, Leym., 1846, Mém. Soc. géol. de France, 2e part., t. 1, pl. 16, fig. 1. Corbières.

'360. Bonellii, E. Sismonda, 1847, Syn. meth., p. 55. *M. carinata*, Bonelli (non Sow.), Denom. ined. Test. mus. Taurin. Piémont, Dertona.

'361. Narzolina, Bonelli, E. Sismonda, 1847, Syn. meth., p. 32 et p. 55. Piémont, Turin.

'362. Martinii, Férussac, Melanopsides foss., pl. 2, fig. 11-13. Autriche, Brunn.

363. Bouei, Férussac, Melanopsides foss., pl. 2, fig. 9, 10. Autriche, Brunn.

RISSOA, Freminville, 1814. Voy. vol. 2, p. 183.

'364. Venus, d'Orb., 1847. *R. cimex*, Gratteloup, 1847, Conch. foss., pl. 1, fig. 55, 56 (exclus. fig. 53, 54). Dax (Landes); Autriche, Steinabrunn.

'365. Moulinsii, d'Orb., 1847. *R. decussata*, Desmoulins, Gratteloup, 1847, Melanien, pl. 1, fig. 49 (exclus. fig. 47, 48). Dax.

366. affinis, Desmoulins. *R. decussata*, Gratteloup, 1845, Melan., pl. 1, fig. 50 (exclus. fig. 47, 48, 49). Dax.

'367. Lachesis, *Turbo Lachesis*, Basterot, 1825, Mem., n. 3. *R. bu-*

limoides, Gratteloup, 1847, Riss., pl. 1, n. 4, fig. 34, 35. Dax, St-Paul, Bordeaux; Autriche, Gainfaren.

368. Oceani, d'Orb., 1847. *R. crenulata*, Gratteloup, 1847, Riss., pl. 1, n. 4, fig. 59, 60 (non Michaud). Dax, St-Paul.

'**369. intermedia,** Gratteloup, 1847, Riss., pl. 1, n. 4, fig. 61, 62. Franco, Dax, St-Paul.

370. nana, d'Orb., 1847. *Paludina nana*, Gratteloup, 1845, Pal., pl. 1, fig. 45, 46. Dax, Gaas, Cazordite.

'**371. subdecussata,** d'Orb., 1847. *R. decussata*, Gratteloup, 1847, Riss., pl. 1, n. 49, fig. 47, 48 (exclus. fig. 49, 50 (non Dujardin, 1835). Dax, Mainot.

'**372. Adela,** d'Orb., 1847. *R. cancellata*, Gratteloup, 1847, Riss., pl. 1, n. 4, fig. 51, 52 (non Desmar.). Dax.

'**373. Mariæ,** d'Orb., 1847. *Rissoa cimex*, Basterot, Gratteloup, 1847, Riss., pl. 1, n. 4, fig. 53,54 (exclus. fig. 55, 56 (non Brocc., 1815). Dax, St-Paul; Autriche, Steinabrunn.

'**374. varicosa,** Bast., p. 37, pl. 1, fig. 2. Philippi, 1844, Foss. tert. du N.-E. de l'Allemagne, p. 19. *R. cancellata*, Gratteloup, 1845, pl. 1, fig. 31 (exclus. fig. 29-31). Bordeaux; Allem., Cassel.

375. perpusilla, Gratteloup, 1847, Riss., pl. 1, n. 4, fig. 40, 41. Dax, St-Paul, Bordeaux.

'**376. costellata,** Gratteloup, 1847, Riss., pl. 1, n. 4, fig. 29, 30 (exclus. fig. 31). Dax, St-Paul, Touraine, Bordeaux.

'**377. curta,** Dujardin, 1837, Mém. Soc. géol. de Franee, t. 2, p. 279, pl. 19, fig. 5. Manthelan (Indre-et-Loire).

378. macrostoma, d'Orb., 1847. *Cancellaria macrostoma*, Dubois, 1831, Conch. foss., p. 32, pl. 3, fig. 36, 37. Volhynie, Szuskowce.

379. Roppii, Desh., 1838, *Melania id.*, Dubois, 1831, id., p. 45, pl. 3, fig. 32, 33. Podolie, Krzemienna.

380. scalare, d'Orb., 1847. *Cyclostoma id.*, Dubois, 1831, Conch. foss., p. 47, pl. 3, fig. 40, 41. Volhynie, Szuskowce.

'**381. Calliopæa,** d'Orb., 1847. *Rissoa nana*, Gratteloup, 1847, Riss., pl. 1, n. 4, fig. 26, 27 (non *Paludina nana*, Gratteloup, pl. 1, fig. 45, 46). Dax, St-Paul, Touraine, Bordeaux.

'**382. Gratteloupi,** de Basterot, 1825, Bordeaux, n. 4. Gratteloup, 1847, Riss., pl. 1, n. 4, fig. 28. Dax, St-Paul, Touraine, Bordeaux.

383. planaxoides, Desmoulins, Gratteloup, 1847, Riss., pl. 1, n. 4, fig. 36, 37 (exclus. fig. 38). Dax, St-Paul.

'**384. Desmoulinsii,** d'Orb., 1847. *R. planaxoides*, Gratteloup, Rissoa, pl. 1, fig. 38 (exclus. fig. 36, 37). *R. macrostoma*, Desmoulins (non Dubois, 1831). Dax.

385. ovulum, Philippi, 1844, Beitr. zur Kenntn., p. 51, pl. 3, fig. 12. Cassel (Hesse).

386. interrupta, Philippi, 1844, id., p. 52, pl. 3, fig. 13. Cassel.

387. unidentata?, Philippi, 1844, id., p. 52, pl. 3, fig. 14. Cassel.

RISSOINA, d'Orb., 1839. Voy. vol. 1, p. 297.

'**388. subcochlearella,** d'Orb., 1847. *Rissoa cochlearella*, Bast., 1825, Bordeaux, n. 1. Gratteloup, 1847, Riss., pl. 1, n. 4, fig. 17, 18 (exclus. fig. 19, 20, 21, 22, 23, 24, 25. Non Lamarck). Dax, St-Paul, Touraine, Bordeaux ; Autriche, Gainfaren.

389. Grateloupi, d'Orb., 1847. *Rissoa cochlearella*, Gratteloup, 1847, id., pl. 1, fig. 19, 20 (exclus. fig. 17, 18, 22-25). Dax.

389'. Burdigalensis, d'Orb., 1847. *Rissoa cochlearella*, Gratteloup, 1847, id., pl. 1, fig. 22, 23 (exclus. fig. 17-20, 24, 25). Dax, Bordeaux.

390. Moulinsii, d'Orb., 1847. *Rissoa cochlearella*, Gratteloup, 1847, id., pl. 1, fig. 24, 25 (exclus. fig. 17-23). Dax.

390'. subpusilla, d'Orb., 1847, *Rissoa pusilla*, Gratteloup, 1847, Riss., pl. 1, n. 4, fig. 32, 33 (non Brocchi, 1814). Dax, St-Paul.

'391. decussata, d'Orb., 1847. *Rissoa decussata*, Dujard., 1837, Mém. Soc. géol. de France, t. 2, p. 279, pl. 19, fig. 23. Manthelan (Indre-et-Loire).

'392. pusilla, d'Orb., 1847. *Rissoa pusilla*, Desh., Lam., An. s. vert., 8, p. 479. *Pupa pusilla*, Brocc., Conch. subap., p. 381, pl. 6, fig. 5. Sismonda, 1847, Syn. meth., p. 53. Piémont, Turin.

SCALARIA, Lamarck, 1801. Voy. vol. 2, p. 2.

'393. terebralis, Michelin, 1831, Mag. de zoologie, pl. 34. *S. communis*, Gratteloup, 1845, Scal., pl. 1, fig. 1, 2 (non Lamarck, exclus. fig. 3). Dax, St-Paul, Cabanes, Mainot, Bordeaux.

'394. subscalaris, d'Orb., 1847. *S. communis*, Gratteloup, Scalaires, pl. 1, fig. 3 (exclus. fig. 42). Dax.

'395. multilamellata, Basterot, 1825, Coq. foss., Bordeaux, p. 31, n. 3, pl. 1, fig. 15. Gratteloup, Scal., pl. 1, fig. 8. *S. rugosa*, Mathéron, 1843, Cat., p. 233, pl. 39, fig. 2. St-Paul, Bordeaux, Carry (B.-du-Rhône).

396. crassicostata, Desh., Gratt., Cat., n. 229. *S. multilamellata*, Gratteloup, 1847, Coq. foss., pl. 1, fig. 9 (exclus. fig. 8). Dax, Bordeaux.

'397. subspinosa, Gratteloup, 1845, Scal., pl. 1, fig. 10. Dax, St-Paul, Bordeaux.

'398. subcancellata, d'Orb. *S. cancellata*, Gratteloup, 1845, Scal., pl. 1, fig. 11 (non Blainv., 1827). Dax, St-Paul.

399. pulchella, Bivon, *S. crispa*, Gratteloup, 1845, Scal., pl. 1, fig. 4 (non Lamarck, 1804, exclus. Syn.). Dax, St-Paul; Piémont.

400. striata, Defrance, 1827, Gratteloup, 1845, Scal., pl. 1, fig. 6, 7 (exclus. Syn.). Dax, St-Paul.

401. similis, Sow., 1813, Min. Conch., t. 1, p. 49, pl. 16, fig. 1. Angl., Bramerton, près de Norwick, Holywell, près d'Ipswich.

'402. subulata, Sow., 1823, Min. Conch., t. 4, p. 125, pl. 390, fig. 1. Nyst., pl. 38, fig. 8. Angl., Suffolk; Belgique, Anvers, Calloo.

'403. foliacea, Sow., 1823, t. 4, p. 125, pl. 390, fig. 2. Suffolk.

404. minuta, Sow., 1823, t. 4, p. 125, pl. 390, fig. 3. Suffolk.

'405. frondosa, Sow., 1827, Min. Conch., t. 6, p. 149, pl. 577, fig. 1. Nyst., pl. 38, fig. 7. Angl., Sutton; Belgique, Anvers.

406. Duboisiana, d'Orb., 1847. *Scalaria pseudo-scalaris*, Dubois, 1831, Conch. foss., p. 43, pl. 2, fig. 36, 37 (non Brocchi). Volhynie, Szuskowce.

'**407. rugulosa,** Sowerby in Darw., 1846, South. Americ., p. 255, pl. 3, fig. 42, 43. San Julian (Patagonie).

'**408. disjuncta,** Bronn., It. tert. geb., p. 66. *Scalaria oblita*, Michelotti, Rivist. Gaster., p. 10. Sismonda, 1847, Syn. meth., p. 53. Sismonda, 1847, Syn. meth., p. 54. Piémont, Dertona.

'**409. lamellosa,** Sismonda, 1847, Syn. meth., p. 54. *Turbo lamellosa*, Brocc. Conch. subap., p. 379, pl. 7, fig. 2. Turin, Dertona.

'**410. lanceolata,** Bronn., It. tert. geb., p. 66. *Turritella lanceolata*, Brocc., 1814, Conch. subap., p. 375, pl. 7, fig. 7. Sismonda, 1847, Syn. meth., p. 54. Dertona.

'**412. retusa,** Bellardi et Michelotti, Sagg. oritt., pl. 6, fig. 14, 15. Sismonda, 1847, Syn. meth., p. 54. *Turbo retusus*, Brocc., Conch. subap., p. 380. Turin, Dertona.

413. subreticula, d'Orb., 1847. *S. reticula*, Michelotti, Prec. faun. mioc., pl. 6, fig. 13. Sismonda, 1847, Syn. meth., p. 54 (non Sow., 1827). Turin.

'**414. scaberrima,** Michelotti, Rivist. Gaster., p. 9. Prec. faun. mioc., pl. 6, fig. 9, 10. *Scalaria fimbriata*, Bonelli, Sismonda, 1847, Syn. meth., p. 54. Turin, Dertona.

415. spinosa, Bonelli, Denom. ined. Test. Mus. Taurin. Sismonda, 1847, Syn. meth., p. 54. Dertona.

'**416. torulosa,** Defr., Bronn., It. tert. geb., p. 66. *Turritella torulosa*, Brocc., Conch. subap., p. 377, pl. 7, fig. 4. Sismonda, 1847, Syn. meth., p. 54. *Scalaria rudis*, Philippi, 1844, Beitr., p. 21, pl. 3, fig. 27. Turin, Dertona; Cassel (Hesse).

417. insignis, Leunis, Philippi, 1844, Beitr. zur Kenntn., p. 54, pl. 3, fig. 21. Cassel (Hesse).

418. amœna, Philippi, 1844, Beitr., p. 54, pl. 3, fig. 23. Cassel.

419. pusilla, Philippi, 1844, Beitr., p. 54, pl. 3, fig. 29. Cassel.

'**421. acicula,** Lea, 1845, Descrip. new. foss. tert., p. 33, pl. 36, fig. 65. États-Unis, Petersburg, Virginia.

'**422. cornigera,** Lea, 1843, Descrip. new. foss. tert., p. 33, pl. 36, fig. 66. États-Unis, Petersburg, Virginia.

'**423. micropleura,** Lea, 1843, Descrip. new. foss. tert., p. 34, pl. 36, fig. 67. États-Unis, Petersburg, Virginia.

'**424. microstoma,** Lea, 1843, Descrip. new. foss. tert., p. 34, pl. 36, fig. 68. États-Unis, Petersburg, Virginia.

TURRITELLA, Lamarck, 1801. Voy. vol. 2, p. 68.

'**425. Venus,** d'Orb., 1847. *T. vermicularis*, Gratteloup, 1845, Turr., pl. 1, fig. 4 (exclus. fig. 8, non Brocchi). Dax, St-Paul.

'**426. terebralis,** Lamarck, 1822, Gratteloup, 1845, Turr., pl. 1, fig. 1, 2 (exclus. fig. 3). Basterot, 1825, pl. 1, fig. 14. Dax, St-Paul, Bordeaux; Piémont, Turin.

'**427. cathedralis,** Alex. Brong., 1823, Vicentin, pl. 4, fig. 6. Bast., n. 6. Gratteloup, 1845, Turr., pl. 2, fig. 1-4. Dax, St-Paul, Bordeaux; Piémont, Turin.

428. cingulata, Gratteloup, 1845, Turr., pl. 2, fig. 16. Dax, St-Paul.

'**429. Eryna,** d'Orb., 1847. *T. imbricataria*, Gratteloup, 1845, Turr., pl. 2, fig. 17 (non Lamarck, 1804). Dax, St-Paul.

'**430. turris,** Bast., 1825, Bordeaux, pl. 1, fig. 11. Gratteloup, 1845, Conch. foss. Turr., pl. 1, fig. 9. Dax, St-Paul, Bordeaux.

'**431. subtriplicata,** d'Orb., 1847. *T. triplicata*, Gratteloup, 1845, Turr., pl. 1, fig. 10 (non Brocchi). Nyst., pl. 37, fig. 7, 8. Dax, St-Paul, Bordeaux, Belgique, Anvers.

'**432. quadriplicata,** Basterot, 1825, Bordeaux, pl. 1, fig. 13. Gratteloup, 1845, Turr., pl. 2, fig. 5. Dax, St-Paul, Bordeaux; Piémont, Turin; Autriche, Gainfaren, près de Vienne.

433. bistriata, Gratteloup, 1845, Turr., pl. 2, fig. 6. Dax, St-Paul.

'**434. clathrata,** Gratteloup, 1845, Turr., pl. 1, fig. 5, 6. *Melania clathrata*, Bast., pl. 4, fig. 12. Dax, St-Paul.

'**435. Doublieri,** Mathéron, 1843, Catalog., p. 242, pl. 39, fig. 18. Aren, St-Mitre (B.-du-Rhône).

'**436. subterebra,** d'Orb., 1847. *T. terebra*, Sow., 1827, Min. Conch., 6, p. 125, pl. 565, fig. 3 (non Lamarck). Angleterre, Suffolk.

437. incrassata, Sow., 1814, t. 1, p. 109, pl. 51, fig. 6. Holywell.

'**438. frondosa,** Sow., Min. Conch., 1827, t. 6, p. 149, pl. 577, fig. 1. Nyst., 1843, Belgiq., p. 393, pl. 38, fig. 7. Belgique, Anvers, Calloo, Stuyvenberg; Angleterre, Sutton.

439. subulata, Sow., 1825, Min. Conch., t. 4, p. 125, pl. 390, fig. 1. Nyst., 1843, Belgiq., p. 394, pl. 38, fig. 8. Anvers, Calloo, Stuyvenberg; Angleterre, Ramsholt, Sutton.

'**440. subarchimedis,** d'Orb., 1847. *T. Archimedis*, Dubois, pl. 2, fig. 21. Hauer, 1847, Naturwiss. Abhandl., p. 350 (non Brongniart, 1823). Autriche, Korod.

?**442. acuticarinata,** Dunker, 1847, Palæontographica, n. 1, p. 132, pl. 18, fig. 10. Java.

'**443. triplicata,** Brocc., Conch. subap., p. 369, pl. 6, fig. 14. Sismonda, 1847, Syn. meth., p. 55. Dertona.

'**444. subangulata,** Brocc., Conch. subap., p. 374, pl. 6, fig. 16. *T. acutangula*, Brocc., p. 368, pl. 6, fig. 10. Sismonda, 1847, Syn. meth., p. 55. Piémont, Turin, Dertona; Autriche, Vienne.

'**445. biplicata,** Bronn., It. tert. geb., p. 53. *Turbo duplicatus*, Brocchi, Conch., p. 367, pl. 6, fig. 18. Sismonda, 1847, Syn. meth., p. 54. Dertona, Turin.

'**446. Brocchii,** Bronn., It. tert. geb., p. 53. *T. imbricaria*, Brocc., Conch. subap., p. 371, pl. 6, fig. 12 (non Lamarck). Sismonda, 1847, Syn. meth., p. 54. Turin, Dertona; Autriche, Korod.

'**447. Torinensis,** d'Orb., 1847. *Turbo terebra*, Brocchi, p. 364, pl. 6, fig. 8 (non Lamarck). *T. communis*, Sismonda, 1847, Syn. meth., p. 54 (non Risso, 1845). Turin.

'**448. subvariabilis,** d'Orb., 1847. *T. variabilis*, Conrad (non Defr., 1828). États-Unis.

449. octonarius, Conrad, États-Unis.

'**450. alticostata,** Conrad, États-Unis.

451. laqueata, Conrad, États-Unis.

'**451. æquistriata,** Conrad, États-Unis.

453. plebeia, Say, États-Unis.

454. terstriata, Conrad, États-Unis; île de Wight.

455. scalaria, de Buch, Kasten, Arch., vol. 2, p. 132. Dubois,

1831, Conch. foss., p. 36, pl. 2, fig. 18. Volhynie, Szuskowce, près de Bialozurka.

456. indigena, Eichw., 1830. *T. duplicata*, Dubois, 1831, Conch. foss., p. 37, pl. 2, fig. 19, 20 (non Lam.). Volhynie, Szuskowce, Jukowce, Bilea, etc.

'457. Patagonica, Sowerby in Darw., 1846, South. Amer., p. 256, pl. 3, fig. 48. Port Désiré (Patagonie), Navidad (Chili).

'458. ambulacrum, Sowerby in Darwin, 1846, South. Amer., p. 257, pl. 3, fig. 49. Santa-Cruz, S.-Julian (Patagonie).

'459. Chilensis, Sowerby in Darw., 1846, South. Amer., p. 257, pl. 4, fig. 51. Iles d'Huafo et de Mocha (Chili).

460. pseudo-suturalis, d'Orb., 1847. *T. suturalis*, Sow. in Darw., 1846, South. Amer., p. 257, pl. 3, fig. 50 (non Philips, 1836). Navidad (Chili); archipel de Chonos.

461. angulata, Sow., 1837, Trans. geol. Soc. of London, 2e série, 5, p. 328, pl. 26, fig. 7. Inde, prov. de Cutch, Soomrow.

462. assimilis, Sow., 1837, Trans. geol. Soc. of London, 2e série, 5, p. 328, pl. 26, fig. 8. Inde, prov. de Cutch, Soomrow.

'463. Rippelii, Partsch, Environs de Vienne.

CHEMNITZIA, d'Orb., 1839.

'464. subornata, d'Orb., 1847. *Melania ornata*, Gratteloup, 1847, Mel., pl. 1, n. 4, fig. 2 (non 6, 163). Dax, St-Paul.

465. sublævigata, d'Orb.. 1847. *Melania lævigata*, Dubois, 1831, Conch. foss., p. 46, pl. 3, fig. 28, 29 (non Deshayes). Podolie, Krzemienna; Volhynie, Szuskowce.

466. pupa, d'Orb., 1847. *Melania id.*, Dubois, 1831, id., p. 46, pl. 3, fig. 34, 35. Volhynie, Szuskowce.

467. spiratissima, d'Orb., 1847. *Melania id.*, Dubois, 1831, id., p. 46, pl. 3, fig. 30, 31. Volhynie, Szuskowce.

468. reticulata, d'Orb., 1847. *Melania id.*, Dubois, 1831, id., p. 47, pl. 3, fig. 26, 27. Volhynie, Szuskowce.

469. Leunisii, d'Orb., 1847. *Eulima Leunisii*, Philippi, 1844, Beitr. zur Kenntniss, p. 53, pl. 3, fig. 8. Cassel.

470. quadristriata, d'Orb., 1847. *Eulima quadristriata*, Philippi, 1844, p. 19, pl. 3, fig. 9. Cassel (Hesse).

471. Kochii, Philippi, 1844, Beitr., p. 53, pl. 3, fig. 7. Cassel.

472. terebellum, d'Orb., 1847. *Rissoa terebellum*, Philippi, 1844, Beitr., p. 52, pl. 9, fig. 19. Cassel.

'473. exarata, d'Orb., 1847. *Pasithea exarata*, Lea, 1843, Descrip. new. foss. tert., p. 25, pl. 35, fig. 44. États-Unis, Petersburg, Virginia.

'474. subula, d'Orb., 1847. *Pasithea subula*, Lea, 1843, id., p. 25, pl. 35, fig. 45. Petersburg.

475. ovulum, d'Orb., 1847. *Pasithea ovulum*, Lea, 1843, id., p. 26, pl. 35, fig. 48. Petersburg.

'476. diaphana, d'Orb., 1847. *Pasithea diaphana*, Lea, 1843, id., p. 26, pl. 35, fig. 49. Petersburg.

477. eburnea, d'Orb., 1847. *Pasithea eburnea*, Lea, 1843, p. 25, pl. 45, fig. 46. États-Unis, Petersburg, Virginia.

EULIMA, Risso, 1825. Voy. vol. 1, p. 116.

*478. **subula,** d'Orb., 1847. *Melania nitida,* Basterot, 1825, Grateloup, 1847, Mel., pl. 1, n. 4, fig. 5 (non Lamarck). *Helix subula,* Brocchi, 1814, pl. 3, fig. 5. Dax, St-Paul, Saubrigues, Bordeaux ; Allemagne, Cassel.

*479. **spina,** d'Orb., 1847. *Melania spina,* Gratteloup, 1847, Mel., pl. 1, n. 4, fig. 6, 7, Dax, St-Paul, Bordeaux.

*480. **incerta,** d'Orb., 1847. *Melania incerta,* Gratteloup, 1847, Mel., pl. 1, n. 4, fig. 8, 9. Dax, St-Paul.

*481. **lactea,** d'Orb., 1847. *Melania lactea,* Gratteloup, 1847, Mel., pl. 1, n. 4, fig. 10, 11, 12, 13 (non *M. lactea,* Lam., 1804). Dax, St-Paul, Bordeaux.

*482. **similis,** d'Orb., 1847. *Melania distorta,* Gratteloup, 1847, Mel., pl. 1, n. 4, fig. 14 (non *distorta,* Deshayes. Elle est plus large). Dax, St-Paul, Bordeaux.

483. **Gratteloupi,** d'Orb., 1847. *Rissoa Boscii,* Gratteloup, 1847, Riss., pl. 1, n. 4, fig. 67, 68 (non Payrodeau, 1825). Dax, St-Paul.

484. **terebralis,** d'Orb., 1847. *Rissoa terebralis,* Gratteloup, 1847, Riss., pl. 1, n. 4, fig. 69, 70. Dax, St-Paul.

*485. **lævigata,** d'Orb., 1847. *Pasithea lævigata,* Lea, 1843, Descrip. new. foss. tert., p. 26, pl. 35, fig. 47. États-Unis, Petersburg, Virginia.

NISO, Risso, 1825. *Bonellia,* Deshayes, 1830.

*486. **Burdigalensis,** d'Orb., 1847. *Bonellia terebellata,* Grateloup, 1847, Bonel., pl. 1, n. 4, fig. 15, 16 (non Deshayes, Paris). Dax, St-Paul, Saubrigues. Bordeaux ; Piémont.

487. **minor,** Philippi, 1844, Beitr. zur Kenntn., p. 53, pl. 3, fig. 16. Cassel (Hesse).

488. **subterebellatus,** d'Orb., 1847. *Niso terebellatus,* Bronn. (non *Bulimus terebellatus,* Bast., 1825, p. 23 ; non Lamarck). Nyst., pl. 37, fig. 29. Belgique, Anvers.

PYRAMIDELLA, Lamarck, 1796.

*489. **Gratteloupi,** d'Orb., 1847. *Pyramidella terebellata,* Grat., 1847, Pyr., pl. 1, n° 11, fig. 79, 80 (non Desh., 1828). Nyst., pl. 37, fig. 28. Espèce bien distincte de forme. Dax, Saint-Paul, Bordeaux, Angers, Touraine ; Belgique, Anvers.

*490. **mitrula,** Basterot, 1825, pl. 1, fig. 5. Gratteloup, 1847, Pyr., pl. 1, n° 11, fig. 81. Dax, Saint-Jean-de-Marsac.

491. **Alberti,** Mathéron, 1843, Catalogue, p. 268, pl. 41, fig. 7-9. Cassy (Bouches-du-Rhône).

*492. **suturalis,** Lea, 1843, Descrip. new. foss. tert., p. 32, pl. 36, fig. 68. États-Unis, Petersburg, Virginia.

493. **elaborata,** Lea, 1843, id., p. 33, pl. 36, fig. 64. Petersburg.

494. **arenosa,** Conrad. États-Unis.

PEDIPES, Adanson, 1757.

495. **umbilicata,** d'Orb., 1847. *Auricula umbilicata,* Desh., Dujard., 1837, Mém. Soc. géol. de France, t. 2, p. 276, pl. 19, fig. 20. Env. de Tours.

TURBONILLA, Risso, 1825.

496. **bulimoides,** d'Orb., 1847. *Acteon bulimoides,* Grattel., 1847, Acteon, pl. 1, n° 11, fig. 44, 45. Dax, Saint-Paul.

*497. **subacicula,** d'Orb., 1847. *Acteon acicula,* Gratteloup, 1847, Act., pl. 1, n° 11, fig. 46, 47. Dax, Saint-Paul, Bordeaux.

498. **dubia,** d'Orb., 1847. *Acteon dubia,* Gratteloup, 1847, pl. 1, n° 11, fig. 48, 49, 50. Dax, Saint-Paul, Bordeaux.

*499. **subumbilicata,** d'Orb., 1847. *Acteon subumbilicata,* Gratt., 1847, Act., pl. 1, n° 11, fig. 51, 52. Dax, Saint-Paul.

500. **gracilis,** d'Orb., 1847. *Acteon gracilis,* Gratteloup, 1847, Act., pl. 1, n° 11, fig. 73, 74. Dax, Saint-Paul.

*501. **pseudo-auricula,** d'Orb., 1847. *Acteon pseudo-auricula,* Gratteloup, 1847, Act., pl. 1, n° 11, fig. 75, 76. Dax, Saint-Paul.

502. **pygmæa,** d'Orb., 1847. *Acteon pygmæa,* Gratteloup, 1847, Act., pl. 1, n° 11, fig. 77, 78. Dax, Saint-Paul.

503. **incerta,** d'Orb., 1847. *Acteon incerta,* Gratteloup, 1847, Act., pl. 1, n° 11, fig. 61, 62, 63, 64. Dax.

*504. **Gratteloupi,** d'Orb., 1847. *Acteon spina,* Gratteloup, 1847, Act., pl. 1, n° 11, fig. 65, 66 (non *Pyramidella spina,* Feruss. ; *Auricula spina,* Desh.). Dax, Saint-Paul.

*505. **subcostellata,** d'Orb., 1847. *Acteon costellata,* Gratteloup, 1847, Act., pl. 1, n° 11, fig. 69, 70 (non *costellata,* Dujardin, 1837). Dax, Saint-Paul.

*506. **costellata,** d'Orb. *Tornatella costellata,* Dujard., 1837, Mém. Soc. géol. de France, t. 2, p. 282, pl. 19, fig. 25. Env. de Tours.

507. **subgracilis,** d'Orb., 1847. *Auricula gracilis,* Philippi, 1844, Beitr. zur Kenntniss, p. 73, pl. 3, fig. 6. Allemagne, Cassel (Hesse).

508. **elongata,** d'Orb., 1847. *Chemnitzia elongata,* Philippi, 1844, Beitr., p. 53, pl. 3, fig. 10. Cassel.

509. **subcylindrica,** d'Orb., 1847. *Auricula subcylindrica,* Philippi, 1844, Beitr., p. 73, pl. 3, fig. 11. Cassel.

510. **interstincta,** d'Orb., 1847. *Rissoa interstincta,* Philippi, 1844, Beitr., p. 73, pl. 3, fig. 18. Cassel.

511. **conoidea,** d'Orb., 1847. *Turbo conoideus,* Brocchi, 1814, pl. 16, fig. 2. *Tornatella conoidea,* Nyst., 1843, pl. 37, fig. 27. Belg., Anvers.

*512. **turbinata,** d'Orb., 1847. *Acteon turbinatus,* Lea, 1843, Descrip. new. foss. tert., p. 30, pl. 36, fig. 56. États-Unis, Pétersburg, Virginia.

513. **angulata,** d'Orb., 1847. *Acteon angulatus,* Lea, 1843, Descr., p. 30, pl. 36, fig. 57. Pétersburg.

514. **glans,** d'Orb., 1847. *Acteon glans,* Lea, 1843, Descr., p. 30, pl 36, fig. 58. Pétersburg.

*515. **granulata,** d'Orb., 1847. *Acteon granulatus,* Lea, 1843, Descript., p. 29, pl. 36, fig. 54. Pétersburg.

516. **nitens,** d'Orb., 1847. *Acteon nitens,* Lea, 1843, Descr., p. 31, pl. 36, fig. 60. Pétersburg.

*517. **milium,** d'Orb., 1847. *Acteon milium,* Lea, 1843, Descript., p. 31, pl. 36, fig. 61. Pétersburg.

518. **simplex,** d'Orb., 1847. *Acteon simplex,* Lea, 1843, Descr., p. 32, pl. 36, fig. 62. Pétersburg.

ACTEON, Montfort, 1810. Voy. t. 1, p. 263.

*519. **Burdigalensis,** d'Orb., 1847. *Tornatella semi-striata,* Gratt

1847, Conch. foss. torn., pl. 1, fig. 20, 21 (exclus. fig. 18, 19). Dax, Bordeaux.

*520. **Gratteloupi,** d'Orb., 1847. *Tornatella inflata*, Gratteloup, 1845, Conch. foss. torn., pl. 1, n° 11, fig. 15 (non Desh., 1828). Dax, Saint-Paul, Bordeaux.

*521. **pinguis,** d'Orb., 1847. *Tornatella sulcata*, Gratteloup, 1847, Torn., pl. 1, n° 11, fig. 16, 17 (non *sulcata*, Féruss., Deshayes). Dax, Saint-Paul, Bordeaux.

*522. **semi-striatus,** d'Orb., 1847. *Tornatella semi-striata*, Bast., 1825, n° 3. Gratteloup, 1847, Torn., pl. 1, n° 11, fig. 18, 19 (exclus. fig. 20, 21). Dax, St-Paul, Bordeaux, Plausantin; Piémont, Turin.

523. **ovula,** d'Orb., 1847. *Tornatella miliola*, Gratteloup, 1847, Torn., pl. 1, n° 11, fig. 22, 23 (non Lamarck). Dax, St-Paul.

524. **lævigatus,** d'Orb., 1847. *Tornatella lævigata*, Grattel., 1847, Torn., pl. 1, n° 11, fig. 24, 25. Dax, St-Paul.

525. **ovalis,** d'Orb., 1847. *Tornatella ovalis*, Grattel., 1847, Torn., pl. 1, n° 11, fig. 26-43. Dax, St-Paul.

*526. **striatellus,** d'Orb., 1847. *Tornatella striatella*, Gratteloup, 1847, Torn., pl. 1, n° 11, fig. 27, 28, 29. Dax, St-Paul.

527. **Dargelasii,** d'Orb., 1847. *Tornatella Dargelasii*, Gratteloup, 1847, Torn., pl. 1, n° 11, fig. 37, 38. Dax, St-Paul, Bordeaux.

*528. **ovulina,** d'Orb., 1847. *Tornatella hordeola*, Grattel., 1847, Torn., pl. 1, n° 11, fig. 39, 40, 41, 42 (non *auricula hordeola*, Lamarck). Dax, St-Paul, Bordeaux.

*529. **papyraceus,** d'Orb., 1847. *Tornatella papyracea*, Bast., 1847, Bordeaux, pl. 1, fig. 9. Gratteloup, 1847, Torn., pl. 1, n° 11, fig. 32, 33, 34, 35. Dax, St-Paul, Bordeaux.

530. **clavulus,** d'Orb., 1847. *Tornatella elongata*, Gratteloup, 1847, Torn., pl. 1, n° 11, fig. 36. Dax, St-Paul.

*531. **punctulatus,** d'Orb., 1847. *Tornatella punctulata*, Baster., 1825, pl. 1, fig. 24. Gratteloup, 1847, Torn., pl. 1, n° 11, fig. 11, 12. *T. maculosa*, Gratt. Dax, St-Paul, Bordeaux; Piémont, Turin.

532. **globulosus,** d'Orb., 1847. *Tornatella subglobosa*, Gratt., 1847, Torn., pl. 1, n° 11, fig. 13. Dax, St-Paul.

*533. **subfasciatus,** d'Orb., 1847. *Tornatella fasciata*, Gratteloup, 1847, Torn., pl. 1, n° 11, fig. 14 (non Lamarck). Dax, Saint-Paul, Mainot.

534. **subauricula,** d'Orb., 1847. *Melania auricula*, Gratt., 1847, Mel., pl. 1, n° 4, fig. 4 (non Blainville, 1829). Dax, St-Paul.

*535. **striatus,** Sow., 1824, Min. Conch., t. 5, p. 87, pl. 460, fig. 2, *Tornatella striata*, Nyst., 1843, Coq. tert. de Belg., p. 426, pl. 37, fig. 24. Hérenthals', Anvers; Angl., Sutton (S. Wood).

536. **Noæ,** Sow., 1822, Min. Conch., t. 4, p. 101, pl. 374. *Tornatella Noæ*, Nyst., 1843, Belg., p. 424, pl. 37, fig. 22. Calloo, Stuyremberg; Angl., Suffolk.

537. **punctato-sulcatus,** d'Orb., 1847. *T. punctato-sulcata*, Philippi, 1844, Foss. tert. du N.-E. de l'Allemagne, p. 20, pl. 3, fig. 22. Hesse-Cassel.

*538. **sculptus,** Lea, 1843, Descript. new. foss. tert., p. 31, pl. 36, fig. 59. États-Unis, Pétersburg, Virginia.

539. novellus? Conrad. États-Unis.
540. melanoides? Conrad. États-Unis.
541. ovoides? Conrad. États-Unis.

RINGICULA, Deshayes, 1838.

***542. buccinea,** Deshayes, 1838 (exclus. syn.). Gratteloup, 1847, Aur., pl. 1, n° 11, fig. 8, 9. *Voluta buccinea*, Brocchi, pl. 4, fig. 9. *Auricula buccinea*, Sow., 1824, M. C., pl. 465, fig. 2. Dax, St-Paul, Bordeaux, Angers, Tours; Angleterre, Suffolk; Piémont, Turin.
543. ventricosa, d'Orb., 1847. *Auricula ventricosa*, Sow., 1824, Min. C., t. 5, p. 99, pl. 465, fig. 1. Angl., Suffolk.
***544. striata,** Philippi, 1844, Foss. tert. du N.-E. de l'Allemagne, p. 28, pl. 4, fig. 23. *Pedipes striatus*, Bonelli. Cassel; Piémont.
545. exilis, d'Orb., 1847. *Marginella id*, Eschw., 1830. *M. auriculata*, Dubois, pl. 1, fig. 15, 16. Volhynie, Szuskowce, près de Bialozurka.
545'. costata, d'Orb., 1847. *Marginella id.*, Eschw. *M. cancellata*, Dubois, 1831, Conchyl. foss., p. 24, pl. 1, fig. 17, 18. Volhynie, Szuskowce.
***546. Bonellii,** Desh., 1838, Lam., Ann. s. vert., 8, p. 344. Mich., Préc., pl. 5, fig. 12. *Pedipes punctilabrum*, Bon. *R. punctilabrum*, Michelotti, Rivist., p. 8. Sismonda, 1847, Syn. meth., p. 52. Piémont, Turin.

NATICA, Adanson, 1757. Voy. t. 1, p. 29.

547. subglobosa, d'Orb., 1847. *N. globosa*, Grattel., 1845, Nat., pl. 5, fig. 1 (non Rœmer, 1836). Dax, St-Paul.
***548. tigrina,** Defr., Gratt., 1845, Nat., pl. 5, fig. 2-5. *N. patula*, Bast. Dax, St-Paul, Bordeaux.
***549. subcrassatina,** d'Orb., 1847. *N. crassatina*, Grattel., 1845, Nat., pl. 5, fig. 6 (non pl. 1, fig. 3; non Desh.). Dax, St-Paul.
***550. subepiglottina,** d'Orb., 1847. *N. epiglottina*, Grat., 1845, Nat., pl. 5, fig. 7, 8, 17, 18, 19 (non Desh., pl. 20, fig. 5). Dax, St-Paul, Bordeaux.
***551. subglaucinoides,** d'Orb., 1847. *N. glaucinoides*, Grattel., 1845, Nat., pl. 5, fig. 9, 10, 11, 12, 13 (non Desh., pl. 20, fig. 7, 8; non Sowerby). Dax, St-Paul, Mainot, Cabanes, Bordeaux.
552. sulcata, Gratt., 1845, Nat., pl. 5, fig. 22, 23. Dax, St-Paul, Mainot.
553. striatella, Gratt., 1845, pl. 5, fig. 24. Dax, St Paul.
554. turbinoides, Gratt., 1845, Nat., pl. 5, fig. 25, 26. Dax, Saint-Paul.
***555. Kieneriana,** Gratt., 1847, Nat. suppl., pl. 2, n° 47, fig. 1. Dax, St-Paul, Mainot.
556. saturnalis, Gratt., 1845, Nat., pl. 5, fig. 14, 14 *bis*. Dax, St-Paul, Vielle (Landes).
***557. eburnoides,** Gratt., 1845, Nat., pl. 5, fig. 15, 16. Dax, St-Paul.
***558. varians,** Dujardin, 1837, Mém. Soc. géol. de France, t. 2, p. 281, pl. 19, fig. 6. Env. de Tours.
***559. Marticensis,** d'Orb., 1847. *N. striata*, Mathéron, 1843, Ca-

talogue, p. 268, pl. 41, fig. 5, 6 (non Sow., 1822). Carry (Bouches-du-Rhône).

560. Sowerbyi, Nyst., 1843, Coq. tert. de Belgiq., p. 441, pl. 37, fig. 31. *N. glaucinoides*, Sow., 1824, M. C., 5, p. 126, pl. 479, fig. 4 (non Sow., 1812; non Desh., 1828). Anvers, Calloo, Stuyvenberg; Angl., Suffolk.

561. crassa, Nyst., 1843, Belg., p. 443, pl. 37, fig. 33. *N. patula*, Sow., 1822, Min. Conch., 4, pl. 373, fig. infér. (non Lam.). *N. glaucina*, Dubois, 1831, pl. 3, fig. 42, 43 (non Lamarck). Anvers, Calloo, Stuyvenberg; Angl., Suffolk, Ipswich; France, Bordeaux, Dax, Léognan, Saucats; Szuskowce, en Volhynie.

562. cirriformis, Sow., 1824, Min. Conch., t. 5, p. 125, pl. 479, fig. 1. Nyst., 1843, Belg., p. 444, pl. 39, fig. 1. Anvers; Angleterre, Suffolk.

***565. submamilla,** d'Orb., 1847. *N. mamilla*, Sismonda, 1847, Syn. meth., p. 51 (non Lamarck). Piémont, Turin.

***566. submamillaris,** d'Orb., 1847. *N. mamillaris*, Sismonda, 1847, Syn. meth., p. 51 (non Lamarck). Piémont, Turin.

***567. Sismondiana,** d'Orb., 1847. *N. millepunctata*, Sismonda, 1847, Syn. meth., p. 51 (non Lamarck). *N. canrena*, Brocchi, Conch., p. 296 (non Linné). Piémont, Turin.

***568. olla,** Marc., de Serr., Geog. terr. tert., pl. 1, fig. 1, 2 (Desh., Lam., Ann. s. vert., 8, p. 650. *N. glaucina*, Brocchi, Conch., p. 296 (non Lam.). Sismonda, 1847, Syn. meth., p. 51. Piémont. Turin.

***569. pseudo-epiglottina,** Sismonda, 1847, Syn. meth., p. 51. *N. epiglottina*, Auct. Pedem. (non Lam.). Piémont, Turin.

570. redempta, Michelotti, Préc. Faun. mioc., pl. 6, fig. 6. Sismonda, 1847, Syn. meth., p. 51. Piémont, Dertona.

***571. scalaris.** Bellardi et Michelotti, Sagg. oritt., p. 72, pl. 8, fig. 11, 12. Sismonda, 1847, Syn. meth., p. 51. Piémont, Turin.

572. tectula, Bonnelli, Sismonda, 1847, Syn. meth., p. 27 et 51. Piémont.

***573. hemiclausa,** Sow., Nyst., 1843, Belgique, p. 446, pl. 38, fig. 15. Sow., 1824, Min. Conch., t. 5, p. 125, pl. 479, fig. 2. Belgiq., Hérenthals? Anvers, Calloo, Stuyvenberg; Angl., Suffolk, Norfolk; France, en Touraine.

***574. helicina,** Sismonda. *Nerita helicina*, Brocc., Conch. subap., p. 297, pl. 1, fig. 10. Sismonda, 1847, Syn. meth., p. 51. Piémont, Turin.

575. dilatata, Philippi, 1844, Foss. tert. du N.-E. de l'Allemagne, p. 20, pl. 3, fig. 20. Cassel (Hesse).

576. Volhynia, d'Orb., 1847. *N. epiglottina*, Dubois, 1831, Conch. foss., p. 44, pl. 2, fig. 34, 35 (non Lamarck). Volhynie, Szuskowce.

577. fasciolata, Bonelli et Sismonda, 1847, Syn. meth., p. 27 et 51. Piémont.

***578. crassilabrum,** Lea, 1843, Descript. new. foss. tert., p. 28, pl. 36, fig. 53. Pétersburg, Virginia.

579. sphærulus, Lea, 1843, Descript., p. 28, pl. 37, fig. 52. Pétersburg.

580. interna, Say. États-Unis.

• **581. heros,** Say. États-Unis.
'**582. duplicata,** Say. États-Unis, Ile de Wight.
583. pumila, Sowerby in Darw., 1846, South. Amer., p. 254, pl. 3, fig. 38. Chiloe (Chili).
584. striolata, Sowerby in Darw., 1846, South. Amer., p. 255, pl. 3, fig. 39. Chiloe.
585. subsolida, d'Orb., 1847. *N. solida*, Sowerby in Darwin, 1846, South. Amer., p. 255, pl. 3, fig. 40, 41 (non Blainville, 1825). Navidad, Chili, S. Cruz, Patagonie?
586. obscura, Sow., 1837, Trans. geol. Soc. of London, 2e série, 5, p. 328, pl. 26, fig. 2. Indes, prov. de Cutch, Soomrow.
587. callosa, Sow., 1837, Trans., 2e série, 5, p. 328, pl. 26, fig. 3. Soomrow (Cutch).
588. angulifera, d'Orb., 1847. *Globulus anguliferus*, Sow., 1837, Trans., 2e série, 5, p. 328, pl. 26, fig. 4. Prov. de Cutch, Borders of the Runn.
SIGARETUS, Adanson, 1757.
'**589. subcanaliculatus,** d'Orb., 1847. *S. canaliculatus*, Bast. Bord., no 1 (non Sow., 1823). *S. haliotideus*, Gratt., 1847, C. foss. sig. suppl., pl. 3, no 48, fig. 19, 20 (non Linné). Dax, St-Paul, Bordeaux ; Autriche, Korod.
590. depressus, Gratteloup, 1847, Conch. foss. sig. suppl., pl. 3, no 48, fig. 21. Dax, St-Paul, Bordeaux.
'**591. striatulatus,** Marcel de Serres, Gratteloup, 1847, Sig. suppl. pl. 3, no 48, fig. 23. Dax, St-Paul, Bordeaux.
592. affinis, Eschwald, 1830. *S haliotideus*, Dubois, 1831, Conch. foss., p. 43, pl. 3, fig. 47, 48 (non Linné). Volhynie, Szuskowce.
'**593. subglobosus,** Sow. in Darw., 1846, South. Amer., p. 254, pl. 3, fig. 36, 37. Navidad, Chili, Ile d'Ypun.
594. subelegans, d'Orb., 1847. *S. elegans*, Philippi, 1844, Beitr. zur Kenntn., p. 20, pl. 3, fig. 24 (non Blainville, 1827). Allem., Cassel (Hesse).
'**595. apertus,** d'Orb., 1847. *Natica aperta*, Lea, 1843, Descr. new. foss. tert., p. 28, pl. 36, fig. 51. États-Unis, Pétersburg, Virginia.
596. fragilis, Conrad. *Natica fragilis*, Conrad. États-Unis.
NERITOPSIS, Sowerby, 1825. Voy. t. 1, p. 172.
597. moniliformis, Gratteloup, 1845, Neritops., pl. 1, fig. 36, 37, 38. Dax, St-Paul
NERITA, Linné, 1758. Voy. t. 1, p. 214.
'**598. subpicta,** d'Orb., 1847. *Neritina picta*, Féruss., Nerit. foss., fig. 4-7. Gratteloup, 1845, pl. 1, fig. 13, 17, 44. Eschwald, 1830. Dubois, 1831, Conch. f., p. 45, pl. 3, fig. 45, 46. Carry (Bouches-du-Rhône), St-Paul (Landes), Bordeaux ; Kvzemienna, Podolie ; Piémont, Turin.
'**599. asperata,** Dujard., 1837, Mém. Soc. géol. de France, t. 2, p. 280, pl. 19, fig. 15, 16. Env. de Tours.
'**600. funata,** Dujard., 1837, Mém., p. 281, pl. 19, fig. 14. Grattel., 1845, Conch. foss., Nerit., pl. 1, fig. 41. Env. de Tours, Dax, Saint-Paul.
601. subsulcosa, d'Orb., 1847. *N. sulcosa*, Grattel., 1845, Conch.

foss. Nerit., pl. 1, fig. 33 (non *sulcata*, Defrance; non Brocchi, 1814). Dax, St-Paul.

*602. **subcornea,** d'Orb., 1847. *N. cornea*, Grattel., 1845, Nerita, pl. 1, fig. 34, 35 (non Born., 1780). Dax, St-Paul.

*603. **Burdigalensis,** d'Orb., 1847. *Neritina fluviatilis*, Grattel., 1845, Nerit., pl. 1, fig. 1, 2, 3 (non Linné). Dax, Saint-Paul, Mandillot (Landes); Autriche, Vienne.

604. **planospira,** d'Orb., 1847. *Neritina planospira*, Gratt., 1845, Ner., pl. 1, fig. 4, 5. Dax, St-Paul.

*605. **Gratteloupiana,** d'Orb., 1847. *Neritina Gratteloupiana*, Gratteloup, 1845, Ner., pl. 1, fig. 6, 7, 8, 10, 12, 39, 40. *N. Aquensis*, Gratt. Dax, Mandillot.

*606. **polyzonalis,** d'Orb., 1847. *Neritina polyzonalis*, Gratteloup, 1845, Ner., pl. 1, fig. 13, 14, 15, 16, 17, 44. Dax, St-Paul, Cabanes, Mainot.

607. **subconcava,** d'Orb., 1847. *Nerita concava*, Férussac, Gratteloup, 1845, Ner., pl. 1, fig. 18, 19, 20, 42, 43 (non Sow., 1823). Dax, St-Paul.

*608. **subpisiformis,** d'Orb., 1847. *Neritina pisiformis*, Gratt., 1845, Ner., pl. 1, fig. 21, 22, 23 (non Férussac, 1823). Dax, Saint-Paul; Piémont, Turin.

*609. **Moulinsii,** d'Orb., 1847. *Neritina Duchasteli*, Gratt., 1845, Ner., pl. 1, fig. 24 (non Desh., 1828). Dax, St-Paul.

*610. **subvirginea,** d'Orb., 1847. *Neritina virginea*, Grat., 1845, Ner., pl. 1, fig. 25, 26 (non *virginea*, Linné). Dax, St-Paul, Mandillot.

611. **subplicata,** d'Orb., 1847. *Nerita plicata*, Gratt., 1845, Nerita, pl. 1, fig. 27, 28 (non *plicata*, Linné). Dax, St-Paul.

*612. **Plutonis,** Bast., 1825, Bord., pl. 2, fig. 14. Grattel., 1845, Nerita, pl. 1, fig. 29, 30. Dax, St-Paul, Mainot, Mandillot, Touraine, Bordeaux; Piémont, Turin.

613. **subintermedia,** d'Orb, 1847. *N. intermedia*, Grattel., 1845, Ner., pl. 1, fig. 31, 32 (non Sowerby, 1832). Dax, St-Paul, Mainot, Mandillot.

*614. **Gallo-provincialis,** Mathéron, 1843, Catalogue, p. 227, pl. 38, fig. 14. France, Carry (Bouches-du-Rhône).

615. **sublævis,** Mathéron, 1843, id., p. 228, pl. 38, fig. 11. Carry.

*616. **Martiniana,** Mathéron, 1843, p. 228, pl. 38, fig. 12, 13. Carry.

617. **subcarinata,** Mathéron, 1843, p. 229, pl. 38, fig. 14, 15. Carry.

618. **Danubialis,** Desh., 1838, Mém. Soc. géol. de France, t. 3, p. 65, pl. 5, fig. 4, 5. Crimée.

*619. **compressa,** Bonelli, Denom. ined. test. Mus. Turin. Sismonda, 1847, Syn. meth., p. 50. Turin.

620. **gigantea,** Bellardi et Michelotti, Sagg. oritt., p. 72, pl. 8, fig. 1, 2. Sismonda, 1847, Syn. meth., p. 50. Turin.

621. **Misingeri,** Bellardi et Michelotti, Sagg. oritt., p. 73, pl. 8, fig. 7, 8. Sismonda, 1847, Syn. meth., p. 50. Turin.

622. **Morellii,** Bellardi et Michelotti, Sagg. oritt., p. 73, pl. 8, fig. 7, 8. Sismonda, 1847, Syn. meth., p. 50. Turin.

*623. **Proteus,** Bonelli et Sismonda, 1847, Syn. meth., p. 27 et 50. Turin.

*624. **subcaronis,** d'Orb., 1847. *Nerita Caronis*, Gratteloup, 1845, Nerita, pl. 1, fig. 45 (non Brongniart, 1823). Dax, St-Paul.

PHORUS, Montfort, 1810.

625. **scrutarius,** d'Orb., 1847. *Trochus scrutarius*, Philippi, 1844, Foss. tert. du N.-E. de l'Allemagne, p. 22, pl. 3, fig. 37. Cassel.

626. **plicomphalus,** d'Orb., 1847. *T. plicomphalus*, Pusch, 1837, Polen's Paléont., p. 110, pl. 10, fig. 7. Pologne, Zuckouce, Krzeminna.

*627. **Aquensis?** d'Orb., 1847. *T. conchyliophorus*, Grattel., 1845, Conch. troch., pl. 1, fig. 3, 4 (exclus., fig. 1, 2, et Syn.). France, St-Paul (Landes).

*628. **Borsoni,** Bellardi. *Phorus gigas*, Mich., Préc. Faun. mioc., pl. 7, fig. 1 (non *T. gigas*, Bors.). Sismonda, 1847, Syn. meth., p. 50. Turin.

*629. **testigerus,** Bronn, It. tert. geb., p. 61. *T. colligens*, Bonelli, Michelotti, Riv. gaster., p. 14. E. Sismonda, Syn. meth., p. 29 et 50. Piémont, Dertona.

TROCHUS, Linné, 1758. Voy. t. 1, p. 64.

630. **Thorinus,** Gratt., 1845, Troch., pl. 1, fig. 22. Dax, Mainot, Bordeaux.

*631. **pseudo-magus,** d'Orb., 1847. *T. magus*, Grattel., 1845, Troch., pl. 1, fig. 23 (non Lamarck, Linné). Dax, Cazorditte, Saint-Paul.

*632. **trigonostomus,** Gratt., 1845, Troch., pl. 1, fig. 24. Nyst., pl. 35, fig. 28. Dax, Mainot, Bordeaux, Anvers.

*633. **subhelicinus,** d'Orb., 1847. *T. helicinus*, Gratt., 1845, Troch., pl. 1, fig. 25 (non Gmelin, 1789). Dax, Bordeaux ; Piémont, Turin.

*634. **consobrinus,** d'Orb., 1847. *Monodonta Araonis*, Gratteloup, 1845, Mon., pl. 1, fig. 4 (exclus. fig. 3 et Syn.). France, Saint-Paul (Landes).

635. **subsolaris,** d'Orb., 1847. *T. solaris*, Gratt., 1845, Conch. foss. troch., pl. 1, fig. 26, 27 (non Brocchi). France, Dax, Saint-Paul.

*636. **patulus,** Brocchi, pl. 5, fig. 19. Gratt., 1845, pl. 1, fig. 28, 29. *T. carinatus*, Eschw. (non Brongn.), Nyst., pl. 35, fig. 21. Dax, St-Paul, Bordeaux ; Belgique, Anvers.

*637. **Amedei,** Brongn., 1823, pl. 6, fig. 2. Gratteloup, 1845, pl. 1, fig. 30, 31. Dax, St-Paul ; Piémont, Turin.

*638. **Araonis,** d'Orb., 1847. *Monodonta Araonis*, Grattel., 1845, Mon., pl. 1, fig. 3 (exclus. fig. 4 et Syn.). Dax, St-Paul.

*639. **Cypris,** d'Orb., 1847. *Monodonta elegans*, Bast., 1825, pl. 1, fig. 22. Gratt., 1845, Mon., pl. 1, fig. 1 (non *Trochus elegans*, Gratt.). Dax, St-Paul.

640. **rugosus,** Gratt., 1845, pl. 1, fig. 7, 8 (exclus. Syn.). Dax, St-Paul.

*641. **Audebardi,** Bast., 1825, Bord., pl. 4, fig. 11. Gratt., 1845, Troch., pl. 1, fig. 13. Dax, St-Paul.

642. sublævigatus, d'Orb., 1847. *T. lævigatus*, Grattelonp, 1845, Troch., pl. 1, fig. 16 (non Sow., 1817). Dax, St-Paul.

'643. subturgidulus, d'Orb., 1847. *T. turgidulus*, Bast., 1825, Bord., pl. 1, fig. 20. Gratt., 1845, pl. 1, fig. 18, 19 (non Brocchi, 1814). Dax, St-Paul; Autriche, Vienne, Gainfaren.

'644. Martinianus, Mathéron, 1843, Catalogue, p. 236, pl. 39, fig. 10, 11. Carry (Bouches-du-Rhône).

'645. similis, Sow., 1817, Min. Conch., 2, p. 179, pl. 181, fig. 2. Nyst., 1843, Coq. tert. de Belgique, p. 377, pl. 35, fig. 19. Anvers. Calloo, Stuyvenberg; Angl., Holywell.

646. Dekinii, Nyst., 1843, Belg., p. 378, pl. 36, fig. 10. Anvers.

647. assimilis, d'Orb., 1847. *T. lævigatus*, Sow., 1817, Min. C., t. 2, p. 179, pl. 181, fig. 1. Nyst., 1843, Belg., p. 379, pl. 36, fig. 11 (non Gmelin, 1789). Anvers; Angl., Holywell, Ipswich.

'648. Sedgwicki? Sow., 1835, Min. Conch., t. 6, p. 247, Tab. syst., Nyst., 1843, Belg., p. 380, pl. 35, fig. 20. *T. concavus*, Sowerby, 1821, pl. 272, fig. 1 (non pl. 181). Anvers; Angl., Suffolk, Ramsholt (S. Wood).

649. octosulcatus, Nyst., 1843, Belg., p. 381, pl. 38, fig. 1. Anvers, Doel; Angl., Suffolk.

650. Kichxii, Nyst., 1843, p. 381, pl. 38, fig. 2. Anvers.

651. Robynsii, Nyst., 1843, p. 382, pl. 38, fig. 3. Anvers.

652. solarium, Nyst., 1843, p. 383, pl. 38, fig. 4. Belg., Anvers, Calloo, Stuyvenberg.

'653. Hommairei, d'Orb., 1844, Paléont. du Voyage de M. Hommaire, p. 445, pl. 2, fig. 1, 2. Bessarabie, Kichinew.

'654. Blainvillei, d'Orb., 1844, id., p. 445, pl. 2, fig. 3-5. Bessarabie, Kichinew.

'655. Beaumontii, d'Orb., 1844, Paléont. du Voyage de M. Hommaire, p. 447, pl. 2, fig. 6-8. Bessarabie, Kichinew.

'656. Cordierianus, d'Orb., 1844, Pal. du Voyage de M. Hommaire, p. 448, pl. 2, fig. 9-12. Bessarabie, Kichinew.

'657. Feneonianus, d'Orb., 1844, Pal. du Voyage de M. Hommaire, p. 449, pl 2, fig. 13-15. Bessarabie, Kichinew.

'658. Rollandianus, d'Orb., 1844, Pal. du Voyage de M. Hommaire, p. 450, pl. 2, fig. 16-18. Bessarabie, Kichinew.

'659. Pageanus, d'Orb., 1844, Paléont. du Voyage de M. Hommaire, p. 451, pl. 2, fig. 19-21. Bessarabie, Kichinew.

'660. Woronzofii, d'Orb., 1844, Pal. du Voyage de M. Hommaire, p. 452, pl. 2, fig. 22-24. Bessarabie, Kichinew.

'661. Adelæ, d'Orb., 1844, Paléont. du Voyage de M. Hommaire, p. 453, pl. 2, fig. 25-27. Bessarabie, Kichinew.

'662. elatior, d'Orb., 1844, Paléont. du Voyage de M. Hommaire, p. 454, pl. 3, fig. 1-3. Bessarabie, Kichinew.

'663. Podolicus, Dubois, 1831, d'Orb., 1844, Paléont. du Voyage de M. Homm., p. 455, pl. 3, fig. 15, 16. Bessarabie, Kichinew, Doutchina, New-Konstantinow, Tessow, Jakowa, Brikow, Grigorcopol, sur les bords du Dniester.

'664. Eschwaldi, d'Orb., 1847, *T. carinatus*, Eschw., 1830 (non

Brongn.). *T. patulus*, Dubois, 1831, Conch. foss., p. 39, pl. 2, fig. 31-33 (non Brocchi). Volhynie, Szuskowce.
665. novemcinctus, de Buch, Dubois, 1831, Conch. foss., p. 39, pl. 3, fig. 17-19. Volhynie, Szuskowce.
666. Buchii, Dubois, 1831, Conch. foss., p. 39, pl. 3, fig. 9-11. *T. annulatus*, de Buch (non Lam.). Volhynie, Szuskowce.
668. semi-granulatus, Dubois, 1831, Conch. foss., p. 40, pl. 3, fig. 7, 8. Volhynie, Szuskowce.
669. quadristriatus, Dubois, 1831, Conch. foss., p. 41, pl. 3, f. 4-6. Volhynie, Szuskowce.
'670. subcinerarius, d'Orb., 1847. *T. cinerarius*, Sismonda, 1847, Syn. meth., p. 49 (non Linné). Turin.
'672. crenulatus, Brocchi, 1814, Conch. subap., p. 354, pl. 6, fig. 2. Sismonda, 1847, Syn. meth., p. 49 (exclus. Syn.). Turin.
673. divergens, Gené, E. Sismonda, 1847, Syn. meth., p. 29 et 49. Piémont.
674. gigas, Borson, Oritt. Piém., p. 82, pl. 2, fig. 1. Sismonda, 1847, Syn. meth., p. 49. Turin.
'675. rotellaris, Michelotti, E. Sismonda, 1847, Syn. meth., p. 29 et 50. Piémont, Dertona.
676. substrigosus, d'Orb., 1847. *Trochus strigosus*, Sismonda, 1847, Syn. meth., p. 50 (non Gmelin). Piémont.
'677. turritus, Bonelli, Bellardi et Michelotti, Sagg. oritt., p. 67, pl. 6, fig. 6. Sismonda, 1847, Syn. meth., p. 50. Piémont, Turin.
678. vertex, Michelotti, Préc. Faun. mioc., pl. 7, fig. 3. *T. Boscianus*, Bonelli (non Brongniart), E. Sismonda, 1847, Syn. meth., p. 29 et 50. Turin.
'679. carinatus, Borson, pl. 2, fig. 2. Brongniart, 1823, Vicentin, p. 56, pl. 4, fig. 5. Turin.
'680. subrudis, d'Orb., 1847. *Monodonta lævigata*, Michelotti, Préc. Faun. mioc., pl. 7, fig. 12, 13 (non Sow.). *Turbo rudis*, Bonelli (non Sow., non Matton., 1804), Sismonda, 1847, Syn. meth., p. 49. Turin.
'681. polyodonta, d'Orb., 1847. *Monodonta polyodonta*, Bronn, It. tert. geb., p. 56. *M. corallina*, Mich. (non Gmelin). *M. Pharaonula*, Bonelli, E. Sismonda, 1847, Syn. meth., p. 30 et 49. Turin.
'682. quadrulus, d'Orb., 1847. *Monodonta quadrula*, Michelotti, Préc. Faun. mioc., pl. 7, fig. 15. *Turbo quadrulus*, Mich., Riv. gast., p. 18. *Troch. lima*, Gen., Sismonda, 1847, Syn. meth., p. 49. Turin.
'683. delphinuloides, d'Orb., 1847. *Delphinula concava*, Lea, 1843, Descript. new. foss. tert., p. 35, pl. 36, fig. 70 (non *concavus*, Gmelin, 1789). Pétersburg, Virginia.
'684. liparus, d'Orb., 1847. *Delphinula lipara*, Lea, 1843, Descr. new. foss. tert., p. 35, pl. 36, fig. 71. Pétersburg.
'685. Ruffinii, Lea, 1843, Descrip., p. 40, pl. 37, fig. 86. Pétersburg.
686. armillus, Lea, 1843, Descr., p. 38, pl. 37, fig. 81. Pétersburg.
687. subconus, d'Orb., 1847. *T. conus*, Lea, 1843, Descr., p. 39, pl. 37, fig. 82 (non Gmelin, 1789). États-Unis, Pétersburg, Virginia.
'688. lens, Lea, 1843, Descr., p. 39, pl. 37, fig. 83. Pétersburg.

689. torquatus, Lea, 1843, Descr., p. 40, pl. 37, fig. 84. Pétersburg.

***690. aratus,** Lea, 1843, Descr., p. 40, pl. 37, fig. 85. Pétersburg.

691. humilis, Conrad. États-Unis.

692. reclusus, Conrad. États-Unis.

693. Mitchelli, Conrad. États-Unis.

694. philanthropus, Conrad. États-Unis.

695. lapidosus, Conrad. États-Unis.

696. bellus, Conrad. États-Unis.

697. elegantulus, Philippi, 1844, Foss. tert. du N.-E. de l'Allem., p. 22, pl. 3, fig. 33. Allem., Cassel.

698. subvariabilis, d'Orb. 1847. *T. variabilis*, Sow., 1821, Trans. geol. Soc. of London, 2e série, t. 3, pl. 39, fig. 9 (non Defr., 1828). Lower-Styria.

***699. collaris,** Sow. in Darw., 1846, South. Amer., p. 256, pl. 3, fig. 44, 45. Navidad (Chili); S. Cruz (Patagonie).

***700. Chilensis,** d'Orb., 1847. *T. lævis*, Sow. in Darw., 1846, South. Amer., p. 256, pl. 3, fig. 46, 47 (non Schloth., 1820). Amér. mérid., Navidad (Chili).

701. cognatus, Sow., 1837, Trans. geol. Soc. of London, 2e série, t. 5, p. 328, pl. 26, fig. 6. Indes orientales, province de Cutch, Soomrow.

PITONELLUS, Montfort, 1810. Voy. t. 1, p. 64.

***702. nanus,** d'Orb., 1847. *Rotella nana*, Gratt., 1845, Roulette, pl. 1, fig. 43, 44. Dax, St-Paul.

***703. Defrancii,** d'Orb., 1847. *Rotella Defrancii*, Baster., 1825, Bord., pl. 1, fig. 16. Gratt., 1845, Conch. foss. Roulette, pl. 1, fig. 45, 46, 47 (exclus. Syn.). Dax, St-Paul; Turin.

704. subconica, Lea, 1843, Descript. new. foss. tert., p. 37, pl. 36, fig. 77. États-Unis, Pétersburg, Virginia.

***705. carinata,** Lea, 1843, Descript., p. 37, pl. 36, fig. 78. Pétersburg.

***706. lenticularis,** Lea, 1843, Descr., p. 38, pl. 36, fig. 79. Pétersburg.

707. umbilicata, Lea, 1843, Descr., p. 38, pl. 36, fig. 80. Pétersburg.

***708. subsuturalis,** d'Orb., 1847. *Rotella suturalis*, Auct. pedem. (non Lamarck). Piémont, Tortona.

SOLARIUM, Lamarck, 1801. Voy. t. 1, p. 300.

***709. carocollatum,** Lam., 1822. Bast., 1825, Bord., pl. 1, fig. 12. Gratt., 1845, Conch. foss., Cadrans, pl. 1, fig. 27, 28 (exclus. fig. 29). Dax, Saint-Paul, Bordeaux, Saubrigues; Piémont, Turin; Autriche, Vienne.

710. trigonostomum, d'Orb., 1847. *Delphinula trigonostoma*, Gratteloup, 1845, Conch. foss. dauph., pl. 1, fig. 24-26. Dax, Saint-Paul.

***711. Doublieri,** Mathéron, 1843, Catal., p. 235, pl. 39, fig. 6, 7. Plandaren (Bouches-du-Rhône).

***712. miserum,** Dujard., 1837, Mém. Soc. géol. de France, t. 2, p. 282, pl. 19, fig. 11 a, b. Env. de Tours.

'713. **planorbillus**, Dujardin, 1837, Mém., t. 2, p. 282, pl. 19, fig. 13. Louans (Indre-et-Loire).

714. **delphinulum**, Grattel., 1845, Cadrans, pl. 1, fig. 33. Dax, St-Paul.

715. **subconoideum**, d'Orb., 1847. *S. conoideum*, Grattel., 1845, pl. 1, fig. 34 (non Sow., 1813). Dax, St-Paul.

716. **subcanaliculatum**, d'Orb., 1847. *S. canaliculatum*, Gratt., 1845, Cadrans, pl. 1, fig. 35 (non Lam., 1804). Dax, St-Paul, Bord., Montpellier.

'717. **subplicatum**, d'Orb., 1847. *S. plicatum*, Gratt., 1845, Cadrans, pl. 1, fig. 36 (non Lamarck, 1804). Dax, St-Paul.

718. **bicarinatum**, Gratt., 1845, Cadrans dauph., pl. 1, fig. 38, 39. Dax, St-Paul.

719. **quadrifasciatum**, Gratt., 1845, Cadrans, pl. 1, fig. 40, 41, 42 (non Dubois, 1831). Dax, St-Paul.

720. **planulatum**, Gratt., 1845, Conch. foss. solar., pl. 1, fig. 37. St-Paul (Landes).

721. **turbinoides**, Nyst., 1838, Coq. tert. de Belg., p. 370, pl. 36, fig. 7. Anvers, Calloo, Stuyvenberg.

722. **minimum**, d'Orb., 1847. *Delphinula minima*, Philippi, 1844, Beitr. zur Kenntn., p. 55, pl. 3, fig. 80. Cassel (Hesse).

723. **crispulum**, d'Orb., 1847. *Delphinula crispula*, Philippi, 1844, Beitr., p. 21, pl. 3, fig. 31. Cassel.

723'. **acies**, Philippi, 1844, Beitr., p. 74, pl. 3, fig. 34. Cassel.

724. **suturale**, d'Orb., 1847. *Delphinula suturalis*, Philippi, 1844, Beitr., p. 55, pl. 3, fig. 34. Cassel.

725. **subcarinatum**, d'Orb., 1847. *Delphinula carinata*, Philippi, 1844, Beitr., p. 21, pl. 3, fig. 26 (non Schum., 1817). Cassel.

726. **dubium**, d'Orb., 1847. *Delphinula dubia*, Philippi, 1844, Beitr., p. 21, pl. 3, fig. 28. Cassel.

727. **simplex**, Bronn, It. tert. geb., p. 63. *S. pseudo-perspectivum*, Brocchi, var. (non Lam.). *S. sulcatum*, Bonelli (non Lam.). *S. neglectum*, Mich., de Solar., pl. 2, fig. 7-9. Sismonda, 1847, Syn. meth., p. 49. Turin.

'728. **subvariegatum**, Sismonda, 1847, Syn. meth., p. 49 (non Lamarck). Piémont, Dertona.

729. **humile**, Michelotti, de Solar. in Trans. Soc. Edinb., 15, p. 218, pl. 2, fig. 22-24. Sismonda, 1847, Syn. meth., 1847, p. 48. Turin.

730. **subluteum**, d'Orb., 1847. *S. luteum*, Michelotti, de Solar. in Trans. Soc. Edinb., 12, p. 213, pl. 2, fig. 10-12 (non Lamarck). Sismonda, 1847, Syn. meth., p. 48. Turin.

731. **Lyelli**, Michel., de Solar. in Trans. Soc. Edinb., 15, p. 217, pl. 2, fig. 28-30. Sismonda, 1847, Syn. meth., p. 48. Dertona.

'732. **millegranum**, Lam., Ann. s. vert., 9, p. 109. Bell. et Mich., Sagg. or., pl. 7, fig. 6, 7. *S. canaliculatum*, Brocchi (non Lamarck). *S. pulchellum* Michelotti, Sismonda, 1847, Syn. meth., p. 48. Piémont, Dertona.

'733. **submoniliferum**, d'Orb., 1847. *S. moniliferum*, Bronn, It. tert. geb., p. 63 (non Mich., 1833). *S. canaliculatum*, Mich., de

Solar., pl. 2, fig. 25-27 (non Lam.). *S. crenulosum*, Bonelli, Sismonda, 1847, Syn. meth., p. 49. Piémont.

734. pseudo-perspectivum, Brocchi, Conch. subap., p. 359, pl. 5, fig. 18. *S. complanatum*, Defrance, Sism., 1847, Syn. meth., p. 49. Piémont.

735. semi-squamosum, Bronn, Iter. tert. geb., p. 63. *S. sulcatum*, Bors. (non Lam.). Sismonda, 1847, Syn. meth., p. 49. Piémont, Turin.

'736. costulatum, d'Orb., 1847. *Delphinula costulata*, Lea, 1843, Descript. new. foss. tert., p. 34, pl. 36, fig. 69. États-Unis, Pétersburg, Virginia.

737. obliquè-striatum, d'Orb., 1847. *Delphinula obliquè-striata*, Lea, 1843, Descr., p. 35, pl. 36, fig. 72. Pétersburg, Virginia.

738. quadristriatum, Dubois, 1831, Conch. foss., p. 42, pl. 3, fig. 20, 21. Volhynie, Szuskowce.

739. affine, Sow., 1837, Trans. geol. Soc. of London, 2e série, t. 5, p. 328, pl. 26, fig. 5. Indes, province de Kutch, Soomrow.

740. nuperum, Conrad. États-Unis.

DELPHINULA, Lamarck, 1804. Voy. t. 1, p. 191.

'741. rotellæformis, Grattel., 1845, Conch. foss. dauph., pl. 1, fig. 22, 23. Dax, St-Paul.

'742. naticoides, Lea, 1843, Descr. new. foss. tert., p. 37, pl. 36, fig. 76. Pétersburg, Virginia.

743. lyra? Conrad. États-Unis.

PHASIANELLA, Lamarck, 1804. Voy. t. 1, p. 67.

'744. Grateloupi, Desh. in Lam., 9, p. 213, n° 5. *Phasianella angulifera*, Gratt., 1845, Conch. foss. ph., pl. 1, fig. 26 (non Lamarck). Dax, St-Paul.

745. spirata, Gratt., 1845, Ph., pl. 1, fig. 27. Dax, Mainot.

'746. Aquensis, d'Orb., 1847. *P. turbinoides*, Gratt., 1845, Phas., pl. 1, fig. 28 (non Lamarck, 1804). Dax, Castetarbe.

'747. Prevostina, Bast., 1825, pl. 1, fig. 18. Gratt., 1845, pl. 1, fig. 29, 30. Dax, St-Paul, Bordeaux.

'748. subpulla, d'Orb., 1847. *P. pulla*, Gratt., 1845, Phas., pl. 1, fig. 35, 36 (non Payrodeau, 1825). Dax, St-Paul.

'749. Alberti, d'Orb., 1847. *Littorina Alberti*, Dujard., 1837, Mém. Soc. géol. de France, t. 2, p. 287, pl. 19, fig. 22. Dax, env. de Tours.

'750. Bessarabica, d'Orb., 1844, Paléont. du Voyage de M. Hommaire, p. 459. pl. 3, fig. 4-6. Bessarabie, Kichinew.

'751. elongatissima, d'Orb., 1844, Pal. du Voyage de M. Hommaire, p. 460, pl. 3, fig. 7-9. Bessarabie, Kichinew.

'752. Kichinewæ, d'Orb., 1844, Paléont. du Voyage de M. Hommaire, p. 461, pl. 3, fig. 10-12. Bessarabie, Kichinew.

'753. subpunctata, d'Orb., 1847. *Phasianella punctata*, E. Sismonda, 1847, Syn. meth., p. 48 (non *tricolia punctata*, Risso, Prod. Eur. mérid., 4, p. 123). Piémont.

'754. glaber, d'Orb., 1847. *Turbo glaber*, Lea, 1843, Descript. new. foss. tert., p. 41, pl. 37, fig. 87. États-Unis, Pétersburg, Virginia.

TURBO, Linné, 1758. Voy. t. 1, p. 5.

'755. **subgranulosus,** d'Orb., 1847. *Delphina granulosa*, Gratt., 1845, Conch. foss. dauph., pl. 1, fig. 17, 18. Dax, St-Paul.

'756. **subsetosus,** d'Orb., 1847. *T. setosus*, Gratt., 1845, Turbo, pl. 1, fig. 11, 12 (non Gmelin, 1789). Dax, St-Paul.

757. **Burdigalus,** d'Orb., 1847. *T. minutus*, Michaud, Gratteloup, 1845, Turb., pl. 1, fig. 24, 25 (non *minutus*, Brown). *Purpura costata*, Bast. Dax, St-Paul.

'758. **pisum,** Math., 1843, Cat., p. 236, pl. 39, f. 12, 13. Carry (Bouches-du-Rhône).

?759. **pustulosus,** Münst., Goldf., 1844, Petref., p. 101, pl. 195, fig. 3. Brindes.

'760. **Omalinsii,** d'Orb., 1844, Paléont. du Voyage de M. Hommaire, p. 457, pl. 3, fig. 13, 14. Bessarabie, Kichinew.

'761. **Beaumontii,** d'Orb., 1844, Pal. du Voyage de M. Hommaire, p. 458, pl. 3, fig. 17-19. Kichinew.

'762. **mamillaris,** Eschwald, 1830, p. 221. *Turbo rugosus*, Dub., 1831, Conch. foss., p. 48, pl. 2, fig. 23-25 (non Linné). France, Angers, Touraine; Volhynie, Sawadynce, Alt-Poczacow, Bialozurka.

763. **scabriculus,** d'Orb., 1847. *Delphinula scabricula*, Philippi, 1844, Beitr. zur Kenntn., p. 55, pl. 3, fig. 33. Cassel (Hesse).

764. **subexiguus,** d'Orb., 1847. *T. exiguus*, Philippi, 1844, Beitr., p. 56, pl. 4, fig. 2 (non Rœmer, 1839). Cassel.

765. **Palæmon,** d'Orb., 1847. *T. bicarinatus*, Philippi, 1844, Beitr., p. 74, pl. 4, fig. 3 (non Valemberg). Cassel.

766. **simplex,** Philippi, 1844, Beitr., p. 56, pl. 4, fig. 4. Cassel.

767. **granosus,** E. Sismonda, 1847, Syn. meth., p. 48. *Trochus granosus*, Bors. (non Chemn.), Oritt. Piém., p. 87, pl. 2, fig. 6. *Trochus Borsoni*, Mich., Préc. Faun. mioc., pl. 7, fig. 5. Piémont, Dertona.

768. **Meynardii,** Michelotti, Préc. Faun. mioc., pl. 7, fig. 4. Sismonda, 1847, Syn. meth., p. 48. Turin.

769. **speciosus,** Michelotti, Préc. Faun. mioc., pl. 7, fig. 2. Sismonda, 1847, Syn. meth., p. 48. Piémont, Dertona.

'770. **Bellardii,** d'Orb., 1847. *T. decussatus*, Bell. *Cyclostoma decussatum*, Bon., Mich., Rivist. gast., p. 4. E. Sismonda, 1847, Syn. meth., p. 27 et 48 (non Montagu, 1803). Piémont, Dertona.

'771. **rusticus,** Lea, 1843, Descript. new. foss. tert., p. 41, pl. 37, fig. 88. États-Unis, Pétersburg, Virginia.

772. **trochiformis,** d'Orb., 1847. *Delphinula trochiformis*, Lea, 1843, Descript., p. 36, pl. 36, fig. 73. Pétersburg.

'773. **globulus,** d'Orb., 1847. *D. globulus*, Lea, 1843, Descript., p. 36, pl. 36, fig. 74. Pétersburg.

'774. **apertus,** d'Orb., 1847. *D. aperta*, Lea, 1843, Descript., p. 37 pl. 36, fig 75. Pétersburg.

VERMETUS, Adanson, 1757.

775. **gigas,** Biv., Ph. En., Moll. Sic., 1, p. 170, pl. 9, fig. 18; *Serpula bicarinata*, Bonelli. Piémont, Turin.

'776. **sculpturatus,** d'Orb., 1847. *Petaloconchus sculpturatus*, Lea, 1843, Descript. new. foss. sh. tert., p. 7, pl. 34, fig. 73. États-Unis, Pétersburg, Virginia.

*777. **Virginicus,** d'Orb., 1847. *Serpula virginica*, Conrad. États-Unis, île de Wight.

*778. **graniferus,** d'Orb., 1847. *Serpula granifera*, Lea. États-Unis, Virginie.

HALIOTIS, Linné, 1740.

779. **ovata,** Bonelli, E. Sismonda, 1847, Syn. meth., p. 28 et 47. Mich., Préc. Faun. mioc., pl. 6, fig. 20. Turin.

*780. **monilifera,** Bon., E. Sism., Syn. meth., p. 28, et 1847, p. 47. Michelotti, Préc. Faun. mioc., pl. 6, fig. 12. Turin.

SILIQUARIA, Bruguière, 1791.

*781. **subanguina,** d'Orb., 1847. *S. anguina*, Phil., Enum. Moll. Sic., 1, p. 173, pl. 9, fig. 24 (non *anguina*, Lam.). Turin.

*782. **terebella,** Lam., Ann. s. vert., 5, p. 584. Piémont, Dertona; France, Saint-Clément-de-la-Place (Maine-et-Loire).

783. **Grantti,** Sow., 1837, Trans. geol. Soc. of London, 2e série, t. 5, p. 327, pl. 25, fig. 9. Indes, prov. de Cutch, Bunn.

CYPRÆA, Linné, 1740.

*784. **subatomaria,** d'Orb., 1847. *C. atomaria*, Grattel., 1845, Conch. foss., Cypræa, pl. 2, fig. 18 (non Gmelin, 1789). France, St-Paul (Landes).

785. **Gratteloupi,** d'Orb., 1847. *C. Isabella*, Gratt., 1845, Cypr., pl. 2, fig. 11 a, b (non Lamarck, Linné). Dax, St-Paul.

*786. **sublyncoides,** d'Orb., 1847. *C. lyncoides*, Gratteloup, 1845, Cypr., pl. 2, fig. 12 (non Brongniart, 1823). Dax, St-Paul, Bordeaux; Piémont, Turin.

*787. **subelongata,** d'Orb., 1847. *C. elongata*, Gratt., 1845, Conch. foss. Cypr., pl. 2, fig. 13 (non Brocchi; au moins sa forme est distincte). France, Dax, St-Paul; Autriche, Vienne.

788. **amygdalina,** Gratt., 1845, Cypr., pl. 2, fig. 15 a, b. Dax, Saint-Paul.

789. **Duclosiana,** Bast., 1825, Bord., pl. 4, fig. 8. Grattel., 1845, Cypr., pl. 2, fig. 28 a, b. Dax, Saint-Paul, Bordeaux.

*790. **subnucleus,** d'Orb., 1847. *C. nucleus*, Grattel., 1845, Cypr., pl. 2, fig. 29 a, b (non Linné). Dax, Mainot.

791. **subpustulata,** d'Orb., 1847. *C. pustulata*, Gratteloup, 1845, Cypr., pl. 2, fig. 30 a, b (non Lamarck). Dax, Saint-Paul.

*792. **subovum,** d'Orb., 1847. *C. ovum*, Grattel., 1845, Cypr., pl. 1, fig. 1, 2. Dax, Saint-Paul, Cabanes.

*793. **subleporina,** d'Orb., 1847. *C. leporina*, Gratteloup, 1845, Cypr., pl. 1, fig. 3 (non Lamarck). Dax, Saint-Paul, Cabanes.

*794. **subporcellus,** d'Orb., 1847. *C. porcellus*, Gratteloup, 1845, Cypr., pl. 1, fig. 4 (non Brocchi, 1814). Dax, Saint-Paul, Cabanes.

795. **tumida,** Gratt., 1845, Cypr., pl. 1, fig. 5. Dax, Saint-Paul, Cabanes.

796. **pseudo-mus,** d'Orb., 1847. *C. mus*, Gratt., 1845, Cypr., pl. 1, fig. 6; pl. 2, fig. 6 (non Lamarck). Dax, Saint-Paul, Cabanes.

797. **subglobosa,** Gratt., 1845, Cypr., pl. 1, fig. 9-10. Dax, Saint-Paul, Mainot.

*798. **subannulus,** d'Orb., 1847. *C. annulus*, Gratt., 1845, Cypr., pl. 1, fig. 11, 12, 13. Basl., 1825, pl. 40, nº 2 (non Lamarck, non Brocchi). Dax, Saint-Paul ; Autriche, Vienne.

799. subamygdalum, d'Orb., 1847. *C. amygdalum*, Gratt., 1845, Cypr., pl. 1, fig. 14, 15 (non Brocchi, 1814). Dax, Saint-Paul.

800. gibbosa, Borson, Oritt. Piem., p. 21, pl. 1, fig. 5. *C. pyrula*, Lam., Gratt., pl. 40, fig. 7, 8. Sismonda, 1847, Syn. meth., p. 47. St-Paul (Landes) ; Piémont, Turin.

***801. subambigua,** d'Orb., 1847. *C. ambigua*, Gratt., 1845, Cypr., pl. 2, fig. 19; Suppl., pl. 2, fig. 8 (non Gmelin, 1789). Dax, Saint-Paul.

***802. fabagina,** Lam., Gratt., 1845, Cypr., pl. 2, fig. 20. *C. rufa*, Bellardi. Dax, Saint-Paul ; Piémont, Turin.

803. pseudo-scarabæus, Gratt., 1845, Cypr., pl. 2, fig. 22. Dax, Saint-Paul.

***804. subursellus,** d'Orb., 1847. *C. ursellus*, Gratt., 1845, Cypr., pl. 2, fig. 24 (non Linné, Gmelin 1789). Dax, Saint-Paul.

805. pseudo-hirundo, d'Orb., 1847. *C. hirundo*, Grattel., 1845, pl. 2, fig. 25 (non Linné, Gmelin, 1789). Dax, Saint-Paul.

806. Orbignyana, Gratt., 1845, Cypr., pl. 2, fig. 2 a, b. Dax, St-Paul.

807. pseudo-inflata, d'Orb., 1847. *C. inflata*, Gratt., 1845, Cypr., pl. 1, fig. 18, 19 (non Lamarck, 1801). Dax, Saint-Paul.

808. Lessoniana, Gratt., 1847, Cypr. suppl., pl. 2, nº 47, fig. 8 a, b. Dax, Saint-Paul.

809. rhomboidalis, Gratt., 1845, Cypr., pl. 2, fig. 4. Dax, Saint-Paul, Cabanes.

811. Burdigalensis, d'Orb., 1847. *C. sphæriculata*, Gratt., 1845, Cypr., pl. 22, fig. 27 a, 27 b (non Lamarck). Dax, St-Paul, Mainot, Bordeaux.

***812. subannularia,** d'Orb., 1847. *C. annularia*, Grattel., 1845, Cypr., pl. 1, fig. 16 ; pl. 2, fig. 10 (non Brongniart, 1823). Dax, Saint-Paul.

***813. globosa,** Dujardin, 1837, Mém. Soc. géol. de France, t. 2, p. 303, pl. 19, fig. 21. Env. de Tours.

814. Provincialis, Mathéron, 1843, Catalog., p. 256, pl. 40, fig. 22, 23. Plandaren (Bouches-du-Rhône).

815. avellana, Sow., 1832, Min. Conch., t. 4, p. 107, pl. 378, fig. 3. Nyst., 1843, Belgique, p. 608, pl. 45, fig. 13. *C. affinis*, Dujard., 1837, pl. 19, fig. 12. Anvers ; Angl., Suffolk ; France, Env. de Tours.

***816. coccinelloides,** Sow., 1822, Min. C., t. 4, p. 107, pl. 378, fig. 1. *C. coccinella*, Nyst., 1843, Belgique, p. 609, pl. 45, fig. 14. Gratteloup, pl. 2, fig. 31. Belgique, Anvers, Calloo, Stuyvenberg ; Angl., Suffolk ; Sicile ; Italie ; France, Saucats, Mérignac, env. de Tours ; Vienne (Autriche).

817. subinflata, Philippi, 1844, Foss. tert. du N.-E. de l'Allem., p. 28 (non Lam., S. Desh., p. 724, pl. 97, fig. 7, 8). Cassel.

***818. amygdalum,** Brocchi, Conch. subap., p. 285, pl. 2, fig. 4. Sism., 1847, Syn. meth., p. 46. Turin.

***819. annularia,** Brongniart, 1823, Vicentin, p. 62, pl. 4, fig. 10. Turin.

820. Brocchii, Desh., Lam., Ann. s. v., 10, p. 575. *C. annulus*, Broc., pl. 2, fig. 1 (non Linné). Sismonda, 1847, Syn. meth., p. 46. Turin.
821. Dertonensis, Michelotti, Préc. Faun. mioc., pl. 14, fig. 10. Sismonda, 1847, Syn. meth., p. 46. Piémont, Dertona.
*****822. elongata,** Brocchi, Conch. subap., p. 284, pl. 1, fig. 12. Sismonda, 1847, Syn. meth., p. 46. Turin; Autriche, Vienne.
*****823. expansa,** Gené, E. Sism., 1847, Syn. meth., p. 43 et 46. Turin.
824. Genei, Mich., Préc. Faun. mioc., pl. 14, fig. 1. *C. prunum*, Gen., E. Sismonda, 1847, Syn. meth., p. 42 et 46. Turin.
825. Grayi, Michelotti, Préc. Faun. mioc., pl. 14, fig. 11. Sism., 1847, Syn. meth., p. 47. Piémont.
826. Haweri, Michelotti, Préc. Faun. mioc., pl. 14, fig. 8. *C. porcellus*, Bonelli (non Brocchi), E. Sismonda, 1847, Syn. meth., p. 43 et 47. Turin.
827. impura, Bellardi et Michelotti, Sagg. or., p. 64, pl. 6, fig. 1, 2. Sismonda, 1847, Syn. meth., p. 47. Turin.
*****828. lyncoides,** Brong., 1823, Mém. sur le Vic., p. 62, pl. 4, fig. 11. *C. leporina*, E. Sism., 1847, Syn. meth., p. 43 et 47. Turin, Dertona.
829. macrodonta, Gen., E. Sism., 1847, Syn. meth., p. 42 et 47. Turin.
*****830. ovulea,** Bon., Mich., Préc. Faun. mioc., pl. 14, fig. 7. Sismonda, 1847, Syn. meth., p. 47. Piémont, Turin.
*****831. pinguis,** Gen., E. Sism., 1847, Syn. meth., p. 43 et 47. Piémont, Turin.
*****832. porcellus,** Brocchi, Conch. subap., p. 283, pl. 2, fig. 2. *C. pyrula*, E. Sismonda, 1847, Syn. meth., p. 42 et 47 (non Lam.). Piémont.
*****834. sphæriculata?** Deshayes, Anim. s. vert., 10, p. 574. *Trivia sphæriculata*, Gray, Sism., 1847, Syn. meth., p. 47. Piémont, Turin.
*****835. sulcicauda,** Bon., Gratt., pl. 2, fig. 26. *C. staphyla*, E. Sismonda, 1847, Syn. meth., p. 43 et 47 (non Lam.). Piémont, Turin; Dax, Saint-Paul.
836. retusa, Sow., 1822, Min. Conch., t. 4, p. 107, pl. 378, fig. 2. Angl., Suffolk.
837. humerosa, Sow., 1837, Trans. geol. Soc. of London, 2e série, t. 5, p. 329, pl. 26, fig. 27. Indes, prov. de Cutch, Soomrow.
838. prunum, Sow., 1837, Trans., p. 329, pl. 26, fig. 28. Indes, prov. de Cutch, Eyerau.
*****839. digona,** Sowerby, 1837, pl. 26, fig. 29. Province de Cutch, Soomrow.
840. nasuta, Sow., 1837, Trans., 5, p. 329, pl. 26, fig. 30. Prov. de Cutch, Soomrow.
OVULA, Bruguière, 1791.
*****841. Leathesi,** Sow., 1824, Min. Conch., t. 5, p. 124, pl. 478. Nyst., 1843, Coq. tert. de Belgiq., p. 605, pl. 43, fig. 19. Belgique, Calloo, Stuyvenberg, Anvers; Angleterre, Walton et Sutton.
*****842. subcarnea,** d'Orb., 1847. *O. carnea*, Dujardin, Mém. de la Soc. géol. de France, 1, pl. 19, fig. 19 (non Lamarck). Touraine.
ERATO, Risso, 1825.

'**843. subcypræola,** d'Orb., 1847. *Marginella cypræola*, Bast., n. 1, Gratteloup, 1845, Marg., pl. 1, fig. 33, 34 (exclus. Syn.) (non *Voluta cypræola*, Brocchi, Conch. sub., p. 321, pl. 4, fig. 10). Dax, St-Paul; Autriche, Gainfaren, Vienne.

MARGINELLA, Lamarck, 1801.

'**844. submiliacea,** d'Orb., 1847. *M. miliacea*, Dujardin, 1837, Mém. de la Soc. géol., pl. 19, fig. 18 (non Lamarck). Environs de Tours.

'**845. subovulata,** d'Orb., 1847. *Marginella ovulata*, Gratteloup, 1845, Conch. foss. Marg., pl. 1, fig. 35 (non Lamarck). Dax, St-Paul; Piémont, Turin.

846. elongata, Bellardi et Michelotti, Sagg. oritt., p. 63, pl. 5, fig. 10, 11. Sismonda, 1847, Syn. meth., p. 46. Piémont, Turin.

847. emarginata, Bonelli, Michelotti, Préc. faun. mioc., pl. 13, fig. 10, 11. Sismonda, 1847, Syn. meth., p. 46. Piémont, Dertona.

'**848. Deshayesi,** Mich., Préc., pl. 17, fig. 16. *M. glabrella*, Sismonda, 1847, Syn. meth., p. 46 (non Lamarck). Piémont, Dertona.

849. oblongata, Bonelli, Test. Mus. Taurin. Sismonda, 1847, Syn. meth., p. 46. Piémont, Dertona.

850. planulosa, Bonelli, E. Sismonda, 1847, Syn. meth., p. 46. Piémont, Turin.

'**851. Taurinensis,** Michelotti, *M. eburnea*, Bon. (non Lam.). E. Sismonda, 1847, Syn. meth., p. 42 et p. 46. Piémont, Turin.

'**852. conulus,** Lea, 1843, Descript. new. foss. tert., p. 47, pl. 37, fig. 102. États-Unis, Pétersburg, Virginia.

853. subexilis, d'Orb., 1847. *M. exilis*, Lea, 1843, Descrip., p. 48, pl. 37, fig. 103 (non Gmel., 1789). Pétersburg.

854. limatula, Conrad. États-Unis.

'**855. eburneola,** Conrad. États-Unis.

856. denticulata, Conrad. États-Unis.

'**857. nana,** Conrad. États-Unis.

OLIVA, Lamarck, 1801.

'**858. Dufresnei,** Bast., 1825, Bord., pl. 2, fig. 10, Gratteloup, 1845, Conch. foss. Oliv., pl. 1, fig. 23, 24 (exclus. Syn.). Nyst., 1843, pl. 45, fig. 11. Dax, St-Paul, Saubrigues; Piémont, Turin; Belgique, Boldenberg?; Autriche, Steinabrunn, Vienne.

'**859. subclavula,** d'Orb., 1847. *O. clavula*, Bast., pl. 2, fig. 7. Gratteloup, 1845, Oliv., pl. 1, fig. 25, 26 (exclus. fig. 27 et Syn.) (non Lamarck). *O. luteola*, Linn. (non Lamarck). Dax, St-Paul; Piémont, Turin.

'**860. Basterotina,** Gratteloup, 1845, Oliv., pl. 1, fig. 28, 29, 30 (exclus. Syn.). Dax, St-Paul, Saubrigues, Bordeaux.

'**861. Grateloupii,** d'Orb., 1847. *O. Laumontiana*, Gratteloup, 1845, Oliv., pl. 1, fig. 31 (non Lamarck). Dax, St-Paul.

'**862. cylindracea,** Borson, Oritt. Piem., p. 24, pl. 1, fig. 6. *O. hispidula*, Auct. Pedem. (non Lam.). Sismonda, 1847, Syn. meth., p. 45. Turin, Dertona.

'**863. rosacea,** Bonelli, E. Sismonda, 1847, Syn. meth., p. 43 et p. 45. Piémont, Turin.

864. Picholina, Brongniart, 1823, Vicentin, p. 63, pl. 3, fig. 4. Piémont, Turin.
***865. canaliculata,** Lea, 1843, Descrip. new. foss. tert., p. 48, pl. 37, fig. 104. États-Unis, Pétersburg, Virginia.
***866. ancillariæformis,** Lea, 1843, Descr., p. 48, pl. 37, fig. 105. Pétersburg.
867. serena, d'Orb., 1842, Paléont. de l'Amér. mérid., p. 116, pl. 14, fig. 9. Amér. mérid., Coquimbo (Chili).
***868. dimidiata,** Sowerby in Darw., 1846, South. Amer., p. 263, pl. 4, fig. 76, 77. Navidad (Chili).
869. pupa, Sow., 1837, Trans. geol. Soc. of London, 2e série, t. 5, p. 329, pl. 26, fig. 32. Indes, prov. de Cutch, Soomrow.
***870. littoralis,** Auct. des États-Unis, Virginia.
***1871. zonalis,** Conrad. États-Unis, Virginia.
ANCILLARIA, Lamarck, 1801.
***872. subcanalifera,** d'Orb., 1847. *A. canalifera*, Gratteloup, 1845, Conch. foss. anc., pl. 1, fig. 19, 20 (non Lamarck, 1804). Dax, St-Paul, Saubrigues, St-Jean-de-Marsac.
873. papyracea, Gratteloup, 1845, Anc., pl. 1, fig. 21. Dax.
874. cinnamomea, Lam., Grat. *A. bullata*, Gratteloup, 1845, Anc., pl. 1, fig. 22 (non Sow.). Dax, St-Paul.
***875. glandiformis,** Lam., 1804, Ann. du Mus., 16, p. 305. *A. inflata*, Gratteloup, 1845, Tereb., pl. 1, fig. 13, 14 (exclus. fig. 4, 5). *Anolax inflata*, Borson, Orit. Pedem., pl. 1, fig. 7. Brongniart, pl. 4, fig. 12. Dax, St-Paul ; Piémont, Turin, Dertona ; Cassel (Hesse) ; Autriche, Vienne.
876. coniformis, Pusch, 1837, Polen's Paleont., p. 116, pl. 11, fig. 1. Pologne, Warowe.
***877. obsoleta,** Bronn, 1831, Nyst., 1843, Belgique, pl. 45, fig. 10. *Buccinum obsoletum*, Brocchi, 1814, Conch., sub., 2, p. 330, pl. 5, fig. 6. Gratteloup, pl. 42, fig. 11, 12. Piémont, Turin; France, Dax.
***878. suturalis,** Bonelli. *A. canalifera*, Sismonda, 1847, Syn. meth., p. 45 (non Lamarck). Piémont, Turin.
***879. Sismondana,** d'Orb., 1847. *A. subulata*, Sismonda, 1847, Syn. meth., p. 45 (non Lamarck). Piémont, Turin.
TEREBELLUM, Lamarck.
880. obtusum, Sow., 1837, Trans. geol. Soc. of London, 2e série, 5, p. 329, pl. 25, fig. 31. Indes, prov. de Cutch, Soomrow.
VOLUTA, Linné, 1758. Voy. t. 2, p. 154.
***881. rarispina,** Lamarck, Gratteloup, 1845, Conch. foss. vol., pl. 1, fig. 1-3-7-9-10-8-12-18. Basterot, pl. 2, fig. 1. Bronn, Leth. geog., pl. 42, fig. 40 France, Dax, St-Paul, Cabanes ; Autriche, Korod, Anzesfeld; Piémont, Turin, Dertona.
***882. Lamberti,** Sow., 1816, Min. Conch., t. 2, p. 65, pl. 129. Nyst., 1843, Coq. tert. de Belgiq., p. 587, pl. 45, fig. 4. Gratt., 1845, Conch. foss., pl. 2, fig. 3, 4. Belgique, Anvers, Calloo, Stuyvenberg; Angleterre, Sutton, Alborough, Barodsey, Harwich, Holyswell, Ramsholdt ; France, Bordeaux, envir. de Tours.
***883. magorum,** Brocchi, Conch. subap., p. 307, pl. 4, fig. 2. Sism., 1847, Syn. meth., p. 43. Piémont, Turin.

*884. **affinis**, Brocchi, 1814, Conch. subap., p. 306, pl. 15, fig. 8. Sismonda, 1847, Syn. meth., p. 43. Piémont.

*885. **Taurina**, Bonelli. *V. papillata*, Borson (non Sow.), Oritt. Piém., p. 26, pl. 1. *V. Swaisoni*, Mich., Pr. faun. mioc., pl. 13, fig. 3. Sismonda, 1847, Syn. meth., p. 43. Piémont, Turin.

*886. **solitaria**, Conrad. Etats-Unis.

887. **subtriplicata**, d'Orb., 1847. *V. triplicata*, Sowerby in Darw., 1846, South. Amer., p. 262, pl. 4, fig. 74 (non Donovan, 1799). Navidad (Chili).

*888. **alta**, Sowerby in Darw., 1846, South. Amer., p. 262, pl. 4, fig. 75. Navidad (Chili), Santa-Cruz (Patagonie).

889. **jugosa**, Sow., 1837, Trans. geol. Soc. of London, 2e série, 5, p. 329, pl. 26, fig. 25. Indes, prov. de Cutch, Soomrow.

MITRA, Lamarck, 1801.

890. **striola**, Gratteloup, 1845, Conch. foss. Mitres, pl. 1, fig. 16. Dax, St-Paul.

900. **subsubulata**, d'Orb., 1847. *M. subulata*, Gratteloup, 1845, Mit., pl. 1, fig. 18 (non Lam., 1822). Dax, St-Paul.

*901. **subterebellum**, d'Orb., 1847. *M. terebellum*, Gratteloup, 1845, Mit., pl. 1, fig. 19 (non Lam., 1804. Elle a des stries de plus). Dax, St-Paul.

902. **rissoides**, Gratteloup, 1845, Mit., pl. 1, fig. 20. Dax, Saint-Paul.

*903. **subplicatula**, d'Orb., 1847. *M. plicatula*, Gratteloup, 1845, Foss. mit., pl. 1, fig. 21, suppl., pl. 1, fig. 23? (non Brocchi). Dax, St-Paul; Allem., Cassel.

*904. **subdecussata**, d'Orb., 1847. *V. decussata*, Dujard., 1837, Mem. Soc. géol. de France, t. 2, p. 301, pl. 20, fig. 13 (non Gmel., 1789). Env. de Tours.

*905. **pupa**, Dujard., 1837, Mém., p. 301, pl. 20, fig. 14. Envir. de Tours.

*906. **olivæformis**, Dujardin, 1837, Mém. Soc. géol. de France, t. 2, p. 301, pl. 20, fig. 25. Env. de Tours.

*907. **tenuistria**, Dujard., 1837, Mém. Soc. géol. de France, t. 2, p. 301, pl. 20, fig. 26. Env. de Tours.

*908. **subcylindrica**, Dujard., 1837, Mém. Soc. géol. de France, t. 2, p. 301, pl. 20, fig. 20. Env. de Tours.

*909. **cupressina**, Sismonda. *Voluta cupressina*, Brocc., Conch. subap., p. 319, pl. 4, fig. 6. Sismonda, 1847, Syn. méth., p. 42. Turin.

910. **Dertonensis**, Michelotti, Préc. faun. mioc., pl. 17, fig. 15. Sismonda, 1847, Syn. meth., p. 42. Piémont, Dertona.

911. **subelegans**, d'Orb., 1847. *M. elegans*, Michelotti, 1846, Préc. faun. mioc., pl. 13, fig. 12, 13 (non Lowel Reeve, 1845). *M. cancellata*, Bonelli (non Kien.). Sismonda, 1847, Syn. meth., p. 43. Piémont, Dertona.

*912. **fusiformis**, Deshayes, 1835. *Voluta fusiformis*, Brocchi, 1814, Conch. subap., p. 315. Desh., Exp. mor. moll., p. 201, pl. 24, fig. 32, 33. Var. *M. ancillaria*, Michelotti, Pr., pl. 17, fig. 12. Sismonda, 1847, Syn. meth., p. 43. Piémont, Turin, Dertona; Autriche, Vienne.

913. Michaudii, Michelotti, Préc. faun. mioc., pl. 13, fig. 5. Sismonda, 1847, Syn. meth., p. 43. Piémont, Turin.

914. obsoleta, Bronn, It. tert. geb., p. 20. *Voluta obsoleta*, Brocchi, Conch. subap., p. 646, pl. 15, fig. 30. Sismonda, 1847, Syn. meth., p. 43. Piémont, Turin.

'915. plicatula, Sismonda. *Voluta plicatula*, Brocc., Conch. sub., p. 318, pl. 4, fig. 7. Sismonda, 1847, Syn. meth., p. 43. Piémont, Dertona; Autriche, Vienne.

'916. subpulchella, d'Orb., 1847. *V. pulchella*, Michelotti, Préc. faun. mioc., pl. 13, fig. 14. Sismonda, 1847. Syn. meth., p. 43 (non Lowel Reeve, 1844). Piémont, Turin; Autriche, Vienne.

'918. pyramidella, Sismonda. *Voluta pyramidella*, Brocc., Conch. subapen., p. 318, pl. 4, fig. 5. *M. ebenus*, Phil. (pro parte) (non Lamarck), Sismonda, 1847, Syn. meth., p. 43. Piémont, Dertona; Autriche, Vienne.

'919. scrobiculata, Sismonda, 1847, Syn. meth., p. 43. *Voluta scrobiculata*, Brocch., Conch. subap., p. 317, pl. 4, fig. 3. Piémont, Dertona.

'920. striatula, Sismonda. *Voluta striatula*, Brocchi, Conch. sub., p. 318, pl. 4, fig. 8. *M. alligata*, Defr. *M. striosa*, Bon., E. Sismonda, 1847, Syn. meth., p. 41 et 43. Piémont, Turin.

921. Sowerbyi, d'Orb., 1847. *Mitra fusiformis*, Sow., 1837, Trans. geol. Soc. of London, 2e série, 5, p. 329, pl. 26, fig. 24 (non Brocchi, 1814). Indes, prov. de Cutch, Soomrow.

'922. subscrobiculata, d'Orb., 1847. *M. scrobiculata*, Sow., 1837, Trans., 2e série, 5, p. 329, pl. 26, fig. 23 (non Brocchi, 1814). Indes, prov. de Cutch, Soomrow.

'923. buccinula, Partsch. Autriche, Gainfaren, Vienne.

'923'. obtusangula, Partsch. Autriche, Gainfaren, Vienne.

CANCELLARIA, Lamarck, 1801.

'924. Geslini, de Bast., 1825, pl. 2, fig. 5. Gratteloup, 1845, Canc., pl. 1, fig. 16, 21. Bellardi, Cancell., pl. 2, fig. 5. Dax, Bordeaux; Piémont, Dertona.

925. Westziana, Gratteloup, 1845, Canc., pl. 1, fig. 18, 21. Dax, Bordeaux.

'926. contorta, Bast., 1825, pl. 2, fig. 3. Gratteloup, 1845, Canc., pl. 1, fig. 19. Bellardi, Cancell., p. 29, pl. 3, fig. 7, 8. Dax, Bordeaux; Autriche, Vienne.

927. intermedia, Bell., Canc., pl. 1, fig. 13, 14. *C. volutella*, Gratteloup, 1845, Canc., pl. 1, fig. 22 (non Lamarck, 1804). Dax, Saint-Paul, Grignon; Piémont, Dertona.

928. turricula, Lamarck, Gratteloup, 1845, Canc., pl. 1, fig. 23. Bronn, It., n. 214. Bellardi, pl. 5, fig. 1, 2. Dax, St-Paul.

'929. subcancellata, d'Orb., 1847. *C. cancellata*, Gratteloup, 1845, Canc., pl. 1, fig. 7, 10 (non *cancellata*, Lam.). Dax, St-Paul, Saubrigues; Piémont, Turin, Dertona; Autriche, Gainfaren, Vienne.

'930. subvaricosa, d'Orb., 1847. *C. varicosa*, Gratteloup, 1845,

Canc., pl. 1, fig. 8 (non Bellardi, Cancell., p. 11, pl. 1, fig. 7, 8). France, Dax, St-Jean-de-Marsan, Bordeaux.

*931. **buccinula**, Lam., Basterot., pl. 2, fig. 12. Gratteloup, 1845, Canc., pl. 1, fig. 9. Bellardi, Cancel., p. 31, pl. 4, fig. 3,4,19, 20. Dax, St-Paul ; Piémont, Turin.

*932. **Deshayesana**, Desmoulins, Gratteloup, 1845, Canc., pl. 1, fig. 13, 17. Dax, Bordeaux.

*933. **umbilicaris**, Bellardi, Cancell., p. 36, pl. 4, fig. 17, 18. Gratteloup, 1845, Canc., pl. 1, fig. 14. Nyst., pl. 39, fig. 16. *Voluta umbilicaris*, Brocchi, 1814, pl. 3, fig. 10, 11. Dax, St-Paul ; Piémont, Turin; Belgique, Anvers.

*934. **acutangula**, Faujas, Gratteloup, 1845, Canc., pl. 1, fig. 1, 2, 3, 4-20. De Bast., 1825, pl. 2, fig. 4. Bellardi, Cancell., pl. 1, fig. 19, 20. Dax, St-Paul, Saubrigues; Piémont, Turin ; Autriche, Vienne.

*935. **trochlearis**, Faujas, Gratteloup, 1845, Canc., pl. 1, fig. 5. Bast., pl. 2, fig. 2. Dax, Bordeaux.

*936. **ampullacea**, Bellardi, 1841, Canc., pl. 4, fig. 7, 8,13, 14. Gratteloup, 1845, Conch. foss. Canc., pl. 1, fig. 28-32. *Voluta ampullacea*, Brocchi. France, Dax; Piémont, Turin ; Autriche, Vienne, Enzesfeld.

*937. **doliolaris**, Bast., 1825, Bord., pl. 2, fig. 11. Gratteloup, 1845, Conch. foss. Canc., pl. 1, fig. 30. France, Dax, Bordeaux ; Piémont, Turin.

938. **piscatoria**, Gratteloup, 1845, Conch. foss. Canc., pl. 1, fig. 27. *Voluta piscatoria*, Brocc., pl. 3, fig. 12. *C. nodulosa*, Lam., Bellardi, 1841, Cancell., pl. 2, fig. 1,4,9,14. France, Dax, St-Jean-de-Marsac; Piémont, Dertona, Turin.

*939. **subhirta**, d'Orb., 1847. *C. hirta*, Gratteloup, 1845, Conch. foss. Canc., pl. 1, fig. 25 (non Brocc., 1814). France, Dax.

940. **Bellardii**, Michelotti. *C. evulsa*, Bell., Canc. foss. Piém., p. 25, pl. 2, fig. 17, 18 (non Sowerby). Piémont, Turin.

*941. **Bonellii**, Bellardi, Canc. foss. Piém., p. 24, pl. 3, fig. 3, 4, 11, 12, 15, 16. Turin, Dertona, Piémont.

*942. **lyrata**, Bell., Canc. foss. Piém., p. 14, pl. 1, fig. 1, 2. *Cancellaria turricula*, Lam. *Voluta lyrata*, Brocchi, 1814, pl. 3, fig. 6. Turin, Dertona, Piémont ; Autriche, Baden.

943. **Michelini**, Bell., Canc. foss. Piém., p. 37, pl. 4, fig. 5, 6. Nyst., pl. 39, fig. 17. Piémont, Turin ; Belgique, Anvers.

*944. **mitræformis**, Bell., Canc. foss. Piém., p. 9, pl. 1, fig. 5, 6. *Voluta mitræformis*, Brocchi, 1814. Piémont, Turin.

*945. **calcarata**, Bell., Canc. foss. Piém., p. 16, pl. 1, fig. 11, 12, 17, 18. *Voluta calcarata*, Brocchi, pl. 3, fig. 7. Piémont, Turin.

*946. **inermis**, Pusch, Polen's Palæontolog. Autriche, Vienne, Enzersfeld.

947. **spinulosa**. Bell., Cancell. foss. Piém., p. 15, pl. 1, fig. 9, 10. *Voluta spinulosa*, Brocchi, 1814, pl. 3, fig. 15. Piémont.

948. **sulcata**, Bell., Canc. foss. Piém., p. 29, pl. 3, fig. 1, 2. Piémont, Turin.

*949. **uniangulata**, Desh., Bell., Canc., p. 17, pl. 2, fig. 5, 6,15, 16,19, 20. *C. elegans*, Gené. Turin, Piémont.

950. crassicosta, Bell., Cancell., p. 23, pl. 2, fig. 7, 8. Piémont, Turin.
951. subacuminata, d'Orb., 1847. *C. acuminata,* Bell., Cancell., p. 38, pl. 4, fig. 15, 16 (non Sow., 1836). Piémont, Turin.
952. minuta, Nyst., 1843, Coq. tert. de Belgiq., p. 482, pl. 38, fig. 23. Belgiq., Hérenthals, Anvers.
'953. varicosa, Bellardi, Cancellaria, p. 11, pl. 1, fig. 7, 8. *Voluta varicosa,* Brocchi, 1814, pl. 3, fig. 8. Piémont, Turin; Autriche, Gainfaren, Vienne.
'954. perspectiva, Conrad. États-Unis.
955. lunata, Conrad. États-Unis.
'956. alternata, Conrad. États-Unis.

STRUTHIOLARIA, Lamarck, 1822.

957. ornata?, Sowerby in Darw., 1846, South. Amer., p. 260, pl. 4, fig. 62. Santa-Cruz et S. Julian, Patagonie.

CONUS, Linné, 1758.

958. Ixion, d'Orb., 1847. *C. Aldrovandi,* Gratteloup, 1845, Conch. foss. Cones, pl. 1, fig. 3 (non Brocchi). Dax, St-Paul.
'959. submercati, d'Orb., 1847. *C. mercati,* Gratteloup, 1845, Con., pl. 1, fig. 4; pl. 3, fig. 24 (non Brocchi, 1814). Dax, St-Paul.
960. subnicobaricus, d'Orb., 1847. *C. nicobaricus,* Gratteloup, 1845, Con., pl. 1, fig. 6 (non Lamarck). Dax, St-Paul.
961. subponderosus, d'Orb., 1847. *C. ponderosus,* Gratteloup, 1845, Con., pl. 1, fig. 7 (non Brocc.). Dax, St-Paul, Cabanes.
962. zonarius, Gratteloup, 1845, Con., pl. 1, fig. 9. Dax, Saint-Paul, Mainot.
963. subacuminatus, d'Orb., 1847. *C. acuminatus,* Bors., Oritt. Piém., p. 15, pl. 1, fig. 2. Sismonda, 1847, Syn. meth., p. 43 (non Brug., 1789). Piémont, Turin.
964. Allionii, Michelotti, Préc. faun. mioc., pl. 17, fig. 11. Sismonda, 1847, Syn. meth., p. 43. Piémont, Turin.
'965. Apenninensis, Bronn, Leth. geogn., pl. 42, fig. 15. Sismonda, 1847, Syn. meth., p. 43. *C. antidiluvianus,* Brocchi, pl. 2, fig. 11 (non Brug., 1791). Piémont, Dertona; Autriche, Baden.
966. asperulus, Gené, E. Sismonda, 1847, Syn. meth., p. 44. Piémont, Turin.
967. Berghausi, Michelotti, Préc. faun. mioc., pl. 13, fig. 9. Sismonda, 1847, Syn. meth., p. 44. Piémont, Dertona.
969. Bredai, Michelotti, Préc. faun. mioc., pl. 13, fig. 15-17. Sismonda, 1847, Syn. meth., p. 44. Piémont, Turin.
970. elatus, Michelotti, Préc. faun. mioc., pl. 13, fig. 16. Sismonda, 1847, Syn. meth., p. 44. Piémont, Dertona.
971. Gastaldii, Michelotti. *C. imperialis,* Auct. Pedem. (non Linné), E. Sismonda, 1847, Syn. meth., p. 44. Piémont, Turin.
972. strombellus, Gratteloup, 1845, Conch., pl. 2, fig. 7; pl. 3, fig. 9. Dax, St-Paul.
'973. pelagicus, Brocchi, 1814, pl. 2, fig. 9, p. 289. Gratteloup, 1845, Con., pl. 2, fig. 8-10. Dax, St-Paul, Mandillot; Piémont, Turin; Autriche, Enzersfeld, Vienne.

974. **subtessellatus,** d'Orb., 1847. *C. tessellatus*, Grateloup, 1845, Con., pl. 2, fig. 9 (non Lamarck). Dax, St-Paul.

975. **pseudo-litteratus,** Grateloup, 1845, Con., pl. 3, fig. 7. France, Dax, St-Paul, Cabanes.

976. **substriatulus,** d'Orb., 1847. *C. striatulus*, Grateloup, 1845, Cones, pl. 3, fig. 8-11 (non Brocchi). Dax, St-Paul, Cabanes.

977. **costellatus,** Grateloup, 1845, Con., pl. 3, fig. 15. France, Dax, St-Paul.

978. **nisus,** d'Orb., 1847. *C. puncticulatus*, Grateloup, 1845, pl. 2, fig. 16 (non Lamarck). Dax, Mandillot.

*979. **subalsionus,** d'Orb., 1847. *C. alsionus*, Grateloup, 1845, pl. 3, fig. 10,16,25 (non Brongniart). Dax, Saint-Paul, Cabanes, Mainot.

*980. **subturritus,** d'Orb., 1847. *C. turritus*, Grateloup, 1845, pl. 3, fig. 12,15,19 (non Lamarck, 1804). Dax, St-Paul, Mainot.

981. **pseudo-textile,** Grateloup, 1845, pl. 3, fig. 1 a, b. Dax, St-Paul, Cabanes.

*982. **fuscoangulatus,** Bronn. Autriche, Gainfaren, Vienne.

*983. **lævigatus,** Defrance. Autriche, Gainfaren, Vienne.

*984. **Rouei,** Partsch. Autriche, Baden.

*985. **antiquus,** Lamk., Ann. du Mus., p. 439. Grateloup, 1845, Cones, pl. 1, fig. 1. Dax, St-Paul; Piémont, Turin.

986. **granuliferus,** Grateloup, 1845, Con., pl. 3, fig. 21, 22. Dax, St-Paul, Cabanes.

*987. **Noe,** Brocchi, 1814, p. 293, pl. 3, fig. 3. Grateloup, 1845, Con., pl. 2, fig. 3. Dax, St-Paul, Cabanes; Piémont, Turin.

988. **trigonulus,** Grateloup, 1845, Con., pl. 2, fig. 14. Dax Cabanes.

989. **subnocturnus,** d'Orb., 1847. *C. nocturnus*, Grateloup, 1845, Con., pl. 2, fig. 20, 21 (non Lamarck). Dax, Cabanes.

*990. **subclavatus,** d'Orb., 1847. *C. clavatus*, Grateloup, 1845, Con., pl. 2, fig. 1-4; pl. 3, fig. 3 (non Lam). Dax, St-Paul; Piémont, Turin.

*991. **substromboides,** d'Orb., 1847. *C. stromboides*, Grateloup, 1845, Cones, pl. 3, fig. 17 (non Lam., 1804). Dax, St-Paul, Mandillot, Mainot.

992. **oblitus,** Michelotti, Préc. faun. mioc., pl. 14, fig. 7. Var., *C. Bronni*, Mich., l. c., pl. 14, fig. 3. Sismonda, 1847, Syn. meth., p. 44. Piémont, Turin, Dertona.

993. **ornatus,** Michelotti, Préc. faun. mioc., pl. 14, fig. 4. *Conus scabriculus*, Bon. (non Lam.). Sismonda, 1847, Syn. meth., p. 44. Piémont, Turin.

*994. **ponderosus,** Brocc., Conch. subap., p. 293, pl. 3, fig. 1. Sismonda, 1847, Syn. meth., p. 44. Piémont, Turin.

995. **Puschi,** Michelotti, Préc. faun. mioc., pl. 14, fig. 6. Sismonda, 1847, Syn. meth., p. 44. Piémont, Dertona.

996. **raristriatus,** Bellardi et Michelotti, Sagg. Oritt., p. 61, pl. 5, fig. 8, 9. Sismonda, 1847, Syn. meth., p. 44. Piémont, Dertona.

998. **Wheatleyi,** Michelotti, Préc. faun. mioc., pl. 13, fig. 18. Sismonda, 1847, Syn. meth., p. 44. Piémont, Turin.

999. diluvianus, Green. États-Unis.
1000. Marylandicus, Green. États-Unis.
1001. intermedius?, Lam., Gratteloup, 1845, Con., pl. 1, fig. 11; pl. 2, fig. 22. Dax, St-Paul; Italie?
'**1003. subacutangulus,** d'Orb., 1847. *C. acutangulus*, Bronn, 1837. *Conus antidiluvianus*, Dubois, pl. 1, fig. 1 (non Brug., 1789). France, Bordeaux, Touraine; Volhynie à Biatosurka, Belka, Jakowce; Autriche, Gainfaren, Vienne.
1004. militaris, Sow., 1837, Trans. geol. Soc. of London, 2e série, 5, p. 329, pl. 26, fig. 34. Indes, prov. de Cutch, Soomrow.
1005. catenulatus, Sow., 1837, Trans., 2e série, 5, p. 329, pl. 26, fig. 35. Prov. de Cutch, Soomrow.
1006. marginatus, Sow., 1837, Trans., 2e série, 5, p. 329, pl. 26, fig. 36. Prov. de Cutch, Soomrow.
1007. brevis, Sow., 1837, Trans., 2e série, 5, p. 329, pl. 26, fig. 33. Prov. de Cutch, Soomrow.
STROMBUS, Linné, 1758. Voy. t. 2, p. 132.
1008. gibbosulus, Gratteloup, 1845, Conch. foss. Strombes, pl. 1, fig. 7. Dax, St-Paul.
1009. intermedius, Gratteloup, 1845, Stromb., pl. 1, fig. 8-13. Dax, St-Paul.
1010. subcancellatus, Gratteloup, 1845, Stromb., pl. 1, fig. 9. Dax, St-Paul.
1011. pseudo-radix, d'Orb., 1847. *Strombus radix*, Gratteloup, 1845, Stromb., pl. 1, fig. 10, 14, 15 (non Brongniart). Dax, St-Paul; Piémont.
1012. varicosus, Gratteloup, 1845, Stromb., pl. 1, fig. 11. Dax, St-Paul.
'**1013. Bonelli,** Brong., 1823, Vicent., p. 74, pl. 6, fig. 6. Gratteloup, 1845, Stromb., pl. 1, fig. 12; pl. 2, fig. 6. Dax, St-Paul; Piémont, Turin; Autriche, Gainfaren, Vienne.
1014. Gratteloupi, d'Orb., 1847. *S. lentiginosus*, Gratteloup, 1845, Stromb., pl. 1, fig. 16 (non Linné, Lam.). Dax, St-Paul.
'**1015. decussatus,** Defrance, Bast. *Rostellaria decussata*, Gratteloup, 1845, Stromb., pl. 2, fig. 3 a, b. *Strombus deflexus*, Bonelli. Dax, St-Paul, Mainot; Piémont, Turin.
1016. volutæformis, Gratteloup, 1845, Stromb., pl. 2, fig. 4. Dax, St-Paul, Cabanes.
1017. trigonus, Gratteloup, 1845, Stromb., pl. 2, fig. 1 a, b. Dax, St-Paul.
1018. sublucifer, d'Orb., 1847. *S. lucifer*, Gratteloup, 1845, Str., pl. 2, fig. 7 (non Gmel., 1789). Dax, St-Paul.
1020. deperditus, Sow., 1837, Trans. geol. Soc. of London, 2e série, 5, p. 329, pl. 26, fig. 19. Indes, prov. de Cutch, Soomrow.
1021. nodosus, Sow., 1837, Trans., 2e série, 5, p. 329, pl. 26, fig. 20. Soomrow.
ROSTELLARIA, Lamarck, 1801. Voy. t. 2, p. 71.
'**1022. dentata,** Gratteloup, 1832, 1845, Conch. foss. Rostellaires, pl. 1, fig. 1-4. *R. curvirostris*, Bast., pl. 4, fig. 1. *R. bidentata*, Desh. Dax, St-Paul, Saubrigues; Piémont, Turin.

1023. subrimosa, d'Orb., 1847. *R. rimosa*, Sow., 1837, Trans. geol. Soc. of London, 2ᵉ série, 5, p. 329, pl. 26, fig. 17 (non Brander, 1799; non Sow., M. C.). Indes, prov. de Cutch, Soomrow.

1024. Sowerbyi, d'Orb., 1847. *R. rectirostris*, Sow., 1837, Trans., 2ᵉ série, 5, p. 329, pl. 26, fig. 18 (non Lamarck). Indes, prov. de Cutch, Soomrow.

*1025. **Gaudichaudi,** d'Orb., 1842, Paléont. de l'Amér. mérid., p. 116, pl. 14, fig. 6-8. Amér. mérid., Payta (Pérou).

*1026. **Collegnoi,** Bellardi et Michelotti, Sagg. Oritt., p. 24, pl. 8, fig. 5, 6. E. Sismonda, 1847. Syn. meth., p. 39 et p. 45. Piémont, Turin.

CHENOPUS, Philippi, 1837.

*1027. **Burdigalensis,** d'Orb., 1847. *Rostellaria pes-pelicani*, Gratteloup, 1845, Conch. foss. Rostellaires, pl. 1, fig. 5 (non Linné). Dax, St-Jean-de-Marsac ; Autriche, Korod.

*1028. **Gratteloupi,** d'Orb., 1847. *Rostellaria pes-carbonis*, Gratteloup, 1845, Rost., pl. 1, fig. 6 a, b (non Brongniart, non Deshayes). Dax, St-Paul.

1029. alatus, d'Orb., 1847. *Rostellaria alata*, Eschw., 1830, p. 225. *R. pes-carbonis*, Dubois, 1831, p. 29, pl. 1, fig. 32-36 (non Brongn.). Volhynie, Bialozurka.

1030. paradoxus?, Philippi, 1844, Foss. tert. du N.-E. de l'Allemagne, p. 24, pl. 4, fig. 13. Cassel.

1031. Anglicus, d'Orb., 1847. *Rostellaria pes-pelicani*, Sow., 1837, Min. Conch., 6, p. 109, pl. 558, fig. 1. Nyst., pl. 43, fig. 7. Angleterre, Norfolk et Suffolk ; Belgique, Anvers, Doel.

*1032. **pes-graculi,** Phil. En. moll. sic., 1, p. 215. *Rostell. pes-graculi*, Bronn. *R. pes-ard.*, Sass., R. Brongn., Riss. Pr. Eur. mér., 4, 5, 94. Sismonda, 1847, Syn. meth., p. 45. Piémont, Turin.

PLEUROTOMA, Lamarck, 1801.

1033. subintorta, d'Orb., 1847. *P. intorta*, Gratteloup, 1847, Conch. foss. Pleurot., pl. 2, n. 20, fig. 40 (non *Murex intorta*, Brocc., pl. 8, fig. 17). *Pleurotoma Farinensis*, Marcel de Serres. Dax, St-Jean-de-Marsac, Saubrigues.

*1034. **cataphracta,** Bell., Pleur., pl. 1, fig. 14. Gratteloup, 1847, Pleur., pl. 2, n. 20, fig. 41-43. *Murex cataphracta*, Brocchi, pl. 1, fig. 14. Dax, St-Jean-de-Marsac, Saubrigues, Gaas, Lesbarritz; Piémont, Turin ; Autriche, Baden.

*1035. **calcarata,** Gratteloup, 1847, Pleur., pl. 3, n. 21, fig. 23. Bell., Pleur., p. 36, pl. 2, fig. 11. Dax, Saubrigues, Bordeaux ; Piémont, Turin.

*1036. **subrotata,** d'Orb., 1847. *P. rotata*, Gratteloup, 1847, Pleur., pl. 3, n. 21, fig. 25 (non Brocchi, pl. 9, fig. 11). *P. subdentata*, Münster? Dax, Saubrigues; Piémont, Dertona, Turin; Autriche, Baden, Vienne.

*1037. **interrupta,** Brocc., Gratteloup, 1847, Pleur., pl. 2, n. 20, fig. 16, 17, 18. Bell., Pleur., pl. 1, fig. 16. Dax, Saubrigues, St-Jean-de-Marsac; Piémont, Turin.

*1038. **semi-marginata,** Gratteloup, 1847, Pleur., pl. 3, n. 21,

g. 3, 4, 5, 6; pl. 1, fig. 5, 6, 14-16, 26. Bell., Pleur., p. 38, pl. 2, g. 13, 14. Dax, Saubrigues.

1039. denticula, Bast., pl. 3, fig. 2. Gratteloup, 1847, Pleur., pl. 2, n. 20, fig. 8. Bell., Pleur., pl. 3. fig. 7. Dax, St-Paul, St-Jean-de-Marsac; Piémont, Dertona.

***1040. monilis,** Gratteloup. 1847, Pleur., pl. 2, n. 20, fig. 9. *Murex monilis*, Brocc., pl. 8, fig. 15. Bell., Pleurot., pl. 3, fig. 2. *P. coronata*, Münster, Goldf., pl. 171, fig. 8. Dax, Saubrigues, St-Jean-de-Marsac; Piémont, Dertona; Autriche, Vienne.

***1041. rotata,** Gratteloup, 1847, Pleur., pl. 2, n. 20, fig. 10. *Murex rotatus*, Brocchi, pl. 9, fig. 11. *P. subdentata*, Münster, *P. monilis*, Defr. (non Brocc.). Dax, Saubrigues, St-Jean-de-Marsac; Piémont, Turin, Dertona.

***1042. dimidiata,** Gratteloup, 1847, Pleur., pl. 2, n. 20, fig. 11, 12, 13. *Murex dimidiatus*, Brocc., pl. 8, fig. 18. Bell., Mon. Pleur., p. 57. Saubrigues, St-Jean-de-Marsac; Piémont, Dertona; Autriche, Gainfaren, Vienne.

***1043. spinosa,** Defrance, 1826, Desmoulins, n. 23. *P. asperulata*, Gratteloup, 1847, Pleur., pl. 1. fig. 27; pl. 3, n. 21, fig. 17, 18, 19, 22. Bell., Mon., p. 33 (non Lamarck). Dax, Saubrigues, St-Jean-de-Marsac; Piémont, Dertona.

1044. vermicularis, Gratteloup, 1847, Pleur., pl. 3, n. 21, fig. 15. *P. circulata*, Bonn., Bell. et Mich., Sag. oritt., p. 4, pl. 1, fig. 7. Dax, Saubrigues; Piémont, Turin.

1046. fusus, Gratteloup, 1847, pl. 1, n. 19, fig. 7. Dax.

***1047. Borsoni,** Bast., 1825, pl. 3, fig. 2. Gratteloup, 1847, Pleur., pl. 1, n. 19, fig. 1, 2. Dax, St-Paul, St-Jean-de-Marsac, Angers; Autriche, Baden, Vienne.

1048. pseudo-fusus, Desmoulins. *P. buccinoides*, Gratteloup, 1847, Pleur., pl. 1, n. 19, fig. 19 (non Lamarck). Dax, Bordeaux.

***1049. reticulata,** d'Orb., 1847. *Murex reticulatus*, Brocchi, pl. 9, fig. 12. *P. ramosa*, Bast., 1825, pl. 3, fig. 15. Gratteloup, 1847, Pleur., pl. 1, n. 19, fig. 20, 21, 22, 23. Dax, Bordeaux; Piémont, Turin.

***1050. tuberculosa,** Basterot, 1825, pl. 3, fig. 11. *P. asperula*, Desmoul. (non Lamk., 1803). *P. spinosa*, Gratteloup, 1847, Pleur., pl. 1, n. 19, fig. 24, 25 (non Defrance, 1826). Dax, Bordeaux; Autriche, Gainfaren.

***1051. carinifera,** Gratteloup, 1847, Pleur., pl. 1, n. 19, fig. 17. Bell., Pleur., pl. 2, fig. 12. Dax, Bordeaux; Piémont, Turin.

1052. Dufourii, Desmoulins, Gratteloup, 1847, Pleur., pl. 2, n. 20, fig. 22. Bell., Pleur., pl. 4, fig. 12. Dax, Bordeaux; Piémont, Turin.

***1053. terebra,** Basterot, 1825, pl. 3, fig. 20. Gratteloup, 1847, Pleur., pl. 2, n. 20, fig. 23, 24. Bell., Pleur., p. 78. Dax, Bordeaux; Piémont, Turin.

***1054. subcostellata,** d'Orb., 1847. *P. costellata*, Bast., 1825, pl. 3, fig. 24. Gratteloup, 1847, Pleur., pl. 2, n. 20, fig. 25, 27, 28, 29 (non Lamarck). Dax, Bordeaux.

1055. Milletii, Desm., 1826, Ann. de la Soc. lin., pl. 9, fig. 5.

Gratteloup, 1847, Pleur., pl. 2, n. 20, fig. 26. Dax, Bordeaux, Anjou.

1055'. crassinoda, Desmoulins, 1826, Revis., n. 47. *P. pustulata*, Gratteloup, 1847, pl. 2, n. 20, fig. 30 (non Brocchi, 1814). Dax, Gaas, Lesbarritz.

1056. pseudo-Javana, d'Orb., 1847. *P. Javana*, Gratteloup, 1847, Pleur., pl. 1, n. 19, fig. 8, 12; pl. 3, fig. 1, 2 (non *Javana*, de Roissy). Dax, Saubrigues, Bordeaux.

1057. longirostris, Gratteloup, 1847, Pleur., pl. 1, n. 19, fig. 9, 10. Dax, St-Paul, Bordeaux.

***1058. opis,** d'Orb., 1847. *P. transversaria*, Gratteloup, 1847, Pleur., pl. 1, n. 19, fig. 11 (non Lamarck, 1804). Dax, Bordeaux.

1059. subpurpurea, d'Orb., 1847. *P. purpurea*, Gratteloup, 1847, Pleur., pl. 3, n. 21, fig. 30 (non Montagu). Dax, St-Paul.

***1060. pannus,** Bast., 1825, Bordeaux, n. 2. Gratteloup, 1847, Pleur., pl. 2, n. 20, fig. 33. Dax, Saubrigues.

***1061. Cypris,** d'Orb., 1847. *P. uniserialis*, Gratteloup, 1847, Pleur., pl. 2, n. 20, fig. 34 (non Desh., 1828). *P. undata*, Bast., n. 7 (non Lam.). Dax, Bordeaux; Autriche, Gainfaren, Vienne.

***1062. subundata,** d'Orb., 1847. *P. undata*, Gratteloup, 1847, Pleur., pl. 2, n. 20, fig. 35 (non Lam., 1804). Dax, Bordeaux.

1063. variabilis, Desmoulins, Revist., n. 46, *P. plicata*, Gratteloup, 1847, Pleur., pl. 2, n. 20, fig. 36 (non Lamarck). Dax, St-Paul, Bordeaux.

1064. glabella, Bonelli, Gratteloup, 1847, Pleur., pl. 2, n. 20, fig. 37. Dax, Bordeaux.

1065. Requienii, Gratteloup, 1847, Pleur., pl. 2, n. 20, fig. 38, 68. Dax.

***1066. subvulpecula,** d'Orb., 1847. *P. vulpecula*, Gratteloup, 1847, Pleur., pl. 2, n. 20, fig. 39 (non *Murex vulpecula*, Brocc., pl. 8, fig. 10). Dax, Gaas.

1067. Cordieri, Gratteloup, 1847, Pleur., pl. 2, n. 20, fig. 57 (non Payrodeau, 1825). *P. purpurea*, Bast., pl. 3, fig. 13). Dax, St-Paul.

1068. obtusangula, Bronn, Gratteloup, 1847, Pleur., pl. 2, n. 20, fig. 58, 59. *Murex obtusangula*, Brocchi, 1814, pl. 8, fig. 19. Bell., Pleur., pl. 3, fig. 21. Dax, St-Paul; Bologne; Piémont, Dertona.

1069. polita, Bronn, Gratteloup, 1847, Pleur., pl. 2, n. 20, fig. 2. Dax, St-Jean-de-Marsac.

1070. striatulata, Lam., Gratteloup, 1847, Pleur., pl. 2, n. 20, fig. 47; pl. 3, fig. 8. Dax, St-Paul, Bordeaux.

1071. detecta, Desmoulins, n. 15. Gratteloup, 1847, Pleur., pl. 2, n. 20, fig. 48; pl. 3, fig. 9. Dax, St-Paul, Bordeaux.

1072. cheilotoma, Basterot, Bordeaux, pl. 4, fig. 3. Gratteloup, 1847, Pleur., pl. 2, n. 20, fig. 50. Dax, St-Paul, Bordeaux.

1073. Neptuni, d'Orb., 1847. *P. Nystii*, Gratteloup, 1847, Pleur., pl. 2, n. 20, fig. 60, 61 (non *Nystii*, Bell.). Dax, St-Paul, Castetarbe.

1074. Dupuisii, Grateloup, 1847, Pleur., pl. 2, n. 20, fig. 52. Dax. Castelarbe.

1075. fallax, Gratteloup, 1847, Pleur., pl. 2, n. 20, fig. 65. Dax, St-Paul.

***1076. cerithioides,** Desmoulins, Gratteloup, 1847, Pleur., pl. 2, n. 20, fig. 66, 73. Dax.

1077. subulata, Gratteloup, 1847, Pleur., pl. 2, n. 20, fig. 67. Dax, St-Paul.

1078. conulus, Gratteloup, 1847, Pleur., pl. 2, n. 20, fig. 69. Dax.

***1079. Jouannetii,** Desmoulins, Gratteloup, 1847, Pleur., pl. 3, n. 21, fig. 12. Bell., Pleur., pl. 2, fig. 15. Dax, Bordeaux; Piémont, Dertona.

1080. subturbida, d'Orb., 1847. *P. turbida*, Gratteloup, 1847, Pleur., pl. 3, n. 21, fig. 26 (non Lam.; non Brander, 1766). Dax, St-Paul.

1081. ornata, Defrance, Gratteloup, 1847, Pleur., pl. 3, n. 21, fig. 27; pl. 2, fig. 63. Dax, St-Paul, Bordeaux.

1082. vulgatissima, Gratteloup, 1847, Pleur., pl. 1, n. 19, fig. 28; pl. 2, fig. 3, 7, 49. Bell., Pleur., pl. 2, fig. 9. Dax, St-Paul, Saubrigues; Piémont, Turin.

***1083. subcrenulata,** d'Orb., 1847. *P. crenulata*, Gratteloup, 1847, Pleur., pl. 2, n. 20, fig. 32, 70, 71 (non Defrance, 1826). Dax, St-Paul.

***1084. concatenata,** Gratteloup, 1847, Pleur., pl. 2, n. 20, fig. 4, 5. Bell., Pleur., pl. 2, fig. 10. Dax; Piémont, Turin.

1085. Basteroti, Desmoulins, Gratteloup, 1847, Pleur., pl. 2, n. 20, fig. 61, 62, 64. Dax, St-Paul.

***1086. substriatula,** d'Orb., 1847. *P. striatula*, Dujard., 1847, Mém. Soc. géol. de France, t. 2, p. 292, pl. 20, fig. 27 (non Lam., 1822). Mantelin.

***1087. subincrassata,** d'Orb., 1847. *P. incrassata*, Dujard., 1837, Mém., p. 292. Bell., pl. 4, fig. 27 (non Sow., 1833); pl. 20, fig. 28. Mantelin.

***1088. strombillus,** Dujard., 1837, Mém., p. 290, pl. 20, fig. 15. Semblançay (Indre-et-Loire).

***1089. fascellina,** Dujard., 1837, Mém. Soc. géol. de France, t. 2, p. 290, pl. 20, fig. 16. Env. de Tours.

***1090. labeo,** Dujard., 1837, Mém. Soc. géol. de France, t. 2, p. 291, pl. 20, fig. 17, 18. Env. de Tours.

***1091. colus,** Dujard., 1837, Mém. Soc. géol. de France, t. 2, p. 291, pl. 20, fig. 21. Env. de Tours.

***1092. pseudo-attenuata,** d'Orb., 1847. *P. attenuata*, Dujard., 1837, Mém., p. 291, pl. 20, fig. 22 (non Sow., 1816). France, Touraine.

***1093. quadrillum,** Dujard., 1837, Mém. Soc. géol. de France, t. 2, p. 291, pl. 20, fig. 23. Env. de Tours.

***1094. amœna,** Dujard., 1837, Mém. Soc. géol. de France, t. 2, p. 291, pl. 20, fig. 24. Env. de Tours.

'1095. **granaria**, Dujard., 1837, Mém. Soc. géol. de France, t. 2, p. 292, pl. 20, fig. 29. Env. de Tours.
'1096. **subterebra**, d'Orb., 1847. *P. terebra*, Dujard., 1837, Mém., p. 292, pl. 20, fig. 30 (non Basterot, 1825). Env. de Tours.
'1097. **subspirata**, d'Orb., 1847. *P. spirata*, Mathéron, 1843, Catalogue, p. 248, pl. 40, fig. 11 (non Lam., 1822). Carry (B.-du-Rhône).
'1098. **Agassizi**, Bell., Monog. Pleur. Piém., p. 30, pl. 2, fig. 3. Piémont, Turin.
1099. **intorta**, Bell., *Murex intortus*, Brocchi, 1814, pl. 8, fig. 17. Piémont, Turin.
'1101. **Bellardii**, Desm., Bell., Monog. Pleur. Piém., p. 79, pl. 4, fig. 8. Piémont, Dertona.
'1102. **bracteata**, Bronn, It. tert. geb., p. 45. Bell., Mon. Pl. Piém., p. 18, pl. 1, fig. 5. *Murex bracteata*, Brocchi. *P. elegans*, Bon. P. Bonell., Bell. Turin, Dertona, Piémont; Autriche, Baden, Vienne.
'1103. **oblonga**, d'Orb., 1847. *P. brevirostrum*, Bell., Mon. Pleur. Piém., p. 79, pl. 4, fig. 9 (non Sow., 1823). *Murex oblonga*, Brocc. *P. dubia*, Jan. Piémont; Autriche, Baden, Vienne.
1104. **brevis**, Bell., Monog. Pleur. Piém., p. 19, pl. 1, fig. 15. *P. abbreviata*, Bon. E. Sism., Syn. meth., p. 33. Piémont, Dertona.
1105. **Calliope**, Bell., Mon. Pleur. Piém., p. 63, pl. 1, fig. 9. *Murex Calliope*, Brocchi. Turin.
1106. **Chinensis**, Bon., Bell., Monog., p. 42, pl. 3, fig. 12. Turin.
'1107. **cirrata**, Bell., Monog., p. 47, pl. 3, fig. 1. Dertona.
'1108. **controversa**, Jan., Bell., Monog. Pleur. Piém., p. 63, pl. 1, fig. 12. Piémont, Dertona.
'1109. **coronata**, Bell., Monog., p. 47, pl. 3, fig. 5. Turin.
1110. **subcrebricosta**, d'Orb., 1847. *P. crebricosta*, Bell., Monog. Pleur. Piém., p. 80, pl. 4, fig. 10 (non Revist., 1843). Piémont, Turin.
'1111. **crispata**, Jan., Bell., Mon. Pl. Piém., p. 69, pl. 4, fig. 2. *Murex turriculatus*, Brocchi. *Turella*, Bast. (non Lam.). *P. turritella*, Bell. Piémont, Turin, Dertona.
1112. **Gastaldii**, Bellardi, Monog., p. 44, pl. 2, fig. 19. Turin.
1113. **Geuei**, Bell., Monog., p. 14, pl. 1, fig. 1. Turin.
1114. **gradata**, Defrance, Bellardi, Monog. Pleur. Piém., p. 29, pl. 2, fig. 4. Piémont, Turin.
1115. **hirsuta**, Bellardi, Monog. Pleur. Piém., p. 17, pl. 1, fig. 10. *P. plicatula*, Bonelli. E. Sism., Syn. meth., p. 33. Piémont, Turin.
'1116. **intermedia**, Bronn, Bell., Mon. Pl. Piém., p. 54, pl. 3, fig. 14. *P. fusoidea*, Bonelli. Piémont, Turin.
'1117. **Jani**, Bellardi, Monog., p. 61, pl. 3, fig. 18. Dertona.
'1118. **Lamarcki**, Bell., Mon. Pleur. Piém., p. 60, pl. 3, fig. 16. *P. semistriata*, Partsch. Piémont, Dertona.
1119. **lævis**, Bellardi, Monog. Pleur. Piém., p. 14, pl. 4, fig. 30.

Fusus fragilis, Bonelli, Bell. et Mich., Sagg. oritt., p. 17, pl. 2, fig., 1. Turin.

1120. Michelottii, Bell., Mon., p. 65, pl. 3, fig. 19. Turin.

***1121. modiola**, Bellardi, Mon., Pl. Piém., p. 68, pl. 3, fig. 9. *Fusus modiolus*, Jan. *P. carinata*, Biv. *P. acuta*, Bell. Piémont, Dertona.

1122. Nysti, Bellardi, Monog., p. 31, pl. 1, fig. 18. Turin, Dertona.

***1123. nodosa**, Bellardi, Mon., p. 58, pl. 3, fig. 9. Turin.

1124. Orbignyi, Bell., Monog., p. 15, pl. 1, fig. 2. Turin.

***1125. rotulata**, Bonelli, Bell., Monog. Pleur. Piém., p. 64, pl. 3, fig. 22. Piémont, Dertona.

***1126. rustica**, Bell., Mon. Pl. Piém., p. 28, pl. 1, fig. 17. *Murex rustica*, Brocchi. Piémont, Turin, Dertona.

1127. sinuata, Bellardi, Mon., p. 53, pl. 3, fig. 15. Dertona.

1128. Sismondai, Bell. et Mich., Sagg. oritt., p. 5, pl. 1, fig. 16, 17. *P. granulosa*, Bonelli. Piémont, Dertona.

***1129. spinescens**, Partsch, Bell., Mon., p. 67, pl. 3, fig. 8. Piémont, Turin: Autriche, Baden, Vienne.

***1130. spiralis**, Marcel de Serres, Bell., Mon. Pl. Piém., p. 52, pl. 3, fig. 6. *P. incarnata*, Bell. E. Sism., Syn. meth., p. 33. Piémont, Turin.

1131. sublævis, Bell., Monog., p. 75, pl. 4, fig. 3. Turin.

***1132. subterebralis**, Bellardi, p. 75, pl. 4, fig. 3. Dertona.

***1133. turricula**, Gratteloup. *Murex turricula*, Brocc., Conch. subap., p. 435, pl. 9, fig. 20. Var. *Murex contiguus*, Brocc. *P. Stoffelsii*, Nyst. *P. obsoleta*, Bonelli. Gratteloup, pl. 1, fig. 4. Turin, Dertona; Vienne; Bordeaux, Dax.

***1134. turritelloides**, Bell., Mon. Pl. Piém., p. 71, pl. 4, fig. 5. *P. Renierii*, Scacc. sec., Bell. E. Sism., Syn. meth., p. 34. Piémont.

1135. venusta, Bell., Monog., p. 72, pl. 4, fig. 6. Turin.

***1136. suturalis**, Bronn. *Raphitoma gracilis*, Bell., Monog., p. 106 (non *Murex gracilis*, Montag., Test., Br., pl. 15, fig. 5). *P. suturalis*, Bronn. Turin.

1137. harpula, Phill. *Raphitoma harpula*, Bell., Mon., p. 101. *Murex harpula*, Brocc., pl. 8, fig. 12. *Fusus harpula*, Bors. *P. Philippi*, Bell. et Mich., pl. Biv. Bell. Piémont, Dertona.

1138. hispidula, Jan. *Raphitoma hispidula*, Bell., Mon. Pl. Piém., p. 92, pl. 4, fig. 17. Piémont, Dertona.

***1139. hypothetica**, d'Orb., 1847. *Raphitoma hypothetica*, Bell., Mon. Pl. Piém., p. 110, pl. 4, fig. 28. Piémont, Dertona.

1140. columnæ. *Raphitoma columnæ*, Bell., p. 44, pl. 1, fig. 20. Scacc. foss. di Grav. Bell., Mon. Pl. Piém., p. 100. *Fusus costatus*, P. pl. 11, fig. 33. Piémont, Dertona.

***1141. subsemistriata**, d'Orb., 1847. *P. semistriata*. Partsch (non Desh., 1830). Autriche, Baden.

1141'. brachyura, Partsch. Autriche, Gainfaren.

1142. subplicatella, d'Orb., 1847. *Raphistoma plicatella*, Bellardi, Mon., p. 92, pl. 4, fig. 18 (non 27, n. 155). *P. plicatilis*, Jan., Sismonda, 1847, Syn. meth., p. 36. Piémont, Dertona.

*1143. **scalaria,** Jan. *Raphitoma scalaria*, Bellardi, Mon., p. 106, pl. 4, fig. 26. Sismonda, 1847, Syn. meth., p. 36. Piémont.

1144. **subseptangula,** d'Orb., 1847. *Raphitoma septangulata*, Bellardi, Monog., p. 99 (non *M. septangulatus*, Donov.). Piémont, Turin.

1146. **textilis,** d'Orb., 1847. *Raphitoma textilis*, Bellardi, Mon., p. 105. *Murex textilis*, Brocc., pl. 8, fig. 14. *Fusus textilis*, Riss. Sismonda, 1847, Syn. meth., p. 36. Piémont.

1147. **undatellum,** Philippi, 1844, Beitr. zur Kenntniss, p. 24, pl. 4, fig. 6. Allemagne, Cassel (Hesse).

1148. **Leunisii,** Philippi, 1844, Beitr., p. 56, pl. 4, fig. 7. Cassel.

1149. **subsimplex,** d'Orb., 1847. *P. simplex*, Philippi, 1844, Beitr. zur Kenntn., p. 57, pl. 4, fig. 8 (non Deshayes, 1830). Cassel (Hesse).

1150. **Hausmanni,** Philippi, 1844, Beitr., p. 57, pl. 4, fig. 9. Cassel.

1151. **subdiscors,** d'Orb., 1847. *P. discors*, Philippi, 1844, Beitr. zur Kenntn., p. 58, pl. 4, fig. 10 (non Sow., 1833). Cassel.

*1152. **lunatum,** Lea, 1843, Descrip. new. foss. tert., p. 43, pl. 37, fig. 93. Etats-Unis, Pétersburg, Virginia.

1153. **rotifera,** Conrad. États-Unis.

*1154. **communis,** Conrad. États-Unis.

1155. **parva,** Conrad. États-Unis.

1156. **dissimilis,** Conrad. États-Unis.

*1157. **limatula,** Conrad. États-Unis

1158. **Virginiana,** Conrad. États-Unis.

1159. **pyrenoides,** Conrad. États-Unis.

1160. **biscatenaria,** Conrad. États-Unis.

1161. **inflata,** Jan. *Raphitoma inflata*, Bellardi, Monog., p. 90. Dertona.

1162. **prima,** d'Orb., 1847. *Borsonia prima*, Bell., Mon. Pl. Piém., p. 83, pl. 4, fig. 13. Piémont, Turin.

1163. **mitrula,** Sow., Nyst., 1843, Coq. tert. de Belgiq., p. 528, pl. 44, fig. 3. *Buccinum mitrula*, Sow., 1822, Min. Conch., t. 4, p. 375, fig. 3. Calloo, Stuyvenberg; Angl., Ramsholt, Sutton (S.-Wood).

1164. **subcanaliculata,** Münst., Goldf., 1843, Petref., 3, p. 20 pl. 171, fig. 3. Vienne.

1165. **granulato-cincta,** Münst., Goldf., 1843, 3, p. 20, pl. 171, fig. 5. Enzersfeld, Vienne.

1166. **subharpula,** d'Orb., 1847. *Fusus harpula*, Dubois, 1831, Conch. foss., p. 31, pl. 1, fig. 47, 48. Dax; Volhynie, Szuskowie.

1167. **subæqualis,** Sow. in Darw., 1846, South. Amer., p. 257, pl. 4, fig. 52. Ile de Huafo, Chili.

*1168. **turbinelloides,** Sowerby in Darw., 1846, South. Amer., p. 258, pl. 4, fig. 53. Navidad (Chili).

1169. **pseudo-discors,** d'Orb., 1847. *P. discors*, Sowerby in

',Darw., 1846, South. Amer., p. 258, pl. 4, fig. 54 (non Sow., 1833). Navidad (Chili).

1170. tricaternaria, Conrad. États-Unis.

1171. inclinifera, Conrad. États-Unis.

FUSUS. Bruguière, 1791.

1172. Moquinainus, Gratteloup, 1847, Conch. foss. Fusus, pl. 3, n. 24, fig. 21. France, Dax, St-Paul.

1173. suballigatus, d'Orb., 1847. *F. alligatus*, Gratteloup, 1847, Fus., pl. 3, n. 24, fig. 28 (non Lamarck). Dax, St-Paul.

'1174. quinquedentatus, Gratteloup, 1847, Fus., pl. 3, n. 24, fig. 24. France, Dax, St-Paul.

1175. subincisus, d'Orb., 1847. *F. incisus*, Gratteloup, 1847, Fus., pl. 3, n. 24, fig. 25 (non Lamarck). Dax, St-Paul.

1176. cœlatus, Gratteloup, 1847, Fus., pl. 3, n. 24, fig. 26. Dax, St-Paul.

'1177. sublavatus, d'Orb., 1847. *F. lavatus*, Gratteloup, 1847, Fus., pl. 3, n. 24, fig. 27 (non Sowerby). Dax, St-Paul, Bordeaux.

1178. fenestralis, Gratteloup, 1847, Fus., pl. 3, n. 24, fig. 28. Dax, St-Paul, Bordeaux.

1179. Gratteloupi, d'Orb., 1847. *F. variabilis*, Gratteloup, 1847, Fus., pl. 3, n. 24, fig. 29 (non Lam.). Dax, St-Paul, Bordeaux.

1180. echinatus, Brocc., Gratteloup, 1847, Fus., pl. 3, n. 24, fig. 30. Dax, St-Paul.

1181. nassatella, Gratteloup, 1847, Fus., pl. 3, n. 24, fig. 19. Dax, St-Paul.

'1182. buccinoides, Bast., n. 49, Gratteloup, 1847, pl. 3 (n. 24), fig. 33, 34, 35. Dax, St-Paul, Bordeaux, Plaix, Touraine.

1183. submitræformis, d'Orb., 1847. *F. mitræformis*, Gratteloup, 1847, Fus., pl. 3 (n. 24), fig. 36, 37, 38 (non *Murex mitræformis*, Brocch., pl. 8, fig. 20). Dax, Saubrigues, Bordeaux.

'1184. politus, Bronn, Gratteloup, 1847, Fus., pl. 3 (n. 24), fig. 39. Dax, Saubrigues; Autriche, Baden.

1185. Aturensis, Gratteloup, 1847, Fus., pl. 3 (n. 24), fig. 13. Dax, Saubrigues, St-Jean-de-Marsac.

1186. subrugosus, d'Orb., 1847. *F. rugosus*, Gratteloup, 1847, Fus., pl. 3 (n. 24), fig. 14 (non Lamarck, 1804). Dax, Saubrigues, St-Jean-de-Marsac.

1187. virgineus, Gratteloup, 1847, Fus., pl. 3 (n. 24), fig. 1, 2, 32. France, Dax, Saubrigues.

'1188. sublignarius, d'Orb., 1847. *F. lignarius*, Gratteloup, 1847, Fus., pl. 3 (n. 24), fig. 3 (non Lam.). *Murex cornus*, Brocc., p. 426. Dax, Soustons; Piémont, Dertona.

'1189. substromboides, d'Orb., 1847. *Pyrula stromboides*, Gratteloup, 1845, Pyr., pl. 2, fig. 3 (non n. 198). Dax, Saubrigues.

1190. nexilis, Gratteloup, 1847, Fus., pl. 5 (n. 24), fig. 15. Dax, St-Paul.

1191. oblongus, Gratteloup, 1847, Fus., pl. 3 (n. 24), fig. 16. Dax, St-Paul.

1192. diluvianus, Gratteloup, 1847, Fus., pl. 3 (n. 24), fig. 4. Dax? Bordeaux, Mérignac.

*1193. **cornutus,** d'Orb., 1847. *Pyrula melongena*, Gratteloup, 1845, Pyrule, pl. 1, fig. 1-7 ; pl. 3, fig. 12-15 (non Lamarck). *Myristica cornuta*, Agassiz. Dax, St-Paul, Saubrigues, St-Jean-de-Marsac, Bordeaux ; Piémont, Turin.

1194. **Marcelli-Serresii,** Gratteloup, 1847, Fus., pl. 2 (n. 23), fig. 16. Dax, St-Paul.

1195. **subsismondianus,** d'Orb., 1847. *F. Sismondianus*, Grattel., 1847, Fus., pl. 2 (n. 23), fig. 5 (non Michelotti, 1846). Dax, St-Paul.

*1196. **Lainei,** d'Orb., 1847. *Pyrula Lainei*, Bast., pl. 7, fig. 8. Gratteloup, 1845, Pyr., pl. 1, fig. 2, 3, 8 ; pl. 2, fig. 2 ; pl. 3, fig. 13, 14. *Miristica Lainei*, Sismonda. Dax, St-Paul, Bordeaux ; Piémont, Turin, Carry.

*1197. **Jauberti,** d'Orb., 1847. *Pyrula Jauberti*, Gratteloup, 1845, Pyrules, pl. 2, fig. 11, 12. Dax, Saubrigues, Salles, près Bordeaux.

1198. **Andrei,** d'Orb., 1847. *Buccinum Andrei*, Gratteloup, 1845, Buccin., pl. 1, fig. 8. Dax, St-Paul.

1199. **aduncus,** Bronn, It. tert. geb., p. 40. *Fusus intortus*, Bors. (non Lam.). Sismonda, 1847, Syn. meth., p. 37. Turin, Dertona.

1201. **armatus,** Michelotti, Préc. faun. mioc., pl. 9, fig. 12. Sismonda, 1847, Syn. meth., p. 37. Turin.

1202. **subarticulatus,** d'Orb., 1847. *F. articulatus*, Michelotti, Préc. faun. miocr., pl. 9, fig. 21. Sismonda, 1847, Syn. meth., p. 37. (non Lam., 1822). Piémont, Dertona.

1203. **fasciolarinus,** Gratteloup, 1847, Fus., pl. 2 (n. 23), fig. 9. Dax, St-Paul.

*1204. **bilineatus,** Partsch. Autriche, Baden.

*1205. **Zalbrukneri,** Partsch. Autriche, Gainfaren.

*1206. **Stutzii,** Partsch. Autriche, Gainfaren.

*1207. **Basteroti,** Partsch. Autriche. Enzersfeld.

*1208. **Hossii,** Partsch. Autriche, Baden.

1210. **Borsoni,** Gené, Bellardi et Michelotti, Sagg. oritt., p. 18, pl. 2, fig. 8, 9. Sismonda, 1847, Syn. meth., p. 38. Turin.

1211. **Bredai,** Michelotti, Préc. faun. mioc., pl. 10, fig. 8. Sismonda, 1847, Syn. meth., p. 38. Piémont, Dertona.

1212. **carcarensis,** Michelotti, Préc. faun. mioc., pl. 16, fig. 21, 22. Sismonda, 1847, Syn. meth., p. 38. Piémont.

1213. **cinctus,** Bellardi et Michelotti, Sagg. oritt., p. 12, pl. 1, fig. 5. Sismonda, 1847, Syn. meth., p. 38. Turin.

*1214. **crispus,** Bors., Oritt. Piem., p. 71. Michelotti, Préc. faun. mioc., pl. 9, fig. 17, 18. Sismonda, 1847, Syn. meth., p. 38. Turin, Dertona.

1215. **Genei**, Michelotti, Préc. faun. mioc., pl. 9, fig. 15. Sismonda, 1847, Syn. meth., p. 38. Turin.

*1216. **glomoides,** Gené, Bellardi et Michelotti, Sagg. oritt., p. 22, pl. 2, fig. 6. Sismonda, 1847, Syn. meth., p. 38. Turin.

*1217. **glomus,** Gené, Bellardi et Michelotti, Sagg. oritt., p. 21, pl. 2, fig. 2, 3. Sismonda, 1847, Syn. meth., p. 38. Dertona.

1218. **inflatus,** Bonelli. *Murex inflatus*, Brocc., Conch. subap., p. 412, pl. 9, fig. 6. Sismonda, 1847, Syn. meth., p. 38. Turin.

*1219. **intermedius,** Michelotti, Sow., Mal. and conch. mag., pl. 3, fig. 5, 6. Mich., Préc. faun. mioc., pl. 9, fig. 16. *F. abbreviatus*, Bonn. *F. Agassizii*, Bell. Sismonda, 1847, Syn. meth., p. 38. Turin.

*1219'. **Klipsteini,** Michelotti, Préc. faun. mioc., pl. 10, fig. 2. *F. longævus*, Bors. (non Lam.). *F. lignarius*, Auct. ped. (non Lam.). Sismonda, 1847, Syn. meth., p. 38. Dertona.

*1220. **Lachesis,** E. Sismonda, 1847, Syn. meth., p. 38. *Fusus Syracusanus*, Auct. Pedem. (non Lam.). Turin.

1221. **lamellosus,** Borson, Oritt. Piem., p. 71, pl. 1, fig. 14. Michelotti, Préc. faun. mioc., pl. 9, fig. 14. Sismonda, 1847, Syn. meth., p. 38. Piémont, Dertona.

*1222. **longiroster,** Sismonda, 1847, Syn. meth., p. 38. *Murex longiroster*, Brocc., Conch. subap., p. 418, pl. 8, fig. 7. Piémont, Dertona.

1223. **maxillosus,** Bonelli, Bell. et Mich., Sagg. oritt., p. 18, pl. 1, fig. 14. Sismonda, 1847, Syn. meth., p. 38. Turin.

1224. **Michelini,** E. Sismonda, 1847, Syn. meth., p. 33 et p. 38. *Pleurotoma Michelini*, Bell. et Mich., Préc. faun. mioc., pl. 17, fig. 7. Turin.

*1225. **mitræformis,** Sismonda, 1847, Syn. meth., p. 38. *Murex mitræformis*, Brocchi, Conch. subap., p. 425, pl. 8, fig. 20. Turin.

*1226. **obesus,** Michelotti, Préc. faun. mioc., pl. 10, fig. 17. E. Sismonda, 1847. Syn. méth., p. 36 et p. 38. Turin.

*1227. **orditus,** Bellardi et Michelotti, Sagg. oritt., p. 16, pl. 1, fig. 18, 19. Sismonda, 1847, Syn. meth., p. 38. Turin.

1228. **Philippii,** Mich., Préc. faun mioc., pl. 9, fig. 20. Sismonda, 1847, Syn. meth., p. 38. Piémont, Dertona.

*1229. **pustulatus,** Bellardi et Michelotti, Sagg. oritt., p. 77, et p. 15, pl. 1, fig. 13. Sismonda, 1847, Syn. meth., p. 38. Turin.

*1230. **Renierii,** Michelotti, Préc. faun. mioc., pl. 9, fig. 19. E. Sismonda, 1847, Syn. meth., p. 38. Turin.

*1231. **reticulatus,** Bellardi et Michelotti, Sagg. oritt., p. 14, pl. 1, fig. 11. Sismonda, 1847, Syn. meth., p. 39. Turin.

*1232. **rostratus,** Sismonda, 1847, Syn. meth., p. 39. Brocc., Conch. subap., p. 416, pl. 8, fig. 1. *Murex rostratus*, Oliv. Turin, Autriche, Gainfaren, Vienne.

*1233. **semirugosus,** Bellardi et Michelotti, Sagg. oritt., p. 13, pl. 1, fig. 13. Sismonda, 1847, Syn. meth., p. 39. Turin.

1234. **Sismondai,** Michelotti, Préc. faun. mioc., pl. 17, fig. 14. Sismonda, 1847, Syn. meth., p. 39. Turin.

1235. **inconstans,** Michelin, 1831, Mag. de zoolog., pl. 33. Bordeaux.

*1236. **cœlatus,** Dujard., 1837, Mém. Soc. géol. de France, t. 2, p. 294, pl. 19, fig. 1. Touraine.

*1237. **pseudorugosus,** d'Orb., 1847. *F. rugosus*, Sow., 1820, Min. Conch., t. 3, p. 131, pl. 274, fig. 8, 9. *Murex rugosus*, pl. 34, (non Lam., 1804). Angleterre, Suffolk, Essex; Allem., Cassel.

1238. **striatus,** Sow., 1813, Min. Conch., t. 5, p. 61, pl. 22. Angleterre, Suffolk; Allem., Cassel.

1239. **Duboisianus,** d'Orb., 1847. *Ranella granifera*, Dubois,

1831, Conch. foss., p. 31, pl. 1, fig. 50, 51 (non Lamarck). Podolie, Krzemienna.

1240. echinatus, Dubois, 1831, Conch. foss., p. 31, pl. 1, fig. 45, 46. France, Dax ; Volhynie, Szuskowce.

1241. Peruvianus, d'Orb., 1847. *Murex Peruvianus*, Sow., 1823, Min. Conch., t. 5, p. 47, pl. 434, fig. 1. Angleterre, Suffolk.

1242. subsulcatus, d'Orb., 1847. *Buccinum sulcatum*, Sow., 1822, Min. Conch., t. 4, p. 103, pl. 375, fig. 2 (non Lam., 1804). Angleterre, Ramsholt.

1243. cancellatus, Sow., 1826, Min. Conch., t. 6, p. 45, pl. 525, fig. 2. Angleterre, Suffolk.

1244. elegans, d'Orb., 1847. *Buccinum elegans*, Sow., 1824, Min. Conch., pl. 477, fig. 1, 2. Angleterre, Suffolk.

1245. mitrula, d'Orb., 1847. *Buccinum mitrula*, Sow., 1822, Min. Conch., t. 4, p. 103, pl. 375, fig. 3. Angleterre, Ramsholt.

'**1246. terebrinus**, Bon., Bellardi et Michelotti, Sagg. Orit., p. 19, pl. 2, fig. 4. Sismonda, 1847, Syn. meth., p. 39. Piémont, Dertona.

1247. exilis, Philippi, 1844, Beitræge zur Kenntn., p. 25, pl. 4, fig. 12. Cassel (Hesse).

1248. Schwarzenbergii, Philippi, 1844, Beitræge zur Kenntn., p. 59, pl. 4, fig. 15. Cassel (Hesse).

1249. elegantulus, Philippi, 1844, Beitræge zur Kenntn., p. 59, pl. 4, fig. 16. Cassel (Hesse).

1250. Jung, d'Orb., 1847. *Derselbe Jung*, Philippi, 1844, Beitræge, p. 60, pl. 4, fig. 20. Cassel.

1251. Cheruscus, Philippi, 1844, Beitræge zur Kenntn., p. 59, pl. 4, fig. 21. Cassel (Hesse).

'**1252. anomalus**, Lea, 1843, Descrip. new. foss. tert., p. 45, pl. 37, fig. 96. États-Unis, Pétersburg, Virginia.

'**1254. quadricostatus**, Say. États-Unis.

'**1255. trossulus**, Conrad. États-Unis.

1256. tetricus, Conrad. États-Unis.

'**1257. Cleryanus**, d'Orb., 1842, Paléont. de l'Amér. méridion., p. 117, pl. 12, fig. 6-9. Amér. mérid., Coquimbo (Chili).

'**1258. Petitianus**, d'Orb., 1842, Paléont. de l'Amér. mérid., p. 118, pl. 12, fig. 10. Amér. mérid., Coquimbo (Chili).

'**1259. subcontrarius**, d'Orb., 1847. *F. contrarius*, Sow., 1813, Min. Conch., 5, p. 63, fig. 23 (non *Murex contrarius*, Linn., 1789). *F. contrarius*, Nyst., pl. 41, fig. 1. (Il se distingue du *contrarius* par ses côtes). Belgique, Anvers ; Angleterre, Essex ; Sicile, Palerme.

1260. parilis, Conrad. États-Unis.

1261. subrusticus, d'Orb., 1847. *F. rusticus*, Conrad (non Sow., 1831). États-Unis.

'**1262. subregularis**?, d'Orb., 1847. *F. regularis*, Sowerby in Darwin, 1846, South. Amer., p. 258, pl. 4, fig. 55 (non Desh., 1824). Navidad (Chili).

1263. pyruliformis, Sowerby in Darw., 1846, South. Amer., p. 258, pl. 4, fig. 56. Navidad (Chili).

'**1264. subreflexus**, Sowerby in Darw., 1846, South. Amer., p. 259, pl. 4, fig. 57. Navidad (Chili).

*1265. **Noachinus**, Sow. in Darw., 1846, South. Amer., p. 259, pl. 4, fig. 58, 59. San Julian (Patagonie).

*1266. **Patagonicus**, Sow. in Darw., 1846, South. Amer., p. 259, pl. 4, fig. 60. Patagonie.

1267. **granosus**, Sow., 1837, Trans. geol. Soc. of London, 2e série, 5, p. 329, pl. 26, fig. 12. Indes, prov. de Cutch, Soomrow.

1268. **læviusculus**, Sow., 1837, Trans., p. 329, pl. 26, fig. 13. Soomrow.

1269. **nodulosus**, Sow., 1837, Trans., p. 329, pl. 26, fig. 14. Indes, Soomrow.

TRICHOTROPIS, Broderip, 1829. *Fulgur*, Conrad (non *Fulgur*, Montfort, 1810). Ce sont des *Fusus* largement ombiliqués, à épiderme.

*1270. **coronatus**, d'Orb., 1847. *Fulgur id.*, Conrad, 1838, Foss. of the tert. form. couverture. États-Unis (Maryland), St-Mary's river.

1271. **tuberculatus**, d'Orb., 1847. *Fulgur id.*, Conrad, 1838, Foss. of the tert. form. couverture. États-Unis (Maryland), Patuxent-river, Mary-County.

1272. **carina**, d'Orb., 1847. *Fulgur carina*, Say. États-Unis.

1273. **canaliculatus**, d'Orb., 1847. *Fulgur canaliculatus*, Say. États-Unis.

1274. **incilis**, d'Orb., 1847. *Fulgur incilis*, Conrad. États-Unis.

*1275. **quadricostatus**, d'Orb., 1847. *Fulgur quadricostatus*, Conrad. États-Unis, île de Wight (Virginie).

PYRULA, Lamarck, 1801.

*1276. **clava**, Bast., 1825, Bord., pl. 7, fig. 12. Gratteloup, 1845, Pyr., pl. 1, fig. 5, 6; pl. 2, fig. 4, 6, 16; pl. 3, fig. 7. *Ficula clava*, Sismonda. Dax, St-Paul, Bordeaux; Piémont, Turin.

1277. **subclathrata**, d'Orb., 1847. *P. clathrata*, Gratteloup, 1845, Pyr., pl. 1, fig. 10; pl. 3, fig. 6 (non Lamarck). Dax, St-Paul, Castetarbe; Allem., Cassel.

1278. **subficoides**, d'Orb., 1847. *P. ficoides*, Gratteloup, 1845, Pyr., pl. 2, fig. 15 (non Brocchi, 1814; non Lamarck, 1822). Dax, Saint-Jean-de-Marsac.

*1279. **condita**, Brongn., 1823, Vicent., p. 75, pl. 6, fig. 4. Gratteloup, 1845, Pyr., pl. 2, fig. 8, 9; pl. 3, fig. 9, 10. Bast., n. 1. *Ficula condita*, Sismonda. Dax, St-Paul, Bordeaux; Piémont, Turin; Autriche, Enzersfeld.

1280. **distans**, Sow. in Darw., 1846, South. Amer., p. 259, pl. 4, fig. 61. Navidad (Chili).

1281. **megacephala**, Philippi, 1844, Foss. tert. du N.-E. de l'Allemagne, p. 26, pl. 4, fig. 18. Cassel.

*1282. **ficoides**, d'Orb., 1847. *Ficula ficoides*, E. Sismonda, 1847, Syn. meth., p. 37. *Bulla ficoides*, Brocchi, 1814, Conch. subap., p. 280, pl. 1, fig. 5. *Pyrula undata*, Bronn. Piémont.

FASCIOLARIA, Lamarck, 1801.

1283. **clandestina**, Gratt., 1847, Conch. foss. Fasciolaires, pl. 2, n. 23, fig. 3. Dax, St-Jean-de-Marsac.

1284. ornata, d'Orb., 1847. *F. Valenciennesii*, Gratt., 1847, Fasc., pl. 2, n. 23, fig. 4 (non Kiener). Dax, St-Paul, Bordeaux.

*__1285. Burdigalensis,__ Bast., 1825, pl. 7, fig. 11. Grattel., 1847, Fasc., pl. 2, n. 23, fig. 6, 7, 8, 10, 11; pl. 3, fig. 8, 10, 11, 22. Dax, St-Paul.

1286. nassæformis, Gratt., 1847, Fasc., pl. 1, n. 22, fig. 6. Dax, St-Paul.

*__1287. fusoides,__ Gratt., 1847, Fasc., pl. 1, n. 22, fig. 7. Dax, St-Paul.

1288. subafra, d'Orb., 1847. *F. Afra*, Grattel., 1847, Fasc., pl. 1, n. 22, fig. 14 (non Lamarck). Dax, St-Paul.

1289. Michelottiana, Gratt., 1847, Fasc., pl. 2, n. 23, fig. 1. Dax, St-Paul.

1290. punctifera, Gratt., 1847, Fasc., pl. 1, n. 22, fig. 10. Dax, St-Paul.

1291. Tarbelliana, Gratt., 1847, Fasc., pl. 2, n. 23, fig. 14. Dax, Saubrigues, St-Jean-de-Marsac.

1292. fusus, Philippi, 1844, Foss. tert. du N.-E. de l'Allem., p. 25, pl. 4, fig. 14. Allem., Cassel.

1293. pusilla, Phil., 1844, Beitr. zur Kenntn., p. 59, pl. 4, fig 11. Cassel (Hesse).

*__1294. Puschi,__ E. Sismonda, 1847, Synopsis methodica, p. 37. *Fusus Polonica*, Pusch, sec. Bell., et Mich., Sagg. oritt., p. 27, pl. 2, fig. 15. *Lathira Puschi*, Andrez. Turin; Autriche, Gainfaren.

1295. Taurina, Michelotti, Préc. faun. mioc., pl. 8, fig. 3-5. Sism., 1847, Syn. meth., p. 37. Turin.

1296. subtrapezium, d'Orb., 1847. *F. trapezium*, Sism., 1847, Syn. meth., p. 37 (non Lamarck). Piémont, Dertona.

*__1297. subcostata,__ d'Orb., 1847. *F. costata*, Bonelli, Sismonda, 1847, Syn. meth., p. 36 (non Defrance, 1820). Bellardi et Michelotti, Sagg. oritt., p. 27, pl. 2, fig. 16, 17. Turin.

1298. fusoidea, Michelotti, 1847, Préc. faun. mioc., pl. 16, fig. 20. Bellardi, 1847, Syn. meth., p. 36. Piémont, Dertona.

TURBINELLA, Lamarck, 1801.

*__1299. Lynchii,__ Bast., 1825, pl. 7, fig. 10. Gratt., 1847, Conch. foss. Turbinelles, pl. 1, n. 22, fig. 8-13; pl. 2, fig. 2; Suppl., pl. 2, fig. 9. Dax, St-Paul; Piémont, Turin.

1300. subcraticulata, d'Orb., 1847. *T. craticulata*, Gratt., 1847, Turb., pl. 1, n. 22, fig. 9 (non Lamarck). Dax, St-Paul.

1301. multistriata, Gratt., 1847, Turb., pl. 1, n. 22, fig. 16. Dax, St-Paul.

1302. heteroclita, Gratt., 1847, Turb., pl. 2, n. 23, fig. 12 *bis*. Dax, St-Paul.

1303. pleurotoma, Grattel., 1847, Turb., pl. 1, n. 22, fig. 5-11. Dax, St-Paul.

1304. Tritonina, Gratt., 1847, Turb., pl. 3, n. 24, fig. 17. Dax, Bordeaux, Mérignac.

1305. submuricata, d'Orb., 1847. *T. muricata*, Grattel., 1847, Turb., pl. 1, n. 22, fig. 1 (non Lamarck). Dax, St-Paul.

*__1306. subpolygona,__ d'Orb., 1847. *T. polygona*, Grattel., 1847,

Turb., pl. 3, n. 24, fig. 9 (non Lamarck, 1822). Dax, Saint-Paul, Bordeaux.

*1307. **Basteroti,** Bell. et Michelotti, Sagg. Oritt., p. 28. Turin.

1308. **Bellardii,** Michelotti, Préc. faun. mioc., pl. 8, fig. 2. *Fasciolaria propinqua*, Mich., pl. 8, fig. 4 (Specim. senil.). Piémont, Dertona.

1309. **coarctata,** Michelotti, Préc., pl. 17, fig. 4. Turin.

*1310. **crassa,** E. Sismonda, *T. infundibulum*, Auct. Pedem. (non Lamarck). Piémont, Turin.

1311. **crassicostata,** Michelotti, Préc. faun. mioc., pl. 8, fig. 6 (Ind. iun.). *T. Allionii*, Mich., l. c., pl. 8, fig. 1. Piémont, Dertona.

*1312. **fusoidea,** Bonelli, E. Sism., Syn. meth., p. 34. *Fusus Bronni*, Mich., Préc. faun. mioc., pl. 10, fig. 15. Piémont, Dertona.

1313. **labellum,** Bonelli, Bell. et Mich., Sagg. oritt., p. 30, pl. 2, fig. 18, 19. Piémont, Dertona.

1314. **affinis**? Sow., 1837, Trans. geol. Soc. of London, 2e série, 5, p. 329, pl. 26, fig. 22. Indes, prov. de Cutch, Soomrow.

MUREX, Linné, 1758.

*1315. **subbrandaris,** d'Orb., 1847. *M. brandaris*, Gratteloup, 1847, Conch. foss. Murex, pl. 3, n. 31, fig. 1 (non Linné). Dax, St-Paul; Piémont, Turin.

1316. **cancellaroides,** Gratteloup, 1847, Mur., pl. 3, n. 31, fig. 2. Dax, St-Paul.

*1317. **spinicosta,** Bronn, It. tert., p. 34. *M. rectispina*, Bonelli, Gratteloup, 1847, Mur., pl. 3, n. 31, fig. 3 a, b, 4. Michelotti, Mur., p. 13, n. 15. Dax, Saubrigues, St-Jean-de-Marsac; Piémont, Turin.

1318. **subdecussatus,** d'Orb., 1847. *M. decussatus*, Gratteloup, 1847, Mur., pl. 3, n. 31, fig. 5 (non Gmelin, 1789). Dax, St-Paul.

1319. **abbreviatus,** Gratteloup, 1847, Mur., pl. 3, n. 31, fig. 6. Dax, St-Paul.

1320. **subfrondosus,** d'Orb., 1847. *M. frondosus*, Gratteloup, 1847, Mur., pl. 3, n. 31, fig. 7, 8 (non Lamarck, 1804). Dax, St-Paul.

1321. **Bronnii,** Gratteloup, 1847, Mur., pl. 2, n. 30, fig. 31. Dax, St-Paul.

*1322. **Triton,** d'Orb., 1847. *M. Blainvillii*, Gratteloup, 1847, Mur., pl. 2, n. 30, fig. 32 (non Payrodeau). Dax, Gaas, Lesbarritz, Bordeaux.

1323. **subexiguus,** d'Orb., 1847. *M. exiguus*, Gratteloup, 1847, Mur., pl. 2, n. 30, fig. 33 (non Dujardin). Dax, Gaas, Lesbarritz.

*1324. **curvicosta,** Gratteloup, 1847, Mur., pl. 2, n. 30, fig. 34. Dax, St-Paul, Bordeaux.

*1326. **subtrunculus,** d'Orb., 1847. *M. trunculus*, Gratteloup, 1847, Mur., pl. 2, n. 30, fig. 1, 8. Bronn, Leth., pl. 41, fig. 25 (non Linné). Dax, St-Paul, Bordeaux; Italie, Piémont, Turin, Dertona; Autriche, Gainfaren.

1327. Brongniartii, Gratteloup, 1847, Mur., pl. 2, n. 30, fig. 2, 4. Dax, St-Paul, Bordeaux.

1328. Beaumontii, Gratteloup, 1847, Mur., pl. 2, n. 30, fig. 3. Dax, St-Paul, Bordeaux.

1329. suberinaceus, Bast., 1825, pl. 4, fig. 15. Gratteloup, 1847 Mur., pl. 2, n. 30, fig. 5. Dax, St-Paul, Bordeaux.

1330. complicatus, Gratteloup, 1847, Mur., pl. 2, n. 30, fig. 6 Dax, Saubrigues.

1331. Delbosianus, Gratteloup, 1847, Mur., pl. 2, n. 30, fig. 7, 10. Dax ? Bordeaux.

'**1332. Gratteloupi,** d'Orb., 1847. *M. tripteroides*, Gratteloup, 1847, Mur., pl. 2, n. 30, fig. 9, 24 ; pl. 3, fig. 14 (non Lamarck, 1804). Dax, St-Paul, Bordeaux, Salles.

1333. rusticulus, d'Orb., 1847. *Pyrula spirillus*, Gratteloup, 1845, Pyr., pl. 3, fig. 1-5 (non Lamarck). *Pyrula rusticula*, Bast., 1825, Bord., pl. 7, fig. 9. Dax, St-Paul, Saubrigues ; Piémont, Turin ; Autriche, Vienne.

1334. suboblongus, d'Orb., 1847. *M. oblongus*, Gratteloup, 1847, Mur., pl. 3, n. 31, fig. 13 (non Brocchi, 1814). Dax, St-Paul.

1335. pseudo-fusiformis, d'Orb., 1847. *Purpura fusiformis*, Gratteloup, 1845, Purp., pl. 1, fig. 3, 4, 8 (non Gmel., 1789). Dax, St-Paul.

'**1336. Lassaignei,** d'Orb., 1847. *Purpura Lassaignei*, Gratteloup, 1845, Purp., pl. 1, fig. 5, 6, 7. Dax, St-Paul ; Turin, Dertona.

'**1337. angulatus,** d'Orb., 1847, *Purpura angulata*, Dujardin, pl. 19, fig. 4. Gratteloup, 1845, Purpura, pl. 1, fig. 9. Dax, St-Paul, Touraine.

1338. torulosus, d'Orb., 1847. *Purpura torulosa*, Gratteloup, 1845, Purpura, pl. 1, fig. 10, 11. France, Dax.

1339. pseudo-oblongus, d'Orb., 1847. *Purpura oblonga*, Gratteloup, 1845, Purpura, pl. 1, fig. 12 (non Brocchi, 1814). Dax, St-Paul.

'**1340. subasperrimus,** d'Orb., 1847. *M. asperrimus*, Gratteloup, 1847, Mur., pl. 3, n. 31, fig. 15. Mich., Mur., pl. 4, fig. 7 (non Lamarck). Dax, Saubrigues, Bordeaux ; Turin, Piémont.

1341. calcitrapoides, Gratteloup, 1847, Mur., pl. 3, n. 31, fig. 16, 20. Dax, St-Paul.

'**1342. subvitulinus,** d'Orb., 1847. *M. vitulinus*, Gratteloup, 1847, Mur., pl. 3, n. 31, fig. 17, 18 (non Lamarck). Dax, St-Paul, Saubrigues, Bordeaux.

1343. excisus, Gratteloup, 1847, Mur., pl. 3, n. 31, fig. 19. Dax, St-Paul.

1344. Aquitanicus, Gratteloup, 1847, Mur., pl. 3, n. 31, fig. 12. Dax, Saubrigues.

1345. granuliferus, Gratteloup, 1847, Mur., pl. 2, n. 30, fig. 17. Dax, Saubrigues.

1346. consobrinus, d'Orb., 1847. *M. erinaceus*, Gratteloup, 1847, Mur., pl. 2, n. 30, fig. 18 (non Linné). Dax, Gaas, Bordeaux ; Piémont, Turin.

1347. Dufrenoyi, Gratteloup, 1847, Mur., pl. 2, n. 30, fig. 19. Dax, St-Paul.

1348. trifascialis, Gratteloup, 1847, Mur., pl. 2, n. 30, fig. 20. Dax, St-Paul.

***1349. submarginatus,** d'Orb., 1847. *Fusus marginatus*, Dujard., 1837, Mém. Soc. géol. de France, t. 2, p. 294, pl. 19, fig. 3 (non Brocchi, 1814). Env. de Tours.

***1350. subclathratus,** d'Orb., 1847. *Fusus clathratus*, Dujard., 1837, Mém., t. 2, p. 294, pl. 20, fig. 6 (non Linné, 1767). Env. de Tours.

***1351. Turonensis,** Dujard., 1837, Mém., t. 2, p. 295, pl. 19, fig. 27. Env. de Tours.

***1352. pseudo-exiguus,** d'Orb., 1847. *M. exiguus*, Dujard., 1837, Mém., t. 2, p. 296, pl. 19, fig. 2 (non Broderip, 1832). Env. de Tours.

***1353. rhombus,** d'Orb., 1847. *Fusus rhombus*, Dujardin, 1837, Mém., t. 2, p. 294, pl. 19, fig. 7. Env. de Tours.

1354. Swainsoni, Mich., Mong. gen., Mur., p. 9. *M. affinis*, Eschw., E. Sismonda, 1847, Syn. meth., p. 37 et p. 40 (non Linné). Turin.

***1355. Albertii,** Michelotti, Monog. gen. Mur., p. 25, pl. 5, fig. 11, 12. E. Sismonda, 1847, Syn. meth., p. 38 et p. 40. Turin.

1356. alternicosta, Michelotti, Monog. gen. Mur., p. 19, pl. 5, fig. 4, 5. Préc. faun. mioc., pl. 11, fig. 6. Sismonda, 1847, Syn. meth., p. 40. Turin, Dertona.

1357. Becki, Michelotti, Préc. faun. mioc., pl. 11, fig. 10. *M. elegans*, Mich., Monog. gen. Mur., p. 15. Sismonda, 1847, Syn. meth., p. 40. Turin.

***1358. bicaudatus,** Borson, Oritt. Piem., p. 61, pl. 1, fig. 5. *M. filosus*, Gen., Bellardi et Michelotti, Sagg. oritt., p. 36, pl. 3, fig. 1, 2. Sismonda, 1847, Syn. meth., p. 40. Turin, Dertona.

1359. Bonelli, Michelotti, Préc. faun. mioc., pl. 11, fig. 2. Var., *M. despect.*, Mich., l. c., fig. 5. Sismonda, 1847, Syn. meth., p. 40. Turin.

1360. Borsoni, Michelotti, Préc. faun. mioc., pl. 11, fig. 1. Sismonda, 1847, Synopsis methodica, p. 40. Turin.

1361. clavus, Michelotti, Monog. gen. Mur., p. 20, pl. 5, fig. 2, 3. E. Sismonda, 1847, Syn. meth., p. 38 et p. 40 (non Kiener). Turin.

1364. funiculosus, Borson, Oritt. Piem., p. 58, pl. 1, fig. 2. *M. craticulatus*, Brocc., Var., p. 663, pl. 16, fig. 3. Sismonda, 1847, Syn. meth., p. 40. Piémont.

1365. fusulus, Brocc., Conch. subap., p. 409, pl. 8, fig. 9. Sismonda, 1847, Syn. meth., p. 40. Piémont.

***1366. Genei,** Bellardi et Michelotti, Sagg. oritt., p. 42, pl. 3, fig. 7, 8. Mich., Monog. gen. Mur., p. 21, pl. 5, fig. 1. Sismonda, 1847, Syn. meth., p. 41. Turin.

***1367. graniferus,** Michelotti, Monog. gen. Mur., p. 11. Préc. faun. mioc., pl. 11, fig. 8. Sismonda, 1847, Syn. meth., p. 41. Piémont, Dertona.

1368. hordeolus, Michelotti, Monog. gen. Mur., p. 26, pl. 5, fig. 9, 10. E. Sismonda, 1847, Syn. meth., p. 38 et p. 41. Turin.

'1369. imbricatus, Brocchi, Conch. subap., p. 408, pl. 7, fig. 13. Sismonda, 1847, Syn. meth., p. 41. Turin; Autriche, Enzersfeld.

1370. intercisus, Michelotti, Monog. gen. Mur., p. 25, pl. 5, fig. 7, 8. Sismonda, 1847, Syn. meth., p. 41. Turin.

'1371. labrosus, Bonelli, Bellardi et Michelotti, Sagg. oritt., p. 40, pl. 3, fig. 15, 16. Sismonda, 1847, Syn. meth., p. 41. Turin.

'1372. latilabris, Bellardi et Michelotti, Sagg. oritt., p. 39, pl. 3, fig. 13, 14. Mich., Mon. gen. Mur., p. 8, pl. 1, fig. 8, 9. Sismonda, 1847, Syn. meth., p. 41. Piémont, Dertona.

'1373. lingua-bovis, Bast., Coq. foss. Bord., p. 59, pl. 3, fig. 10. *M. vitulinus*, E. Sismonda, 1847, Syn. meth., p. 38 et 41 (non Lam.). France, Bordeaux; Piémont, Turin.

1374. misellus, Bonelli, E. Sismonda, 1847, Syn. meth., p. 38 et p. 41. Turin.

1375. subnodiferus, d'Orb., 1847. *M. nodiferus*, Michelotti, Monog. gen. Mur., p. 11. E. Sismonda, 1847, Syn. meth., p. 37 et p. 41 (non Costa, 1829). Turin.

1376. perfoliatus, Bonelli. *Murex phyllopterus*, Michelotti, Monog. gen. Mur., p. 7 (non Lamarck). Sismonda, 1847, Syn. meth., p. 41. Turin.

'1377. polymorphus, Brocchi, Conch. subap., p. 415, pl. 8, fig. 4. Michelotti, Monog. gen. Mur., p. 12, pl. 2, fig. 4-7. Sismonda, 1847, Syn. meth., p. 41. Turin, Dertona.

1378. pyrulatus, Bonelli, Bellardi et Michelotti, Sagg. oritt. p. 39, pl. 2, fig. 10, 11. Sismonda, 1847, Syn. meth., p. 41. Turin.

'1379. subradis, Borson, Oritt. Piem., p. 62, pl. 1, fig. 6. E. Sismonda, 1847, Syn. meth., p. 37 et p. 41. Turin.

1380. Sedgwicki, Michelotti, Monog. gen. Mur., p. 15, pl. 4, fig. 1, 2. Préc. faun. mioc., pl. 12, fig. 1. Sismonda, 1847, Syn. meth., p. 41. Turin.

1381. Sowerbyi, Michelotti, Mon. gen. Mur., p. 8, pl. 1, fig. 14, 15. *M. phyllopterus*, E. Sismonda, 1847, Syn. meth., p. 37 et p. 41 (non Lamarck). Turin.

1382. striæformis, Michelotti, Préc. faun. mioc., pl. 11, fig. 7. Mon. gen. Mur., p. 18 et p. 41. Piémont, Turin.

1383. Taurinensis, Michelotti, Monog. gen. Mur., p. 15, pl. 4, fig. 8, 9. Préc. faun. mioc., pl. 12, fig. 2. Sismonda, 1847, Syn. meth., p. 41. Turin.

'1384. varicosissimus, Bonelli, Michelotti, Monog. gen. Mur., p. 9, pl. 5, fig. 13, 14. Sismonda, 1847, Syn. meth., p. 42. Piémont, Dertona.

1385. capito, Philippi, 1844, Beitr. zur Kenntn., p. 60, pl. 4, fig. 19. Allemagne, Cassel (Hesse).

'1386. tortuosus, Sow., Nyst., 1843, Coq. tert. de Belg., p. 545, pl. 41, fig. 14. Sow., 1823, Min. Conch., t. 5, p. 48, pl. 434, fig. 2. Belgique, Calloo, Stuyvenberg, Anvers; Angleterre, Suffolk; Volhynie, Zuckowic; Podolie, Warowie.

1387. subincrassatus, d'Orb., 1847. *M. incrassatus*, Sow., Nyst.,

1843, Belgiq., p. 548, pl. 43, fig. 2 (non Gmel., 1789). Belgique, Calloo, Stuyvenberg; Angl., Norfolk, Suffolk, Sutton.

1388. alveolatus, Sow., 1823, Min. Conch., t. 5, p. 9, pl. 411, fig. 2. Nyst., 1843, Belgique, p. 547, pl. 43, fig. 1. Belgique, Anvers, Calloo, Stuyvenberg; Angl., Norfolk, Suffolk, Walton Naze.

1389. subcorneus, d'Orb., 1847. *M. corneus*, Sow., 1813, Min. Conch., t. 1, p. 79, pl. 35, fig. 1 (non Linné, 1767). Angl., Holywells, Walton, Aldborough, Suffolk.

1390. subrugosus, d'Orb., 1847. *M. rugosus*, Sow., 1818, Min. Conch., t. 2, p. 225, pl. 199, fig. 1, 2 (non Linné, 1767). Angl., env. de Malden, Plumsted.

1391. costellifer, Sow., 1818, Min. Conch., t. 2, p. 225, pl. 199, fig. 3. Angl., env. de Malden.

1392. echinatus, Sow., 1818, Min. Conch., t. 2, p. 225, pl 199, fig. 4. Angleterre, Malden.

1393. vaginatus, de Crist. et Jan., Philippi, 1844, Foss. tert. du N.-E. de l'Allemagne, p. 26. S. Ph. Enum., p. 211, pl. 11, fig. 27. Cassel (Hesse).

1393'. subhexagonus, d'Orb., 1847. *M. hexagonus*, Sow., 1837, Trans. geol. Soc. of London, 2e série, 5, p. 329, pl. 26, fig. 15 (non Chemnitz, 1788). Indes, prov. de Cutch, Soomrow.

1394. tetragonus, d'Orb., 1847. *Buccinum tetragonum*, Sow., 1823, Min. Conch., t. 5, p. 13, pl. 414, fig. 1. Angleterre, Suffolk.

1395. umbrifer, Conrad. États-Unis.

TIPHIS, Montfort, 1810.

'**1396. fistulosus,** Gratt., 1832. *Murex fistulosus*, Grateloup, 1847, Conch. foss. Murex, pl. 2, n. 30, fig. 12. Brocc., 1814, Subap., pl. 7, fig. 12. Dax, Gaas, Lesbarritz, Bordeaux; Piémont, Turin.

'**1397. horridus,** d'Orb., 1847. *Murex horridus*, Brocc., 1814, pl. 7, fig. 17. Grateloup, 1847, Mur., pl. 2, n. 30, fig 21. Dax, Saubrigues; Piémont, Turin.

'**1398. subtubifer,** d'Orb., 1847. *Murex tubifer*, Grateloup, 1847, Mur., pl. 2, n. 30, fig. 23 (non tubifer, Lam., 1804). Dax, Bordeaux; Autriche, Baden.

1399. simplex, Philippi, 1844, Foss. tert. du N.-E. de l'Allem., p. 26, pl. 4, fig. 22. Cassel (Hesse).

1401. acuticosta, Conrard. États-Unis.

RANELLA, Lamarck.

'**1402. marginata,** Defrance, 1826. *R. lævigata*, Lam., Grateloup, 1847, Conch. foss. Ranelles, pl. 1, n. 29, fig. 1, 2, 3, 5. *Buccinum marginatum*, Brocc., pl. 4, fig. 17. Dax, St-Paul, Saubrigues, Bordeaux; Piémont, Turin.

1403. subgranulata, d'Orb., 1847. *R. granulata*, Grateloup, 1847, Ran., pl. 1, n. 29, fig. 4 (non Lam.). Dax, Saint-Paul, Bordeaux.

1404. Grateloupi, d'Orb., 1847. *R. semi-granosa*, Grateloup, 1847, Ran., pl. 1, n. 29, fig. 6 (non Lam.). Dax, St-Jean-de-Marsac, Bordeaux.

1405. subtuberosa, d'Orb., 1847. *R. tuberosa*, Grateloup, 1847,

Ran., pl. 1, n. 29, fig. 7 (non vivante). Dax, St-Paul, Bordeaux.

*1406. **reticularis?**, Desh., in Lam., 9, p. 540. *Ranella gigantea*, Grateloup, 1847, Ran., pl. 1, n. 29, fig. 8 (non Lam.). Dax, Saubrigues; Piémont, Turin.

1407. **cancellata**, Grateloup, 1847, Ran., pl. 1, n. 29, fig. 9; pl. 2, fig. 15. Dax, St-Paul.

1408. **subranina**, d'Orb., 1847. *R. ranina*, Grateloup, 1847, Ran., pl. 2, n. 30, fig. 13 (non Lamarck). Dax, Saubrigues.

*1409. **scrobiculata**, Grateloup, 1847, Ran., pl. 2, n. 30, fig. 14. *R. scrobiculata*, Bast., pl. 4, fig. 6 (non Kiener). Dax, St-Paul.

*1410. **subpygmæa**, d'Orb., 1847. *R. pygmæa*, Grateloup, 1847, Ran., pl. 2, n. 30, fig. 16 (non Lamarck). Dax, Gaas, Lesbarritz, Bordeaux.

1411. **subanceps**, d'Orb., 1847. *R. anceps*, Grateloup, 1847, Ran., pl. 2, n. 30, fig. 28, 30 (non Lamarck). Dax, Gaas, Lesbarritz.

1412. **subgranifera**, d'Orb., 1847. *R. granifera*, Grateloup, 1847, Ran. Suppl., pl. 1, n. 46, fig. 2 (non Lamarck). Dax, Saubrigues.

1413. **subbufo**, d'Orb., 1847. *R. bufo*, Sow., 1837, Trans. geol. Soc. of London, 2e série, 5, p. 329 (non Lamarck), pl. 26, fig. 16. Indes, prov. de Cutch, Soomrow.

1414. **Deshayesi**, Michelotti, Préc. faun. mioc., pl. 16, fig. 24. Sismonda, 1847, Syn. meth., p. 39. Turin.

1415. **elongata**, Bellardi et Michelotti, Sagg. oritt., p. 32, pl. 2, fig. 12. Sismonda, 1847, Syn. meth., p. 39. Turin.

1416. **Michaudi**, Michelotti, Préc. faun. mioc., pl. 10, fig. 14. Sismonda, 1847, Syn. meth., p. 40. Piémont, Dertona.

*1417. **subspinosa**, d'Orb., 1847. *R. spinosa*, Bellardi et Michelotti, Sagg. oritt., p. 32 (non Lam., Kien. Icon., pl. 5). Michelotti, Préc., pl. 10, fig. 3. Sismonda, 1847, Syn. meth., p. 40. Piémont, Turin.

*1418. **pseudo-tuberosa**, d'Orb., 1847. *R. tuberosa*, Bon., E. Sismonda, 1847, Syn. meth., p. 37 et p. 40 (non Grateloup). Turin.

TRITON, Montfort, 1810.

1419. **Tarbellianum**, Grateloup, 1847, Conch. foss. Tritons, pl. 1, n. 59, fig. 11, 14. *T. gibbosum*, Bonelli. *T. obliquatum*, Bellardi Dax, St-Jean-de-Marsac; Piémont, Turin.

1420. **subclathratum**, d'Orb., 1847. *T. clathratum*, Grateloup, 1847, Trit., pl. 1, n. 29, fig. 12 (non Lamarck). Dax, Gaas, Lesbarritz, St-Paul, midi de la France.

1421. **subspinosum**, Grateloup, 1847, Trit., pl. 1, n. 29, fig. 13. Dax, St-Paul.

*1422. **doliare**, Brong., 1823, Vicentin, pl. 6, fig. 5. Grateloup, 1847, Trit., pl. 1, n. 29, fig. 16. *Murex doliare*, Brocc., n. 13. Dax, St-Paul; Piémont, Turin.

1423. **ventricosum**, Grateloup, 1847, Trit., pl. 1, n. 29, fig. 17. Dax, St-Paul.

*1424. **subcorrugatum**, d'Orb., 1847. *T. corrugatum*, Grateloup,

1847, Trit., pl. 1, n. 29, fig. 18,19 (non Lamarck). Dax, St-Paul, Bordeaux ; Autriche, Steinabrunn.

1425. subcolubrinum, d'Orb., 1847. *T. colubrinum*, Grateloup, 1847, Trit., pl. 1, n. 29, fig. 21 (non *Murex colubrinus*, Brocc., p. 9, fig. 9). Dax, St-Paul.

1426. subranelloides, d'Orb., 1847. *T. raneiloides*, Grateloup, 1847, Trit., pl. 1, n. 29, fig. 22 (non Reever, 1844). Dax, Saubrigues.

1427. Tritonium, d'Orb., 1847. *Murex Tritonium*, Grateloup, 1847, Mur., pl. 1, n. 29, fig. 23. Dax (Landes).

1428. Apenninicum, Sassi, Gior. lig., 1827. Michelotti, Préc. faun. mioc., pl. 10, fig. 10, 12. Bronn. *Triton nodulosum*, Borsd., Sismonda, 1847, Syn. meth., p. 39. Turin, Dertona ; Autriche, Steinabrunn, Baden.

1429. heptagonum, Defrance. *Murex heptagonum*, Brocc., Conch. subap., p. 404, pl. 9, fig. 2. Sismonda, 1847, Syn. meth., p. 39. Piémont, Turin, Dertona.

***1430. intermedium,** Defrance. *Murex intermedius*, Brocc., Conch. subap., p. 400, pl. 7, fig. 10. Sismonda, 1847, Syn. meth., p. 39. Piémont, Turin.

1431. miocenicum, Michelotti. *Triton maculosum*, Bellardi et Mich., Sagg. oritt., p. 34 (non Lamarck). Sismonda, 1847, Syn. meth., p. 39. Piémont, Turin.

1432. parvulum, Michelotti, Préc. faun. mioc., pl. 17, fig. 10. Sismonda, 1847, Syn. meth., p. 39. Piémont, Turin.

1433. ranelliforme, E. Sismonda, 1847, Syn. meth., p. 39. Atti congr. Nap. *Triton variegatum*, Auct. Ped. (non Lamarck). Piémont, Turin.

***1434. tortuosum,** E. Sismonda, 1847, Syn. meth., p. 39. Philipp., 1844, pl. 4, fig. 24. *Murex tortuosum*, Bors., Oritt. Piem., p. 60, pl. 1, fig. 4. *Trit. personatum*, Marcel, de Serres. *T. anus*, Auct. Ped. (non Lam.). Piémont, Turin ; Hesse, Cassel.

1435. subvespaceum, d'Orb., 1847. *T. vespaceum?* Grateloup, 1847, Tritons, pl. 1, n. 29, fig. 15 (non Lamarck). Dax, St-Paul.

1436. subnodularium, d'Orb., 1847. *T. nodularium*, Grateloup, 1847, Trit., pl. 2, n. 30, fig. 25 (non Lam., 1804). Dax, St-Paul, Bordeaux.

1437. sublavatum, d'Orb., 1847. *Murex sublavatus*, Bast., pl. 3, fig. 23. Grateloup, 1847, Mur., pl. 2, n. 30, fig. 11. Dax, Saint-Paul.

1438. subrugosum, d'Orb., 1847. *T. rugosum*, Philippi, 1844, Foss. tert. du N.-E. de l'Allemagne, p. 27, pl. 4, fig. 25 (non Schumacher, 1817). Cassel (Hesse).

***1439. verruculosum,** Sowerby in Darw., 1846, South. Amer., p. 260, pl. 4, fig. 63. Navidad (Chili).

1440. leucostomoides, Sowerby in Darw., 1846, South. Amer., p. 260, pl. 4, fig. 64. Ile d'Huafo (Chili).

1441. elegans, d'Orb., 1847. *Buccinum elegans*, Sow., 1824, Min. Conch., t. 5, p. 121, pl. 477, fig. 1. Angleterre, Suffolk.

MONOCEROS, Lamarck, 1809.

1442. **monacanthos,** Bronn., It. Tert. Geb., p. 26. *Buccinum monacanthos*, Brocc., pl. 4, fig. 12. Piémont.

*1443. **ambiguus,** Sowerby in Darw., 1846. South. Amer., p. 261, pl. 4, fig. 66, 67. Amér. mérid., Coquimbo, Chili.

*1444. **Blainvillei,** d'Orb., 1842, Paléont de l'Amér. mérid., p. 116, pl. 6, fig. 18, 19. Amér. mér., Pérou.

1445. **cepa,** d'Orb., 1847. *Gastridium cepa*, Sowerby in Darw., 1846, South. Amer., p. 261, pl. 4, fig. 68, 69. Amér. mér., Navidad, Chili.

PURPURA, Bruguière, 1791.

1446. **antiqua,** d'Orb., 1847. *Magilus antiquus*, Gratteloup, 1847, Conch. foss. Suppl., pl. 3, n. 48, fig. 17 a, b. Dax, St-Paul.

1447. **planaxoides,** d'Orb., 1847. *Magilus planaxoides*, Gratteloup, 1847, Suppl., pl. 3, n. 48, fig. 18. Dax, St-Paul.

*1448. **subtextilosa,** d'Orb., 1847. *P. textilosa*, Gratteloup, 1845, pl. 1, fig. 20 (non Lamarck). Dax, St-Paul, Cabanes.

1449. **pleurotomoides,** Gratteloup, 1845, Purp., pl. 1, fig. 1, 2. Dax, St-Paul.

1450. **scabriuscula,** Gratteloup, 1845, Purp., pl. 1, fig. 19. Dax, St-Paul, Cabanes.

*1451. **angulata,** Dujard., 1837, Mém. Soc. géol. de France, t. 2, p. 297, pl. 19, fig. 4. Touraine.

*1452. **exsculpta,** Dujard., 1837, id., 2, p. 297, pl. 19, fig. 8. Touraine.

*1453. **intexta,** d'Orb., 1847. *Buccinum intextum*, Dujard., 1837, Mém., p. 298, pl. 20, fig. 9. Touraine.

1454. **incrassata,** d'Orb., 1847. *Buccinum incrassatum*, Sow., 1823, Min. Conch., t. 5, p. 13, pl. 414, fig 2. Angleterre, Suffolk.

1455. **crispata,** d'Orb., 1847. *Buccinum crispatum*, Sow., 1823, Min. Conch., t. 5, p. 12, pl. 413, fig. 1. Angl., Suffolk.

*1456. **Martinii,** Mathéron, 1843, Catal., p. 251, pl. 40, fig. 12, 13. Carry (Bouches-du-Rhône).

1457. **Cyclopum,** Phil. Enum., Moll. Sic., 1, p. 219, pl. 11, fig. 26. Piémont, Turin.

1458. **subfusiformis,** d'Orb., 1848. *P. fusiformis*, Michelotti, Préc. faun. mioc., pl. 16, fig. 17 (non Blainv., 1831). *P. rugosa*, E. Sism., Syn. meth., p. 30 (non Sow.). Turin.

*1459. **neglecta,** Michelotti, Préc. faun. mioc., pl. 10, fig. 5. Dertona.

*1460. **striolata,** Bronn., It. Tert. Geb., p. 26. Olim. *P. hæmastoma*, Auct. Ped. (non Lamarck). Turin. Dertona.

*1461. **exilis,** Partsch. Autriche, Gainfaren, Vienne.

SISTRUM, Montfort, 1810. *Ricinula*, Lamarck, 1819.

1462. **subasperum,** d'Orb., 1847. *Ricinula aspera*, Gratteloup, 1845, Conch. foss. Ric., pl. 1, fig. 14 (non Lamarck). Dax, Saint-Paul.

*1463. **calcaratum,** d'Orb., 1847. *Ricinula calcarata*, Gratteloup, 1832, 1845, pl. 1, fig. 15, 18. *Purpura plicata*, Bell. et Mich., Sagg., pl. 5, fig. 6, 7. Dax, St-Paul, Cabanes; Piémont, Turin.

'**1464. Gratteloupi,** d'Orb., 1847. *Ricinula morus*, Gratteloup, 1845, pl. 1, fig. 16, 17 (non Lam.). Dax, St-Paul, Cabanes.

CERITHIUM, Adanson, 1757. Voy. t. 1, p. 196.

'**1465. subcinctum,** d'Orb., 1847. *C. cinctum*, Bast., n. 6. Gratteloup, 1847, Conch. foss. Cerith., pl. 2, n. 18, fig. 16 (non Lam., 1804). Dax, Gaas, Bordeaux ; Autriche, Gaumersdorf.

1466. Raulini, Gratteloup, 1847, Cerith., pl. 2, n. 18, fig. 17. Dax, Saint-Paul.

'**1467. subplicatum,** d'Orb., 1847. *C. plicatum*, Gratteloup, 1847, Cerith., pl. 2, n. 18, fig. 19 (non Brug., 1789). Dax, St-Paul, Bordeaux.

'**1468. subcorrugatum,** d'Orb., 1847. *C. corrugatum*, Gratteloup, 1847, pl. 2, n. 18, fig. 20 (non Brong., 1823). Dax, St-Paul, Bordeaux ; Piémont, Dertona.

1469. subgranosum, Gratteloup, 1847, Cerith., pl. 2, n. 18, fig. 6 (non *semigranulosum*, Lam., exclus. Syn.). Dax, St-Paul, Bordeaux.

1470. pseudo-tiara, d'Orb., 1847. *C. tiara*, Gratteloup, 1847, Cerith., pl. 2, n. 18, fig. 7, 9 (non Lam., 1804). Dax, St-Paul, Bordeaux.

'**1471. pictum,** Bast., 1825, pl. 3, fig. 6. Gratteloup, 1847, Cerith., pl. 2, n. 18, fig. 8. *C. baccatum*, Dubois, 1831, pl. 2, fig. 15-11. Dax, St-Paul, Bordeaux ; Podolie ; Autriche, Gaumersdorf.

1472. Burdigalinum, d'Orb., 1847. *C. diaboli*, Gratteloup, 1847, Cerith., pl. 2, n. 18, fig. 10 (non Brong., 1823). Dax, Gaas, Bordeaux.

1473. pupæforme, Bast., 1825, Bord., pl. 3, fig. 18. Gratteloup, 1847, Cerith., pl. 2, n. 18, fig. 11. Dax, St-Paul.

1474. subangulosum, d'Orb., 1847. *C. angulosum*, Bast., 1825, n. 13. Gratteloup, 1847, Cerith., pl. 1, n. 17, fig. 3 (non Lam., 1804). Dax, Gaas, Losbarritz, Bordeaux.

'**1475. Charpentieri,** Bast., 1825, Bord., pl. 3, fig. 3. Gratteloup, 1847, Cerith., pl. 1, n. 17, fig. 5. *Turritella ornata*, Mich., Revist. Dax, Gaas, Bordeaux ; Piémont, Dertona.

1476. pseudo-lamellosum, d'Orb., 1847. *C. lamellosum*, Bast., 1825, n. 12. Gratteloup, 1847, Cerith., pl. 1, n. 17, fig. 6 (non Lam., 1804). Dax, St-Paul, Bordeaux.

1477. intortum, Gratteloup, 1847, Cerith., pl. 1, n. 17, fig. 7. Dax, St-Jean-de-Marsac.

1478. fallax, Gratteloup, 1847, Cerith., pl. 1, n. 17, fig. 9. Dax, St-Paul.

'**1479. salmo,** Bast., 1825, Bord., pl. 3, fig. 1. Gratteloup, 1847, Cerith., pl. 1, n. 17, fig. 10, 21, 25. Dax, Saint-Paul, Saubrigues, Bordeaux.

1480. pseudo-obeliscum, Gratteloup, 1847, Cerith., pl. 1, n. 17, fig. 12. Dax, St-Paul, Bordeaux.

'**1481. calculosum,** Bast., 1825, pl. 3, fig. 5. Gratteloup, 1847, Cerith., pl. 1, n. 17, fig. 27. Dax, St-Paul, Bordeaux.

'**1482. papaveraceum,** Bast., 1825, Gratteloup, 1847, Cerith., pl. 1, n. 17, fig. 28. Dax, St-Paul.

1483. pseudo-turritella, d'Orb., 1847. *C. turritella*, Gratteloup, 1847, Cerith., pl. 1, n. 17, fig. 29 (non Sow., 1830). Dax, Saint-Paul.

'**1484. bidentatum,** Defrance, Gratteloup, 1847, Cerith., pl. 1, n. 17, fig. 15; Suppl., pl. 3, fig. 1. Dax, St-Paul, Bordeaux.

1485. muricinum, Gratteloup, 1847, Cerith., pl. 1, n. 17, fig. 16. Dax, St-Paul.

1486. subclavatulatum, d'Orb., 1847. *C. clavatulatum*, Grattel., 1847, Cerith., pl. 1, n. 17, fig. 17 (non Lamarck). Dax, St-Paul.

'**1487. subalucoides,** d'Orb., 1847. *C. alucoides*, Grattel., 1847, Cerith., pl. 1, n. 17, fig. 22 (non *Murex alucoides*, Brocchi, 1814). Dax, St-Paul.

1488. subinterruptum, d'Orb., 1847. *C. interruptum*, Grattel., 1847, Cerith., pl. 1, n. 17, fig. 23 (non Lamarck). Dax, St-Paul.

'**1489. Gratteloupi,** d'Orb., 1847. *C. baccatum*, Grattel., 1847, Cerith., Suppl., pl. 3, n. 48, fig. 11 (non Defrance, Brongniart, 1823). Dax, St-Paul, Bordeaux.

1490. pseudo-tiarella, d'Orb., 1847. *C. tiarella*, Gratt., 1847, Cerith., pl. 2, n. 18, fig. 23, 24 (non Deshayes, 1828). Dax, St-Paul.

1491. subampullosum, d'Orb., 1847. *C. ampullosum*, Gratteloup, 1847, Cerith., pl. 2, n. 18, fig. 2 (non Brongn., 1823). Dax, Saint-Paul.

1492. subnodulosum, d'Orb., 1847. *C. nodulosum*, Gratt., 1847, Cerith., Suppl., pl. 1, n. 46, fig. 13 (non Lamarck). Dax? Caneux, près de Mont-de-Marsan.

'**1493. scabrum,** Olivi, Gratteloup, 1847, Cerith., pl. 2, n. 18, fig. 29. *Murex scaber*, Brocchi, pl. 9, fig. 17 (non Lamarck). Dax, St-Paul, Bordeaux ; Piémont.

'**1494. inconstans,** Bast., 1825, pl. 3, fig. 19. Gratt., 1847, Cer., pl. 1, n. 17, fig. 19. Dax, St-Paul, Bordeaux.

1495. subgeminatum, d'Orb., 1847. *C. geminatum*, Gratteloup, 1847, Cerith., pl. 2, n. 18, fig. 13, 28 (non Sow., 1816). Dax, Saint-Paul.

1496. Collegnii, Gratt., 1847, Cerith., pl. 2, n. 18, fig. 14. Dax, St-Paul.

1497. Basterotinum, Gratt., 1847, Cerith., pl. 1, n. 17, fig. 13. Dax, St-Paul.

'**1498. Serresii,** d'Orb., 1847. *C. marginatum*, Marcel de Serr. (non Brug., 1790). *C. margaritaceum*, Gratteloup, 1847, Cerith., Suppl., pl. 3, n. 48, fig. 7 ; Cerith., pl. 1, fig. 2, 4 (non Brongn.). Dax, St-Paul, Caneux, Bordeaux.

'**1499. bicinctum,** Brocchi, Conch. subap., p. 446, pl. 9, fig. 13. *C. litteratum*, E. Sism., Syn. meth., p. 32 (non Bruguière). Piémont, Dertona.

1500. pseudo-elongatum, d'Orb., 1847. *C. elongatum*, Mich., Préc. Faun. mioc., pl. 16, fig. 16 (non Ziet., 1830). Turin.

'**1501. fimbriatum,** Mich., Préc. faun. mioc., pl. 16, fig. 23. *C. Rochettæ*, Bell., E. Sism., Syn. meth., p. 32. Dertona.

1502. Genei, Bell. et Mich., Sagg. oritt., p. 45, pl. 4, fig. 5, 6. Dertona.

*1503. **granulinum,** Bon., Bell. et Mich., Sagg. oritt., p. 46, pl. 3, fig. 9, 10. Turin, Dertona.

1504. **pseudo-marginatum,** d'Orb., 1847. *C. marginatum*, Brocchi, Conch. subap., p. 440 (non Bruguière, 1790). Piémont, Dertona.

*1505. **Taurinum,** Bell. et Mich., Sagg. oritt., p. 47, pl. 3, fig. 20, 21. Piémont, Turin.

*1507. **Zeuschneri,** Pusch, Polens Paleont. Autriche, Gainfaren; Pologne.

1508. **sinistratum,** Nyst., 1843, Coq. tert. de Belg., p. 541, pl. 42, fig. 10. Belgique, Anvers.

1510. **trilineatum,** Philippi, 1844, Foss. tert. du N.-E. de l'Allemagne, p. 24; Enum., p. 195, pl. 11, fig. 13. Cassel.

1511. **funiculatum?** Sow., Nyst., 1843, Coq. tert. de Belgique, p. 539, pl. 42, fig. 8, Sow., 1816, Min. Conch., t. 2, p. 107, pl. 147, fig. 1, 2. Belgique, Calloo, Stuyvenberg, Anvers; Angleterre, Plumstead.

1512. **suffarcinatum,** Münst., Goldf., 1843, Petref., 3, p. 36, pl. 174, fig. 10. Neustadt.

1513. **Kefersteinii,** Goldf., 1843, Petr., 3, p. 36, pl. 174, fig. 11. Neustadt.

1514. **Hœninghausii,** Keferst., Goldf., 1843, Petref., 3, p. 36, pl. 174, fig. 12. Neustadt.

1515. **millegranum,** Münst., Goldf., 1843, Petref., 3, p. 36, pl. 174, fig. 13. Tyrol.

1516. **lævissimum,** Schl., Goldf., 1843, Petref., 3, p. 39, pl. 175, fig. 3. Wienheim.

1517. **subcrenatum,** d'Orb., 1847. *C. crenatum*, Goldfuss, 1843, Petref., 3, p. 35, pl. 174, fig. 6 (non Brocchi, 1814). Gosau-Thal.

1518. **crithea,** d'Orb., 1847. *C. conicum*, Goldf., 1843, Petref., 3, p. 35, pl. 174, fig. 7 (non Blainville, 1827). Gosau-Thal.

1519. **pulchellum,** Sow., 1831, Trans. geol. Soc. of London, 2e série, t. 3, pl. 39, fig. 10. Lower Styria.

1520. **lineolatum,** Sowerby, 1831, Trans., pl. 39, fig. 11. Lower Styria.

1521. **disjunctum,** Sowerby, 1831, Trans., pl. 39, fig. 12. Lower Styria.

1522. **turritella,** Sowerby, 1831, Trans., pl. 39, fig. 13. Styrie, Radhersberg.

*1523. **Menestrieri,** d'Orb., 1847. Pal. du Voyage de M. Hommaire, p. 467, pl. 4, fig. 6. *C. plicatum*, Dubois, 1831 (non Bruguière, 1789). Bessarabie, Kichinev; Volhynie, Biasozurka; Podolie, Krzemienna.

*1524. **Taitboutii,** d'Orb., 1844, Paléont. du Voyage de M. Hommaire, p. 468, pl. 4, fig. 7-9. Bessarabie, Kichinev.

*1525. **Comperei,** d'Orb., 1844, Paléont. du Voyage de M. Hommaire, p. 469, pl. 4, fig. 10-12. Bessarabie, Kichinev, Dnieper.

1526. **rubiginosum,** Esch., 1830, Dubois, 1831, Conch. foss., p. 33, pl. 2, fig. 6-8. Podolie, Lys Sowody, Malcowa, Krzemienna, etc.; Volhynie, Salisze.

1527. **subcoronatum,** d'Orb., 1847. *C. coronatum*, Dubois, 1831,

Conch. foss., pl. 2, fig. 11 (non Brug.). Bordeaux; Volhynie, Szuskowce; Mayence.

'1528. **subtiara,** d'Orb., 1847. *Cerithium tiara*, Dubois, 1831, Conch. foss., pl. 2, fig. 9, 10 (non Lamarck). Bordeaux, Dax; Autriche, Vienne; Podolie, Malcowce.

1529. **irregulare,** Dubois, 1831, Conch. foss., p. 35, pl. 2, fig. 4, 5. Volhynie, Szuskowce.

1530. **difforme,** Eschwald, 1830. *C. lima*, Dubois, 1831, Conch. foss., p. 36, pl. 2, fig. 1-3 (non Brug., 1789). Volhynie, Szuskowce, Poczalow, Jukowce; Podolie, Tumaruda, Kamionka.

1531. **rude,** Sow., 1837, Trans. geol. Soc. of London, 2e série, 5, p. 328, pl. 26, fig. 10. Indes, province de Cutch, Soomrow.

1532. **pseudo-corrugatum,** d'Orb., 1847. *C. corrugatum*, Sow., 1837, Trans., 5, p. 328, pl. 26, fig. 11 (non Brongniart, 1822). Soomrow.

1533. **bitorquatum,** Philippi, 1844, Foss. tert. du N.-E. de l'Allemagne, p. 23, pl. 4, fig. 5. *C. clavus*, Lamk., E. Desh., p. 391, pl. 58, fig. 4, 5, 6, et fig. 14, 15, 17. Cassel.

?1534. **margaritaceum,** Brongniart, 1823, Vicentin, p. 72, pl. 6, fig. 11. *Murex margaritaceus*, Brocchi, p. 447, n. 75, pl. 9, fig. 24. Weinheim, près Mayence.

'1535. **pseudo-clavulus,** d'Orb., 1847. *C. clavulus*, Lea, 1843, Descript. new. foss. tert., p. 42, pl. 37, fig. 89 (non Deslongch., 1842). États-Unis, Petersburg, Virginia.

1536. **curtum,** Lea, 1843, Descript. new. foss. tert., p. 42, pl. 37, fig. 90. Petersburg, Virginia.

'1537. **Dædaleum,** Lea, 1843, Descript., p. 43, pl. 37, fig. 91. Petersburg, Virginia.

'1538. **submoniliferum,** d'Orb., 1847. *C. moniliferum*, Lea, 1843, Descript., p. 43, pl. 37, fig. 92 (non Desh., 1824). Petersburg, Virginia.

1539. **dislocatum,** Say. États-Unis.

NASSA (Klein), Lamarck, 1801.

'1540. **asperula,** Defrance. *Nassa Burdigalensis*, Basterot, p. 40. *Buccinum asperulum*, Gratt., 1845, Conch. foss. Buccin., pl. 1, fig. 25, 29, 33. Brocchi, 1814, p. 339. Dax, Saubrigues, St-Paul; Piémont, Autriche, Baden.

'1541. **Basteroti,** Michelotti, 1847, Prec. faun. mioc., pl. 17, fig. 11. *N. angulata*, Bast., 1825, n. 3. *Buccinum angulatum*, Grattel., 1845, Buccin., pl. 1, fig. 19 (non Brocchi, pl. 15, fig. 18). Dax, Saint-Jean-de-Marsac; Piémont, Turin.

1542. **subgibbosula,** d'Orb., 1847. *Buccinum gibbosulum*, Gratt., 1847, Bucc. Suppl., pl. 1, n. 46, fig. 15 (non Linné). Dax, Saubrigues.

1543. **mirabilis,** d'Orb., 1847. *Buccinum mirabile*, Gratt., 1845, Buccin., pl. 1, fig. 24. Dax, St-Paul.

1544. **submutabilis,** d'Orb., 1847. *Buccinum mutabile*, Grattel., 1845, Buccin., pl. 1, fig. 27 (non Brocchi, pl. 4, fig. 18). Dubois, pl. 1, fig. 30-34. Dax, St-Paul; Volhynie, Szuskowce.

1545. **papyracea,** d'Orb., 1847. *Buccinum papyraceum*, Grattel., 1845, Buccin., pl. 1, fig. 28. Dax, St-Paul.

'1546. **phasianelloides,** d'Orb., 1847. *Buccinum phasianelloides*, Gratt., 1845, Buccin., pl. 1, fig. 13. Dax, St-Paul.

'1547. **prismatica,** Defrance. *Buccinum prismaticum*, Brocchi, pl. 5, fig. 7. Grattel., 1845, Buccin., pl. 1, fig. 37. Dax, Saubrigues; Piémont, Turin, Dertona; Autriche, Steinabrunn.

'1548. **semistriata,** Borson, pl. 1, fig. 10. Brongn., pl. 6, fig. 8. *Buccinum semistriatum*, Brocchi, Conch. subap., p. 651, pl. 15, fig. 15. *Buccinum corniculum*, Brocchi, p. 342 (non Olivi). Gratteloup, 1845, Conch., pl. 1, fig. 5-15. France, Dax, Saubrigues; Piémont, Turin, Dertona; Autriche, Baden, Gainfaren.

1549. **mutabilis,** Desh., *Buccinum mutabile*, Brocchi, 1814, pl. 4, fig. 18. Dertona.

'1550. **Desnoyersi,** Bast., 1825, pl. 2, fig. 13. *Buccinum Desnoyersi*, Gratteloup, 1845, Buccin., pl. 1, fig. 22. Dax, St-Paul, Saubrigues; Piémont, Turin.

1551. **labiosa,** Morris, 1843. *Buccinum labiosum*, Sow., 1824, M. C., 5, p. 122, pl. 477, fig. 3. Nyst., Belgique, pl. 43, fig. 14. Belgique, Anvers, Calloo,; Angleterre, Sutton, Norfolk.

'1552. **costulata,** Renieri, Brocchi, Conch. subap., p. 343, pl. 5, fig. 9. Piémont, Dertona; Autriche, Baden.

1553. **Dujardini,** Desh., Lam., Ann. s. vert., 10, p. 211. Mich., Préc. faun. mioc., pl. 12, fig. 5. *N. lævis*, Pusch, Pol. Pal., pl. 11, fig. 8. Piémont, Dertona.

'1554. **gibbosula,** Defr. *Buccinum gibbosulum*, Brocchi, Conch. subap., p. 658, pl. 15, fig. 29. Piémont.

1555. **granularis,** Borson, Oritt. Piem., p. 40. Mich., Préc. faun. mioc., pl. 13, fig. 4. Dertona.

'1556. **intercisa,** Bell. *Buccinum intercisum*, Gen., Mich., Rivist. Gaster., p. 25. Turin.

1557. **substraminea,** d'Orb., 1847. *Buccinum substramineum*, Gratt., 1845, Buccin., pl. 1, fig. 12. Dax, St-Jean-de-Marsac.

1558. **ventricosa,** d'Orb., 1847. *Buccinum ventricosum*, Grattel., 1845, Buccin., pl. 1, fig. 4. Dax, Soustons.

'1559. **contorta,** d'Orb., 1847. *Buccinum contortum*, Dujardin, 1837, Mém. Soc. géol. de France, t. 2, p. 298, pl. 20, fig. 1, 2. Env. de Tours.

'1560. **subelegans,** d'Orb., 1847. *Buccinum elegans*, Duj., 1837, Mém., p. 298, pl. 20, fig. 3,10 (non Sowerby, 1824). Env. de Tours.

'1561. **granifera,** d'Orb., 1847. *Buccinum graniferum*, Dujardin, 1837, Mém., p. 299, pl. 20, fig. 11, 12. Env. de Tours.

1562. **granulata,** Morris, 1843. *Buccinum granulatum*, Sow., 1815, Min. Conch., t. 2, p. 15, pl. 110, fig. 4. Nyst., pl. 43, fig. 11. Angl., Suffolk; Belgique, Anvers.

1563. **reticosa,** d'Orb., 1847. *Buccinum reticosum*, Sow., 1815, Min. Conch., t. 2, p. 15, pl. 110, fig. 2. Angl., Suffolk.

1564. **propinqua,** Morris, 1843. *Buccinum propinquum*, Sowerby, 1824, Min. Conch., t. 5, p. 121, pl. 477, fig. 2. Nyst., pl. 43, fig. 10. Angl., Suffolk; Belgique, Anvers.

1565. **Nystiana,** d'Orb., 1847. *Nassa elegans*, Nyst., pl. 43, fig. 13

(non *Buccinum elegans*, Sowerby, 1824, qui est un *Fusus*). Belgique, Anvers.

*1566. **interdentata,** Bellardi, *Buccinum interdentatum*, Bon., E. Sism., Syn. meth., p. 40. Piémont.

1567. **miocenica,** Michelotti, Préc. faun. mioc., pl. 17, fig. 1. Dertona.

*1568. **multisulcata,** Mich., Préc. faun. mioc., pl. 7, fig. 11 *Planaxis multisulcata*, Mich., Riv. Gast., p. 22. E. Sism., Syn. meth., p. 30. Turin.

*1569. **Neritea,** Lamarck, Ann. s. vert., 10, p. 184. Kiener, pl. 29, fig. 1. *Buccinum Neriteum*, Brocchi. Piémont.

*1570. **obliquata.** *Buccinum obliquatum*, Brocchi, Conch. subap., p. 336, pl. 4, fig. 16 (non pl. 15, fig. 21). *Buccinum gibbum*, E. Sism., Syn. meth., p. 40. Piémont.

1571. **ordita,** Bellardi, *Buccinum orditum*, Bon., E. Sism., Syn. meth., p. 40. Turin.

1572. **pseudo-clathrata,** Mich., Préc. faun. mioc., pl. 13, fig. 1. Dertona.

1573. **quadriserialis,** Bellardi. *Buccinum quadriseriale*, Bonelli, E. Sismonda, Syn. meth., p. 40. Dertona.

1574. **rhingens,** Bellardi. *Bucc. rhingens*, Bon., Mich., Riv. Gast., p. 24. Dertona.

1575. **semicostata,** Bell. *Buccinum semicostatum*, Brocchi, Conch. subap., p. 654, pl. 15, fig. 19. Piémont.

*1576. **serrata,** Sismonda. *Buccinum serratum*, Brocchi, Conch. sub., p. 338, pl. 5, fig. 4. Piémont.

*1577. **tessellata,** Bell. *Buccinum tessellatum*, Bon., Mich., Rivist. Gaster., p. 25. Piémont, Turin.

1578. **turbinella,** Bell. *Buccinum turbinellum*, Brocchi, Conch. subap., p. 653, pl. 15, fig. 17. Piémont, Dertona, Turin.

1579. **turrita,** Bors., Oritt. Piem., p. 30, pl. 1, fig. 11. *Buccinum pupa*, Brocchi (var.). *Buccinum conus*, Bronn. Piémont, Dertona.

*1580. **impressa,** Lea, 1843, Descr. new. foss. tert., p. 47, pl. 37, fig. 101. Petersburg, Virginia.

1581. **lunata,** Say. États-Unis.

*1582. **quadrata,** Conrad. États-Unis.

1584. **trivittata,** Say. États-Unis.

BUCCINUM, Linné, 1758.

*1585. **baccatum,** Bast., 1825, pl. 2. fig. 6. Gratt., 1845, Conch. foss. Buccin., pl. 1, fig. 1, 2, 20, 26. *Nassa baccata*, Bell. Dax, Saint-Paul; Piémont, Turin; Podolie, Krzemienna; Autriche, Gaunersdorf.

1586. **ancillariæformis,** Gratt., 1845, Buccin., pl. 1, fig. 3. Dax, St-Jean-de-Marsac.

1587. **subclathratum,** d'Orb., 1847. *B. clathratum*, Gratt., 1845, Buccin., pl. 1, fig. 16 (non Lamarck). Dax, St-Jean-de-Marsac.

1588. **Tarbellicum,** Gratt., 1845, Buccin., pl. 1, fig. 17. Dax.

1589. **mitreolum,** Gratteloup, 1845, Buccin., pl. 1, fig. 18. Dax.

1590. **planaxiforme,** Gratt., 1845, Buccin., pl. 1, fig. 30. Dax, St-Paul.

1591. terebrale, Gratteloup, 1845, Buccin., pl. 1, fig. 35. Dax, St-Paul.

1592. Eolus, d'Orb., 1847. *B. lineolatum*, Grattel., 1845, Buccin., pl. 1, fig. 36 (non Lam., 1822). Dax, St-Paul.

***1593. subpolitum,** d'Orb., 1847. *B. politum?* Lam., Bast., 1825, Bord., p. 48, pl. 2, fig. 11. Gratt., 1845, Buccin., pl. 1, fig. 10, 31, 39 (non Brocchi). Dax, St-Paul.

***1594. subflexuosum,** d'Orb., 1847. *B. flexuosum*, Grattel., 1845, Buccin., pl. 1, fig. 11, 40 (non Brocchi, 1814). Nyst., pl. 44, fig. 8. Dax; Belgiq., Anvers.

1595. cancellarioides, Gratteloup, 1845, Buccin., pl. 1, fig. 26. *Nassa cancellarioides*, Bast., n. 6, pl. 3, fig. 8. Dax, St-Paul.

***1596. subpolygonum,** d'Orb., 1847. *Buccinum polygonum*, Gratteloup, 1845, Buccin., pl. 1, fig. 38 (non Brocchi, 1814). Dax, Saint-Jean-de-Marsac.

1597. subserratum, d'Orb., 1847. *Buccinum serratum*, Gratteloup, 1845, Buccin., pl. 1, fig. 41 (non Brocchi, 1814). Dax, St-Paul, Mainot.

***1598. Veneris,** Faujas, Ann. du Mus. Par., 3, pl. 10, fig. 2; Gratteloup, 1845, Buccin., pl. 1, fig. 7, 23; supp., pl. 3, fig. 24, 26; Basterot, pl. 2, fig. 15. Dax, St-Paul, Bordeaux.

***1599. substriatum,** d'Orb., 1847. *Planaxis striata*, Gratteloup, 1845, Plan., pl. 1, fig. 31, 32 (non Müller, 1774). Dax, St-Paul.

1600. subpunctatum, d'Orb., 1847. *Planaxis punctata*, Gratteloup, 1845, Plan., pl. 1, fig. 33, 34 (non Brug., 1791). Dax, St-Paul.

***1601. flexuosum,** Brocchi, 1814, Conch. sub., pl. 5, fig. 12. Piémont, Turin.

***1602. polygonum,** Brocchi, 1814, Conch. sub., pl. 5, fig. 10. Piémont, Turin; Autriche, Enzersfeld.

1603. Dalei, Sow., 1835, Min. Conch., t. 5, pl. 486, fig. 2; Nyst., 1843, Coq. tert. de Belgiq., p. 570. Calloo, Stuyvenberg, Anvers; Angleterre, Suffolk, Walton, Ramsholt.

1604. tenerum, Sow., 1825, Min. Conch., 5, p. 139, pl. 486, fig. 3, 4; Nyst., 1843, p. 571, pl. 43, fig. 9. Anvers, Calloo, Stuyvenberg; Angleterre, Norfolk, Suffolk; Pologne, Kamiouka?

1605. elongatum, Sow., 1815, Min. Conch., t. 2, p. 15, pl. 110, fig. 1; Nyst., 1843, Belgiq., p. 572, pl. 45, fig. 1. Anvers, Calloo, Stuyvenberg; Angleterre, Norfolk, Suffolk; Pologne, Zuckowce, Warowe, Kamiouka, Holoskow.

1606. subrugosum, d'Orb., 1847. *B. rugosum*, Sow., 1815, Min. Conch., t. 2, p. 15, pl. 110, fig. 3 (non Gmel., 1789). Angleterre, Suffolk.

1607. maculosum?, Lam., Anim. s. vert., 10, p. 164. *Voluta striata*, Gmel. *Purpura maculata*, Bol. kien., Ic., pl. 42, fig. 98. ol. *Mur. lat.*, Sow., Sec. auct. ped. Dertona, Piémont.

1608. subminutum, d'Orb., 1847. *B. minutum*, Mich., Riv. Gaster., p. 26. E. Sism., Syn. meth., p. 41 (non Adams, 1795). Piémont, Turin.

1609. subduplicatum, d'Orb., 1847. *B. duplicatum*, Sow., 1831,

Trans. geol. of London, 2e série, t. 3, pl. 39, fig. 14 (non Born., 1780). Styrie, Radkersberg.

*1610. **Doutchinæ,** d'Orb., 1844, Paléont. du voy. de M. Hommaire, p. 462, pl. 3, fig. 20-22. *B. dissitum*, Dubois, 1831 (non Eschwald, 1830). Bords du Dnieper, Tissow, Simonawa, Salize, Sawadynce, Sarancea, Sosulanie, en Volhynie, en Podolie.

*1611. **Davelianum,** d'Orb., 1844, Paléont. du voy. de M. Hommaire, p. 463, pl. 3. fig. 23. Bessarabie, Kichinev.

*1612. **Verneuilii,** d'Orb., 1844, Paléont. du voy. de M. Hommaire, p. 465, pl. 4, fig. 1, 2. Bessarabie, Kichinev.

*1613. **Jacquemartii,** d'Orb., 1844, Paléontolog. du voyage de M. Hommaire, p. 466, pl. 4, fig. 3-5. Bessarabie, Kichinev.

*1614. **discitum,** Eschw., 1830, d'Orb., in Murch. de Keys. et de Vern., Russie, 2, p. 498, pl. 43, fig. 35-37. Russie, Taganrog, Bessarabie, Kichinev, Bords du Dnieper, Podolie, Lesowody, Krzemienna; Autriche, Szaxadat.

1615. **Tuomeyi,** Lea, 1843, Descrip. new. foss. tert., p. 45, pl. 37, fig. 97. États-Unis, Petersburg, Virginia.

*1616. **pusillum,** Lea, 1843, Descr., p. 46, pl. 37, fig. 98. Petersburg.

*1617. **frumentum,** Lea, 1843, Descr., p. 46, pl. 37, fig. 99. Petersburg.

*1618. **quadrulatum,** Lea, 1843, Descr., p. 46, pl. 37, fig. 100. Petersburg.

1619. **porcinum,** Say. États-Unis.

*1620. **laqueatum,** Conrad. États-Unis.

1621. **altile,** Conrad. États-Unis.

BUCCINANOPS, d'Orb., 1839. Voy. t. 2, p. 303.

*1622. **eburnoides,** d'Orb., 1847. *Buccinum id.*, Mathéron, 1843, Catalogue, p. 252, pl. 40, fig. 14-16. Carry (B.-du-Rhône).

*1623. **spiratum,** d'Orb., 1847. *Eburnea spirata*, Gratteloup, 1847, Conch. foss. Eburn., suppl., 1, n. 46, fig. 6. France, Dax, St-Paul.

*1624. **Brugadinum,** d'Orb., 1847. *Eburnea Brugadina*, Gratteloup, 1847, Eburn., suppl., pl. 1, n. 46, fig. 11. Dax, Saubrigues.

TEREBRA, Lamarck, 1801.

*1625. **Basteroti,** Nyst., 1845, p. 582. *T. duplicata*, Bast., 1825, p. 53. Gratteloup, 1845, Conch. foss. tert., pl. 1, fig 24 a, b (non Linné). Dax; Piémont, Turin; Belgique, Boldesberg.

*1626. **subcinerea,** d'Orb., 1847. *T. cinerea*, Bast., 1825, Bord., pl. 3, fig. 14. Gratteloup, 1845, Tert., pl. 1, fig. 25 a, b, 25, 25 f (non Lamarck). Dax, St-Paul, Saubrigues, St-Jean-de-Marsac; Autriche, Gainfaren.

*1627. **striata,** Bast., 1825, Bord., pl. 3, fig. 16, Gratteloup, 1845, Tereb., pl. 1, fig. 26, 26 b. Dax, Saint-Paul; Autriche, Gainfaren, Vienne.

*1628. **bistriata,** Gratteloup, 1845, Ter., pl. 1, fig. 27. Dax, St-Jean-de-Marsac, Saubrigues.

1629. **subsubulata,** d'Orb., 1847. *Terebra subulata*, Gratteloup, 1845, Ter., pl. 1, fig. 29. Dax, St-Paul.

1630. acuminata, Gratteloup, 1845, Tereb., pl. 1, fig. 30 a, 30 b (exclus. Syn.). Dax, Saubrigues.

'**1631. murina,** Bast., 1825, pl. 3, fig. 7. Gratteloup, 1845, Tereb., pl. 1, fig. 31. Dax, St-Paul, Saubrigues, Bordeaux.

'**1632. subplicatula,** d'Orb., 1847. *T. plicatula*, Bast., n. 2, Gratteloup, 1845, Tereb., pl. 1, fig. 32 a, b, c (non Brocchi, 1814). Dax, St-Paul, Bordeaux, Cassel.

'**1633. pertusa,** Bast., 1825, Bord., p. 53, pl. 3, fig. 9. Gratteloup, 1845, Tereb., pl. 1, fig. 33. Dax, St-Paul, Bordeaux; Piémont, Turin; Belgique, Boldesberg; Autriche, Gainfaren, Baden.

'**1634. plicaria,** Bast., 1825, Bord., pl. 3, fig. 4. Gratteloup, 1845, Ter., pl. 1, fig. 21 a, b, 22-28. Dax, St-Paul, Saubrigues, envir. de Bordeaux; Piémont, Turin.

'**1635. fuscata,** Bronn. *Buccinum fuscatum*, Brocc., Conch. subap., p. 344. Piémont, Turin; Autriche, Gainfaren.

1636. neglecta, Mich., Préc. faun. mioc., pl. 17, fig. 8. Piémont, Dertona.

'**1637. subtessellata,** d'Orb., 1847. *T. tessellata*, Mich., Préc. faun. mioc., pl. 17, fig. 9-13 (non Gray, 1834). Turin.

1638. inversa, Nyst., 1843, Coq. tert. de Belgiq., p. 581, pl. 44, fig. 9. Anvers, Calloo, Stuyvenberg.

1639. Duboisiana?, d'Orb., 1847. *T. plicatula*, Dubois, 1831, pl. 1, fig. 43, 44 (non Lam.). Volhynie, Sziukowce.

1640. Volhynia, d'Orb., 1847. *Tereb. duplicata*, Dubois, 1831, Conchyl., foss., p. 25, pl. 1, fig. 41, 42 (non Linné). Volhynie, Szuskowce.

'**1641. costellata,** Sowerby in Darw., 1846, South. Amer., p. 262, pl. 4, fig. 70, 71. Navidad, Chili.

'**1642. undulifera,** Sowerby in Darwin, 1846, p. 262, pl. 4, fig. 72, 73. Navidad, Chili.

1643. reticulata, Sow., 1837, Trans. geol. Soc. of London, 2e série, t. 5, p. 328, pl. 26, fig. 9. Indes, prov. de Cutch, Soomrow.

1644. Brocchii, d'Orb., 1847. *Turbo plicatulus*, Brocchi, 1814, Conch. sub., pl. 7, fig. 5 (non *Terebra plicatula*, Lam.). Piémont.

'**1645. simplex,** Conrad. États-Unis.

'**1645'. subplicaria,** d'Orb., 1847. *T. plicaria*, Gratteloup, 1845, pl. 1, fig. 22 b. France, Dax.

COLUMBELLA, Lamarck, 1822.

'**1646. rissoides,** d'Orb., 1847. *Buccinum rissoides*, Gratteloup, 1845, Conch. foss. buccin., pl. 1, fig. 9. Dax.

'**1647. subnassoides,** d'Orb., 1847. *Mitra nassoides*, Gratteloup, 1847, Mit., suppl., pl. 1, n. 46, fig. 18, 19 (non *Nassoides*, pl. 24, fig. 40, 41). Dax, Saubrigues.

'**1648. columbelloides,** d'Orb., 1847. *Buccinum columbelloides*, Gratteloup, 1845, Buccin., pl. 1, fig. 14-21-32-34. *C. Borsoni*, Bellardi, 1848, pl. 1, fig. 11. Dax, Saubrigues; Piémont, Turin.

'**1649. filosa,** Dujard., 1837, Mém. Soc. géol. de France, t. 2, p. 302, pl. 19, fig. 26. France, Ferrière-Larçon et Semblançay (Touraine).

'**1650. curta,** d'Orb., 1847. *Buccinum curtum*, Dujardin, 1837, *id.*, p. 300, pl. 19, fig. 17 (non Bellardi, 1848). Env. de Tours.

1651. labiosa, Lowel Reeve. *Buccinum labiosum*, Sow., Nyst., 1843, Coq. tert. de Belgiq., p. 577, pl. 43, fig. 14. Sow., 1824, Min. Conch., t. 5, p. 122, pl. 477. fig. 3. Anvers, Calloo, Stuyvenberg; Angleterre, Norfolk, Sutton (S. Wood).

'**1652. discors,** Deshayes, 1844. *C. semipunctata*, Bellardi et Mich., pl. 3, fig. 5, 6 (non Lam., Anim. s. vert., 10, p. 269). *C. Klipsteini*, Michelotti, 1846, Préc. faun. mioc., pl. 17, fig. 5. Sismonda, 1847, Syn. meth., p. 42. Turin.

'**1653. compta,** Bellardi. *Fusus comptus*, Bronn. It. Tert. Geb., p. 41. *F. Brocchii*, Mich., Préc. faun. mioc., pl. 10, fig. 7. Sismonda, 1847, Syn. meth., p. 42. Piémont, Dertona.

'**1654. nassoides,** Bellardi, 1848, Colomb., pl. 1, fig. 13. *Fusus nassoides*, Gratteloup, 1847, Conch. foss. fus., pl. 3, n. 24, fig. 40, 41. Dax, Saubrigues, St-Jean-de-Marsac; Piémont, Turin, Tortona, Castel nuovo.

1655. subscripta, d'Orb., 1847. *C. scripta*, Bellardi, 1848, Monog. des Columbel., p. 6, pl. 1, fig. 2 (non *Murex scriptum*, Linné). Tortona.

'**1656. tiara,** Bonelli, Bellardi, 1848, Monog. des Columb., p. 19, pl. 1, fig. 17. Var. A, fig. 18. *Murex tiara*, Brocchi, 1814, p. 424, pl. 8, fig. 6. *Fusus tiara*, Bronn. *Columbella carinata*, Bonelli. Piémont, Castelnuovo, Tortonese, Turin.

'**1657. turgidula,** Bellardi, 1848, Monog. des Columb., p. 10, pl. 1, fig. 7. *Voluta turgidula*, Brocchi, pl. 4, fig. 4. Piémont, Castelnuovo et Tortonese, Turin.

'?**1658. subulata,** Bellardi, 1848, Monog. des Columb., p. 14, pl. 1, fig. 12. *Murex subulatus*, Brocchi, 1814, p. 426, pl. 8, fig. 21. Piémont, Astigiana.

1659. marginata, Bellardi et Michelotti. *C. curta*, Bellardi, 1848, Monogr. des Columb., p. 12, pl. 1, fig. 8 (non *Curta*, Dujardin, 1837). Piémont, Turin.

1660. elongata, Bellardi, 1848, Monog. des Columb., p. 17, pl. 1, fig. 15. Piémont, Tortonese.

1660'. scabra, Bellardi, 1848, Monog. des Columb., p. 2, pl. 1, fig. 19. Piémont, Tortonese.

DOLIUM, Lamarck, 1801.

1661. Deshaysanum, Gratteloup, 1847, Conch. foss. Dol. suppl., pl. 2, n. 47, fig. 3. Dax, Mugron.

ONISCIA, Sowerby, 1825.

'**1662. verrucosa,** Bonelli, Mich., Riv. Gast., p. 23, Préc. faun. mioc., pl. 12, fig. 11, 12. *Cassis oniscia*, var. Gratt., Conch. Ad., pl. 34, fig. 5, 6. Dax, St-Paul; Piémont, Turin.

'**1663. cithara,** Sow. *Buccinum cithara*, Brocc., Conch. subap., p. 330, pl. 5, fig. 5. *Cassidaria harpæformis*, Gratteloup, Conch. Ad., pl. 34, fig. 8. Cass., pl. 1, fig. 7, 8, 9, 18. *Cassis cithara*, Bronn. Turin, Dax.

CASSIS, Bruguière, 1791.

1664. subareola, d'Orb., 1847. *C. areola*, Gratteloup, 1847, Conch.

foss. Cassis, Suppl., pl. 1, n. 46, fig. 9. Dax, St-Paul, Saubrigues, Bordeaux.

1665. subcrumena, d'Orb., 1847. *C. crumena*, Grateloup, 1845, Cassid., pl. 1, fig. 2, 3 (non Brug., 1789). Dax, St-Paul.

*1666. **mamillaris,** Grateloup, 1845, Cass., pl. 1, fig. 4, 19. *C. Thesei*, Auct. pedem. (non Brong.). Dax, St-Paul; Piémont, Turin.

*1667. **diadema,** Grateloup, 1845, pl. 1, fig. 10, 11, suppl., pl. 1, fig. 4. Dax, St-Paul.

*1668. **Rondeletí,** Bast., 1825, pl. 3, fig. 22, pl. 4, fig. 13. Grateloup, 1845, Cass., pl. 1, fig. 12. Dax, St-Paul, Vielle, Bordeaux, Labrède, Salles; Piémont, Turin; Cassel.

1669. subtesticulus, d'Orb., 1847. *C. testiculus*, Grateloup, 1845, Cass., pl. 1, fig. 13 (non Brug., 1789). Dax.

*1670. **incrassata,** Grateloup, 1845, Cass., pl. 1, fig. 14. Dax, Saubrigues, St-Jean-de-Marsac.

1671. subintermedia, d'Orb., 1847. *C. intermedia*, Grateloup, 1847, Cass., suppl., pl. 1, n. 46, fig. 7 (non Brocchi). Dax, Saubrigues.

1672. striatella, Grateloup, 1845, Cass., pl. 1, fig. 15. Dax.

*1673. **texta,** Bronn. It. Tert., p. 27. *Cassis saburon*, Bast., 1825, Bord., n. 1. Grateloup, 1845, Cass., pl. 1, fig. 16. Brocchi (non Linné). *C. striata*, Defr., Dubois, pl. 1, fig. 4, 5. Dax, St-Paul, Bordeaux; Volhynie, Jukowce et Salesce; Piémont, Turin; Autriche, Enzersfeld, Baden.

1674. lævigata, Grateloup, 1845, Cass., pl. 1, fig. 17, suppl., pl. 1, fig. 5. Dax, St-Paul, Bordeaux.

1675. subgranulosa, d'Orb., 1847. *C. granulosa*, Grateloup, 1845, Cass., pl. 1, fig. 20 (non Lamarck). Dax, St-Paul.

*1676. **cypræiformis,** Bors., Oritt. Piém., p. 50, pl. 1, fig. 20. Piémont, Turin.

*1677. **subflammea,** d'Orb., 1847. *Cassis flammea*, Bell. et Mich., Sagg. Oritt., p. 52, pl. 4, fig. 4 et pl. 5, fig. 1 (non Lamarck). Turin.

*1678. **reticulata,** Bonelli, Bell. et Mich., Sagg. Oritt., p. 53. E. Sismonda, Syn. meth., p. 39. Turin.

*1679. **intermedia,** Brocchi, *C. variabilis*, Bell. et Mich., Sagg. Oritt., p. 54, pl. 4, fig. 1-3. *C. quadricincta*, Bonelli. Piémont.

*1680. **monilifer,** Sowerby in Darw., 1846 South. Amer., p. 260, pl. 4, fig. 65. Navidad (Chili).

1681. sculpta, Sow., 1837, Trans. geol. Soc. of London, 2e série, t, 5, p. 329, pl. 26, fig. 21. Indes, prov. de Cutch, Soomrow.

1682. dentata, Sow., 1837, *id.*, p. 329, pl. 26, fig. 26. Soomrow.

MORIO, Montfort, 1810. *Cassidaria*, Lamarck, 1811.

*1684. **fasciatus,** d'Orb., 1847. *Cassidaria fasciculata*, Bell. *Pyrula fasciata*, Bors., Oritt. Piem., p. 75, pl. 1, fig. 20. *Cassis striata*, Bonel. (non Sow.). E. Sism., Syn. meth., p. 39. Piémont, Turin.

*1685. **striatulus,** d'Orb., 1847. *Cassidaria striatula*, Bonnelli, Bell. et Mich., Sagg. Oritt., p. 51, pl. 4, fig. 7, 8. Piémont, Turin.

1686. bicatenatus, d'Orb., 1847. *Cassidaria bicatenata*, Nyst., 1843, Coq. tert. de Belgiq., p. 565, pl. 44, fig. 6. *Cassis bicatenatus*,

Sow., 1824, Min. Conch., t. 2, p. 117, pl. 151. Belgique, Hérenthals, Anvers; Angleterre, Bawdsey, Suffolk.

*1687. **Hodgii,** d'Orb., 1847. *Cassis Hodgii*, Conrad, Sill. journ., 41, p. 343-346, pl. 2, fig. 10. États-Unis, Caroline.

CAPULUS, Montfort, 1810. Voy. t. 1, p. 31.

*1688. **granulosus,** d'Orb., 1847. *Pileopsis granulosa*, Grateloup, 1845, Conch. foss. fiss., pl. 1, fig. 29, 30, 31. *Hipponix granulata*, Bast., 1825, pl. 4, fig. 14. Dax, St-Paul.

1689. **subelegans,** d'Orb., 1847. *Pileopsis elegans*, Grateloup, 1845, Fiss., pl. 1, fig. 32, 33, 34, 35 (non Deshayes, 1824). Dax, St-Paul.

1690. **Aquensis,** d'Orb., 1847. *Pileopsis Aquensis*, Grateloup, 1845, Fiss., pl. 1, fig. 36, 37, 38, 39. Dax, St-Paul.

1691. **bistriatus,** d'Orb., 1847. *Pileopsis bistriata*, Grateloup, 1845, Fiss., pl. 1, fig. 44, 45, 46, 47. Dax, St-Paul.

*1692. **unguiculus,** d'Orb., 1847. *Spiricella unguiculus*, Rang, 1828, Descrip. de 3 genres, Bull. d'hist. nat. de la Soc. Linn. de Bordeaux, 2, p. 3. Bordeaux.

1693. **favaniellus,** d'Orb., 1847. *Hipponix favaniella*, E. Sism., *Pileopsis favaniella*, Gené, Denom. ined. test. mus. Taurin. Piémont, Turin.

1694. **interruptus,** d'Orb., 1847. *Hipponix interrupta*, Michelotti, Préc. faun. mioc., pl. 16, fig. 18. Turin.

*1695. **sulcatus,** d'Orb., 1847. *Hipponix sulcata*, Desh. *Patella sulcata*, Bors., Brongn. Mém. sur le Vicent., p. 76, pl. 6, fig. 18. Turin, Dax, Bordeaux, Touraine.

*1696. **lævis,** d'Orb., 1847. *Brocchia lævis*, Bronn. It. Tert. Geb., p. 8, pl. 3, fig. 1. *Pileopsis dispar*, Bonelli, E. Sism., Syn. meth., p 24. Turin.

*1697. **lugubris,** Conrad. États-Unis.

INFUNDIBULUM, Montfort, 1810. Voy. t. 2, p. 232.

*1698. **subtrochiforme,** d'Orb., 1847. *Calyptræa trochiformis*, Grateloup, 1845, Conch. foss. Cal., pl. 1, fig. 48-59 (non Lamarck, 1804). Dax, St Paul.

1699. **costarium,** d'Orb., 1847. *Calyptræa costaria*, Grateloup, 1845, Cal., pl. 1, fig. 60, 61, 61 bis, 62, 63. Dax, St-Paul.

1700. **depressum,** d'Orb., 1847. *Calyptræa depressa*, Bast., n. 2, Cal., pl. 1, fig. 66, 67, 68, 69, 70. Dax, St-Paul.

*1701. **subsinense,** d'Orb., 1847. *Calyptræa Sinensis*, Grateloup, 1845, Cal., pl. 1, fig. 71, 72, 73, 74 (non Deshayes). Dax, St-Paul; Piémont, Turin.

1702. **muricatum,** d'Orb., 1847. *Calyptræa muricata*, Basterot, 1825, n. 3. Grateloup, 1845, Cal., pl. 1, fig. 75-79. *Calyptræa squamulata*, Nyst., pl. 35, fig. 13. Bordeaux, Dax, St-Paul; Belgique, Anvers; Angleterre, Walton.

*1703. **Gualtierianum,** d'Orb., 1847. *Calyptræa Gualtieriana*, Gené, E. Sismond., Syn. meth., p. 24. Mich., Préc. faun. mioc., pl. 5, fig. 6. Turin.

1704. **rectum,** Sow., 1815, Min. Conch., t. 1, p. 219, pl. 97, fig. 3. *Calyptræa recta*, Nyst., 1843, Belg., p. 361, pl. 35, fig. 11. Angleterre, Holywell, près d'Ipswich; Belgique, Anvers.

*1705. **centralis,** Conrad, Sillim. Journ., 42, p. 348, Foss. of the tert. form., p. 80, pl. 45, fig. 5. États-Unis (Nord Caroline).

*1706. **perarmatum,** Conrad, Proceed Acad. nat. sc., 1, p. 31, Foss. of the tert. form., p. 80, pl. 45. États-Unis, Calvert Cliffs, Maryland.

*1707. **concentricum,** Lea, 1843, Descrip. new. foss. tert., p. 23, pl. 35, fig. 39. États-Unis, Petersburg, Virginia.

CALYPEOPSIS, Lesson, 1830. D'Orb. Voy. Mollusques de l'Amér. mérid.

*1708. **grandis,** d'Orb., 1847. *Dispotæa grandis*, Conrad. États-Unis, King, Queen (Virginia).

CALYPTRÆA, Lamarck, 1801.

*1709. **deformis,** Lam., Bast., n. 1. Gratteloup, 1845, Conch. foss. cal., pl. 1, fig. 80-82. Dax, St-Paul.

*1710. **pileolus,** Lea, 1843, Descrip. new. foss. tert., p. 22, pl. 35, fig. 38. États-Unis, Petersburg, Virginia.

CREPIDULA, Lamarck, 1801.

*1711. **unguis,** d'Orb., 1847. *C. unguiformis,* Gratteloup, 1845, Conch. foss. crep., pl. 1, fig. 83 (non Lamarck). Dax, Saubrigues, Gaas, Bordeaux; Autriche, Gainfaren.

*1712. **spirifera,** Bonn., E. Sism., Syn. meth., p. 25. Piémont.

*1713. **gregaria,** Sowerby in Darw., 1846, South. Amer., p. 254, pl. 3, fig. 34. Santa-Cruz (Patagonie).

*1714. **ponderosa,** Lea, 1843, Descrip. new. foss. tert., p. 23, pl. 36, fig. 40. États-Unis, Petersburg, Virginia.

1715. **cornucopiæ,** Lea, 1843, *id.*, p. 24, pl. 35, fig. 41. Petersburg.

*1716. **lamina,** Lea, 1843, *id.*, p. 24, pl. 35, fig. 42. Petersburg.

FISSURELLA, Bruguière, 1791. Voy. t. 1, p. 126.

*1720. **neglecta,** Deshayes, Lam., Anim. s. vert., t. 7, p. 601. Sow. jun., Conch., pl. 3, fig. 30. *F. græca,* Gratteloup, 1845, pl. 1, fig. 17, 18. Dax; Piémont, Turin. Angleterre, Suffolk.

1721. **oblita,** Mich., Préc. faun. mioc., pl. 16, fig. 19. *F. hiantula,* Bonn. et Sism. (non Lamarck). Piémont, Turin.

1722. **Aquensis,** d'Orb., 1847. *F. depressa,* Gratteloup, 1845, Conch. foss. Fiss., pl. 1, fig. 22 (non Lam., 1822). Dax, St-Paul.

1723. **subminuta,** d'Orb., 1847. *F. minuta,* Gratteloup, 1845, Fiss., pl. 1, fig. 19 (non Lamarck, 1822). Dax, St-Paul.

1724. **subcostaria,** d'Orb., 1847. *F. costaria,* Gratteloup, 1845, Fiss., pl. 1, fig. 20, 21 (non Deshayes, 1824). Dax, St-Paul.

1725. **Martinii,** Mathéron, 1843, Catalogue, p. 195, pl. 33, fig. 1, 2. Carry (B.-du-Rhône).

*1725'. **Marylandica,** Conrad, Proceed. Acad. nat. sc., 1, p. 31, Foss. of the tert. form., p. 79, pl. 45, fig. 1. États-Unis, Calvert Cliffs, Maryland.

*1726. **nassula,** Conrad, 1845, Foss. of the tert. foss., p. 78, pl. 44, fig. 6. États-Unis, St-Mary's river, Maryland.

1727. alticosta, Conrad, Journ. Acad. nat. sc., 7, p. 142, Foss. of the tert.form., p. 78, pl. 44, fig. 7. Mary's river.

***1728. redimicula,** Conrad, Journ. Acad. nat. sc., 4, pl. 8, fig. 1, Foss. of the tert. form., p. 78. Surrey, Virginia.

***1729. Griscomi,** Conrad, 1845, Foss. of the tert. form., p. 78, pl. 44, fig. 8. États-Unis, Comberland co., New Jersey.

SIPHONARIA, Sowerby, 1825.

1729'. Vasconiensis, Michelin, Magasin de zoologie, pl. 32. Dax.

1730. Lisiphites, Michelin, Mag. de zool., pl. 5. Dax.

EMARGINULA, Lamarck, 1801. Voyez t. 1, p. 197.

?1730'. squamata, Gratteloup, 1845, Conch. foss. Emarg., pl. 1, fig. 15, 16. France, Dax, Saint-Paul.

1731. Grattcloupi, Bell. et Mich., Sagg. oritt., p. 74, pl. 8, fig. 15-16. Turin.

***1732. crassa,** Sow., 1813, Min. Conch., t. 1, p. 731, pl. 33. Nyst., 1843, Coq. Tert. de Belgiq., p. 352, pl. 36, fig. 3. Calloo, Stuyvenberg, Anvers, Doel; Angleterre, Ipswich, Sutton, Ramsholo.

1733. reticulata, Sow., 1813, Min. Conch., t. 7, p. 73 bis, pl. 33, fig. 2. Angleterre, Suffolk.

1734. fenestrella, Dubois, 1831, Conch. foss., p. 50, pl. 4, fig. 7-9. Volhynie, Szuskowce.

1735. punctulata, Philippi, 1844, Beitr. zur Kenntn., p. 51, pl. 3, fig. 1. Cassel (Hesse).

RIMULA, Defrance, 1827.

***1736. oblonga,** d'Orb., 1847. *Cemoria oblonga*, Lea, 1843, Descript. new. foss. tert., p. 21, pl. 35, fig. 37. États-Unis, Petersburg, Virginia,

HELCION, Montfort, 1810. Voy. t. 1, p. 9.

1737. vulgata, d'Orb., 1847. *Patella vulgata*, Gratteloup, 1845, Conch. foss. Pat., pl. 1, fig. 5 (non Linné). Dax, Saint-Paul.

1738. Bellardii, d'Orb., 1847. *Parmaphorus Bellardii*, Mich. Préc. faun. mioc., pl. 5, fig. 5. *P. elongatus*, Bell. et Mich., Sagg. oritt., p. 75 (non Lamarck). Turin.

***1739. pileata,** d'Orb., 1847. *Acmæa pileata*, E. Sism. *Patella pileata*, Bon., E. Sism., Syn. méth., p. 24; Mich., Préc. faun. mioc., pl. 5, fig. 4. Turin.

1740. æqualis, d'Orb., 1847. *Patella æqualis*, Sow., Nyst., 1843, Coq. tert. de Belgiq., p. 349, pl. 35, fig. 5; Sow., 1816, Min. Conch., t. 2, p. 87, pl. 139, fig. 2. Calloo, Stuyvenberg, Anvers; Angleterre, Suffolk.

1741. neglecta, d'Orb., 1847. *Patella neglecta*, Michelotti, Préc. faun. mioc., pl. 16, fig. 11. *P. Klipsteini*, Mich., pl. 16, fig. 14. Turin.

***1742. unguis,** d'Orb., 1847. *Patella unguis*, Sow., 1816, Min. Conch., 2, p. 85, pl. 139, fig. 7. Angleterre, Holywel.

1743. angulata, d'Orb., 1844, Paléont. du voy. de M. Hommaire, p. 470, pl. 4, fig. 13-15. Bessarabie, bords du Dniester.

1743'. Duboisiana, d'Orb., 1847; Dubois, Conch. foss., pl. 4, fig. 11. Volhynie.

PATELLA, Linné, 1758.

1744. subpolygona, E. Sism., Mich., Préc. faun. mioc., pl. 5, fig. 9. *P. saccharina*, Auct. pedem. (non Linné). Turin.

1745. Borni, Michelotti. *P. miniata*, Auct. pedem. (non Born.). Turin.

CHITON, Linné, 1758. Voy. t. 1, p. 127.

'**1746. subcajetanus,** Poli, Lam., An. s. vert., 7, p. 495; Poli, Test., pl. 4, fig. 1. *C. cinereus*, Linn. sec. bon. et sism. Turin.

1747. miocenicus, Michelotti. *C. Polii*, Sismonda (non Lam.), An. s. vert., 7, p. 504. Turin.

1748. transenna, Lea, 1843, Descript. new. foss. tert., p. 20, pl. 35, fig. 35. États-Unis, Petersburg, Virginia.

DENTALIUM, Linné. Voy. t. 1, p. 73.

1749. asperum, Michelotti, Préc. faun. mioc., pl. 5, fig. 20-21. *D. radula*, Auct. pedem. (non Gualtieri). Dertona.

'**1750. Bouei,** Desh., Mém. Soc. hist nat. de Paris, p. 355, pl. 18, fig. 8. Turin, Dertona; Autriche, Gainfaren.

1751. fossile, Linn., Desh., Mém. Soc. hist. natur. de Par., 2, p. 355, pl. 17, fig. 12. Piémont, Turin; Allemagne, Cassel.

'**1752. inæquale,** Bronn., Michelotti, Préc. faun. mioc., pl. 5, fig. 19. *D. orsum*, Bon., E. Sism., Syn. meth., p. 25. Dertona, Piémont.

1753. miocenicum, Michelotti, Préc. faun. mioc., pl. 16, fig. 12. Piemont, Dertona.

'**1754. rectum,** Linné, Gmelin, p. 3738. Piémont, Dertona; Autriche, Baden.

'**1755. subsexangulare,** d'Orb., 1847. *D. sexangulare*, Desh., Mém. Soc. hist. natur. de Par., 2, p. 350, pl. 17, fig. 4-6 (non Gmelin, 1789). *D. elephantinum*, Sow. (non Lam.). Piémont, Dertona.

1756. striolatum? Risso, Prod. Europ. mérid., 4, p. 398. Piémont.

1757. triquetrum, Brocc., Conch. subap., p. 628; Sold. sagg., pl. 9, fig. 57. Piémont, Dertona.

1758. costatum, Sow., 1814, Min. Conch., 1, p. 159, pl. 70, fig. 8. Nyst., 1843, Coq. tert. de Belgiq., p. 344, pl. 35, fig. 2. Anvers? Angleterre, Holywell.

1759. semiclausum, Nyst., 1843, Belgiq., p. 343, pl. 36, fig. 2. Anvers.

?**1760. geminatum,** Goldf., 1843, Petref., 3, p. 4, pl. 166, fig. 13. Bünde, Westph.

1761. elephantinum? Broc., Hauer, 1847, Naturwiss. Abhandl., p. 351. Autriche, Korod.

'**1762. thallus,** Conrad, Journ. Acad. nat. sc., 7, p. 142, Foss. of the tert. form., p. 78, pl. 44, fig. 5. États-Unis, Suffolk, Nansemond co. Virginie.

'**1763. attenuatum,** Say. *D. dentale*, Conrad, Foss. of the tert. form., p. 78, pl. 44, fig. 9 (non Linné). *D. attenuatum*, Say. Journ. Acad. nat. sc., 4, pl. 8, fig. 3. États-Unis, Virginie.

'**1764. subgiganteum,** d'Orb., 1847. *D. giganteum*, Sowerby in Darw., 1846, South. Amer., p. 263, pl. 2, fig. 1 (non Phill., 1829). Amér. mérid., Navidad, Chili.

*1765. **sulcosum,** Sowerby in Darw., 1846, South. Amer., p. 263, pl. 2, fig. 2. Navidad, Chili.

*1766. **majus,** Sowerby in Darw., 1846, South. Amer., p. 263, pl. 2, fig. 3. Ile d'Huafo, côtes du Chili.

SCAPHANDER, Montfort, 1810.

*1767. **sublignaria,** d'Orb., 1847. *Bulla lignaria*, Gratteloup, 1847, Conch. foss. Bulla, pl. 1, n. 2, fig. 1-2 (non Lamarck). Dax, St-Paul, Bordeaux.

*1768. **Gratteloupi,** d'Orb., 1847. *Bulla Fortisii*, Gratteloup, 1847, Bulla, pl. 1, n. 2, fig. 3 (non Brongniart, 1823). *B. Gratteloupi*, Michelotti. Dax, Saint-Paul; Piémont, Turin.

1769. **Sowerbyi,** d'Orb., 1847. *Bulla lignaria*. Sow., 1837, Trans. geol. Soc. of London, 2e série (non Linné), 5, p. 328, pl. 26, fig. 1. Indes, prov. de Cutch. Soomrow.

BULLA, Linné, 1758.

1770. **Tarbelliana,** Gratteloup, 1847, Conch. foss. Bulla, pl. 1, n. 2, fig. 29-30. Dax, Saint-Paul.

1771. **Burdigalensis,** d'Orb., 1847. *B. semistriata*, Gratteloup, 1847, Bulla, pl. 1, n. 2, fig. 31, 32, 33, 34 (non Deshayes, Paris). Dax, Saint-Paul, Gaas.

*1772. **sublævis,** d'Orb., 1847. *B. lævis*, Gratteloup, 1847, Bulla, pl. 1, n. 2, fig. 35, 36 (non Defrance, Desh.). Dax, Saint-Paul.

1773. **pseudo-convoluta,** d'Orb., 1847. *B. convoluta*, Brocch., pl. 1, fig. 7; Gratteloup, 1847, Bulla, pl. 1, n. 2, fig. 37, 38 (non Brocchi, 1814). *Bulla cylindrica*, Bart., n. 2. Dax, Saint-Paul.

*1774. **subcylindrica,** d'Orb., 1847. *B. cylindrica*, Gratteloup, 1847, Bulla, pl. 1, n. 2, fig. 39-40 (non Bruguière). Dax, Saint-Paul; Autriche, Gainfaren.

*1775. **minutissima,** d'Orb., 1847. *B. minuta*, Gratteloup, 1847, Bulla, pl. 1, n. 2, fig. 41-42 (non Deshayes, 1824). Dax, Saint-Paul.

*1776. **acuminata,** Bruguière, Gratteloup, 1847, Bulla, pl. 1, n. 2, fig. 43-44, Nyst., pl. 39, fig. 11. *Bulla acuta*, Gratt., 1832, Tabl. Dax, Saint-Paul; Belgique, Anvers; Angleterre, Sutton.

*1777. **Lajonkaireana,** d'Orb., 1847. *Bulla Lajonkaireana*, Bast., 1825, Bord., pl. 1, fig. 25; Gratteloup, 1847, Bullin., pl. 1, n. 2, fig. 45-46. *B. spirata*, Dubois, pl. 0, fig. 9-12. *B. terebellata*, id. *B. clandestina*, id. Dax, Saint-Paul, Bordeaux, Tours; Allem., Cassel; Volhynie, Szuskowce; Autriche, Vienne.

*1778. **subconulus,** d'Orb., 1847. *B. conulus*, Gratteloup, 1847. Bulla, pl. 1, n. 2, fig. 4-5. (non Deshayes, 1824). Dax, Saint-Paul.

*1779. **subangistoma,** d'Orb., 1847. *B. angistoma*, Gratteloup, 1847, Bulla, pl. 1, n. 2, fig. 6-7 (non Desh., 1824). Dax, Saint-Paul, Mainot.

1780. **subtruncatula,** d'Orb., 1847. *B. truncatula*, Gratteloup, 1847, Bulla, pl. 1, n. 2, fig. 8-9 (non Brug., 1789). Dax, St-Paul.

1781. **labrella,** de Férussac, Bast., n. 4; Gratteloup, 1847, Bulla, pl. 1, n. 2, fig. 10, 11, 12, 13. Dax, Gaas, Lesbarritz, Bordeaux, Paucats.

1782. **subutriculus,** d'Orb., 1847. *B. utriculus*, Gratteloup, 1847,

Bulla, pl. 1, n. 2, fig. 14, 15, 16. Nyst., pl. 39, fig. 9 (non Brocchi, 1814). Dax, Saint-Paul; Belgiq., Anvers; Allem., Cassel.

'**1783. submiliaris,** d'Orb., 1847. *B. miliaris*, Gratteloup, 1847, Bulla, *pl.* 1, n. 2, fig. 17, 18 (non Brocchi, 1814). Dax, Saint-Paul.

1784. Duboisiana, d'Orb., 1837. *B. ovulata*, Dubois, 1831, Conch. foss., p. 49, pl. 1, fig. 13, 14. Podolie, Krzemienna; Volhynie, Szuskowce.

'**1785. subumbilicata,** Mathéron, 1843, Catalog., p. 196, pl. 33, fig. 3, 4. Carry (B.-du-Rhône).

1786. uniplicata, Bellardi. *B. plicata*, Bell. (non Desh.), E. Sismonda, 1847, Syn. meth., p. 26 et p. 57. Piémont, Dertona.

1787. subconvoluta, d'Orb., 1847. *B. convoluta*, Sow., 1824, Min. Conch., t. 5, p. 95, pl. 464, fig. 1 (non Brocchi). *B. constricta*, Nyst., pl. 39, fig. 7 ? (non Sow.). Angleterre, Suffolk; Belgique, Anvers.

1788. terebelloides, Philippi, 1841, Foss. tert. du N.-E. de l'Allemag., p. 18, pl. 3, fig. 5. Cassel.

'**1789. Brocchii,** Michelotti. *B. ovulata*, Auct. pedem. (non Lam.), Sismonda, 1847, Syn. meth., p. 56. *Bulla ovulata*, Brocchi, pl. 1, fig. 8. Turin; Cassel.

1790. lineata, Philippi, 1844, Foss. Tert. du N.-E. de l'Allemag., p. 18, pl. 3, fig. 2. *B. linearis*, V. Münst., p. 442, Nr., 14? Cassel.

1791. intermedia, Philippi, 1844, id., p. 18, pl. 3, fig. 4. Cassel.

1792. subretusa, d'Orb., 1847. *B. retusa*, Philippi, 1844, id., p. 18, pl. 3, fig. 3 (non Matton., 1804). Cassel.

1793. cosmophila, Sowerby in Darw., 1846, South. Am., p. 264, pl. 3, fig. 35. Ile d'Huafo (Chili).

'**1794. subambigua,** d'Orb., 1847. *B. ambigua*, d'Orb., 1842, Paléont. de l'Amériq. mérid., p. 113, pl. 12, fig. 1-3 (non Gmel., 1789). Amér. mérid., Coquimbo (Chili).

'**1795. cylindrus,** Lea, 1843, Descript. new foss. tert., p. 24, pl. 35, fig. 43. États-Unis, Petersburg, Virginia.

CARINARIA, Lamarck, 1801.

'**1796. Hugardi,** Bellardi. *Argonauta Argo*, E. Sismonda, 1847, Syn. meth., p. 44 (non Lamarck). Turin.

HYALÆA, Lamarck, 1801.

'**1797. Aquensis,** Gratteloup, 1825, Conch. foss. Hyal., pl. 1, fig. 1-2. *H. Orbignyi*, Rang, 1829, Ann. des sc. nat., p. 5, pl. 19, fig. 3. Dax, Saint-Paul, Mandillot.

'**1798. sulcosa,** Bonelli, E. Sismonda, 1847, Syn. meth., p. 26 et 57. *H. tridentata*, E. Sism. (non Lamarck). Turin.

1799. aurita, Bonelli, E. Sismonda, 1847, Syn. meth., p. 26 et 57. Turin.

'**1800. interrupta,** Bonelli, E. Sismonda, 1847, Syn. meth., p. 26 et 57. Turin.

1801. Taurinensis, E. Sismonda, 1847, Syn. meth., p. 27 et 57, Mich. préc. faun. mioc., pl. 5, fig. 13, 14. *H. gibbosa*, Bonelli (non Rang). Turin.

VAGINELLA, Daudin, 1800. *Cleodora*, Péron, 1810.

'**1802. depressa,** Daudin, 1800, Bart., 1825, Bord., pl. 4, fig. 16. *Creseis vaginella*, Rang, 1829, Ann. des sc. nat., 16, p. 496, *pl.* 18, fig. 2. *Cleodora strangulata*, Desh., 1830, Encycl., 2, p. 244, Grateloup, 1835, Conch. foss. Cleod., pl. 1, fig. 3-4. Dax, Bordeaux; Piémont, Turin.

MOLLUSQUES LAMELLIBRANCHES.

ASPERGILLUM, Lamarck, 1810.

1803. Leognanum? Hœninghauss., Descript. d'un arrosoir fossile, fig. 1, Desh., Lam., 6, p. 22. Léognan (Gironde).

CLAVAGELLA, Lamarck, 1807.

?1804. Goldfussii, Philippi, 1846, Palæontographica, n. 1, p. 41, pl. 7, fig. 1. Envir. de Magdebourg.

TEREDO, Linné, 1758. Voy. t. 1, p. 251.

'1805. fistula, Lea, 1848, Descript. new. foss., p. 8, pl. 34, fig. 5, Conrad, 1845, Proceed. phil. soc., 1, Foss. of the tert. form., p. 77, pl. 44, fig. 3. États-Unis, Petersburg and Surrey co., Virginie.

?1806. Hoffmanni, d'Orb., 1847. *Teredina Hoffmanni*, Philippi, 1846, Palæontographica, n. 1, p. 44, pl. 7, fig. 2. Allem., envir. de Magdebourg.

'1807. calamus, Lea, 1848, Descript. new. foss. sh. tert., p. 8, pl. 34, fig. 4. États-Unis, Petersburg, Virginia.

PHOLAS, Linné, 1758. Voy. t. 1, p. 251.

'1808. semicauda, d'Orb., 1847. *Jouannetia semicauda*, Desmoulins, Bull. Soc. Linn. Bord., 2, p. 244, fig. 1-13. *Ph. Jouanneti*, Desh., Lam., An. s. vert., 6, p. 47. Turin.

1809. palmula, Dujardin, 1837, Mém. Soc. géol. de France, t. 2, p. 254, pl. 18, fig. 3. Env. de Tours. Pont-Le-Roi.

1810. dimidiata, Dujardin, 1837, Mém., p. 254, pl. 18, fig. 1. Envir. de Tours.

'1811. Lamarckii, Mather., 1842, Catal., p. 133, pl. 10, fig. 8.9. Lambesc, Roquesc, Salon, Lançon, Aix, Saint-Canal (Bouches-du-Rhône).

1812. cylindricus, Sow., 1818, Min. Conch., t. 2, p. 223, pl. 198. Angleterre, Suffolk.

'1813. Hommairei, d'Orb., 1844, Paléont. du voy. de M. Hommaire, p. 478, pl. 4, fig. 16-18. Podolie, bords du Dnieper.

'1814. acuminata, Conrad, 1845, Foss. of the tert. form., p. 77, pl. 44, fig. 2. États-Unis, Suffolk, Virginie.

'1815. rhomboides, Lea, 1843, Descript. new. foss. sh. Tert., p. 9, pl. 34, fig. 7. États-Unis, Petersburg, Virginia.

SOLEN, Linné, 1758. Voy. t. 2, p. 135.

'1816. subvagina, d'Orb., 1847. *S. vagina*, Basterot, 1825, Mém. géol. env. de Bordeaux, p. 96 (non Linné), Lam., Ann. du Mus., t. 7, p. 423 et t. 12, pl. 43, fig. 3. Saucats.

'1817. ensiformis, Conrad, 1845, Foss. of the tert. form., p. 76, pl. 43, fig. 8. États-Unis, Saint-Mary's river, Maryland.

1818. subensis, d'Orb., 1847. *S. ensis*, Nyst., 1843, Belgiq., p. 44, pl. 1, fig. 4 (non Linné). Belgique, Anvers.

PANOPÆA, Menard, 1807. Voy. t. 1, p. 164.

†1819. **inflata,** Goldfuss, 1839, Petref., 2, p. 275, pl. 158, fig. 7. Bünde.

1820. **Munsterii,** d'Orb., 1847. *P. elongata,* v. Münst., Philippi, 1844, Beitr. zur Kenntniss, p. 45, pl. 2, fig. 1 (non Rœmer, 1836). Cassel (Hesse).

1821. **dubia,** Lea, 1843, Descript. new foss. sh. tert., p. 10, pl. 34, fig. 9. États-Unis, Petersburg, Virginia.

'1822. **Rudolphii,** Eschw., 1830, id., d'Orb., 1844, Paléontol. du voy. de M. Hommaire, p. 479. *P. Faujasii,* Dubois, 1831, pl. 6, fig. 1-4 (non Men.). Gallicie, Lemberg; Volhynie, Szuscowce; France, Bordeaux.

'1823. **Coquimbensis,** d'Orb., 1842, Paléont. de l'Amér. mérid., p. 126, pl. 15, fig. 7-8. Coquimbo (Chili).

1824. **Americana,** Conrad, 1838, Foss. of the tert. form., p. 4, pl. 2. États-Unis (Maryland), Patuxens river.

'1825. **reflexa,** Say, Journ. Acad. nat. sc., 4, p. 153, pl. 13, fig. 4; id., Conrad, 1838, id., p. 5, pl. 3, fig. 4. *Mia reflexa,* Lea, 1843, pl. 34, fig. 10. États-Unis (Virginie), Yorktown, Suffolk.

1826. **porrecta,** Conrad, 1845, id., p. 71, pl. 41, fig. 2. États-Unis, Patuxens river, Saint-Mary's co. Maryland, Calvert Cliffs, Maryland.

1827. **Basteroti,** d'Orb., 1847. *P. Faujas,* Basterot, 1825, p. 95, n. 1 (non Menard). Bordeaux, Salles.

†1828. **sanna,** d'Orb., 1847. *Lutraria sanna,* Goldfuss, pl. 153, fig. 8 (non *L. sanna,* Basterot). Allem., Bünde.

GLYCIMERIS, Lamarck, 1801.

1829. **angustata,** Nyst. et West., 1839, Nyst., Belgique, p. 55, pl. 2, fig. 1. Belgique, Anvers.

LUTRARIA, Lamarck, 1801.

1830. **crassidens,** Deshayes, édit. de Lamk., 1835, Anim. s. vert., p. 94. Touraine.

'1831. **sanna,** Bast., Coq. foss. Bord., p. 94, pl. 7, fig. 13. France, Bordeaux; Piémont, Turin.

MYA, Linné, 1758.

1832. **producta,** Conrad, 1838, Fossils of the Tert. form., p. 1, pl. 1, fig. 1. États-Unis (Virginie). Patuxens river, Maryland, Yorktown.

'1833. **corpulenta,** Conrad, 1845, id., p. 68, pl. 39, fig. 1. États-Unis, Petersburg, Virginie.

1834. **lata,** Sow., 1815, Min. Conch., t. 15, p. 185, pl. 81. Angl., Suffolk.

1836. **pullus?** Sow., 1826, Min. Conch., t. 6, p. 57, pl. 531, fig. 2. Angl., Butley (Suffolk).

PHOLADOMYA, Sowerby, 1826. Voy. t. 1, p. 164.

'1837. **Alpina,** Mathéron, 1842, Catalog., p. 136, pl. 11, fig. 8. Tanaron (B.-Alpes).

1838. **subarcuata,** d'Orb., 1847. *P. Agassizi,* Michelotti (non d'Orb., 1845). *P. arcuata,* Agass. (pro parte), Étud. crit., liv. 2, p. 63, pl. 2 b, fig. 1-8. Piémont.

*1839. **arcuata,** Agass., Étud. crit., liv. 2, p. 64, pl. 2, fig. 9-11. *Trigonia arcuata*, Lam.? Turin ; Suisse, St-Gall.

1840. **abrupta,** Conrad, 1838, Foss. of the tert. form., p. 3, pl. 1, fig. 4. États-Unis (Virginie), Yorktown, Jame's river.

THRACIA, Leach, 1825. Voy. t. 1, p. 216.

*1841. **transversa,** Lea, 1843, Descr. new foss. sh. tert., p. 11, pl. 34, fig. 11. États Unis, Petersburg (Virginia).

PERIPLOMA, Schumacher, 1817. Voy. t. 1, p. 11.

1842. **antiqua,** Conrad, 1838, Foss. of the tert. form., p. 16, pl. 8, fig. 3. *Anatina id.*, Conrad. Etats-Unis (Virginie), Yorktown.

GASTROCHÆNA, Spengler, 1783.

1843. **subcontorta,** d'Orb., 1847. *G. contorta*, Nyst., 1843, Coq. de Belgique, p. 37, pl. 1, fig. 1 (non Deshayes, 1824). Belgique, Anvers.

*1844. **ligula,** Lea, 1843, Descr. new foss. sh. tert., p. 8, pl. 34, fig. 6. États-Unis, Petersburg, Virginia.

SAXICAVA, Fleuriau, 1802.

1845. **fragilis,** Nyst., 1843, Coq. tert. de Belgique, p. 97, pl. 4, fig. 10. Belg., Hérenthals, Anvers.

1846. **subrugosa,** d'Orb., 1847. *S. rugosa*, Sowerby, 1824, Min. Conch., t. 5, p. 101, pl. 466 (non Montagu, 1803). Angl., Suffolk.

*1847. **elongata,** Bronn, It. Tert. Geb., p. 91. *Mya elongata*, Brocchi, pl. 12, fig. 14. Piémont, Turin.

1848. **miocenica,** Michelotti, Préc. faun. mioc., pl. 4, fig. 15. Turin.

*1849. **turgida,** Michelotti, Préc. faun. mioc., pl. 4, fig. 17. Dertona.

1850. **bilineata,** Conrad, 1838, Foss. of the tert. form., p. 18, pl. 10, fig. 4. États-Unis (Virginie) ; Suffolk.

*1851. **arctica,** Philippi. *Mytilus carinatus*, Goldf., 1838, Petr., 2, p. 179, pl. 131, fig. 14 (non Brocchi). *Mya arctica*, Linné. Cassel, Plaisance ; Belg., Anvers.

*1852. **lancea,** d'Orb., 1847. *Hiatella lancea*, Lea, 1843, Descript. new. foss. tert., p. 16, pl. 34, fig. 24. États-Unis, Petersburg, Virginia.

SOLECURTUS, Blainville, 1824. Voy. t. 2, p. 75.

*1853. **affinis?** d'Orb., 1847. *Psammobia affinis*, Dujardin, 1837, Mém. Soc. géol. de France, t. 2, p. 257, pl. 18, fig. 4. Bordeaux, Dax, env. de Tours.

*1854. **subcaribæa,** d'Orb., 1847. *Cultellus caribœus*, Conrad, 1845, Foss. of the tert. form., p. 75, pl. 43, fig. 1. États-Unis, Wilmington (Nord-Caroline).

*1855. **Hanetianus,** d'Orb., 1842, Paléont. de l'Amér. mérid., p. 124, pl. 15, fig. 1, 2. Coquimbo (Chili).

*1856. **substrigillata,** d'Orb., 1847. *Solen strigillatus*, Basterot, 1825, Mém. géol. Env. de Bordeaux, p. 96 (non Lam.), Ann. du Mus., t. 7, p. 424 et t. 12, pl. 43, fig. 5. Dax.

1857. **magnodentata,** d'Orb., 1847. *Soler magnodentatus*, Lea, 1843, Descr. new. foss. sh. tert., p. 34, pl. 10, fig. 8. États-Unis, Petersburg, Virginia.

MACTRA, Linné, 1758. Voy. t. 1, p. 216.

1858. inæquilatera, Nyst., 1843, Coq. tert. de Belg., p. 79, pl. 2, fig. 8. Belg., Calloo, Stuyvenberg.

1859. striata, Nyst., 1843, id., p. 80, pl. 4, fig. 1. Hérenthals.

1860. arcuata, Sow., 1817, Min. Conch., t. 2, p. 135, pl. 160, fig. 1, 6. Nyst., 1843, Coq. tert. de Belg., p. 78, pl. 2, fig. 2. Anglet., Suffolk; Belg., Calloo, Stuyvenberg.

1861. dubia, Sowerby, 1817, Min. Conch., t. 2, p. 135, pl. 160, fig. 2, 3, 4. Suffolk.

1862. ovalis, Sow., 1817, Min. Conch., t. 2, p. 135, pl. 160, fig. 5. Angl., Suffolk.

1863. pseudo-cuneata, d'Orb., 1847. *M. cuneata*, Sow., 1817, Min. Conch., t. 2, p. 135, pl. 160, fig. 7 (non Gmel., 1789). Anglet., Suffolk.

'1864. ponderosa, Eschw., 1830, d'Orb., in Murch. de Keys. et Vern. Russie, p. 499, pl. 43, fig. 40, 41. Russie, Taganrog; Kuchenef en Bessarabie; bords du Dniéper; Podolie.

'1865. Vitaliana, d'Orb., 1844, Paléont. du Voyage de M. Hommaire, p. 479, pl. 4, fig. 19-21. Bessarabie, Kichinew; Podolie, bords du Dnieper, près de Doutchina.

'1866. Bignogniana, d'Orb., 1844, Pal. du Voy. de M. Hommaire, p. 482, pl. 6, fig. 12-14. Podolie, Doutchina.

1867. Podolica, Echw., 1830, d'Orb., 1847. *M. deltoidea*, Dubois, 1831, Conch. foss., p. 52, pl. 4, fig. 5, 6 (non Lamarck). Volhynie, Bialozurka; Podolie, Salisze, Sawadynce, Kamionka.

'1868. subtriangula, d'Orb., 1847. *M. triangula*, Basterot, 1825, Bordeaux, p. 94 (non Brocchi). Saucats.

'1869. substriatella, d'Orb. *M. striatella*, Basterot, 1825, Mém. Géol., env. de Bord., p. 94, pl. 7, fig. 2 (non Lam.), An. s. vert., t. 5, p. 473. Saucats (Gironde).

'1870. crassidens, Conrad, 1842, Sillim. Journ., 42, pl. 2, fig. 11. Foss. of the tert. form., p. 69, pl. 39, fig. 5. États-Unis, Duplin co. (nord Caroline).

'1871. incrassata, Conrad, 1838, Foss. of the tert. form., p. 24, pl. 13, fig. 2. États-Unis, Maryland, Patuxens river.

'1872. modicella, Conrad, 1838, id., p. 25, pl. 13, fig. 3. Amer. Journ., 23, p. 340. *M. clathrodon*, Lea. États-Unis (Virginia), Yorktown.

1873. subponderosa, d'Orb., 1847. *M. ponderosa*, Conrad, 1838, id., p. 25, pl. 14, fig. 1. Journ. acad. nat. sc., vol. 6, p. 228, pl. 10, fig. 5 (non Eschwald, 1830). États-Unis (Maryland), St-Mary's river.

1874. fragosa, Conrad, 1838, id., p. 26, pl. 14, fig. 2. Amer. Journ., 23, p. 340. États-Unis (Maryland), St-Mary's river.

1875. delumbis, Conrad, 1838, id., p. 27, pl. 15, fig. 1. États-Unis (Virginia), Suffolk, Yorktown, Jame's river, près Smithfield.

'1876. congesta, Conrad, 1838, id., p. 27, pl. 15, fig. 2. Amer. Journ., 23, p. 340. États-Unis (Virginia), Suffolk, James river.

*1877. **subcuneata,** Conrad, 1838, id., p. 27, pl. 15, fig. 3. États-Unis (Maryland), St-Mary's river.

1878. **triquetra,** Conrad, 1842, Proceed. acad. nat. sc. i., p. 324. Foss. of the tert. form., p. 69, pl. 39, fig. 3. États-Unis, Pétersburg, Virginia.

1879. **subparilis,** Conrad, Sillim. Journ., 42, pl. 2, fig. 12. Foss. of the tert. form., p. 69, pl. 39, fig. 4. États-Unis, Wilmington (Nord Caroline).

*1880. **Darwinii,** Sowerby in Darw., 1846, South. Amer., p. 249, pl. 2, fig. 9. Patagonie, Santa-Cruz.

1881. **rugata,** Sow. in Darw., 1846, South. Amer., p. 249, pl. 2, fig. 8. Patagonie, Santa-Cruz.

*1882. **Auca,** d'Orb., 1842. Paléont. de l'Amér. mérid., p. 125, pl. 14, fig. 19, 20. Coquimbo (Chili).

DONACILLA, Lamarck, 1812.

*1883. **constricta,** d'Orb., 1847. *Amphidesma constricta*, Conrad, 1842, Sillim. Journ., 42, p. 347. Foss. of the tert. form., p. 76, pl. 43, fig. 10. Wilmington.

1884. **minima,** d'Orb., 1847. *Amphidesma minima*, Sow., 1831, Trans. geol. Soc. of London, série 2e, vol. 3, pl. 39, fig. 5. Lower Styria.

*1885. **Orientalis,** d'Orb., 1844. Paléont. du voy. de M. Hommaire, p. 482, pl. 6, fig. 15-17. Podolie, Doutcheria, sur les bords du Dnieper.

AMPHIDESMA, Lamarck, 1819.

1886. **æqualis,** Conrad, Journ. acad. nat. sc., ii, p. 308. Foss. of the tert. form., p. 76, pl. 43, fig. 9. Wilmington (Nord Caroline).

*1887. **æquata,** Conrad, Proceed. acad. nat. sc., i, p. 367. Foss. of the tert. form., p. 65, pl. 36, fig. 5. Wilmington.

SINODESMIA, Reclus.

1888. **subovata,** d'Orb., 1847. *Amphidesma id.*, Say, Conrad, 1840, Foss. of the tert. form., p. 36. Say, Journ. acad. nat. sc., 4, p. 152, pl. 10, fig. 5. États-Unis (Maryland), Ste-Marie.

*1889. **subreflexa,** d'Orb., 1847. *Amphidesma id.*, Conrad, 1840, id., p. 37, pl. 19, fig. 6. États-Unis (Virginia), Yorktown.

1890. **carinata,** d'Orb., 1847. *Amphidesma id.*, Conrad, 1840, id., p. 37, pl. 19, fig. 7. États-Unis (Maryland), St-Mary's river.

LAVIGNON, Cuvier, 1817. Voy. vol. 1, p. 306.

*1891. **tellinoides,** d'Orb., 1847. *Cumingia id.*, Conrad, 1838, Foss. of the tert. form., p. 28, pl. 15, fig. 4. États-Unis (Virginia), près Smithfield.

1892. **convexa?,** d'Orb., 1847. *Lutraria convexa*, Sowerby, 1831, Trans. geol. Soc. of London, série 2e, vol. 3, pl. 39, fig. 1. Lower Styria.

*1893. **subtellinoides,** d'Orb., 1847. *Anatina tellinoides*, Lea, 1843, Descrip. new. foss. sh. tert., p. 11, pl. 34, fig. 12 (non *tellinoides*, 1838). États-Unis, Petersburg, Virginia.

TELLINA, Linné, 1758. Voy. t. 1, p. 275.

*1894. **Labordei,** d'Orb., 1847. *Soletellina Labordei*, Deshayes

Dict. class., 15, p. 489. *Psammobia Labordei*, Bast., Coq. foss. Bord., p. 95, pl. 7, fig. 4. Bordeaux ; Piémont, Turin.

1896. muricata, Remeri, *Psammobia feroensis*, Phil., Enum. moll. sic., 1, p. 23, pl. 3, fig. 7. Brocc., *Tellina muricata*, Ren. et Brocc. Piémont, Turin ; Belgique, Anvers ; Bordeaux.

***1897. Duboisiana,** d'Orb., 1847. *T. planata*, Dubois, 1831, Conch. foss., p. 54, pl. 5, fig. 42 (non Linné). Bordeaux, Volhynie, Szuskowie.

***1898. pretiosa,** Eschw., 1830. *Tellina incarnata*, Dubois, 1830, Conch. foss., p. 55, pl. 5, fig. 8-10 (non Poli). Volhynie.

1898'. Volhyniana, d'Orb., 1847. *T. rostralina*, Dubois, 1831. Conch. foss., p. 56, pl. 5, fig. 5-7 (non Deshayes). Volhynie, Szuskowie.

1899. subdistorta, d'Orb., 1847. *T. distorta*, Dubois, 1831, Conch. foss., p. 56, pl. 5, fig. 3, 4 (non Poli). Volhynie, Szuskowie.

***1900. bipartita,** Basterot, 1825, Mém. géol., env. de Bord., p. 85, pl. 5, fig. 2. Saucats (Gironde).

1901. subangusta, d'Orb., 1847. *Psammobia angusta*, Philippi, 1844, Foss. tert. du N.-E. de l'Allem., p. 7, pl. 2, fig. 6 (non Gmelin, 1789). Cassel.

1902. obliqua, Sow., Nyst., 1843, Coq. tert. de Belg., p. 107, pl. 5, fig. 2. Sow., 1817, Min. Conch., t. 2, p. 137, pl. 161, fig. 1. Belgique, Calloo, Stuyvenberg ; Angleterre, Norfolk, Suffolk.

1903. ovata, Sow., Nyst., 1843, id., p. 108, pl. 5, fig. 3. Belgique, Calloo, Stuyvenberg, Anvers ; Angleterre, Brammerton et Sutton, Frambingham.

1904. Benedenii, Nyst. et West., 1843, Coq. tert. de Belg., p. 111, pl. 5, fig. 5. *Tellina zonaria*, Nyst., 1836, Rech. coq. foss. d'Anv., p. 14, n. 15. Belgique, Anvers, Calloo, Stuyvenberg.

1905. subsolida, d'Orb., 1847. *Psammobia solida*, Nyst., 1843, id., p. 103, pl. 3, fig. 18 (non Sow., 1822). Belgique, Calloo, Stuyvenberg.

1906. Dumontii, d'Orb., 1847. *Psammobia Dumontii*, Nyst., 1843, id., p. 103, pl. 4, fig. 12. Belgique, Calloo, Stuyvenberg.

1907. sublævis, d'Orb., 1847. *Psammobia lævis*, Nyst., 1843, id., p. 104, pl. 4, fig. 13 (non Romphius, 1739). Belgique, Calloo, Stuyvenberg.

1908. subpusilla, d'Orb., 1847. *T. pusilla*, Phill., Gold., 1839, Petref., 2, p. 236, pl. 148, fig. 8 (non Gmel., 1789). Cassel.

***1909. arctata,** Conrad, Proceed. acad. nat. sc., i, p. 306. Foss. of the tert. form., p. 72, pl. 41, fig. 5. États-Unis, Foundin (Nord Caroline).

1910. lenis, Conrad, Proceed. acad. nat. sc., i, p. 306. Foss. of the tert. form., p. 72, pl. 41, fig. 9. États-Unis, Cliffs of Calvert, Maryland.

1911. declivis, Conrad, 1840, Foss. of the tert. form., p. 35, pl. 19, fig. 1. États-Unis (Virginia), Yorktown.

***1912. egena,** Conrad, 1840, id., p. 35, pl. 19, fig. 2. États-Unis (Virginia), Smithfield.

1913. lusoria, Conrad, 1840, Foss. of the tert. form., p. 35, pl. 19, fig. 3. *Psammobia id.*, Say. États-Unis (Virginia), Yorktown.

'1914. **biplicata,** Conrad, 1840, Foss. of the tert. form., p. 36, pl. 19, fig. 4. Journ. Acad., 7, p. 152. États-Unis (Maryland), Earton, Charlotte-Hall.

1915. **producta,** Conrad, 1840, Foss. of the tert. form., p. 36, pl. 19, fig 5. États-Unis.

1916. **nuculoides,** d'Orb., 1847. *Amphidesma nuculoides*, Conrad, 1842, Sillim. Journ., 42, p. 347. Foss. of the tert. form., p. 73, pl. 41, fig. 6. États-Unis, Wilmington (Nord-Caroline).

'1917. **protexta,** d'Orb., 1847. *Amphidesma protexta*, Conrad, 1842, Sillim. Journ., 42, p. 347. Foss. of the tert. form., p. 73, pl. 41, fig. 7. Wilmington.

1918. **suboblonga,** d'Orb., 1847. *T. oblonga*, Sow. in Darw., 1846, South. Amer., p. 250, pl. 2, fig. 12 (non Gmel., 1789). Chiloe (Chili).

1919. **exarata,** Sow., 1837, Trans. geol. Soc. of London, 2e série, 5, p. 327, pl. 25, fig. 6. Indes, prov. de Cutch, Soomrow.

'1920. **zonaria,** Lam., Ann. du Mus., t. 7, p. 235. Basterot, 1825, Mém. géol., env. de Bord., p. 85, pl. 5, fig. 5. Dax, Saucats, Léognan, Mérignac.

ARCOPAGIA, Brown, 1827. Voy. t. 2, p. 75.

1921. **obtusa,** d'Orb., 1847. *Tellina obtusa*, Sow., 1817, Min. Conch., t. 2, pl. 179, fig. 4. Nyst., 1848, Coq. tert. de Belgiq., p. 106, pl. 5, fig. 1. Belgique, Calloo, Stuyvenberg ; Angleterre, Norfolk.

1922. **articulata,** d'Orb., 1847. *Tellina articulata*, Nyst., 1843, p. 110, pl. 6, fig. 1. Belgique, Calloo, Stuyvenberg, Anvers.

'1923. **subelegans,** d'Orb., 1847. *Tellina elegans*, Basterot, 1825, Mém. géol., env. de Bord., p. 85, pl. 5, fig. 8 (non Desh., 1824). Saucats (Gironde).

CAPSA, Bruguière, 1791.

'1924. **centenaria,** d'Orb., 1847. *Petricola id.*, Conrad, 1838, Foss. of the tert. form., p. 17, pl. 10, fig. 1. *Psammobia regia*, Lea. 1834, New foss., p. 13, pl. 34, fig. 7. États-Unis (Virginia), James river, près Smithfield (Maryland), Patuxens river.

DONAX, Linné, 1758.

'1925. **striatella,** Nyst., 1843, Coq. tert. de Belgiq., p. 116, pl. 4. fig. 15, exclus. Syn. *T. rostratina*, Goldf., 1841, p. 235, pl. 148, fig. 1 (exclus. Syn.). Belgique, Calloo, Stuyvenberg, Anvers ; Angleterre, Sutton ; Italie, vallée d'Andone ; Allem., Cassel.

1926. **subfragilis,** d'Orb., 1847. *D. fragilis*, Nyst., 1843, Coq., p. 116, pl. 6, fig. 2 (non Conrad, 1833). Belgique, Calloo, Stuyvenberg ?

'1927. **transversa,** Desh., 1835, Lamk., Anim. s. vert., p. 250. *Donax anatinum*, Basterot, Mém. de la Soc. d'hist. nat., 1825, p. 83, pl. 6, fig. 8. Bordeaux, Dax, Touraine.

'1928. **Sowerbyi,** Basterot, 1825, Mém. géol., env. de Bord., p. 85, pl. 6, fig. 6. Saucats (Gironde).

'**1929. triangularis,** Basterot, 1825, Mém. géol., env. de Bord., p. 84, pl. 6, fig. 3. Saucats (Gironde).

'**1930. irregularis,** Basterot, 1825, Mém. géol., env. de Bord., p. 84, pl. 4, fig. 19. Dax.

LEDA, Schumacher, 1817. Voy. t. 1, p. 11.

1931. lanceolata, d'Orb., 1847. *Nucula lanceolata*, Sow., 1817, Min. Conch., t. 2, p. 177, pl. 180, fig. 1. Angleterre, Suffolk.

1932. subminuta, d'Orb., 1847. *Nucula minuta*, Goldf., 1838, Petref., 2, p. 158, pl. 125, fig. 22 (non Brocchi, 1814). Allem., Bünde, Cassel.

1933. nitida, d'Orb., 1847. *Nucula nitida*, Brocchi, Goldf., 1838, Petref., 2, p. 158, pl. 125, fig. 23. Piémont ; Cassel.

'**1934. liciata,** d'Orb., 1847. *Nucula liciata*, Conrad, Proceed. Acad. nat. sc., i, p. 305. Foss. of the tert. form., p. 64, pl. 30, fig. 3. États-Unis, Cliffs of Calvert (Maryland).

'**1935. lunatula,** d'Orb., 1847. *Nucula id.*, Say, Conrad, 1845, Foss. of the tert. form., p. 57, pl. 30, fig. 4. États-Unis (Virginia), Petersburg, N.-Caroline. Neuse river.

'**1936. interrupta,** d'Orb., 1847. *Nucula interrupta*, Nyst., Coq. et Pol. Belg., p. 226, pl. 17, fig. 6 (exclus. Syn.). Belgique, le Bolderberg.

'**1937. minuta,** d'Orb., 1847. *Nucula striata*, Sismonda (non Lamarck). *Arca minuta*, Brocc., 1814, Conch. subap., p. 482, pl. 11, fig. 4. Piémont, Turin.

1938. depressa, d'Orb., 1847. *Nucula depressa*, Nyst., 1843, Coq. tert. de Belgiq., p. 220, pl. 15, fig. 7. *N. nitida*, Nyst., 1835 (non Brocchi). Belgique, Anvers, Calloo, Stuyvenberg.

'**1939. concava,** d'Orb., 1847. *Nucula concava*, Bronn, It. Tert. Geb., p. 110. Piémont.

'**1940. glabra,** d'Orb., 1847. *Nucula glabra*, Sowerby in Darw., 1846, South. Amer., p. 251, pl. 2, fig. 18. Santa-Cruz, Patagonie.

'**1941. ornata,** d'Orb., 1847. *Nucula ornata*, Sowerby in Darw., 1846, South. Amer., p. 251, pl. 2, fig. 19. Port-Désiré, Patagonie.

'**1942. emarginata,** d'Orb., 1847. *Nucula emarginata*, Lamarck, 1819, An. sans vert., 6, p. 60. Basterot, p. 77. Léognan, Saucats (Gironde).

'**1943. carinata,** d'Orb., 1847. *Nucula carinata*, Lea, 1843, Descrip. new foss. tert., p. 18, pl. 34, fig. 28. Petersburg, Virginia.

1944. acutidens, d'Orb., 1847. *Nucula acutidens*, Lea, 1843, Descrip. new foss. tert., p. 18, pl. 34, fig. 29. Petersburg, Virginia.

PETRICOLA, Lamarck, 1801.

'**1945. rupestris,** Dubois, 1831, Conch. foss., p. 53, pl. 7, fig. 3, 4 (*Venus id.*, Brocchi?). Volhynie, Szuskowce.

1946. laminosa, Sow., Min. Conch., t. 6, p. 142, pl. 573. Nyst., 1843, Coq. tert. de Belgiq., p. 99, pl. 3, fig. 16. Calloo, Stuyvenberg.

1947. pectorosa, d'Orb., 1847. *Saxicava id.*, Conrad, 1843. Foss.,

p. 18, pl. 10, fig. 3, id. Amer. Journ., 23, p. 130. États-Unis (Virginia), Suffolk.

*1948. **lucinoides,** d'Orb., 1847. *Psammocola lucinoides*, Lea, 1843, Descrip. new foss. tert., p. 13, pl. 34, fig. 16. Petersburg, Virginia.

1949. **compressa,** Lea, 1843, Descrip. new. foss. tert., p. 13, pl. 34, fig. 15. États-Unis, Petersburg, Virginia.

*1950. **exilis,** Deshayes, édition de Lamk., 1835, Anim. s. vert., 6, p. 158. France, Pont-Le-Roi (Loir-et-Cher).

1951. **substriata,** d'Orb., 1847. *Venerupis substriata*, Münst., Goldf., 1839, Petref., 2, p. 249, pl. 151, fig. 12. Autriche, Vienne.

GRATTELOUPIA, Desmoulins, 1828.

*1952. **donaciformis,** Desmoulins, 1828, Descrip., 3 genr., Bull. de la Soc. d'hist. nat. de Bord., 2, p. 18. Dax, Mérignac et Saucats, près Bordeaux.

VENUS, Linné, 1758.

*1953. **islandicoides,** d'Orb., 1847. *Cyprina islandicoides*, Basterot, 1825 (non Lam.). *Venus Brocchii*, Deshayes, 1835, in Lam., An. s. vert., 6, p. 286. *Cytherea Lamarckii*, Agass., 1845, Icon. des coq. tert., p. 39, pl. 7, fig. 1-4. France, Bordeaux; Autriche, Enzersfeld.

*1954. **erycinoides,** d'Orb., 1847. *Cytherea erycinoides*, Lam., 1818, Agass., 1845, Icon. des coq. tert., p. 44, pl. 9, fig. 4-7. Brongniart, 1823, p. 80, pl. 5, fig. 4. *C. Burdigalensis*, Defrance, 1818. Bordeaux; Piémont, Turin; Autriche, Korod, Steinabrunn, près de Vienne.

*1955. **Basteroti,** d'Orb., 1847. *Arthemis Basteroti*, Agass., 1845, Icon. des coq. tert., p. 24, pl. 3, fig. 7-10. *Cytherea lincta*, Bast., 1825, p. 90, pl. 6, fig. 10. Marcel de Serres, p. 147 (non *lincta*, Lam.). Bordeaux, Saucats.

1956. **pseudo-turgida,** d'Orb., 1847. *V. turgida*, Sow., 1820, Min. Conch., t. 3, p. 101, pl. 256 (non Lam., 1818). Nyst., 1843, Coq. tert. de Belgiq., p. 178, pl. 13, fig. 4. Belgique, Anvers; Angleterre, Norfolk, Suffolk; Pologne, Szuskowce.

1957. **striatella,** Nyst., 1843, id., p. 167, pl. 12, fig. 2. Belgique, Calloo, Stuyvenberg.

1958. **chinoides,** Nyst., 1843, id., p. 175, pl. 12, fig. 5. Belgique, Hérenthals, Anvers.

*1959. **multilamellosa,** Nyst., 1843, Coq. tert. de Belgiq., p. 179, pl. 12, fig. 7. Belgique, Hérenthals.

1960. **cycladiformis,** Nyst., 1843, id., p. 171, pl. 12, fig. 3; et Coq. foss. d'Anv., p. 10, n. 38, pl. 2, fig. 38. Belgique, Anvers, Calloo, Stuyvenberg.

1961. **trigona,** Nyst., 1843, Coq. tert. de Belgiq., p. 172, pl. 12, fig. 4. Belgique, Anvers.

1962. **subsulcata,** d'Orb., 1847. *V. sulcata*, Nyst. et West., 1843, id., p. 155, pl. 9, fig. 5 (non *V. sulcata*, Lam.). Belgique, Anvers.

1963. **lentiformis,** Sow., 1818, Min. Conch., t. 2, p. 235, pl. 203. Angleterre, Suffolk.

1964. gibbosa, Sow., 1817, id., t. 2, p. 125, pl. 155, fig. 3, 4. Suffolk.

1965. lupinoides, Nyst., 1838, *Tellina lupinoides*, Nyst., 1843, Rech. coq. foss. d'Anv., p. 11, pl. 41, pl. 3, fig. 41. Coq. tert. de Belgiq., p. 111, pl. 5, fig. 4. Belgique, Anvers.

***1966. casinoides,** Lam., 1818, Bast., 1825, pl. 6, fig. 11. Dujard., 1837, Mém. Soc. géol. de France, t. 2, p. 261. Environs de Tours, Léognan, Saucats (Gironde) ; Autriche, Vienne.

***1967. vetula,** Bast., 1825, Mém. géol., pl. 6, fig. 7. Bordeaux, Saucats, Léognan, envir. de Tours; Turin, Piémont ; Autriche, Korod.

***1968. rudis,** Dujardin, 1837, Mém. Soc. géol. de France, t. 2, p. 262, pl. 18, fig. 6 a, b. Env. de Tours.

***1969. Deshayesiana,** d'Orb., 1847. *Cytherea Deshayesiana*, Basterot, 1825, Mém. géol., env. de Bord., p. 90, pl. 6, fig. 13. Saucats, Léognan.

***1971. subcincta?** d'Orb., 1847. *V. cincta*, Agass., Ic. coq. tert., p. 36, pl. 4, fig. 7-10 (non Gmelin, 1789). *Venus rugosa*, Brocc. (non Lam.). Turin.

1972. extincta, Michelotti, Brach. ed. Acef., p. 29. Prec. faun. mioc., pl. 4, fig. 14. Piémont, Turin.

1973. miocenica, Michelotti, Prec. faun. mioc., pl. 4, fig. 19. *Venus ornata*, Mich., Brach. ed. Acef., p. 28. Turin.

1974. Pasinii, Michelotti, Prec. faun. mioc., pl. 4, fig. 18. Piémont, Dertona.

***1975. spadicea,** Renieri, Nyst., 1843, p. 165, pl. 11, fig. 3. *Venus radiata*, Brocc., Conch. subap., p. 543, pl. 14, fig. 3. *V. pectinula*, Lam. *Venus spadicea*, Renier. *V. pectinulata*, Lam., 1818, 5, p. 592. Turin ; Belgique, Anvers.

1976. Renierii, Michel., Brach. ed. Acef., p. 29. Prec. faun. mioc., pl. 16, fig. 8. Piémont.

***1977. scalaris,** Bronn, It. Tert. Geb., p. 100. *V. dysera*, Brocc. (non Linné). *V. complanata*, Bon. Piémont, Turin ; France, Bordeaux.

1978. gregaria, Partsch, Gold., 1839, Petref., 2, p. 247, pl. 151, fig. 7. Autriche, Enzersdorf, Vienne.

***1979. subundata,** d'Orb., 1847. *Cytherea undata*, Basterot, 1825, Env. de Bordeaux, p. 90, pl. 6, fig. 4. Goldf., 1839, 2, p. 240, pl. 149, fig. 13 (non Donovan, 1799). Saucats, Mérignac ; Allemagne, Bünde.

1980. subcuneata, d'Orb., 1847. *Cytherea cuneata*, Goldf., 1839, 2, p. 240, pl. 149, fig. 14 (non Desh., 1824). Cassel.

***1981. subrugosa,** d'Orb., 1847. *Cytherea rugosa*, Bronn, Goldf., 1839, 2, p. 241, pl. 150, fig. 1 (non Lamarck). Vienne, Korod, Gainfaren, Cassel (Hesse).

***?1982. subcancellata,** d'Orb., 1847. *Cytherea cancellata*, Bronn, 1839, 2, p. 242, pl. 150, fig. 2 (non Linné, 1767). Autriche, Vienne, St-Gallen.

***?1983. inflata,** d'Orb., 1847. *Cytherea inflata*, Goldf., 1839, 2, p. 239, pl. 148, fig. 6. Allem., Bünde, Alzey? Cassel. Piacenza.

?**1984. suborbicularis,** Goldf., 1839, 2, p. 239, pl. 148, fig. 7. Bünde.

†**1985. fragilis,** Münst., Goldf., 1839, 2, p. 239, pl. 148, fig. 8. Bünde.

1986. decipiens, Philippi, 1844, Foss. tert. du N.-E. de l'Allem., p. 11, pl. 2, fig. 9. Cassel.

1987. subplicata? d'Orb., 1847. *V. plicata,* Philippi, 1844, Foss. tert. du N.-E. de l'Allem., p. 11. Goldf., p. 278, pl. 151, fig. 9 (non Gmel., 1789). Dax; Vienne; Cassel; Piacenza.

'**1988. subnitidula,** d'Orb., 1847. *Cytherea nitidula,* Basterot, 1825, Bordeaux, p. 91, n. 6. Saucats.

1989. lens, Philippi, 1844, Foss. tert. du N.-E. de l'Allem., p. 11, pl. 2, fig. 10. Cassel.

'**1990. subponderosa,** d'Orb., 1847. *V. ponderosa,* d'Orb., 1844, Paléont. du voy. de M. Hommaire, p. 483, pl. 5, fig. 12-14 (non Gmel., 1789). Podolie, Doutchina.

'**1991. Menestrieri,** d'Orb., 1844, Paléont. du voy. de M. Hommaire, p. 484, pl. 5, fig. 15-17. Podolie, Doutchina.

'**1992. Jacquemarti,** d'Orb., 1844, Paléont. du voy. de M. Hommaire, p. 485, pl. 5, fig. 18-21. Podolie, Doutchina.

'**1993. Vitaliana,** d'Orb., 1844, Paléont. du voy. de M. Hommaire, p. 486, pl. 6, fig. 22-25. Podolie, Doutchina.

'**1994. Bessarabica,** d'Orb., 1844, Paléont. du voy. de M. Hommaire, p. 487. Bessarabie, Kichinew.

'**1995. Duboisii,** d'Orb., 1847. *Cytherea id.,* Andr., Agass., 1845, Icon. des coq., p. 46, pl. 10, fig. 1-5. *Cytherea Chione,* Dubois, 1831, Conch. foss., p. 59, pl. 5, fig. 13, 14 (non Linné). Volhynie, Szuskowce.

1996. subpolita, d'Orb., 1847. *Cytherea polita,* Dubois, 1831, p. 60, pl. 7, fig. 30, 31 (non Lamarck). Volhynie, Szuskowce.

'**1997. subsenilis,** d'Orb., 1847. *V. senilis,* Dubois, 1831, p. 60, pl. 5, fig. 22, 23 (non Brocchi). Touraine; Volhynie, Szuskowce.

1998. Volhyniana, d'Orb., 1847. *V. dycera,* Dubois, 1831, Conch. foss., p. 61, pl. 5, fig. 15-17 (non Linné). Volhynie, Szuskowce.

1999. astartoides, d'Orb., 1847. *V. incrassata,* Dubois, 1831, Conch. foss., p. 61, pl. 5, fig. 18, 19 (non Brocchi). Volhynie.

2000. modesta, Dubois, 1831, Conch. foss., p. 61, pl. 7, fig. 1, 2. Volhynie, Szuskowce.

2001. obtusa, Sow., 1831, Trans. geol. Soc. of London, série 2ᵉ, t. 3, pl. 39, fig. 6. Styrie inférieure.

2002. nana, d'Orb., 1847. *Pullastra nana,* Sow., 1831, Trans. geol. Soc. of London, série 2ᵉ, t. 3, pl. 39, fig. 7. Styrie inférieure.

2003. armata, d'Orb., 1847. *Astarte armata,* Münst., Goldf., 1839, Petref., 2, p. 196, pl. 135, fig. 9. Autriche, Vienne.

'**2004. tetrica,** Conrad, 1838, Fossils of the tert. form., p. 7, pl. 4, fig. 1. États-Unis (Maryland), Mary's river.

2005. Ducatelli, Conrad, 1838, Foss. of the tert. format., p. 8, pl. 4, fig. 2. États-Unis (New-Jersey), Cumberland-County.

2006. submortoni, d'Orb., 1847. *V. Mortoni*, Conrad, 1838, Fossils of the tert. form., p. 8, pl. 5, fig. 1 (n. 25-846). États-Unis (Maryland), Mary's river.

***2007. alveata,** Conrad, 1838, id., p. 9, pl. 5, fig. 2. États-Unis (Maryland), Mary's river (Nord-Caroline), Wilmington (Virginia), City-Point.

***2008. Rileyi,** Conrad, 1838, id., p. 9, pl. 6, fig. 1. États-Unis (Virginia), Yorktown.

***2009. tridacnoides,** Conrad, 1838, id., p. 10, pl. 7, fig. 2. *Cyprina id.*, Lam., 1818, 5, p. 558. *Venus deformis*, Say. États-Unis (Virginia), James river, Yorktown.

2010. cortinaria, Rogers, Conrad, 1838, id., p. 11, pl. 8, fig. 1. États-Unis (Virginia), Williamsburg.

2011. Sayana, *Cytherea id.*, Conrad, 1838, Foss. of the tert. form., p. 13, pl. 7, fig. 3. *Cytherea convexa*, Say (non Brongniart). États-Unis (New-Jersey).

***2012. latilirata,** Conrad, Proceed. Acad. nat. sc., i, p. 28. Foss. of the tert. form., p. 68, pl. 38, fig. 3. États-Unis, Calvert-Cliffs (Maryland).

2013. capax, Conrad, Proceed. Acad. nat. sc., i, p. 324. Foss. of the tert. form., p. 68, pl. 38, fig. 4. États-Unis, Pamunkey river, Kent co. (Virginia).

***2014. inoceriformis,** Conrad, Journ. Acad. nat. sc., 8, pl. 1, fig. 2. Foss. of the tert. form., p. 70, pl. 40, fig. 1. États-Unis, St-Mary's river (Maryland).

***2015. elevata,** d'Orb., 1847. *Cytherea elevata*, Lea, 1843, Descrip. new foss. tert., p. 15, pl. 34, fig. 21. Petersburg (Virginia).

***2016. sphærica,** d'Orb., 1847. *Cytherea sphærica*, Lea, 1843, id., p. 15, pl. 34, fig. 22. États-Unis, Petersburg, Virginia.

2017. ascia, Lea, 1843, id., p. 16, pl. 34, fig. 23. Petersburg.

***2018. albaria,** d'Orb., 1847. *Cytherea id.*, Say, Conrad, 1838, Fossils of the tert. form., p. 13, pl. 8, fig. 2. États-Unis (Maryland), Patuxens river (S. Caroline), Santée river.

2019. obovata, d'Orb., 1847. *Cytherea id.*, Conrad, 1838, id., p. 14, pl. 8, fig. 4. États-Unis (Virginia), Suffolk.

2020. metastriata, d'Orb., 1847. *Cytherea id.*, Conrad, 1838, id., p. 14, pl. 8, fig. 5. États-Unis, Suffolk (Virginia).

***2021. Marylandica,** d'Orb., 1847. *Cytherea id.*, Conrad, 1838, p. 15, pl. 9, fig. 1. Id., Amer. Journ., 23, p. 343. États-Unis (Maryland), près Easton.

***2022. reposta,** d'Orb., 1847. *Cytherea id.*, Conrad, 1838, Foss. of the tert. form., p. 15, pl. 9, fig. 2. Id., Amer. Journ., 23, p. 132. États-Unis (Virginia), Suffolk (N. Caroline), près de Newbern.

***2023. acetabulum,** d'Orb., 1847. *Arthemis id.*, Conrad, 1838, id., p. 29, pl. 16, fig. 1. États-Unis (Maryland), St-Martyr's river, Patuxens river, près Easton (Virginia), Smithfield.

2024. sub[illegible]suta, d'Orb., 1847. *Cytherea subnasuta*, Conrad, Proceed. Acad. nat. sc., i, p. 28. Foss. of the tert. form., p. 7[illegible], pl. [illegible], fig. 3. [illegible]

'2025. **Hanetiana,** d'Orb., 1842, Paléont. de l'Amér. mér., p. 123, pl. 13, fig. 3-6. Amér. mér., Coquimbo (Chili).
'2026. **Cleryana,** d'Orb., 1842, Paléont. de l'Amér. mér., p. 123, pl. 13, fig. 7, 8. Coquimbo (Chili).
'2027. **Petitiana,** d'Orb., 1842, Paléont. de l'Amér. mér., p. 123, pl. 13, fig. 9-11. Coquimbo (Chili), Payta (Pérou).
'2028. **subchilensis,** d'Orb., 1847. *V. Chilensis*, d'Orb., 1842, Paléont. de l'Amér. mér., p. 124, pl. 13, fig. 12, 13 (non Sowerby, 1835). Coquimbo (Chili).
'2029. **meridionalis,** Sowerb. in Darw., 1846, South. Amer., p. 250, pl. 2, fig. 13. Santa-Cruz, Patagonia, Navidad (Chili).
'2030. **sulculosa,** d'Orb., 1847. *Cytherea sulculosa*, Sowerb. in Darwn., 1846, South. Amer., p. 250, pl. 2, fig. 14. Chiloe, Ile d'Uafo et d'Ypun (Chili).
2031. **granosa,** Sow., 1837, Trans. geol. Soc. of London, 2e série, t. 5, p. 327, pl. 25, fig. 7. Indes, prov. de Cutch, Soomrow.
2032. **pseudo-cancellata,** d'Orb., 1847. *V. cancellata*, Sow., 1837, Trans. geol. of London, 2e série, t. 5, p. 327, pl. 25, fig. 7 (non Linné, 1767). Indes, prov. de Cutch, Soomrow, Kotra.
2033. **subvirgata,** d'Orb., 1847. *Pullastra virgata*, Sow., 1837, Trans. geol. of London, 2e série, t. 5, p. 327. pl. 25, fig. 9. Indes, prov. de Cutch, Soomrow (non Gmel., 1789).
2034. **nonscripta,** Sow., 1837, *id.*, t. 5, p. 327, pl. 25, fig. 8. Indes, prov. de Cutch, Soomrow.
2035. **pseudo-elegans,** d'Orb., 1847. *Arthemis elegans*, Conrad, *id.*, Foss. of the tert. form., p. 67, pl. 38, fig. 1 (non Lam., 1804). États-Unis, Neuse-River, Below-Newbern (North-Carolina).
'2036. **cribraria,** Conrad, Proceed. Acad. nat. sc., i, p. 311, Foss. of the tert. form., p. 67, pl. 38, fig. 2. États-Unis, Wilmington, N. C., Neuse-River, Below-Newbern, N. C.

CYCLAS, Bruguière, 1791. Voy. t. 2, p. 60.

'2037. **densata,** d'Orb., 1847. *Cyrena densata*, Conrad, 1845, Proceed. Acad. nat. sc., i, p. 324. Foss. of the tert. form., p. 68, pl. 39, fig. 2. États-Unis, Petersburg (Virginia).
'2038. **Geslini,** d'Orb., 1847. *Cyrena Geslini*, Desh., 1831, Encycl. méth. hist. nat. des vers, t. 2, p. 52, n. 15. Lam., 1835, Anim. s. vert., p. 280. Dax.
'!2039. **Faujasii,** d'Orb., 1847. *Cyrena Faujasii*, Desh., 1831, Encycl. méth. hist. nat. des vers, t. 2, p. 51, n. 13. Lam., 1835, Anim. s. vert., p. 280. Env. de Mayence.
'2040. **Brongnartii,** d'Orb., 1847. *Cyrena Brongnartii*, Basterot, 1825, Bordeaux, p. 84 (exclus. Syn.). Saucats.

CORBULA, Bruguière, 1791. Voy. t. 1, p. 275.

'2041. **Deshayesi,** E. Sism., *C. rugosa*, Lam., Anim. s. vert., 6, p. 141 (in notis Desh.). *C. revoluta*, Bast. (non Brocchi, 1814). Saucats, Léognan ; Piémont, Turin.
'2042. **gibba?,** Sismonda, *Tellina gibba*, Brocchi, Conch. subap., p. 517. Sow., Gen. of Shells, pl. 18, fig. 1. *Corbula nucleus*, Lamk. Piémont, Turin, Dertona ; Autriche, Gainfaren.
'2043. **revoluta,** Sismonda. *Tellina revoluta*, Brocc., 1814, Conch.

subap., p. 516, pl. 12, fig. 6 (non Basterot). Piémont, Turin; Steinabrun.

2044. rotundata, Sowerby, 1827, Min. Conch., 6, p. 139, pl. 572, fig. 4. Angleterre, Holywell.

2045. complanata, Sow., 1822, Min. Conch., t. 4, p. 85, pl. 362, fig. 7. *Corbulomya complanata*, Nyst., 1843, Coq. tert., p. 59, pl. 2, fig. 2. Angleterre. Roydon; Belgique, Calloo, Stuyvenberg.

2046. granulata, Nyst. et Westend., 1843, Coq. tert. de Belgiq., p. 71, pl. 2, fig. 6. Nyst. et West.. 1839, Nouv. rech. coq. foss. d'Anvers, p. 6, n. 10, pl. 3, fig. 3. Belgique, Anvers.

2047. planulata, Nyst., Nyst., 1843, Coq, tert. de Belgiq., p. 68, pl. 2, fig. 4. Anvers, Calloo, Stuyvenberg.

2048. Wealii, Nyst., 1843, Coq. tert. de Belgique, p. 69, pl. 2, fig. 5. Hérenthals.

2049. Volhynica, Pusch, 1837, Polens Paleont., p. 80, pl. 8, fig. 8. Pologne, Szydlow, Poczaiow.

2050. carinata, Philippi, 1844, Foss. tert. du nord-est de l'Allemagne, n. 7, pl. 2, fig. 5. Cassel.

2051. Duboisiana, d'Orb., 1847. *C. rugosa*, Dubois, 1831, Conch. foss., p. 53, pl. 7, fig. 43-45. Volhynie, Szuskowce.

***2052. crassa**, Bronn, Hauer, 1847, Naturwiss. Abhandl., p. 351. Autriche, Korod, Gainfaren.

2053. subcuspidata, d'Orb., 1847. *C. cuspidata*, Bronn, 1832, Goldf., 1839, Petref., 2, p. 251, pl. 152, fig. 1 (non Sow., 1822). Cassel (Hesse).

***2054. cuneata**, Say, Journ. Acad. nat. sc., 4, p. 152, pl. 13, fig. 3. Id., Conrad, 1838, Foss. of the tert. form., p. 5, pl. 3, fig. 2. États-Unis, Virginie.

***2055. inæqualis**, Say, Journ. Acad. nat. Sc., 4, p. 153, pl. 13, fig. 3. Id., Conrad, 1838, Foss. of the tert. form., p. 6, pl. 3, fig. 3. États-Unis (Virginie); Suffolk, James-River.

2056. idotea, Conrad, 1838, Foss. of the tert. form., p. 6, pl. 10, fig. 6. États-Unis (Maryland), Choptank-Riv., près Caston, Patuxent-Riv.

***2057. elevata**, Conrad, 1838, Foss. of the tert. form., p. 7, pl. 4, fig. 1. États-Unis (New-Jersey), Stow, Creek, Cumberland-County.

2058. trigonalis, Sow., 1837, Trans. geol. Soc. of London, 2ᵉ série, t. 5, p. 327, pl. 25, fig. 4. Indes, prov. de Cutch, Borders of the Runn.

2059. subrugosa, d'Orb., 1847. *C. rugosa*, Sow., 1837, Trans. geol. of London, 2ᵉ série, t. 5, p. 327, pl. 25, fig. 5 (non Desh., 1824). Indes, prov. de Cutch, Borders of the Runn.

2060. Kochii, Philippi, 1844, Beitrag zur Kenntniss, p. 70, pl. 2, fig. 3. Cassel (Hesse).

PANDORA, Bruguière, 1791.

***2061. crassidens**, Conrad, 1838, Foss. of the tert. form., p. 2, pl. 1, fig. 2. États-Unis, James-River, près Smithfield (Virginie).

***2062. arenosa**, Conrad, 1834, Foss. of the tert. form., p. 2, pl. 1, fig. 3. États-Unis, Yorktown (Virginie).

ASTARTE, Sowerby, 1818. Voy. t. 1, p. 216.

'2063. **scalaris,** Dujard., 1837, Mém. Soc. géol. de France. t. 2, p. 260, pl. 18, fig. 5 a, c. *Crassina scalaris,* Deshayes, Encycl., 2, p. 78, n. 7. Env. de Tours, env. d'Angers.
'2064. **striatula,** Deshayes, 1830, Magasin de zoologie, pl. 10. France, Angers.
2065. **circinnaria,** Michelotti, Prec. faun. mioci., pl. 4, fig. 20. *Crassina Damnoniensis,* Brocch. (non Lam.). Turin.
'2066. **Murchisoni,** Michelotti, Brach. ed. Acef., p. 26, Prec. faun. mioc., pl. 4, fig. 21. Turin.
2067. **obtusa,** Sow., 1817, Min. Conch., 2, p. 173, pl. 179, fig. 4. Angleterre, Bramerton.
2068. **nitida,** Sow., 1826, *id.*, t. 6, p. 37, pl. 521, fig. 2. Suffolk.
2069. **bipartita,** Sow., 1826, *id.*, t. 6, p. 37, pl. 521, fig. 3. Suffolk.
2070. **oblonga,** Sow., 1826, *id.*, t. 6, p. 37, pl. 521, fig. 4. Suffolk.
2071. **plana,** Sow., 1817, Min. Conch., t. 2, p. 173, pl. 179, fig. 2. Nyst., 1843, Coq. tert. de Belgiq., p. 161, pl. 11, fig. 2. Calloo, Stuyvenberg, Anvers; Angl., Bramerton, près Norwich.
2072. **planata,** Sow., 1820, Min. Conch., t. 3, p. 103, pl. 257, fig. 1. Angleterre, Suffolk.
'2073. **obliquata,** Sow., 1817, Min. Conch., t. 2, p. 173, pl. 179, fig. 3. Nyst., 1843, Coq. tert. de Belgiq., p. 160, pl. 7, fig. 7. Anvers, Calloo, Stuyvenberg; Angl., Holywell.
2074. **Philippii,** d'Orb., 1847. *Crassatella minuta,* Philippi, 1844, Beitr. zur Kenntn., p. 45, pl. 2, fig. 4 (non *A. minuta,* Phil., 1843). Cassel (Hesse).
2075. **lunularis?,** d'Orb., 1847. *Diplodonta lunularis,* Philippi, 1844, id., p. 46, pl. 2, fig. 7. Cassel (Hesse).
'2076. **solidula,** d'Orb., 1847. *Crassina solidula,* Desh., Encycl. méth. hist. nat. des vers, t. 2, p. 79, n. 9. Lamk., 1835, Anim. s. vert., 6, p. 260. Touraine.
'2077. **nuculina?,** d'Orb., 1847. *Cardita nuculina,* Dujard., 1837, Mém. Soc. géol. de France, t. 2, p. 265, pl. 18, fig. 13 a, f. Envir. de Tours.
'2078. **exigua?,** d'Orb., 1847, *Cardita exigua,* Dujard., 1837, Mém., t. 2, p. 265, pl. 18, fig. 17 a, b. Env. de Tours.
2079. **imbricata,** Sow., 1826, Min. Conch., t. 6, p. 37, pl. 521, fig. 1. Nyst., 1843, Coq. tert. de Belgiq., p. 153, pl. 9, fig. 3. Anvers; Anglet., Suffolk.
2080. **Galeottii,** Nyst., 1843, *id.*, p. 159, pl. 6, fig. 17. Anvers.
2081. **Burtinii,** Lajk., Nyst., 1843, *id.*, p. 160, pl. 9, fig. 7. *Ast. Burtinia,* Lajk., 1823, Icon., n. 4, pl. 6, fig. 4. Anvers.
2082. **minuta,** Nyst., 1843, *id.*, p. 163, pl. 9, fig. 8. Hérenthals.
2083. **incrassata,** De la Jonk., Goldf., 1839, Petref., 2, p. 194, pl. 135, fig. 2. Bünde (Westph.), Cassel; Sicile.
?2084. **propinqua,** Münst., Goldf., 1839, Petref., 2, p. 194, pl. 135, fig. 3. Bünde (Westph.).
?2085. **gracilis,** Münst., Goldf., 1839, Petref., 2, p. 194, pl. 135, fig. 4. Bünde (Westph.).

*2086. **pygmæa,** Münst., Goldf., 1839, Petref., 2, p. 195, pl. 135, fig. 5, 6. Cassel; Autriche, Steinabrun.
2087. **lævigata,** V. Münst., Bronn., Jahrb., p. 436, n. 31, 32. Philippi, 1844, Foss. tert. du N.-E. de l'Allemagne, p. 9, pl. 2, fig. 11. Cassel.
2088. **suborbicularis,** V. Münst., Leonh., p. 436, n. 28. Philippi, 1844, Foss. tert. du N.-E. de l'Allem., p. 9. Cassel.
2089. **latisulcata,** d'Orb., 1847. *Venus id.*, Conrad, 1840, Foss. of the tert. form., p. 40, pl. 20, fig. 6. États-Unis (Virginie), près d'Urbanna.
*2090. **undulata,** Say, Conrad, 1840, *id.*, p. 41, pl. 20, fig. 7; pl. 21, fig. 4. États-Unis, City-Point (Virginie).
*2091. **vicina,** Say, Journ. Acad. nat. sc., t. 4, p. 151, pl. 9, fig. 6. États-Unis (Maryland), St-Mary's-County.
2092. **arata,** Conrad, 1840, Foss. of the tert. form., p. 42, pl. 20, fig. 8. États-Unis (Virginie), City-Point.
2093. **cuneiformis,** Conrad, 1840, Foss. of the tert. form., p. 42, pl. 20, fig. 9. États-Unis (Maryland), Wye-Mills.
*2094. **obruta,** Conrad, 1840, Foss. of the tert. form., p. 43, pl. 21, fig. 2. États-Unis (Maryland), Choplank-River, près Caston.
*2095. **perplana,** Conrad, 1840, Foss. of the tert. form., p. 43, pl. 21, fig. 3. États-Unis (Maryland), Ste-Marie-River.
*2096. **Copeni,** Conrad, 1840, Foss. of the tert. form., p. 43, pl. 21, fig. 5. États-Unis (Virginie), Lancaster-County.
*2097. **concentrica,** Conrad, 1840, Foss. of the tert. form., p. 44, pl. 21, fig. 6. États-Unis (Virginie), Yorktown.
*2098. **symetrica,** Conrad, 1840, Foss. of the tert. form., p. 44, pl. 21, fig. 7. États-Unis (Virginie), Yorktown.
*2099. **lunulata,** Conrad, 1840, Foss. of the tert. form., p. 44, pl. 21, fig. 8. États-Unis (Virginie), Suffolk.
*2100. **abbreviata,** Conrad, 1845, Foss. of the tert. form., p. 77, pl. 43, fig. 12. *Cardita abbreviata*, Con., Sillim. Journ., 42, pl. 2, fig. 17.
*2101. **radians,** Conrad, 1845, *id.*, p. 77, pl. 43, fig. 13. *Cardita perplana*, Con., Sillim. Journ. 42, pl. 2, fig. 16.
*2102. **exaltata,** Conrad, Proceed. Acad. nat. sc., i, p. 29, Foss. of the tert. form., p. 66, pl. 37, fig. 6. États-Unis, Calvert-Cliffs (Maryland).
2103. **varians,** Conrad, 18.., Proceed. Acad. nat. sc., i, p. 29, Foss. of the tert. form., p. 67, pl. 37, fig. 7. États-Unis, Calvert-Cliffs (Maryland).
2104. **lineolata,** Lea, 1843, Descrip. new. foss. tert., p. 15, pl. 34, fig. 20. États-Unis, Petersburg (Virginie).

CRASSATELLA, Lamarck, 1801. Voy. t. 2, p. 77.

*2105. **concentrica,** Dujardin, 1837, Mém. Soc. géol. de France, t. 2, p. 256, pl. 18, fig. 2 a, b. Env. de Tours.
*2106. **undulata,** Say, Conrad, 1838, Foss. of the tert. form., p. 21, pl. 11, fig. 2. États-Unis (Virginie), James-River, Yorktown (N.-Caroline), Murfreesborough.
*2107. **Marylandica,** Conrad, 1838, Foss. of the tert. form.,

p. 21, pl. 12, fig. 1. États-Unis (Maryland), Choplank-River, près Easton, Patuxent-River.

2108. melina, Conrad, 1838, Foss. of the tert. form., p. 22, pl. 12, fig. 2. États-Unis (New-Jersey), Cumberland-County.

2109. turgidula, Conrad, 1840, Proceed. Acad. nat. sc., i, p. 307, Foss. of the tert. form., p. 69, pl. 39, fig. 7. États-Unis, Calvert co., (Maryland).

2110. Lyellii, Soweb. in Darwn., 1846, South. Amer., p. 249, pl. 2, fig. 10. Patagonie, Santa-Cruz.

CARDITA, Bruguière, 1791. Voy. t. 2, p. 77.

'**2111. intermedia,** d'Orb., 1847. *Venericardia intermedia*, Basterot, 1825, p. 80, n. 3. *Chama intermedia*, Brocchi, 1814, pl. 12, fig. 15. Autriche, Nuffdorf, Piémont.

'**2112. affinis,** Dujardin, 1837, Mém. Soc. géol. de France, t. 2, p. 264, pl. 18, fig. 9. Env. de Tours.

'**2113. squamulata,** Dujardin, 1837, *id.*, t. 2, p. 264, pl. 18, fig. 10 a, b. Env. de Tours.

'**2114. monilifera,** Dujard., 1837, *id.*, t. 2, p. 265, pl. 18, fig. 11. Env. de Tours.

'**2115. alternans,** Dujard., 1837, Mém. Soc. géol. de France, t. 2, p. 265, pl. 18, fig. 12. France, env. de Tours.

'**2116. pinnula,** d'Orb., 1847. *Venericardia pinnula*, Baster., 1825, Mém. géol., env. de Bordeaux, p. 79, pl. 5, fig. 4. *C. Ajar*, Sismonda, (non Adanson, 1757). Saucats, Dax; Piémont, Turin.

2117. senilis, d'Orb., 1847. *Venericardia senilis*, Sow., 1820, Min. Conch., t. 3, p. 106, pl. 259, fig. 3. Angleterre, Suffolk; France, Angers.

2118. chamæformis, Goldf., 1839, pl. 134, fig. 3. Nyst., 1843, Coq. tert. de Belgiq., p. 211, pl. 16, fig. 7. *Venericardia chamæformis*, Sow., 1825, Min. Conch., t. 5, p. 145, pl. 490, fig. 1. Belgique, Anvers; Angleterre, Suffolk; Prusse, Bünde? Agirffel, près Winterswick, en Hollande.

'**2119. scalaris,** Goldf., 1839, Petref., 2, p. 188, pl. 134, fig. 2. Nyst., 1843, Coq. tert. de Belgiq., p. 213, pl. 16, fig. 9. *Venericardia scalaris*, Sow., 1825, Min. Conch., t. 5, p. 146, pl. 490, fig. 3. Anvers, Calloo, Stuyvenberg; Angleterre, Norfolk, Suffolk; en Prusse, Oster-Weddingen, près Magdebourg, Bünde, Cassel; Autriche, Nussdorf.

'**2120. Gallicana,** Deshayes, Lamk., 1835, Anim. s. vert., p. 428. Env. d'Angers.

2121. squamulosa, Nyst., 1843, Coq. tert. de Belgiq., p. 207, pl. 16, fig. 4. Hérenthals? Anvers; Angleterre, Sutton et Ramsholt (Wood).

2122. orbicularis, Nyst., 1843, Coq. tert. de Belgiq., p. 212, pl. 16, fig. 10. *C. tuberculata*, Goldfuss, 1839, Petref. Germ., p. 138, pl. 134, fig. 3. *Venericardia orbicularis*, Sow., 1825, Min. Conch., t. 5, p. 145, pl. 490, fig. 2. Hérenthals, Anvers; Angleterre, Norfolk, Suffolk; Allemagne, Cassel; Prusse, Bünde; Volhynie.

2123. aculeata?, Phil., Enum. moll. sic., 1, p. 54, pl. 4, fig. 18. *Chama aculeata*, Poli, Turin.

2125. elongata, Bronn, It. Tert. Geb., p. 105. *Chama calyculata*, Brocc. (non Linné). Turin.

***2126. hippopea,** Basterot, 1825, Coq. Bord., p. 79, pl. 5, fig. 6. *C. subalpina*, Michelotti. Saucats (Gironde); Turin.

***2127. Jouanneti,** Desh. *Venericardia Jouanneti*, Bast., 1825, Coq. Bord., p. 80, pl. 5, fig. 3; Goldf., pl. 133, fig. 15. *Cardita Brocchii*, Michelotti. France, Bordeaux, Léognan; Turin; Autriche, Vienne, Gainfaren.

2128. producta, Michel., Préc. faun. mioc., pl. 10, fig. 9. Turin.

***2129. rhomboidea,** E. Sism. *Chama rhomboidea*, Brocc., Conch. subap., p. 523, pl. 12, fig. 16. *Cardita rudista*, Lam. Turin, Dertona, Autriche, Gainfaren.

***2130. lævicosta,** d'Orb., 1847. *Venericardia lævicosta*, Deshayes, Lamk., 1835, Anim. s. vert., p. 384. Touraine.

***2131. Partschii,** Goldf., 1839, Petref., 2, p. 188, pl. 133, fig. 16. Vienne.

2132. Duboisiana, d'Orb., 1847. *Venericardia intermedia*, Dubois, 1831, Conch. foss., p. 61, pl. 5, fig. 20, 21 (non Brocchi, 1814; non Basterot, 1825). Volhynie, Szuskowce.

***2133. pseudo-carinata,** d'Orb., 1847. *Carditamera carinata*, Conrad, 1840, Proceed. Acad. nat. sc., 1, p. 305. Foss. of the tert. form., p. 65, pl. 37, fig. 1 (non Brug., 1791). Newbern (Nord Caroline).

2134. protracta, d'Orb., 1847. *Carditamera protracta*, Conrad, 1840, Proceed. Acad. nat. sc., 1, p. 105. Foss. of the tert. form., p. 65, pl. 37, fig. 2. Patuxent-River, St-Mary's co. (Maryland).

***2135. tridentata,** Conrad, Journ. Acad. nat. sc., 5, p. 216. Foss. of the tert. form., p. 76, pl. 43, fig. 11. États-Unis.

***2136. arata,** d'Orb., 1847. *Carditamera id.*, Conrad, 1838, Foss. of the tert. form., p. 11, pl. 6, fig. 2. États-Unis (Virginie), James-River, Yorktown (N. Caroline), Newbern (New-Jersey), Cumberland (Maryland), près Easton.

***2137. granulata,** Conrad, 1838, Foss. of the tert. form., p. 12, pl. 7, fig. 1. *Venericardia id.*, Say. États-Unis (Virginie), Yorktown, City-Point.

***2138. Patagonica,** Sowerby in Darw., 1846, South. Amer., p. 251, pl. 2, fig. 17. Santa-Cruz (Patagonie).

2139. Sowerbyi, d'Orb., 1847. *C. intermedia?*, Sow., 1837, Trans. geol. Soc. of London, 2e série, 5, p. 327, pl. 25, fig. 10 (non Brocchi, 1814), pl. 12, fig. 15. Indes, prov. de Cutch, Soomrow.

CYPRICARDIA, Lamarck, 1812.

2140. coralliophaga, d'Orb., 1847. *Venerupis coralliophaga*, E. Sism. *Chama coralliophaga*, Brocc., Conch. subap., p. 525, pl. 13, fig. 10. *Cypricardia coralliophaga*, L. Turin.

CYPRINA, Lamarck, 1812. Voy. t. 1, p. 173.

2141. tumida, Nyst., 1835, 1843, Coq. tert. de Belgiq., p. 148, pl. 10, fig. 1. *C. Lajonkairii*, Goldf., 1841, p. 237, pl. 148, fig. 9. Anvers, Calloo, Stuyvenberg.

2142. æqualis, Agass., 1838, 1845, Icon. des Coq. tert., p. 52, pl. 13, fig. 5; Goldf., Petref., 2, p. 236, pl. 148, fig. 5. *Venus æqualis*,

Sow., 1813, 4, p. 59, pl. 21. Crag. de Scavig; Allem., Dusseldorf; Angleterre, Suffolk.

ERYCINA, Lamarck, 1805.

2143. faba, Nyst., 1843, Coq. tert. de Belg., p. 90, pl. 4, fig. 8. Calloo, Stuyvenberg.

2144. depressa, Nyst., 1843, Coq. tert. de Belg., p. 88, pl. 4, fig. 5. *Cyclas ? depressa*, 1836, Coq. foss. d'Anv., p. 36, n. 56, pl. 5, fig. 5, 6. Anvers, Calloo, Stuyvenberg.

'**2148. dentata,** d'Orb., 1847. *Lucina dentata*, Basterot, Mem., p. 87, pl. 4, fig. 20. Desh., Goldf., 1840, Petref., 2, p. 230, pl. 147, fig. 2. France, Saucats; Allem., Cassel, Bünde.

2149. rugosior, d'Orb., 1847. *Psammobia id.*, Dubois, 1831, Conch., foss., p. 54, pl. 6, fig. 15-17. Volhynie, Szuskowce.

2150. triangularis, d'Orb., 1847. *Cyclas id.*, Dubois, 1831, p. 59, pl. 6, fig. 20-22. Szuskowce.

2151. globus, d'Orb., 1847. *Cyclas id.*, Dubois, 1831, p. 59, pl. 6, fig. 18, 19. Szuskowce.

'**2152. subconvexa,** d'Orb, 1847. *Sphærella id.*, Conrad, 1838, Foss. of the tert. form., p. 18, pl. 10, fig. 3. États-Unis (Virginie), James-River, près Smithfield.

'**2153. mactroides,** d'Orb., 1847. *Lepton id.*, Conrad, 1838, Foss. of the tert. form., p. 19, pl. 10, fig. 5. États-Unis (Maryland), près Easton.

2154. granulata, d'Orb., 1847. *Corbula granulata*, Philippi, 1844, Beitr. zur Kenntn., p. 45, pl. 2, fig. 2. Cassel (Hesse).

2155. ovalis, d'Orb., 1847. *Erycinella ovalis*, Conrad, 1845, Foss. of. the tert. form., p. 74, pl. 42, fig. 5. États-Unis, Yorktown (Virginia).

2156. subovata, d'Orb., 1847. *Myalina subovata*, Conrad, 1845, id., p. 65, pl. 36, fig. 4. Virginia.

'**2157. substriata,** d'Orb., 1847. *Aligena striata*, Lea, 1843. Descrip. new foss. sh. tert., p. 12, pl. 34, fig. 13. États-Unis, Petersburg (Virginia).

'**2158. sublævis,** d'Orb., 1847. *Aligena lœvis*, Lea, 1843, Descrip., new foss. tert., 12, pl. 34, fig. 14 (non Defrance, 1817). États-Unis, Petersburg (Virginia).

LUCINA, Bruguière, 1791. Voy. t. 1, p. 76.

2159. affinis, Eschwald, 1830. *L. circinaria*, Dubois, 1831, Conch. foss., p. 56, pl. 6, fig. 4-7. W. Szuskowce.

'**2160. ornata,** Agass., 1845, p. 64. *L. divaricata*, Dubois, 1847, Conch. foss., p. 57, pl. 6, fig. 12. Nyst., pl. 5, fig. 13 (non Linné). Bordeaux : Volhynie, Szuskowce.

'**2161. hiatelloides,** Bast., Dujardin, 1837, Mém. Soc. géol. de France, t, 2. p. 259. Basterot, pl. 5, fig. 13. Michelotti, Prec. faun. mioc., pl. 4, fig. 11. Bordeaux, environs de Tours; Piémont, Turin, Dertona; Sicile.

'**2162. columbella,** Lamarck, 1818, Basterot, 1825. *L. Basteroti*, Agass., 1845, Icon. des coq. tert., p. 58, pl. 11, fig. 1-6. (M. Agassiz a changé le nom de l'espèce fossile, la première décrite, tandis que c'était le nom de l'espèce vivante qui y a été rapportée qu'il fallait changer, comme nous l'avons fait en 1839 (Moll. des Canaries). Bordeaux; Turin; Autriche, Gainfaren.

*2163. **candida,** Eichw., Skizze, p. 206. Agass., 1845, Icon. des coq. tert., p. 59, pl. 11, fig. 7-13. *L. columbella*, Dubois, 1831, Conch., foss., p. 57, pl. 6, fig. 8-11. Volhynie, Szuskowce.

2164. **nivea,** Eichwald, 1830, Dubois, Conch. foss., p. 58, pl. 7, fig. 40-42. Volhynie, Szuskowce.

2165. **incrassata,** Dubois, pl. 6, fig. 1-3. Bordeaux; Volhynie, Szuskowce.

2166. **antiquata,** Sow., Nyst., 1843, Coq. tert. de Belg., p. 128, pl. 6, fig. 7. Sow., 1827, Min. Conch., t. 6, p. 108, pl. 557, fig. 2. Hérenthals; Anvers; Angl., Woodbudge, Suffolk.

2167. **astartea,** Nyst., 1843, id., p. 121, pl. 6, fig. 4. *Tellina astartea*, Nyst., 1835, Rech., coq. foss. d'Anv., p. 5, n. 18, pl. 1, fig. 18. Anvers; Calloo, Stuyvenberg.

2168. **curviradiata,** Nyst., 1843, id., p. 137, pl. 6, fig. 12. Anvers; Calloo, Stuyvenberg.

*2169. **subscopulorum,** d'Orb., 1847. *L. scopulorum*, Basterot, 1825, p. 87 (non Brongniart, 1823). Saucats.

*2170. **neglecta,** Basterot, 1825, Mém. géol. env. de Bordeaux, p. 88, pl. 4, fig. 18. Env. de Bordeaux, Dax.

*2171. **angulata,** d'Orb., 1847. *Axinus angulatus*, Sow., 1843, Coq. tert. de Belg., p. 141, pl. 6, fig. 13. Sow., 1821, Min. conch., t. 4, p. 11, pl. 315. *Ptychina biplicata*, Phill. Anvers; Piémont, Turin.

*2172. **lupinus,** d'Orb., 1847. *Venus lupinus*, Brocc., Conch. subap., p. 453, pl. 14, fig. 8. Turin.

*2173. **dentata,** Basterot, 1825, Bordeaux, p. 87, pl. 4, fig. 20. Dax, Saucats; Autriche, Gainfaren.

*2174. **subgibbosula,** d'Orb., 1847. *L. gibbosa*, Basterot, 1825, Bordeaux, p. 87 (non Lamarck). Saucats.

*2175. **subconcentrica,** d'Orb., 1847. *L. concentrica*, Gratteloup (non Lamarck). Salles, près de Bordeaux.

*2176. **Agassizii,** Mich., Prec. faun. mioc., pl. 4, fig. 4, 5-7. *Cardita Agassizii*, Mich., Brach. ed. Acef., p. 17. E. Sism., Syn. meth., p. 19. Turin.

*2177. **Astensis,** Bonelli, Mich., Brach. ed. Acef., p. 25. Piémont.

*2178. **miocenica,** Michelotti, Brach., ed. Acef., p. 24. Prec. faun. mioc., pl. 4, fig. 3-10. Turin.

2179. **Brocchii,** d'Orb., 1847. *Venus Pensylvanica*, Brocc., Conch. subap., p. 551 (non Linné). Turin.

2180. **Bowerbanki,** Michelotti, Prec. faun. mioc., pl. 4, fig. 1. Turin.

*2181. **subedentula,** d'Orb., 1847. *L. edentula*, Sismonda (non Lamarck, An. s. vert., 6, p. 224). Turin.

2182. **Taurina,** Bonelli, Mich., Brach. ed. Acef., p. 25. Turin.

2183. **subtransversa,** d'Orb., 1847. *L. transversa*, Bronn., It. Tert. Geb., p. 95. Mich., Prec. faun. mioc., pl. 4, fig. 24 (non Lamarck, 1818). *L. callosa*, Auct. Pedem. (non Deshayes). Turin.

'**2184. tumida,** Michelotti, Brach., ed. Acef., p. 24. Prec. faun. mioc., pl. 4, fig. 16. Turin.

'**2185. parvula** Münst., Philippi, 1844, Foss. tert. du N.-E. de l'Allemag., p. 9. Goldf., p. 230, pl. 147, fig. 2. *Diplodonta parvula*, Nyst., pl. 7, fig. 2. Cassel ; Belgique, Lethen.

2186. Foremani, Conrad, 1840, Proceed. Acad. nat. sc., ii., p. 29. Foss. of the tert. form., p. 71, pl. 40, fig. 4. États-Unis, Calvert-Cliffs (Maryland).

2187. trisulcata, Conrad, 1840, Sillim. Journ., 42, p. 346. Foss. of the tert. form., p. 71, pl. 40, fig. 5. États-Unis, Naturalwell, Duplin co. and Neuse-River (Nord-Caroline).

2188. multistriata, Conrad, 1840, Proceed. Acad. nat. sc., i., p. 307. Foss. of the tert. form., p. 71, pl. 40, fig. 6. États-Unis, Wilmington (Nord-Caroline).

'**2189. undula,** Conrad, 1845, Foss. of the tert. form., p. 71, pl. 41, fig. 1. États-Unis, Neuse-River, Craven co. (Nord-Caroline).

2190. radians, Conrad, 1842, Sillim. Journ., 42, p. 347. Foss. of the tert. form., p. 70, pl. 40, fig. 3. États-Unis, Wilmington and Neuse-River, Below-Newbern (Nord-Caroline).

2191. Americana, Defrance. *Mypa id.*, Conrad, 1838, Foss. of the form., p. 30, pl. 16, fig. 2. *Lucina id.* États-Unis (Virginie); Yorktown (Nord-Caroline), Wilmington.

'**2192. speciosa,** Roger. *L. squamosa*, Conrad, 1840, p. 38, pl. 20, fig. 1. États-Unis (Virginie), près de City-Point.

2193. crenulata, Conrad, 1840, Foss. of the tert. form., p. 39, pl. 20, fig. 2. États-Unis (Virginie), Suffolk.

'**2194. Conradii,** d'Orb., 1847. *L. divaricata*, Conrad, 1840, Foss. of the tert. form., p. 39, pl. 20, fig. 3 (non Linné). États-Unis (Virginie), City-Point.

2195. anodonta, Say, Conrad, 1840, Foss. of the tert. form., p. 39, pl. 20, fig. 4. États-Unis (Virginie), City-Point, Urbana (Maryland); Easton, Benedict.

2196. contracta, Say, Conrad, 1840, Foss., of the tert. form., p. 40, pl. 20, fig. 5. États-Unis (Virginie) City-Point.

'**2197. elevata,** d'Orb., 1847. *Loripes elevata*, Conrad, 1840, Proceed. Acad. nat. sc., i., p. 325. Foss. of the tert. form., p. 73, pl. 41, fig. 8. États-Unis, Neuse-River, Below-Newbern (Nord-Caroline).

'**2198. punctulata,** Lea, 1843, Descrip. new foss. tert., p. 14, pl. 34, fig. 18. États-Unis, Petersburg (Virginia).

'**2199. Leana,** d'Orb., 1847. *L. lens*, Lea, 1843, Descrip. new foss. tert., p. 14, pl. 34, fig. 19 (non Rœmer, 1841). États-Unis, Petersburg (Virginia).

CORBIS, Cuvier, 1817. Voy. t. 1, p. 279.

2200. lævigata, Sowerby in Darw., 1846, South. Amer., p. 250, pl. 2, fig. 11. Navidad (Chili).

CARDIUM, Bruguière, 1791. Voy. t. 1, p. 33.

'**2201. anomale,** Matheron, 1843, Catalogue, p. 194, pl. 32, fig. 11, 12. France, Carry (Bouches-du-Rhône).

'**2202. Andreæ,** Dujardin, 1837, Mém. Soc. géol. de France, t. 2, p. 263, pl. 18, fig. 8, a, b. Env. de Tours.

*2203. **arcella,** Dujardin, 1837, Mém. Soc. géol. de France, t. 2, p. 263, pl. 18, fig. 7, a, b. France, Env. de Tours.

*2204. **discrepans,** Bast., Foss. Bord., p. 83, pl. 6, fig. 5. *C. undatum*, E. Sism., Atti congr. di Nap. olim. *C. pectinatum*, L. Sec. Auct. Ped. Saucats (Gironde), Env. de Tours; Turin.

*2206. **Burdigalinum,** Lam., Anim. s. vert., t. 6, 1re part., p. 18. Basterot, 1825, Mém. géol. env. de Bord., p. 82, pl. 6, fig. 12 (non *Indicum*, comme le pense M. Deshayes). *C. ringens*, Defrance, Dict., des Sc. nat., t. 5, suppl., 105. Dax, env. de Bordeaux, surtout à Mérignac.

2207. **Palassianum,** Basterot, Mém. géol. env. de Bord., p. 83, pl. 6, fig. 2. Dax.

2208. **pulchellum,** Philippi, 1844. Beitrag zur Kenntniss, p. 47, pl. 2, fig. 8. Cassel (Hesse).

2209. **simulans,** Partsch. Autriche, Gaunersdorf.

*2210. **Deshayesi,** Partsch. Autriche, Gainfaren.

*2211. **Vindobonensis,** Bronn. Autriche, Gaunersdorf.

*2212. **subedule,** d'Orb., 1847. *C. edule*, Basterot, 1825, p. 81 (non Linné). Bordeaux.

*2213. **subserrigerum,** d'Orb., 1847. *C. serrigerum*, Basterot, 1825, Bordeaux, p. 82 (non Lamarck). Saucats.

2215. **Taurinum,** Mich., Prec. faun. mioc., pl. 4, fig. 13. Turin.

2216. **trigonellum,** d'Orb., 1847. *C. trigonum*, E. Sism., Syn. meth., p. 19 (non Münster, 1840). *C. sulcatum*, Mich., Brach., ed. Accf., p. 19. (non Lamarck). Turin.

*2217. **subturgidum,** d'Orb., 1847. *C. turgidum*, Nyst., Coq. et polyp. foss. Belg., p. 190, pl. 14, fig. 6. Goldf., p. 222, pl. 145, fig. 3 (non Sowerby, 1822). Turin; Cassel; Belgique, Anvers.

2218. **augustatum,** Sow., 1821, Min. conch., t. 3, p. 149, pl. 283, fig. 1, 2. Angleterre, Suffolk.

2219. **Parkinsoni,** Sow., 1814, Min. conch., t. 1, p. 105, pl. 59. Nyst., 1843, Coq. tert. de Belg., p. 186, pl. 14, fig. 2. Belgique, Anvers, Calloo, Stuyvenberg; Angleterre, Suffolk, Norfolk.

2220. **edulinum,** Sow., 1821, Min. conch., t. 3, p. 149, pl. 283, fig. 3. Nyst., 1843, Coq. tert. de Belg., p. 193, pl. 15, fig. 1. *C. angustatum*, Nyst., 1835. Anvers, Calloo, Stuyvenberg; Angleterre, Ipswich, Bramerton, Woodbridge.

2221. **striatum?,** Brocchi, Goldf., 1839. Petref., 2, p. 223, pl. 145, fig. 5. Cassel.

2222. **subumbonatum,** d'Orb., 1847. *C. umbonatum*, Goldf., 1839, Petref., 2, p. 223, pl. 145, fig. 6 (non Sow., 1817). Autriche, Vienne.

2223. **subapertum,** d'Orb., 1847. *C. apertum*, Münst., Goldf., 1839, Petref., 2, p. 223, pl. 145, fig. 8. Platensee.

2224. **sublatisulcatum,** d'Orb., 1847. *C. latisulcatum*, Münst., Goldf., 1839, Petref., 2, p. 223, pl. 145, fig. 9 (non Sow., 1833). Autriche, Vienne.

2225. **Kübeckii,** Hauer, 1847, Naturwiss. Abhandl., p. 352, pl. 13, fig. 1-3. Autriche, Korod.

2226. spondyloides, Hauer, 1847, Naturwiss. Abhandl., p. 354, pl. 13, fig. 4-6. Autriche, Korod.

2227. transversum, Sow., 1831, Trans. geol. Soc. of London, 2e série, t. 3, pl. 39, fig. 2. Styrie inférieure.

2228. minutissimum, d'Orb., 1847. *C. minutum*, Sow., 1831, Trans. geol. Soc. geol. of London, 2e série, t. 3, pl. 39, fig. 3. (non Lamk., 1819) Styrie inférieure.

2229. planicostatum, Sow., 1831, Trans. geol. Soc. of London, 2e série, t. 3, pl. 39, fig. 4. Styrie inférieure.

* **2230. Fittoni,** d'Orb., 1845, in Murch., Vern. et de Keys., Russie, 2, p. 499, pl. 43, fig. 38, 39. Russie, Taganrog.

***2231. protractum,** Eschw., 1830, d'Orb., 1844, Paléont. du voy. de M. Hommaire, p. 471, pl. 6, fig. 1-5. *C. lithopodolicum*, Dub., 1831. Podolie, Dumanow et Makow; bords du Dnieper.

* **2232. gracile,** Pusch, 1837, pl. 7, fig. 4. D'Orb., 1844, Paléont. du voy. de M. Hommaire, p. 472, pl. 6, fig. 6-8. Bessarabie; Podolie, Kamiouka.

2233. Hommairei, d'Orb., 1847. *C. Verneuilianum*, d'Orb., 1844, Paléont. du voy. de M. Hommaire, p. 473, pl. 6, fig. 9-11 (non Desh., 1833). Bessarabie ; bords du Dnieper.

***2234. carinatum,** Deshayes, 1838, Mém. Soc. géol. de France, t. 3, p. 54, pl. 2, fig. 16, 17, 18. Crimée.

2235. suboblongum, d'Orb., 1847. *C. oblongum*, Nyst., 1843, Belgique, pl. 14, fig. 3 (non Chemn., 1782. Exclus. Syn. Celle-ci a les côtes plus espacées). Belgique, Anvers, Calloo.

* **2236. planum,** Desh., 1838, Mém. Soc. géol. de France, t. 3, p. 46, pl. 2, fig. 24 à 30. Crimée.

2237. depressum, Deshayes, 1838, id., t. 3, p. 47, pl. 2, fig. 19 à 23. Crimée.

2238. subemarginatum, d'Orb., 1847. *C. emarginatum*, Desh., 1838, Mém. Soc. géol. de France, t. 3, p. 48, pl. 1, fig. 7, 8, 9, 10 (non Deshayes, 1824). Crimée.

***2239. squamulosum,** Desh., 1838, Mém. Soc. géol. de France, t. 3, p. 48, pl. 1, fig. 14, 15. Crimée.

2240. subcarinatum, Desh., 1838, Mém. Soc. géol. de France, t. 3, p. 49, pl. 3, fig. 1, 2-6. Crimée.

2241. macrodon, Desh., 1838, Mém. Soc. géol. de France, t. 3, p. 49, pl. 1, fig. 3, 4, 5, 6. Crimée.

***2242. crassatellatum,** Deshayes, 1838, Mém. Soc. géol. de France, t. 3, p. 51, pl. 3, fig. 7, 8, 9, 10. Crimée.

* **2243. Gourieffi,** Deshayes, 1838, Mém. Soc. géol. de France, t. 3, p. 52, pl. 3, fig. 1, 2. Crimée.

2244. paucicostatum, Deshayes, 1838, Mém. Soc. géol. de France, t. 3, p. 52, pl. 2, fig. 14, 15. Crimée.

2245. sulcatinum, Deshayes, 1838, Mém. Soc. géol. de France, t. 3, p. 53, pl. 2, fig. 3, 4, 5. Crimée.

***2246. subplanicostatum,** d'Orb., 1847. *C. planicostatum*. Desh., 1838, Mém. Soc. géol. de France, t. 3, p. 53, pl. 2, fig. 7, 8 (non Sow., 1821). Crimée.

*2247. **corbuloides,** Desh., 1838, Mém. Soc. géol. de France, t. 3, p. 54, pl. 1, fig. 11, 12, 13. Crimée.
*2248. **Verneuilii,** Desh., 1838, Mém. Soc. géol. de France, t. 3, p. 55, pl. 2, fig. 9, 10. Var., pl. 6, fig. 4, 5. Crimée.
2249. **ovatum,** Desh., 1838, Mém. Soc. géol. de France, t. 3, p. 56, pl. 1, fig. 19, 20, 21. Crimée.
2250. **Edouardi,** d'Orb., 1847. *C. incertum*, Desh., 1838, Mém. Soc. géol. de France, t. 3, p. 56, pl. 2, fig. 11, 12, 13 (non Phillip. 1829). Crimée.
2251. **subdentatum,** Desh., 1838, Mém. Soc. géol. de France, t. 3, p. 57, pl. 1, fig. 16, 17, 18. Crimée.
*2252. **subedentulum,** d'Orb., 1847. *C. edentulum*, Desh., 1838, Mém. Soc. géol. de France, t. 3, p. 57, pl. 3, fig. 3, 4, 5, 6 (non Montagu, 1808). Crimée.
*2253. **acardo,** Deshayes, 1838, Mém. Soc. géol. de France, t. 3, p. 58, pl. 4, fig. 1, 2, 3, 4, 5. Crimée.
2254. **pseudocardium,** Deshayes, 1838, Mém. Soc. géol. de France, t. 3, p. 59, pl. 1, fig. 1, 2. Crimée.
*2255. **laqueatum,** Conrad., 1838, Foss. of the form., p. 31, pl. 17, fig. 1. États-Unis (Maryland), S.-Mary's-River, Patuxent-River.
2256. **Virginianum,** Conrad, 1839, Foss. of the tert. form., p. 33, pl. 18, fig. 1. *C. quadrans*, Rogers. États-Unis (Virginie), James-River, City-Point.
2257. **acuti-laqueatum,** Conrad, 1839, Foss. of the tert. form., p. 34, pl. 18, fig. 2. États-Unis (Maryland), S.-Mary's-River.
2258. **craticuloides,** Conrad, 1845, Foss. of the tert. form., p. 66, pl. 37, fig. 3. États-Unis, Calvert-Cliffs (Maryland).
*2259. **sublineatum,** Conrad, Sillim. Journ., 42, p. 347, pl. 2, fig. 13. Foss. of the tert. form., p. 66, pl. 37, fig. 4. États-Unis, Wilmington (Nord-Caroline).
*2260. **leptopleura,** Conrad, 1840, Proceed. Acad. nat. sc., i., p. 29. Foss. of the tert. form., p. 66, pl. 37, fig. 5. États-Unis, Calvert-Cliffs (Maryland).
*2261. **platense,** d'Orb., 1842, Pal. de l'Amér. mérid., p. 120, pl. 14, fig. 12-14. La Bajada (Plata); bords du Parana.
*2262. **Auca,** d'Orb., 1842, Paléont. de l'Amér. mérid., p. 121, pl. 13, fig. 14, 15. Coquimbo, île de Quiriquina (Chili).
*2263. **Munsterii,** d'Orb., 1842, Paléont. de l'Amér. mérid., p. 121, pl. 7, fig. 10, 11. Pampas, Bajada (Plata), Rio-Negro de Patagonie.
2264. **Puelchum,** Sowerb., in Darw., 1846, South. Amer., p. 251, pl. 2, fig. 15. Santa-Cruz (Patagonie).
*2265. **multiradiatum,** Sowerb., in Darw., 1846, South. Amer., p. 251, pl. 2, f. 16. Navidad (Chili).
2266. **triforme,** Sow., 1837, Trans. geol. Soc. of London, 2e série, 5, p. 328, pl. 25, fig. 11. Indes, province de Cutch, Soomrow.

ISOCARDIA, Lamarck, 1799. Voy. t. 1, p. 132.

2267. **Deshayesi,** Bellard., E. Sism., Syn. meth., p. 19. Mich., Prec. faun. mioc., pl. 4, fig. 12. Turin.
2268. **molthianoides,** Bellard., E. Sismond., Syn. meth., p. 19. Turin.

2269. lunulata, Nyst., 1843, Coq. tert. de Belgiq., p. 198, pl. 15, fig. 2. Belgique, Hérenthals.
2271. rustica, Sow., 1818, Min. Conch., t. 2, p. 217, pl. 196. Angleterre, Suffolk.
2272. Markoei, Conrad, 1840, Proceed. national Institution, i., p. 193, pl. 2, fig. 1; Foss. of the tert. form., p. 70, pl. 40, fig. 2. Calvert-Cliffs (Maryland).
'**2273. Conradi,** d'Orb., 1847. *I. rustica*, Conrad, 1838, Foss. of the tert. form., p. 21, pl. 11, fig. 1 (non Sowerby, 1818). États-Unis (Maryland), Patuxent-Riv., Charlotte-Hall (Virginie), Williamsburg.
2274. arietina, Lamarck. *Chama arienata*, Brocc., Conch. subap., p. 668, pl. 16, fig. 13. *Hippagus arietinus*, Bellardi. Piémont.
'**2275. Basteroti,** d'Orb., 1847. *Isocardia cor*, Basterot, 1825, p. 81, Lamarck (non *cor*, Linné). Saucats.

TRIDACNA, Bruguière, 1791.

2276. media, Pusch, 1837, Paléont., p. 55, pl. 6, fig. 6. Pologne, Warschau.

UNIO, Retzius, 1788. Voy. t. 2, p. 79.

'**2277. diluvii,** d'Orb., 1842, Paléont. de l'Amér. mérid., p. 127, pl. 7, fig. 12, 13. Barranca del Norte, près du Rio-Negro (Patagonie).

NUCULA, Lamarck, 1801. Voy. t. 1, p. 12.

2278. Placentina, Lam., Phil., Enum. moll. Sic., 1, p. 65, pl. 5, fig. 7. *N. nucleus*, Brocc. Turin.
'**2279. Taurina,** Gené, E. Sism., Syn. meth., p. 20. Turin.
2280. Cobboldiæ, Sow., 1817, Min. Conch., t. 2, p. 177, pl. 180, fig. 2. Angleterre, Suffolk.
2281. lævigata, Sow., 1818, Min. Conch., 2, p. 207. pl. 192, fig. 2; Nyst. 1843, Coq. tert. de Belgiq., p. 228, pl. 17, fig. 8; Goldf., p. 158, pl. 125, fig. 19. Calloo, Stuyvenberg, Anvers; Angleterre, Holywell, Woodbridge; Westph. Bünde; Prusse, Cassel.
2282. Haesendonckii, Nyst. et West., 1843, Coq. tert. de Belgique, p. 236, pl. 18, fig. 5. Belgique, Hérenthals, Anvers.
'**2283. Podolica,** d'Orb., 1847. *N. margaritana*, Dubois, 1831, Conch. foss., p. 67, pl. 7, fig. 35, 36 (non Lamarck). Podolie, Tarnaruda; Volhynie, Szuskowce, Alt-Potschaiow.
'**2284. obliqua,** Say, 1821, Sillim. Journ., 2, p. 40; Conrad, 1845, Foss. of the tert. form., p. 57, pl. 30, fig. 1. États-Unis, Petersburg (Virginia).
2285. dolabella, Lea, 1843, Descrip. new foss. tert., p. 16, pl. 34, fig. 25. États-Unis, Petersburg (Virginia).
'**2286. diaphana,** Lea, 1843, id., p. 17, pl. 34, fig. 26. Petersburg.

LIMOPSIS, Sassy, 1827. *Trigonocœlia*, Nyst., 1835.

2287. sublævigata, d'Orb., 1847. *Trigonocœlia sublævigata*, Nyst. et West., 1843, Coq. tert. de Belgiq., p. 244, pl. 26, fig. 2. Hérentals, Anvers; Angleterre, Gedgrave (Wood).
2288. decussata, d'Orb., 1847. *Trigonocœlia decussata*, Nyst. et West., 1843, Coq. tert. de Belgiq., p. 245, pl. 18, fig. 7. Hérenthals, Anvers; Sicile; Allemagne, Cassel.
?**2289. minuta,** E. Sismonda. *Pectunculus minutus*, Phillip., En.

mol. sicil., 1, p. 63, pl. 5, fig. 3; Goldf., 1838, Petref. 2, p. 163, pl. 127, fig. 1. Bünde; Piémont, Turin.

*2290. **insolita,** d'Orb., 1847. *Trigonocœlia insolita*, Sow. in Darw., 1846, South. Amer, p. 252, pl. 2, fig. 20, 21. Santa-Cruz (Patagonie).

*2291. **æquilatera,** d'Orb., 1847. *Nucula æquilatera*, Lea, 1843, Descrip. new foss. tert., p. 17, pl. 34, fig. 27. États-Unis, Petersburg (Virginia).

2292. **modiola,** E. Sism. *Pectunculus modiolus*, Bon. E. Sism., Syn. meth., p. 20. Turin.

2293. **aurita,** Sass. *Pectunculus auritus*, Brocc., Conch. subap., p. 485, pl. 11, fig. 9. Piémont.

PECTUNCULUS, Lamarck, 1801. Voy. t. 2, p. 80.

*2294. **orbiculus,** Eschwald, 1830. *P. pulvinatus*, Dubois, 1831, Conch. foss., p. 64, pl. 7, fig. 7, 8. *P. glyscimeris*, Deshayes (non Linné). Bordeaux; Turin; Podolie, Volhynie.

2295. **Duboisianus,** d'Orb., 1847. *P. transversus*, Dubois, 1831, Conch. foss., p. 65, pl. 7, fig. 9 (non Lamarck). Volhynie, Szuskowce.

2296. **Volhynianus,** d'Orb., 1847. *P. nummiformis*, Dubois, 1831, Conch. foss., p. 66, pl. 7, fig. 5, 6 (non Lamarck). Volhynie, Szuskowce.

*2297. **Taurinensis,** d'Orb., 1847. *P. pulvinatus*, var. *Taurinensis*, Brongn, 1823, pl. 6, fig. 16; Philippi, 1844, Foss. tert. du N.-E. de l'Allemagne, p. 13, pl. 2, fig. 13 (non Desh., 1824). Cassel; Turin.

2298. **subdeletus,** d'Orb., 1847. *P. deletus*, Nyst., 1843. Belgique, p. 252, pl. 20, fig. 2 (non Brander, non Sow.). Espèce à côtes bien distinctes. Belgique, Anvers.

2299. **lunulatus,** Nyst., 1843, Coq. tert. de Belgiq., p. 249, pl. 20, fig. 1. Belgique, Hoesselt, le Bolderberg et Boom, Anvers, Calloo; Angleterre, Norfolk, Suffolk, Grabow, Dauk-le-Mecklenbourg.

*2300. **pusillus,** Dujard., 1837, Mém. Soc. géol. de France, t. 2, p. 267, pl. 18, fig. 14. Env. de Tours.

*2301. **textus,** Dujard., 1837, Mém. Soc. géol. de France, t. 2, p. 268, pl. 18, fig. 15. Env. de Tours.

2302. **subcancellatus,** d'Orb., 1847. *P. cancellatus*, Michelotti, Brach., ed. Acef., p. 13 (non Lowel-Reeve). Turin.

*2303. **subpilosus,** d'Orb., 1847. *Arca pilosa*, Brocchi, Conch. subap., p. 487. *Pectunculus pilosus*, Nyst., pl. 19, fig. 6 (non Lam.). Turin.

2304. **variabilis,** Sow., 1824, Min. conch., t. 5, p. 111, pl. 471; Nyst., 1843, Coq. tert. de Belgiq., p. 249, pl. 20, fig. 1. Hérenthals, Anvers, Calloo, Stuyvenberg; Angleterre, Norfolk, Suffolk; dans le Mecklenbourg, à Grabow.

2305. **crassus,** Philippi, 1844, Foss. tert. du N.-E. de l'Allemag., p. 13; Gotof., p. 161, pl. 126, fig. 6, 7. Cassel.

2306. **tumulus,** Conrad, 1845, Foss. of the tert. form., p. 72, pl. 41, fig. 4. Petersburg (Virginia).

*2307. **Paytensis,** d'Orb., 1842, Paléont. de l'Amér. mérid., p. 129, pl. 15, fig. 11-13. Payta (Pérou).

'2308. **subovatus,** Conrad, 1845, Foss. of the tert. form., p. 62, pl. 34, fig. 1. États-Unis, City-Point et Petersburg (Virginia).
'2309. **aratus,** Conrad, 1842, Sillim. Journ., 41, p. 346; Foss. of the tert. form., p. 63 pl. 34, fig. 2. États-Unis, Wilmington (Nord-Carolina).
2310. **quinquerugatus,** Conrad, 1842, Sillim. Journ., 42, p. 346, Foss. of the tert. form., p. 63, pl. 34, fig. 3. États-Unis, Naturalwell, Duplin co. (Nord-Carolina).
'2311. **tricenarius,** Conrad, 1845, Foss. of the tert. form., p. 63, pl. 35, fig. 1. États-Unis, Found (Nord-Carolina).
2312. **Carolinensis,** Conrad, 1842, Sill. Journ., 41, p. 346; Foss. of the ter. form., p. 63, pl. 35, fig. 2. États-Unis, Wilmington (Nord-Carolina).
'2313. **passus,** Conrad, 1845, Foss. of the tert. form., p. 64, pl. 35, fig. 3. États-Unis, Petersburg (Virginia).
'2314. **lentiformis,** Conrad, 1845, Foss. shells of the tert. form., p. 36, et Foss. of the tert. form., p. 64, pl. 36, fig. 1. États-Unis, Yorktown (Virginia).
2315. **parilis,** Conrad, 181., Proceed. Acad. nat. sc., i., p. 306; Foss. of the tert. form., p. 64, pl. 36, fig. 2. États-Unis, Cliffs of Calvert (Maryland).

ARCA, Linné, 1758. Voy. t. 1, p. 13.

'2316. **Turonica,** Dujard., 1847, Mém. Soc. géol. de France, t. 2, p. 267, pl. 18, fig. 16. Env. de Tours.
'2318. **subantiquata,** d'Orb., 1847. *A. antiquata*, Sismonda (non Linné; non Lamarck, An. s. vert., 6, p. 470. Gualt., pl. 87, fig. c). Turin.
'2320. **subhelbingii,** d'Orb., 1847. *A. Helbingii*, Auct. Pedem. (non Brug., non Lam., An. s. vert., p. 469). Turin.
'2321. **subdiluvii.** *A. diluvii*, Nyst., pl. 20, fig. 3. Goldf., 1838, Petref., 2, p. 143, pl. 122, fig. 2. *A. antiquata*, Brocc. 1814 (non Linn.). Turin, Piémont; Autriche, Vienne, Korod; Cassel, Corytnika. Belgique, Anvers; Bordeaux.
'2323. **pseudo-Noe,** d'Orb., 1847. *A. Noe*, Sismonda (non Lam., An. s. vert., 6, p. 461). Turin; Autriche, Gainfaren.
'2324. **biangulina,** d'Orb., 1847. *A. biangula*, Bast., 1825, Mém. de la Soc. d'Hist. nat. de Paris, 2, p. 75, nº 1 (non Defrance, 1816). *A. imbricata*, Nyst., 1843, Belgique, p. 240 (non Chemnitz, 1784). France, Bordeaux, Dax, Angers, Touraine; Anvers.
'2325. **clathrata,** Basterot, 1825, Mém. géol., env. de Bordeaux, p. 75, pl. 5, fig. 12 (exclus. Syn.). Env. d'Angers, à Saint-Clément, à Thorigné, à Mérignac; Nice.
'2326. **cardiiformis,** Basterot, 1825, Mém. géol. env. de Bordeaux, p. 76, pl. 5, fig. 7. Saucats, Mérignac (Gironde).
'2327. **Breislaki,** Basterot, 1825, Mém. géol. env. de Bordeaux, p. 76, pl. 5, fig. 9. Dax (Landes).
'2328. **subscapulina,** d'Orb., 1825, Basterot, loc. cit., p. 75 (non Lamarck). Mérignac.
2329. **pectunculoides,** Sacc., Phil. Enum., moll. Sic., 2, p. 44, pl. 15, fig. 3. Mich., Prec. faun. mioc., pl. 3, fig. 14. Turin.

*2330. **polyfasciata,** E. Sism., Syn. meth., p. 20. Mich., Prec. faun. mioc., pl. 3, fig. 9, 10. *A. pisolina*, Michelotti, ud. Acef., p. 12. Turin.

2331. **pusilla,** Nyst., 1843, Coq. tert. de Belgiq., p. 261, pl. 20, fig. 6. Hérenthals, Anvers.

?2332. **Schübleri,** Zieten, 1830, Pétrific. du Wurtemb., p. 76, pl. 56, fig. 8. Goldf., Pétrific., 2, p. 144, pl. 122, fig. 7. Wurtemberg, Grimmelfingen, près d'Ulm.

?2333. **gigantea,** Zieten, 1830, Pétrific. du Wurtemb., p. 93, pl. 70, fig. 1. Wurtemberg, Ravensbourg.

2234. **cucullæformis,** Eschw., 1830. *A. diluvii*, Dubois, 1831, Conch. foss., p. 63, pl. 7, fig. 10-12 (non Lamarck). Volhynie, Szuskowce.

2335. **Duboisiana,** d'Orb., 1847. *A. nodulosa*, Dubois, 1831, Conch. foss., p. 63, pl. 7, fig. 21, 22 (non Brocchi). Volhynie, Szuskowce.

2336. **alata,** d'Orb., 1847. *Cuculla alata*, Dubois, 1831, Conch., foss., p. 64, pl. 7, fig. 23-25. Volhynie, Szuskowce.

2337. **plicatura,** Conrad, 1845, Foss. of the tert. form., p. 61, pl. 32, fig. 4. Etats-Unis (Nord-Carolina), Neuse-River, Craven.

2338. **subsinuata,** Conrad, 1845, Foss. of the tert. form., p. 62, pl. 32, fig. 6. Etats-Unis (Nord-Carolina), près Newbern.

*2339. **brevidesma,** Conrad, 1845, Foss. of the tert. form., p. 62, pl. 32, fig. 5. Etats-Unis (Nord-Carolina), Natural well, Duplin-County.

2340. **Marylandica,** d'Orb., 1847. *Bissoarca id.*, Conrad, 1840, Foss. of the tert. form., p. 54, pl. 29, fig. 1. États-Unis (Maryland), Cliffs de Calvert.

2341. **collipleura,** Conrad, 1840, id., p. 54, pl. 29, fig. 2. Calvert-County.

*2342. **idonea,** Conrad, 1840, id., p. 55, pl. 29, fig. 3. *A. stillicidium id.* (Maryland), St-Mary's-River, Patuxent-River.

*2343. **centenaria,** Say, Conrad, id., 1840, p. 56, pl. 29, fig. 4 Virginie, près de City-Point, Yorktown.

*2344. **incile,** Say, Conrad, 1840, p. 56, pl. 29, fig. 5. Virginie, près de City-Point, Smithfield.

2345. **protracta,** Rogers, Conrad, 1845, p. 58, pl. 30, fig. 5. Virginie, Schell-Banks, Prince-George county.

2346. **arata,** Say, Conrad, 1845, p. 58, pl. 30, fig. 6, Virginie.

2347. **subrostrata,** Conrad, 1845, Foss. of the tert. form., p. 59, pl. 30, fig. 7. Maryland, Calvert-Cliffs.

*2348. **scalaris,** Conrad, 1845, Foss. of the tert. form., p. 59, pl. 31, fig. 1. Virginie, Petersburg.

*2349. **triquetra,** Conrad, 1845, Foss. of the tert. form., p. 59, pl. 31, fig. 2. Maryland, Calvert-Cliffs.

2350. **buccula,** Conrad, 1845, Foss. of the tert. form., p. 60, pl. 31, fig. 4. N. Carolina, Natural well, Duplin.

2351. **improcera,** Conrad, 1845, Foss. of the tert. form., p. 60, pl. 31, fig. 5. N. Carolina, Wilmington.

2352. æquicostata, Conrad, 1845, Foss. of the tert. form., p. 60, pl. 31, fig. 7. N. Carolina, Neuse-River, Newbern.
2353. propatula, Conrad, 1845, Foss. of the tert. form., p. 61, pl. 32, fig. 1. Virginie, James-River county, Petersburg, Gloucester.
2354. cœlata, Conrad, 1845, Foss. of the tert. form., p. 61, pl. 32, fig. 2. N. Carolina, Wilmington.
*2355. **sublineolata,** d'Orb., 1847. *A. lineolata*, Conrad, 1845, id., p. 61, pl. 32, fig. 3 (non Rœmer). N. Carolina, Neuse-River, Craven-County.
2356. Araucana, d'Orb., 1842, Paléont. de l'Amér. mérid., p. 129, pl. 13, fig. 1, 2. Quiriquina (Chili).
*2357. **Bonplandiana,** d'Orb., 1842, Paléont. de l'Amér. mérid., p. 130, pl. 14, fig. 15-18. Rio-Negro (Patagonie).
*2358. **alta,** d'Orb., 1847. *Cucullæa alta*, Sowerby, in Darw., 1846, South. Americ., p. 252, pl. 2, fig. 22, 23. Santa-Cruz, Port-Désiré (Patagonie).
2359. radiata, Sow., 1837, Trans. geol. Soc. of London, 2e série, 5, p. 328, pl. 25, fig. 12. Indes, prov. de Cutch, Soomrow.
2360. subtortuosa, d'Orb., 1847. *A. tortuosa*, Sowerb., 1837, id., 5, p. 328, pl. 25, fig. 13 (non Linné). Indes, prov. de Cutch, Soomrow.
PINNA, Linné, 1758. Voy. t. 1, p. 135.
2361. Brocchii, d'Orb., 1847. *Pinna nobilis*, Brocc., Conch., subap., p. 588 (non Linné). Piémont, Turin.
MYOCONCHA, Sowerby, 1824. Voy. t. 1, p. 165.
*2362. **aperta,** d'Orb., 1847. *Mytilus apertus*, Deshayes, 1838, Mém. Soc. géol. de France, t. 3, p. 61, pl. 4, fig. 6, 7, 8, 9, 10, 11. Crimée.
DREISSENA, Van Beneden, 1835.
*2363. **inæquivalvis,** Nyst., 1843. *Mytilus inæquivalvis*, Desh., 1838, Mém. Soc. géol. de France, t. 3, p. 62, pl. 5, fig. 1, 2, 3. Crimée.
*2364. **acutirostris,** d'Orb., 1847. *Mytilus acutirostris*. Goldf., 1838, 2, p. 172, pl. 129, fig. 11. Aval-Sec, Dax ; Autriche, Vienne.
*2365. **spathulatus,** d'Orb., 1847. *Mytilus spathulatus*, Goldf., 1838, 2, p. 172, pl. 129, fig. 12. Vienne.
2366. ungula-capræ, Nyst., 1843. *Mytilus id.*, Münst., Goldf., 1838, 2, p. 172, pl. 130, fig. 1. Vienne.
2367. Palatonica, Nyst., 1843. *Mytilus Palatonicus*, *Congeria Palatonica*, Partsch, Goldf., 1838, Petref., p. 172, pl. 130, fig. 2. Vienne.
*2368. **subglobosa,** Nyst., 1843. *Mytilus subglobosus*, Goldf., 1838, 2, p. 172, pl. 130, fig. 3. Vienne.
*2369. **Brardi,** d'Orb., 1847. *Mytilus Brardi*. Faujas, Ann. du Mus., p. 8, pl. 58, fig. 11, 12. Wurtemberg, Grimmelfingen, près d'Ulm.
*2369'. **Basteroti,** d'Orb., 1847. *Mytilus Basteroti*, Deshayes, 1836, An. s. vert., 7, p. 54. *M. Brardi*, Basterot, Bordeaux, p. 78, n. 2. Dujardin, p. 269. Bordeaux, Touraine.
MYTILUS, Linné, 1758. Voy. t. 1, p. 82.

*2370. **subcordatus,** d'Orb., 1847. *Modiola cordata*, Basterot, 1825, Mém. géol. env. de Bordeaux, p. 79 (non Linné). France, Saucats (Gironde).

*2371. **Michelinianus,** Mathéron, 1843, Catalogue, p. 179, pl. 28, fig. 11, 12. Carry (Bouches-du-Rhône).

2372. **denticulatus,** E. Sism., Syn. meth., p. 21. *Modiola denticulata*, Bonelli. Piémont, Turin.

*2373. **laciniosus,** Michelotti. *Mytilus sulcatus*, Mich., Brach., éd. Acef., p. 13. Piémont, Turin.

2374. **mytiloides,** E. Sism., *Modiola mytiloides*, Bronn., Iter. Tert.;Geb., p. 113. Piémont, Turin.

2375. **oblitus,** Michelotti, Prec. faun. mioc., pl. 4, fig. 8. Piémont, Turin.

2376. **Taurinensis,** Bonelli, E. Sism., Syn. meth., p. 21. Piémont, Turin.

2377. **antiquorum,** Sow., 1821, Min. conch., t. 3, p. 133, pl. 275, fig. 1-3. Nyst., 1843, Coq. tert. de Belg., p. 267, pl. 21, fig. 1. Bordeaux; Belg., Calloo, Stuyvenberg, Anvers; Angleterre, Suffolk, Woodbridge, Ipswich.

2378. **alæformis,** Sow., 1821, Min. conch., t. 3, p. 133, pl. 275, fig. 4. Angleterre, Suffolk.

†2379. **Faujasii,** Brongniart, 1823, Vicentin, p. 78, pl. 5, fig. 13. Faujas, Ann. du Mus., 8, pl. 58, fig. 13, 14. Mayence.

2380. **Philippii,** d'Orb., 1847. *Modiola pygmæa*, Philippi, 1844, Beitr. zur Kennt., p. 15, pl. 2, fig. 14 (non Goldf., 1838). Cassel (Hesse).

2381. **cymbæformis,** d'Orb., 1847. *Modiola cymbæformis*, Sow., 1831, Trans. geol. Soc. of London, 2e série, t. 3, pl. 39, fig. 8. Lower-Styria.

*2382. **rostriformis,** Deshayes, 1838, Mém. Soc. géol. de France, t. 3, p. 61, pl. 4, fig. 14, 15, 16. Crimée.

*2383. **Calypso,** d'Orb., 1847. *M. subcarinatus*, Deshayes, 1838, id., p. 62, pl. 4, fig. 12, 13 (non Lamarck, 1804). Crimée.

*2384. **marginatus,** d'Orb., 1844, (Paléont. du voy. de M. Hommaire, p. 475, pl. 5, fig. 1-3. *Modiola id.*, Dubois. Bessarabie, Kichinew ; Volhynie, Szuskowce, Jukowce.

*2385. **Denisianus,** d'Orb., 1844, Paléont. du voy. de M. Hommaire, p. 476, pl. 5, fig. 4-7. Bessarabie, Kichinew.

2386. **subincrassatus,** d'Orb., 1847. *M. incrassatus*, d'Orb., 1844, Paléont. du voy. de M. Hommaire, p. 477, pl. 5, fig. 8-11 (non Deshayes, 1830). Bessarabie, Kichinew.

*2387. **navicula,** d'Orb., 1847. *Modiola id.*, Dubois, 1831, Conch. foss., p. 68, pl. 7, fig. 17-20. Volhynie, Szuskowce.

2388. **plebeius,** Dubois, 1831, Conch. foss., p. 69, pl. 7, fig. 26-28 (*M. Brardi*, Faujas). Volhynie, Szuskowce.

2389. **incurvus,** d'Orb., 1847. *Myoconcha id.*, Conrad, 1840, Foss. of the tert. form., p. 52, pl. 23, fig. 1. États-Unis (Maryland), Calvert-County.

2390. **Ducatelli,** d'Orb., 1847. *Modiola id.*, Conrad, 1840, Foss.

of the tert. form., p. 53, pl. 23, fig. 2. États-Unis (Maryland), Calvert-County.

'**2391. Conradinus,** d'Orb., 1847. *M. incrassatus*, Conrad, 1842, Sillim. Journ., 42, p. 347. Foss. of the tert. form., p. 74, pl. 42, fig. 4 (non Deshayes, 1830). Wilmington (Nord-Carolina).

2392. spinigera. d'Orb., 1847. *Modiola spinigera*, Lea, 1843, Descrip. new foss. tert., p. 18, pl. 35, fig. 30. Petersburg (Virginie).

LITHODOMUS, Cuvier, 1817.

2393. sericeus, Bronn., Goldf., 1838, 2, p. 179, pl. 131, fig. 12. Nyst., 1843, pl. 21, fig. 2. Belgique, Anvers; Autriche, Vienne, Astrupp; Plaisance ; Cassel, Bünde.

LIMA, Bruguière, 1791. Voy. t. 1, p. 175.

2394. plicata, Lamarck, 1819, An. s. vert., 6, p. 158. *L. dilatata*, Sismonda, Catal. (non Desh., 1824). Piémont, Turin.

2395. tuberculata, d'Orb., 1847. *Ostrea tuberculata*, Brocc., Conch., sub., 2, p. 570, n. 22. *Lima inflata*, Deshayes (pars, non Lamarck). Piémont, Turin.

'**2396. miocenica,** E. Sism., Syn. meth., p. 22. *Plagiostoma semilunaris*, Bonelli (non Lamarck). *Lima gigantea*, Bellardi (non Deshayes). Piémont, Turin.

2397. papyria, Conrad, Proceed. Acad. nat. sc., i, p. 30. Foss., of the tert. form., p. 76, pl. 43, fig. 7. Calvert-Cliffs (Maryland).

AVICULA, Klein, 1753. Voy. t. 1, p. 13.

2397'. phalænacea, Lam., Anim. s. vert., t. 6, 1ʳᵉ part., p. 150. Basterot, 1825, Mém. géol. env. de Bord., p. 75. Léognan (Gironde) ; Piémont, Turin.

'**2398. multangula,** Lea, 1843, Descrip. new foss. tert., p. 19, pl. 35, fig. 31. Petersburg (Virginie).

PERNA, Bruguière, 1791. Voy. t. 1, p. 176.

'**2399. maxillata,** Sow., 1835. *Perna Soldami*, Desh., Lam., An. s. vert., 7, p. 79. Sold. Fest., 2, pl. 24, fig. a, b. *Ostrea maxillata*, Brocc., 1814, p. 582 (non Lam., 1819). Goldf., 2, p. 406, pl. 108. fig. 3. Piémont, Turin; Allemagne, Weinheim.

'**2400. Conradii,** d'Orb., 1847. *P. maxillata*, Conrad., 1840. Foss. of the tert. form., p. 51, pl. 27. Lamarck, 1819 (non Brocchi, 1814). Maryland, Easton, Charlotte-Kall, Benedict.

'**2401. Gaudichaudi,** d'Orb., 1842, Paléont. de l'Amér. mérid., p. 131, pl. 14, fig. 14-16. Coquimbo (Chili).

CHAMA, Linné, 1758. Voy. t. 2, p. 170.

'**2402. gryphina,** Lam., An. s. vert., 6, p. 587. Knorr, Mon. dil. t. d., 3, fig. 3-4. *Chama sinistrorsa*, Brocc. (non Bruguière). *Chama lacerdata*. Lamarck, n. 3. *C. unicornaria*, Lamarck. France, Léognan, Saucats, Mérignac; Piémont, Turin; mont-Marius, près de Rome.

'**2403. congregata,** Conrad, 1838, Foss. of the tert. form., p. 32, pl. 17, fig. 2. Amer., Journ., 23, p. 341. Virginie.

'**2404. corticosa,** Conrad, 1838, id., p. 32, pl. 17, fig. 3. Amer. Journ., 23, p. 341. Smithfield (Virginie).

PECTEN, Gualtieri. Voy. t. 1, p. 87.

*2405. **scabriusculus,** Mathéron, 1843, Catalogue, p. 187, pl. 20, fig. 8, 9. Cucuron, Lambese, Pélissanne (B.-du-Rhône).

2406. **Lamalii,** Nyst., 1843, Coq. tert. de Belgiq., p. 305, pl. 24, fig. 5, et pl. 22, fig. 5. Hérenthals, Anvers.

2407. **Sowerbyi,** Nyst., 1843, id., p. 293, pl. 22, fig. 8. *P. reconditus*, Sow., 1827, Min. Conch., 6, p. 140, pl. 575, fig. 5 (non Brander, 1766). Belgique, Anvers, Eeckeren et Calloo ; Angleterre, Suffolk, Norfolk, Stubbington, Barton.

2408. **Gerardii,** Nyst., 1843, id., p. 300, pl. 18, fig. 11. Belgique, Anvers, Calloo, Stuyvenberg.

2409. **substriatus**, d'Orb., 1847. *P. striatus*, Sow., 1823, Min. Conch., t. 4, p. 130, pl. 394, fig. 2, 3, 4. Nyst., 1843, id., p. 301, pl. 25, fig. 1 (non Muller, 1778). Anvers, Calloo, Stuyvenberg ; Angleterre, Holywell, Sutton, Ramshold (Wood.) ; Savigné (Indre-et-Loire).

2410. **Eudoxus,** d'Orb., 1847. *P. obsoletus*, Sow., 1826, Min. Conch., t. 6, p. 79, pl. 541 (non Donavan, 1799). *P. tigerrinus*, Nyst., 1843, pl. 23, fig. 4-12 (non Muller, 1776). Angleterre, Suffolk ; Belgique, Anvers.

2412. **princeps,** Sow., 1826, Min. Conch., 6, p. 80, pl. 542, fig. 2. Angleterre, Ramshold.

2413. **gracilis,** Sow., 1823, Min. Conch., t. 4, p. 129, pl. 393, fig. 2. Angleterre, Ipswich.

*2414. **dubius,** d'Orb., 1847. *Ostrea dubia*, Brocchi, 1814, p. 575, pl. 16, fig. 16. *P. scabrellus*, Lam., An. s. vert., 6, 1re part., p. 183. Basterot, 1825, Mém. géol. env. de Bord., p. 73. Saucats (Gironde); Val d'Andone, Piémont.

*2415. **Beudanti**, Basterot, 1821, Coq. foss. Bord., p. 74, pl. 5, fig. 1. Piémont, Turin ; Léognan, Saucats (Gironde).

*2416. **duodecim-lamellatus,** Bronn, It. Tert. Geb., p. 116. *P. Philippii*, Mich., Brach., ed. Acef., p. 11. Prec. faun. mioc., pl. 3, fig. 5. Piémont, Dertona.

2417. **Haveri,** Michelotti, Prec. faun. mioc., pl. 3, fig. 13. *P. magnificus*, Mich., Brach., éd. Acef., p. 9. Piémont.

*2418. **Grayi,** Michelotti, Brach., éd. Acef., p. 10. Piémont, Turin.

2419. **textus,** Philippi, 1844, Beitr. zur Kenntn., p. 50, pl. 2, fig. 16. Cassel (Hesse).

2420. **Northamptoni,** Michelotti, Brach., éd. Acef., p. 8. Piémont.

2421. **subpleuronectes,** d'Orb., 1847. *Ostrea pleuronectes*, Brocc., 1814, 2, p. 573. *P. pleuronectes*, Auc. Pedem. (non Lamarck). Carry (Bouches-du-Rhône) ; Turin.

*2422. **discors,** d'Orb., 1847. *Ostrea discors*, Brocchi, 1814, pl. 14, fig. 9-13 (non Lam., 1819). *P. polymorphus*, Bronn, It. Tert. Geb., p. 119. Piémont, Turin.

2423. **pulcher,** Michelotti, Brach., éd. Acef., p. 8. Piémont, Turin.

2424. **subsimplex,** d'Orb., 1847. *P. simplex*, Michelotti, Brach., éd. Acef., p. 10. Prec. faun. mioc., pl. 4, fig. 4 (non Phillips, 1836). Piémont, Turin.

?2425. **ventilabrum**, Goldf., 1836, Petref., 2, p. 67, pl. 97, fig. 2. Hollande, Maestricht.

?2426. **subcompositus**, d'Orb., 1847. *P. compositus*, Goldf., 1836, Petref., 2, p. 67, pl. 97, fig. 3 (non Sow., 1836). Hollande, Maestricht.

?2427. **lapideus**, Goldf., 1836, Petref., 2, p. 69, pl. 97, fig. 9. Hollande, Maestricht.

?2428. **striato-costatus**, Münst., Goldf., 1836, Petref., 2, p. 63, pl. 96, fig. 1. Westph., Bünde.

?2429. **ambiguus**, Münst., Goldf., 1836, 2, p. 64, pl. 96, fig. 2. Westph., Bünde.

?2430. **substriatus**, d'Orb., 1847. *P. striatus*, Münst., Goldf., 1836, 2, p. 64, pl. 96, fig. 3 (non Sowerby, 1823). Westph., Bünde.

?2431. **Hoffmanni**, Goldf., 1836, 2, p. 64, pl. 96, fig. 4. Westph., Bünde.

2432. **decussatus**, Münst., Goldf., 1836, Petref., 2, p. 65, pl. 96, fig. 5. Cassel.

2433. **palmatus**, Lamk., Goldf., 1836, Petref., 2, p. 65, pl. 96, fig. 6. Dischingen.

?2434. **Calisto**, d'Orb., 1847. *P. cancellatus*, Goldf., 1836, 2, p. 59, pl. 94, fig. 5 (non Phillips, 1829). Westph., Bünde.

2435. **limatus**, Goldf., 1836, Petref., 2, p. 59, pl. 94, fig. 6. Cassel.

?2436. **subvarius**, d'Orb., 1847. *Pecten varius*, Goldf., 1836, Petref., 2, p. 61, pl. 95, fig. 1 (non Lamarck). Alzey, Münster.

'2437. **spinulosus**, Münst., Goldf., 1836, 2, p. 61, pl. 95, fig. 3. Autriche, Baden, Vienne.

2438. **Janus**, Münst., Goldf., 1836, Petref., 2, p. 61, pl. 95, fig. 4. Baden, Vienne.

'2439. **sarmenticius**, Goldf., 1836, Petref., 2, p. 62, pl. 95, fig. 7. Vienne.

2440. **asperulus**, Münst., Goldf., 1836, Petref., 2, p. 62, pl. 95, fig. 8. Cassel.

2441. **Cypris**, d'Orb., 1847. *P. venustus*, Goldf., 1836, 2, p. 66, pl. 97, fig. 1 (non Morton, 1824). Allem., Ortenburg.

?2442. **propinquus**, Münst., Goldf., 1836, Petref., 2, p. 68, pl. 97, fig. 7. Westph., Bünde.

2443. **bifidus**, Münst., Goldf., 1836, 2, p. 69, pl. 97, fig. 10. Cassel.

?2444. **lucidus**, Goldf., 1836, Petref., 2, p. 69, pl. 97, fig. 11. Westph., Bünde.

2445. **Menkei**, Goldf., 1836, Petref., 2, p. 70, pl. 98, fig. 1. Westph., Bünde.

'2446. **macronus**, Goldf., 1836, Petref., 2, p. 70, pl. 98, fig. 2. France, Tours ; Westph., Bünde.

?2447. **Münsteri**, Goldf., 1836, Petref., 2, p. 70, pl. 98, fig. 3. Westph., Bünde.

2448. crinitus, Münst., Goldf., 1836, Petref., 2, p. 71, pl. 98, fig. 6. Westph., Bünde.

2449. semicostatus, Münst., Goldf., 1836, Petref., 2, p. 71, pl. 98, fig. 7. Westph., Bünde.

2450. pygmæus, Münst., Goldf., p. 77, pl. 99, fig. 14. Philippi, 1844, Foss. tert. du N.-E. de l'Allemagne, p. 16. Cassel (Hesse).

*2451. **Malvinæ,** Dubois, 1831, pl. 8, fig. 2. D'Orb., 1844, Paléont. du voy. de M. Hommaire, p. 488. Gallicie; Volhynie, Bialozurka; Autriche, Steinabrunn.

2452. diaphanus, Dubois, 1831, Conch. foss., p. 69, pl. 8, fig. 9. Volhynie, Szuskowce.

2453. Duboisianus, d'Orb., 1847. *P. pulchellus*, Dubois, 1831, Conch. foss., p. 70, pl. 8, fig. 8 (non Nilson, 1827). Volhynie, Szuskowce.

*2454. **alternans,** Dubois, 1831, Conch. foss., p. 71, pl. 8, fig. 4. Volhynie, Szuskowce; Autriche, Nussdorf.

2455. flavus, Dubois, 1831, Conch. foss., p. 72, pl. 8, fig. 7. Volhynie, Szuskowce.

2456. rectangulatus, Dubois, 1831, Conch. foss., p. 72, pl. 8, fig. 10, 11. Volhynie, Szuskowce.

*2456'. **Gloria maris,** Dubois, 1831, Conch. foss., p. 72, pl. 8, fig. 6. Volhynie, Szuskowce.

2457. scabridus, Eschw., 1830. *P. serratus*, Dubois, 1831, Conch. foss., p. 73, pl. 8, fig. 5 (non Nilson). Volhynie, Szuskowce, Bica, Saliszi, etc.; Autriche, Scevering.

2458. tricenarius, Conrad, 1840, Proceed. Acad. nat. sc., i, p. 306, Foss. of the tert. form., p. 74, pl. 42, fig. 2. États-Unis.

2459. dispalatus, Conrad, 1845, Foss. of the tert. form., p. 74, pl. 42, fig. 3. États-Unis.

2460. biformis, Conrad, 1840, Proceed. Acad. nat. sc., i, p. 306. Foss. of the tert. form., p. 73, pl. 42, fig. 1. États-Unis, Pamunkey-River, Va.

*2461. **cristatus,** Bronn. Autriche, Baden.

2462. Rogersii, Conrad, 1840, Foss. of the tert. form., p. 45, pl. 21, fig. 9. Smithfield (Virginia).

2463. Virginianus, Conrad, 1840, Foss. of the tert. form., p. 46, pl. 21, fig. 10. Près City-Point (Virginia).

*2464. **Jeffersonius,** Say, Conrad, 1840, Foss. of the tert. form., p. 46, pl. 22, fig. 1. Près City-Point.

*2465. **septemnarius,** Say, Conrad, 1840, Foss. of the tert. form., p. 47, pl. 22, fig. 2. Près City-Point.

2466. Clintonius, Say, Conrad, 1840, Foss. of the tert. form., p. 47, pl. 23, fig. 1. Près City-Point.

*2467. **eboreus,** Conrad, 1840, Foss. of the tert. form., p. 48, pl. 23, fig. 2; pl. 24, fig. 3. Suffolk, Urbania (Virginia), près Newbern (N.-Caroline).

*2468. **Madisonius,** Say, Conrad, 1840, Foss. of the tert. form., p. 48, pl. 24, fig. 1. Virginia, près City-Point (Maryland), Easton, Benedict.

2469. decennarius, Conrad, 1840, Foss. of the tert. form., p. 49, pl. 24, fig. 2. Virginia, près de City-Point.

'**2470. Darwinianus,** d'Orb., 1842, Paléont. de l'Amér. mérid., p. 133. Sow. in Darw., p. 253, pl. 3, fig. 28, 29. La Bajada, prov. d'Entre-Rios (République Argentine).

'**2471. Patagonensis,** d'Orb. 1842, Paléont. de l'Amér. mérid., p. 131, pl. 7, fig. 1-4. Barranca, près du Rio-Negro (Patagonie).

'**2472. Paranensis,** d'Orb., 1842, Paléont. de l'Amér. mérid., p. 132, pl. 7, fig. 5-9. Sow. in Darw., 1846, pl. 3, fig. 3. La Bajada (République Argentine), St-Joseph, St-Julien, Port-Désiré (Patagonie).

'**2473. centralis,** Sowerby in Darw., 1846, South. Amer., p. 253, pl. 3, fig. 31. S.-Julian, Port-Désiré, Santa-Cruz (Patagonie).

'**2474. actinoides,** Sowerby in Darw., 1846, South. Amer., p. 253, pl. 3, fig. 33. S.-Joseph (Patagonie).

2475. rudis, Sowerby in Darw., 1846, South. Amer., p. 254, pl. 3, fig. 32. Coquimbo, Chiloe (Chili).

'**2476. geminatus,** Sowerby in Darw., 1846, South. Amer., p. 252, pl. 2, fig. 24. San-Julian (Patagonie).

2477. Soomrowensis, Sow., 1837, Trans. geol. Soc. of London, 2ᵉ série, 5, p. 328, pl. 25, fig. 14. Indes, prov. de Cutch, Soomrow.

2478. Arion, d'Orb., 1847. *P. articulatus*, Sow., 1837, Trans geol. Soc. of London, 2ᵉ série, 5, p. 328, pl. 25, fig. 15 (non Schlotsheim, 1820). Indes, prov. de Cutch, Banks of the Ruun.

2479. micropleura, Lea, 1843, Descrip. new foss. tert., p. 19, pl. 35, fig. 32. Petersburg (Virginia).

'**2480. subtenuis,** d'Orb., 1847. *P. tenuis*, Lea, 1843, Descrip. new foss. tert., p. 20, pl. 35, fig. 33 (non Rumphius, 1739). Petersburg (Virginia).

JANIRA, Schumacher, 1817. Voy. t. 2, p. 83.

'**2481. Galloprovincialis,** d'Orb., 1847. *Pecten id.*, Mathéron, 1843, Catalogue, p. 187, pl. 31, fig. 1, 2. La Couronne, Carry (B.-du-Rhône).

'**2482. planocostata,** d'Orb., 1847. *Pecten id.*, Mathéron, Catal., p. 187, pl. 31, fig. 4, 5. Curcuron (Vaucluse).

'**2483. grandis,** d'Orb., 1847. *Pecten grandis*, Sow., 1828, Min. Conch., t. 6, p. 163, pl. 585. Nyst., 1843, Coq. tert. de Belgiq., p. 284, pl. 21, fig. 6. Anvers; Angleterre, Suffolk, Sutton, Ramshold.

2484. Westendorpiana, d'Orb., 1847. *Pecten id.*, Nyst. et West., 1843, Coq. tert. de Belgiq., p. 285, pl. 18, fig. 10. Belgique, Anvers.

2485. complanata, d'Orb., 1847. *Pecten complanatus*, Sow., 1828, Min. Conch., t. 6, p. 164, pl. 586. Nyst., 1843, Coq. tert. de Belgiq., p. 285, pl. 22, fig. 1. Calloo, Stuyvenberg, Anvers; Angl., Aldborough.

'**2486. Burdigalensis,** d'Orb., 1847. *Pecten Burdigalensis*, Lam., Goldf., 2, p. 66, pl. 96, fig. 9. France, Bordeaux; Piémont, Turin; Allem., Ortemburg; Pologne.

?**2487. flabelliformis,** d'Orb., 1847. *Pecten flabelliformis*, Defr., Goldf., 1836, 2, p. 65, pl. 96, fig. 8. Allem., Ortemburg.

*__2488. solarium,__ d'Orb., 1847. *Pecten solarium*, Goldf., 1836, Petref., 2, p. 65, pl. 96, fig. 7. Doné; Ortemburg; Autriche, Korod.

2489. angelica, d'Orb., 1847. *Pecten id.*, Dubois, 1831, Conch. foss., p. 69, pl. 8, fig. 1. Volhynie, Szuskowce.

2490. arcuata, d'Orb., 1847. *Ostrea arcuata*, Brocc., 1814, Conch. subap., p. 578, pl. 14, fig. 11. Piémont, Turin.

HINNITES, Defrance, 1821.

*__2491. Defrancei,__ Michelotti, Prec. faun. mioc., pl. 3, fig. 8. Piémont, Turin.

2492. Dubuissoni, Defrance, Sow., 1829, Min. Conch., t. 6, p. 210, pl. 601. Angleterre, Suffolk.

SPONDYLUS, Linné, 1758. Voy. t. 2, p. 83.

2493. imbricatus, Michelotti, Brach., éd. Acef., p. 7. Piémont, Turin.

2494. muticus, Michelotti, Brach., éd. Acef., p. 6. Prec. faun. mioc., pl. 3, fig. 7. Piémont, Dertona.

*__2495. Deshayesi,__ Michelotti. *Spondylus radula*, E. Sism., Syn. meth., p. 23 (non Lam.). Piémont, Turin.

PLICATULA, Lamarck, 1801. Voy. t. 1, p. 202.

*__2496. Martinii,__ Math., 1843, Catalogue, p. 189, pl. 32, fig. 1, 2. Carry (Bouches-du-Rhône).

2498. Mantelli, Michelotti, Prec. faun. mioc., pl. 3, fig. 10. Piémont, Turin.

*__2499. marginata,__ Conrad, 1840, Journ. Acad. nat. sc., 4, pl. 9, fig. 4. Foss. of the tert. form., p. 75, pl. 43, fig. 5. Petersburg, Yorktown (Virginia).

2500. densata, Conrad, 1845, Foss. of the tert. form., p. 75, pl. 43, fig. 6. Cumberland co. (New-Jersey).

*__2501. rudis,__ Lea, 1843, Descrip. new. foss. tert., p. 20, pl. 35 fig. 34. Petersburg (Virginia).

OSTREA, Linné, 1752. Voy. t. 1, p. 166.

*__2502. Doublieri,__ Math., 1843, Catalogue, p. 193, pl. 32, fig. 9, 10. Carry (B.-du-Rhône).

2503. subundulata, d'Orb. 1847. *O. undulata*, Nyst., 1843, Coq. de tert. Belgiq., p. 324, pl. 24, fig. 7; pl. 26, fig. 7 (non Sow., 1819). Anvers? Calloo, Stuyvenberg? Angleterre, Faley, près Salisbury.

2504. Broderipi, Michelotti, Prec. faun. mioc., pl. 2, fig. 27 Piémont, Turin.

2505. corrugata, Brocc., Conch. subap., p. 670, pl. 16, fig. 14, 15. Piémont, Turin.

*__2506. undata,__ Lam., Anim. s. vert., t. 6, 1re part., p. 217. Basterot, 1825, Mém. géol. env. de Bord., p. 73. Bordeaux, Dax, Montpellier.

2507. neglecta, Michelotti, Prec. faun. mioc., pl. 3, fig. 6. Piémont.

2509. gryphoides, Zieten, 1830, Pétrific. du Wurtemberg, p. 64, pl. 48, fig. 2. *Ostracites gryphoides*, Schlot., Pétrif., n. 3, p. 233. Wurtemberg, Niederstotzingen, près d'Ulm.

2510. Goldfussii, d'Orb., 1847. *O. deltoidea*, Goldf., p. 27, pl. 83, fig. 1. Philippi, 1844, Foss. tert. du N.-E. de l'Allem., p. 16 (non Sowerby). Cassel.

'**2510'. digitalina,** Eschw., 1830, d'Orb., Paléont. du voy. de M. Hommaire, p. 488. Dubois, 1831, Conch. foss., p. 74, pl. 8, fig. 13-14. Gallicie; Volhynie, Szuskowce, Jakowce, Saliszy, Alt-Poczaiow; Autriche, Sievering.

'**2511. caudata,** Münst., Golf., p. 17, pl. 77, fig. 7. Philippi, 1844, Foss. tert. du N.-E. de l'Allem., p. 16. Cassel; Autriche, Sievering.

'**2512. subbullata,** d'Orb., 1847. *O. bullata*, Philippi, 1844, Foss. tert. du N.-E. de l'Allem., p. 16, pl. 2, fig. 17 (non Born., 1780). Cassel.

2513. percrassa, Conrad, 1840, Foss. of the tert. form., p. 50, pl. 25, fig. 1. New-Jersey, Stow-Creek, Cumberland-County.

'**2514. subfalcata,** Conrad, 1840, Foss., p. 50, pl. 25, fig. 2. Près de City-Point (Virginia).

'**2515. sculpturata,** Conrad, 1840, Foss., p. 50, pl. 25, fig. 3. Smithfield (Virginia).

2516. disparilis, Conrad, 1840, Foss., p. 50, pl. 26. Près de City-Point.

'**2517. Patagonica,** d'Orb., 1841, Paléont. de l'Amér. mérid., p. 133, pl. 7, fig. 14-16. La Bajada, Rio-Negro, Port St-Julien (Patagonie).

'**2518. Ferrarisi,** d'Orb., 1842, Paléont. de l'Amér. mérid., p. 134, pl. 7, fig. 17, 18. Barrancas, du Rio-Negro (Patagonie).

'**2519. Alvarezii,** d'Orb., 1842, Paléont. de l'Amér. mérid., p. 134, pl. 7, fig. 19. La Bajada, sur le Parana (République Argentine).

2520. subangulata, d'Orb., 1847. *O. angulata*, Sow., 1837, Trans. geol. of London, 2e série, 5, p. 328 (non Lam., 1801), pl. 25, fig. 17. Indes, prov. de Cutch, Kotra.

2521. flabellulum, Sow., 1837, Trans., p. 328, pl. 25, fig. 18. Indes, prov. de Cutch, Cheeosir.

2522. tubifera, Sow., 1837, Trans., p. 328, pl. 25, fig. 19. Inde, prov. de Cutch, Cheeosir.

2523. sublingua, d'Orb., 1847. *O. lingua*, Sow., 1837, Trans., p. 328, pl. 25, fig. 20 (non Lam., 1819). Indes, prov. de Cutch, Joonagrea, et Kotra.

2524. subglobosa, d'Orb., 1847. *Gryphæa globosa*, Sow., 1837, Trans., p. 328, pl. 25, fig. 16. Min. Conch., pl. 392 (non Sow., 1823). Indes, prov. de Cutch, Kotra.

ANOMYA, Linné, 1758.

2525. asperella, Philippi, 1844, Beitr. zur Kenntn., p. 50, pl. 2, fig. 12. Cassel (Hesse).

2527. subrugosa, d'Orb., 1847. *A. rugosa*, Nyst., 1843, Coq. tert. de Belgiq., p. 312, pl. 24, fig. 6 (non Gmel., 1789). Anvers?

'**2528. lens,** Lamk., Goldf., 1835, Petref., 2, p. 41, pl. 88, fig. 8. Cassel.

'2529. **Ruffini,** Conrad, 1845, Foss. of the tert. form., p. 74, pl. 42, fig. 6. Pamunkey-River, Kent-County (Virginia).
'2530. **Conradi,** d'Orb., 1847. *A. ephippium*, Conrad, 1845, Foss., p. 75, pl. 43, fig. 4 (non Linn.). Natural-Well, Duplin co. (Nord-Carolina).
'2531. **alternans,** Sowerby in Darw., 1846, South. Amer., p. 252, pl. 2, fig. 25. Chili, Coquimbo.

MOLLUSQUES BRACHIOPODES.

LINGULA, Bruguière, 1791.
2532. **Mortierii,** Nyst., 1843, Coq. tert. de Belgiq., p. 337, pl. 34, fig. 4. *L. mytiloides*, Nyst., 1835 (non Sow.). Calloo, Stuyvenberg, Anvers: Angleterre, Bognor, Suton.
TEREBRATULA, Lwyd., 1699. Voy. t. 1, p. 43.
'2534. **perforans,** Dujardin, 1837, Mém. de la Soc. géol., p. 272. *T. Sowerbyana*, Nyst., 1843, Coq. tert. de Belgiq., p. 335, pl. 27, fig. 3 (non Defrance, 1828). *T. variabilis*, Sow., 1827, Min. conch., 6, p. 147, pl. 576, fig. 2-5 (non Schlotheim, 1813). France, Grésille, près Doué? Bougrie, Layon; Belgique, Anvers, Calloo, Stuyvenberg; Angleterre, Ramsholo, Sutton.
'2535. **Patagonica,** Sowerby, in Darw., 1846, South. Amer., p. 252, pl. 2, fig. 26, 27. S. Josefand, S. Julien (Patagonie).
'2536. **grandis,** Blum., Phil. Enum. moll. sic., 2, p. 67. *Anomya ampulla*, Brocc., pl. 10, fig. 5. Piémont, Turin.
TEREBRATULINA, d'Orb., 1847. Voy. t. 2, p. 85.
'2537. **caput-serpentis?** d'Orb., 1847. *Terebratula caput-serpentis*, Lamk., Phil. Enum. moll. sic., 1, p. 94, pl. 6, fig. 4-5. *Anomia aurita*, et *A. caput-serpentis*, Gmel. Piémont, Turin.
TEREBRATELLA, d'Orb., 1847. Voy. t. 1, p. 222.
2538. **pusilla,** d'Orb., 1847. *Terebratula pusilla*, Philippi, 1844, Foss. tert. du N.-E. de l'Allemag., p. 17, pl. 2, fig. 15. Cassel (Hesse).
ORBICULA, Cuvier, 1798.
2539. **lugubris?** Conrad, 1845, Foss. of the tert. form., p. 75, pl. 43, fig. 2. St-Mary's co. (Maryland), Petersburg (Virginie).
2540. **multilineata?** Conrad, 1845, Foss., p. 75, pl. 43, fig. 3. Near City-Point (Virginie).
MEGATHIRIS, d'Orb., 1847.
2540'. **oblita,** d'Orb., 1847. *Orthis oblita*, Michelotti, Prec. faun. mioc., pl. 2, fig. 21. *Terebratula oblita*, Mich., Brach., éd. Acef., p. 4. Piémont, Turin.
THECIDEA, Defrance.
'2541. **testudinaria,** Michelotti, Brach., ed. Acef., p. 5. Préc. faun. mioc., pl. 2, fig. 26. Piémont, Turin.
CRANIA, Retzius, 1781. Voy. t. 1, p. 21.
2541'. **abnormis,** Defr., Hœningh., Monog. gén. cran., p. 13, fig. 13, *Crania Hoeninghausi*, Mich. Piémont, Turin.

MOLLUSQUES BRYOZOAIRES.

VINCULARIA, Defrance, 1829.
2542. glabra, d'Orb., 1847. *Eschara glabra*, Philippi, 1844, Foss. tert. du N.-E. de l'Allemag., p. 38, pl. 1, fig. 21. Cassel.
MEMBRANIPORA, Blainville, 1834.
'**2543. supergiana,** d'Orb., 1847. *M. reticulum*, Michelin, 1847, Icon. zoophyt., p. 74, pl. 15, fig. 5 (non *reticulum*, Esper.). Piémont, Turin, Étang de Valduc.
HORNERA, Lamouroux, 1821.
'**2544. radians,** Defrance, Dict. des Sc. nat., 21, p. 432. Léognan (Gironde).
'**2545. striata,** Edwards, 1838, Ann. des Sc. nat., 2e série, t. 9, pl. 11, fig. 1. Michelin, pl. 76, fig. 7. France, Doué, Saint-Laurent; Angleterre, Crag.
ESCHARINA, Edwards, 1836.
'**2546. gracilis,** d'Orb., 1847. *Cellepora gracilis*, Goldf., 1831, Pétref., p. 102, no 13, pl. 36, fig. 13. Cléon près de Nantes.
'**2547. labiosa,** d'Orb., 1847. *Eschara id.*, Michelin, 1847, Iconog. zoophyt., p. 329, pl. 78, fig. 9. Doué (Maine-et-Loire).
'**2548. Andegavensis,** d'Orb., 1847. *Eschara id.*, Michelin, 1847, Iconog. zoophyt., p. 329, pl. 78, fig. 11. Doué, Thorigné.
'**2549. pertusa,** d'Orb., 1847. *Eschara id.*, Michelin, 1847, Icon. zooph., p. 330, pl. 79, fig. 2. Doué, Thorigné (Maine-et-Loire).
'**2550. biaperta,** d'Orb., 1847. *Eschara id.*, Michelin, 1847, Icon. zooph., pl. 330, pl. 79, fig. 3. Doué.
'**2551. lata,** d'Orb., 1847. *Eschara id.*, Michel., 1847, Icon. zooph., p. 331, pl. 79, fig. 5. Doué.
2552. circumcincta, d'Orb., 1847. *Discopora circumcincta*, Philippi, 1844, Foss. tert. du N.-E. de l'Allemag., p. 39. Ph. s., p. 4, pl. 1, fig. 25. Cassel.
2553. mamillata, d'Orb., 1847. *Discopora mamillata*, Phil., 1844, Beitræge zur Kenntniss, p. 68, pl. 1, fig. 23. Cassel (Hesse).
2554. clathrata, d'Orb., 1847. *Eschara clathrata*, Philippi, 1844, p. 38, pl. 4. Ph. s., p. 4, pl. 1, fig. 24. Cassel.
'**2555. tumidula,** Lonsdale, 1845, Quarterly Journal, 1, p. 503. Petersburg (Virginia).
PYRIPORA, d'Orb., 1847.
'**2556. pyriformis,** d'Orb., 1847. *Criserpia id.*, Michelin, 1847, Icon. zooph., p. 332, pl. 79, fig. 6. Doué.
CELLEPORA, Lamarck.
'**2557. cucullina,** Michelin, 1847, Icon. zoophyt., p. 324, pl. 77, fig. 13. Doué.
'**2558. foliacea,** Michelin, 1847, p. 325, pl. 78, fig. 2. Doué.
'**2559. parasitica,** Michelin, 1847, p. 326, pl. 78, fig. 3. Mantelin.
'**2560. informata,** Lonsdale, 1845, Quarterly Journal, 1, p. 505. Petersburg (Virginia).

2561. umbilicata, Lonsdale, 1845, Quarterly Journal, 1, p. 507. Petersburg.

***2562. quadrangularis,** Lonsdale, 1845, Quarterly Journal, 1, p. 508. Williamsburg, Evergreen.

2563. similis, Lonsdale, 1845, Quarterly Journal, 1, p. 509. Williamsburg.

***2564. nobilis,** d'Orb., 1847. *Eschara id.*, Michelin, 1847, Icon. zoophyt., pl. 79, fig. 1. Touraine.

ESCHARA, Lamarck, 1816.

***2565. reteporiformis,** d'Orb., 1847. *Adeone reteporiformis*, Michelin, 1847, Icon. zoophyt., p. 326, pl. 78, fig. 4. Doué.

***2566. lamellosa,** d'Orb., 1847. *Adeone id.*, Michelin, 1847, p. 326, pl. 78, fig. 5. Mantelin, Cléon, Ambillon, Doué.

***2567. monilifera,** Edwards, 1834, Ann. des Sc. nat., 6, pl. 9, fig. 1. Michelin, pl. 78, fig. 10. Cléon, Sceaux, Thourie; Angleterre, Crag de Sudbourn.

***2568. Deshayesii,** Edwards, 1838, Ann., 6, pl. 10, fig. 4. Mich., pl. 78, fig. 8. Doué.

***2569. Sedgwickii,** Edwards, 1838, Ann., 6, pl. 10, fig. 5. Michelin, pl. 78, fig. 6. Doué; Anglet., Sudborn.

***2570. affinis,** Edwards, 1838, Ann., 6, Mich., 1847, pl. 79, fig. 4. Doué.

2571. punctata, Philippi, 1844, Foss. tert. du N.-E. de l'Allem., p. 38, pl. 1, fig. 19. Cassel.

2572. porosa, Philippi, 1844, Foss., p. 38, pl. 1, fig. 18. Cassel.

2573. diplostoma, Philippi, 1844, p. 38, pl. 1, fig. 20. Cassel.

2574. imbricata, Philippi, 1844, p. 68, pl. 1, fig. 16. Cassel (Hesse).

LUNULITES, Lamarck, 1816.

***2575. perforatus,** Munster, 1831, Goldfuss, Petref., 1, p. 106, pl. 37, fig. 8. Dax; Cassel.

***2576. rhomboidalis,** Münster, 1831, Goldf., Petref., 1, p. 105, pl. 37, fig. 7. Dax; Allem., Cassel.

***2577. Androsaces,** Michelotti, 1838, Icon. zooph. dil., p. 191, pl. 7, fig. 2. Michelin, pl. 15, fig. 6. (Mala) Piémont, Turin, Superga, Valduc.

2578. denticulata, Conrad, 1845, Quarterly Journal, 1, p. 503. Williamsburg.

CUPULARIA, Lamouroux, 1821.

***2579. intermedia,** d'Orb., 1847. *Lunulites id.*, Michelotti, Icon. zooph. dil., p. 194, pl. 7, fig. 4. Michelin, pl. 15, fig. 7. (Mala) Piémont, Turin; Bordeaux, Dax.

***2580. umbellata,** d'Orb., 1847. *Lunulites id.*, Defrance, 1828, Michelin, 1842, Iconog. zoophyt., p. 76, pl. 15, fig. 8. Dax; Piémont, Turin.

***2581. Cuvieri,** d'Orb., 1847. *Lunulites id.*, Michelin, 1847, Icon., p. 323, pl. 77, fig. 10. Angers, Doué, Thorigné, Tigné (M.-et-Loire), Mantelin.

TROCHOPORA, d'Orb., 1847. C'est une Lunulite conique, non creuse en dedans, mais pleine, dont les cellules sont par lignes transversales.

*2582. **conica,** d'Orb., 1847. *Lunulites conica*, Defrance, Michelin, 1847, Icon. zooph., p. 322, pl. 77, fig. 9. Salles (Gironde), Mantelin, Ste-Maure.

RETEPORA, Lamarck, 1816.

*2583. **frustulata,** Defrance, Dict. des Sc. nat., t. 45, p. 282. Michelin, pl. 76, fig. 5. *Retepora glabra*, Goldf., pl. 30, fig. 9. Environs d'Angers, Doué (Maine-et-Loire), Saint-Laurent-des-Mortiers (Mayenne).

*2584'. **flabelliformis,** Michelin, 1817, Icon. zoophyt., p. 314, pl. 76, fig. 1. Mantelin, Cléon, près de Nantes, Doué, Sceaux, Saint-Laurent-des-Mortiers.

*2585' **fenestrata,** Goldfuss, 1836, pl. 30, fig. 9. *R. alveolaris*, Blainville, 1834. Michelin, 1847, pl. 76, fig. 6. Peut-être *scobinosa*, Michelin, pl. 76, fig. 3. Cléon, près de Nantes, Doué, Sceaux.

*2585' **cellulosa,** Lamarck, Michelin, Icon. zooph., p. 71, pl. 14, fig. 10. Piémont, Turin.

*2586. **echinulata,** Blainv., Michel., Icon. zooph., p. 72, pl. 14, fig. 11. Piémont, Turin.

UNIRETEPORA, d'Orb., 1847. Ce sont des Rétépores qui n'ont qu'une rangée de cellules au lieu d'en avoir plusieurs éparses.

*2587. **granosa,** d'Orb., 1847. *Retepora id.*, Michel., 1847, p. 315, pl. 76, fig. 2. Doué.

ALECTO, Lamouroux, 1821.

*2588. **vesiculosa,** Michel., 1847, Icon. zooph., p. 319, pl. 77, fig. 3. St-Grégoire près de Rennes (Ille-et-Vilaine).

*2589. **parvula,** Michel., 1847, p. 320, pl. 77, fig. 4. Doué.

IDMONEA, Lamouroux, 1821.

*2590. **alternata,** d'Orb., 1847. *Obelia id.*, Michelin, 1847, Icon. zoophyt. p. 321, pl. 77, fig. 6. Doué, Thorigné.

*2591. **disticha,** d'Orb., 1847. *Obelia id.*, Michelin, 1847, Iconog. zoophyt., p. 321, pl. 77, fig. 5. Grégoire, Chausserie près de Rennes (Ille-et-Vilaine).

*2592. **fimbriata,** d'Orb., 1847. *Tubulipora id.*, Michelin, 1847, Icon. zooph., p. 321, pl. 77, fig. 7 (non Lamarck, 1816). *Tubulipora cornigera id.*, Michel., pl. 77, fig. 8. Doué, Ambillon.

2593. **biseriata,** Philippi, 1844, Tert. du N.-E. de l'All., p. 67, pl. 1, fig. 15. Cassel (Hesse).

ENTALOPHORA, Lamouroux, 1821.

2594. **minuta?** d'Orb., 1847. *Ceriopora minuta*, Philippi, 1844, Foss. tert. du N.-E. de l'Allemagne, p. 37, pl. 1, fig. 11. Cassel (Hesse).

CRISISINA, d'Orb., 1847. Voy. t. 2, p. 175.

*2595. **Andegavensis,** d'Orb., 1847. *Hornera id.*, Michelin, 1847, Iconog. zoophyt., p. 318, pl. 76, fig. 2. Doué, Sceaux (Maine-et-Loire).

*2596. **gracilis,** d'Orb., 1847. *Hornera gracilis*, Philippi, 1844, Foss. tert. du N.-E. de l'Allem., p. 35, pl. 1, fig. 7. Cassel.

2597. biseriata, d'Orb., 1847. *Hornera biseriata*, Philippi, 1844, Foss., p. 36, pl. 1, fig. 8. Cassel.

2598. subannulata, d'Orb., 1847. *Hornera subannulata*, Philippi, 1844, p. 36, pl. 1, fig. 9. Cassel.

DEFRANCEIA, Bronn, 1825.

'2599. fungicula, d'Orb., 1847. *Tubulipora id.*, Michelin, 1847, Icon. zooph., p. 318, pl. 77, fig. 2. Ambillon, Doué, Sceaux.

'2600. Armorica, d'Orb., 1847, *Lichenopora id.*, Michelin, 1847, p. 319, pl. 75, fig. 7. Doué, la Couronne (Bouches-du-Rhône).

2601. verrucosa, d'Orb., 1847. *Ceriopora verrucosa*, Philip., 1844, Tert. du N.-E. de l'Allem., p. 67, pl. 1, fig. 12. Cassel.

RADIOPORA, d'Orb., 1847. Voy. t. 2. p. 140.

'2602. cumulata, d'Orb., 1847. *Lichenopora cumulata*, Michelin, 1847, Icon. zooph., p. 319, pl. 77, fig. 1. Doué, bords de l'étang de Valduc (Bouches-du-Rhône).

2603. licheniformis? d'Orb., 1847. *Ceriopora licheniformis*, Michelin, 1847, p. 323, pl. 77, fig. 11. Ambillon, Doué.

2604. tuberosa, d'Orb., 1847. *Lichenopora tuberosa*, Michelin, p. 69, pl. 14, fig. 6. Turin.

MYRIOZOUM, Donati.

'2605. cavernosa, d'Orb., 1847. *Thetia cavernosa*, Michelotti, 1838, Ip. zooph. Dil., p. 218, pl. 7, fig. 7. *Cellepora pumicosa*, Michelin, 1842, I., p. 72, pl. 14, fig. 12 (non Lamarck). Piémont, Turin.

MEANDROPORA, d'Orb., 1847. *Fascicularia*, Edwards, 1836, (non Lam., 1812). C'est un genre voisin du *Fasciculipora*, qui, au lieu d'avoir les cellules réunies par branches cylindriques, les a par lames verticales méandriniformes, non obliques comme chez les *aspendesia*.

'2606. cerebriformis, d'Orb., 1847. *Aspendesia cerebriformis*, de Blainv., 1834, Man. d'Act., p. 409. Michel., 1847, pl. 76, fig. 1. Doué (Maine-et-Loire), Rennes (Ille-et-Vilaine), Moutelan, St-Laurent-des-Mortiers (Mayenne).

2606'. aurantium, d'Orb., 1847. *Fascicularia aurantium*, Edw., Lyell., Éléments de géologie, p. 354, fig. 133. Angl., Suffolk.

ÉCHINODERMES.

SCHIZASTER, Agassiz.

'2607. Parkinsoni, Agass., 1847, Cat., p. 128. *Spatangus Parkinsoni*, Defr., Dict. Sc. nat. Martigues (Bouches-du-Bhône).

'2608. Raulini, Agass., 1847, Cat., p. 128. Martigues (Bouches-du-Rhône).

2609. Eurynotus, Agass., 1847, Cat., p. 127. E. Sism., Mém. Echin. foss. Nizza, p. 31, pl. 2, fig. 3. Perpignan, Cagliari (Corse).

2610. Bellardi, Agass., 1847, Cat., p. 127. *S. Eurynotus*, Sism., Ech. foss. Pédem., p. 22 (non Agassiz). Sardaigne, la Superga; Piémont, Turin.

HEMIASTER, Agassiz.

'2611. acuminatus, Desor, Agass., 1847, Cat., p. 124. *Spatangus* *acuminatus*, Goldf., Petref., p. 158, pl. 20, fig. 2. Bordeaux (Gironde), Bourg (Ain), Cassel.

2612. stellatus, Desor, Agass., 1847, Cat., p. 124. *Schizaster stellatus*, Dub., Voy. au Caucase, pl. 1, fig. 15. Volhynie.

'2613. latus, Desor, Agass., 1847, Cat., p. 125. *Micraster latus*, Agass., Cat. syst., p. 2. Bonifaccio (Corse).

'2614. Edwardsii, Desor, Agass., 1847, Cat., p. 126. *Schizaster Agassizii*, E. Sism., Echin. foss. Piem., p. 23, pl. 1, fig. 1-3. La Superga, coll. de Turin.

'2615. Gratteloupi, Desor, Agass., 1847, Cat., p. 125. *Schizaster Gratteloupi*, E. Sism., Echin. foss. Piem., p. 27, pl. 2, fig. 1 et 2. Midi de la France ; Colline de Turin ; Malte.

2617. cor, Desor, Agass., 1847, Cat., p. 123. France, Bourg (Ain).

BRISSOPSIS, Agassiz.

'2618. Genei, Desh., Agass., 1847, Cat., p. 121. *Schziaster Genei*, E. Sism., Ech. foss. Piem., p. 24, pl. 1, fig. 4, 5. Perpignan ; Piémont, Turin, Castel-Nuovo, près d'Asti.

2619. intermedius, E. Sism. *Schizaster intermedius*, E. Sism., Ech. foss. Piem., p. 28, pl. 2, fig. 4. Piémont, Turin.

2620. ovatus, E. Sism., *Schizaster ovatus*, E. Sism., Ech. foss. Piem., p. 29, pl. 2, fig. 3. Piémont, Turin.

BRISSUS, Klein.

'2621. Cordieri, Agass., 1847, Cat., p. 120. Saint-Paul-Trois-Châteaux (Drôme).

'2622. dilatatus, Desor, Agass., 1847. Cat., p. 120. *Spatangus columbaris*, Desml., Tabl. syn., p. 396. Rions (Gironde).

AMPHIDETUS, Agassiz.

2623. depressus, Agass., 1847, Cat., p. 118. La Couronne.

EUPATAGUS, Agassiz.

2624. lateralis, Agass., 1847, Cat., p. 115. *Spatangus lateralis*, Agass., Cat. syst., p. 2. Piémont, Turin, la Superga.

2625. navicella, Agass., 1847, Cat., p. 116. Env. de Nice.

2626. elongatus, Sismonda, Agass., 1847, Cat., p. 116 *Spatangus elongatus*, E. Sism., Mem. Ech. foss. Nizza, p. 35, pl. 2, fig. 1. Nice ; Suisse.

SPATANGUS, Klein.

'2627. Desmarestii, Münst., Goldf., Petref., p. 153, pl. 47, fig. 4. *Spatangus ornatus*, Agass., 1847, Cat., p. 113. Bordeaux, Venasque, Vedènes ; Italie, Nice.

'2628. Corsicus, Desor, Agass., 1847, Cat., p. 113. Balestro (Corse), St-Paul-Trois-Châteaux (Drôme).

2629. delphinus, Defr., Dict. Sc. nat., Agass., 1847, Cat., p. 113. St-Paul-Trois-Châteaux (Drôme).

?2630. asterias, Agass., 1847, Cat., p. 113. Tert. de Murée.

'2631. ocellatus, Defr., Dict. Sc. nat. *Spatangus Nicoleti*, Agass., Echin. Suiss., 1, p. 23, pl. 4, fig. 7 et 8. Cat., p. 113. St-Paul-Trois-Châteaux ; Suisse, Neufchâtel.

2632. chitonosus, E. Sism., Echin. foss. Piem., p. 33, pl. 1, fig. 6, 7. Agass., 1847, Cat., p. 114. Colline de Turin.

CONOCLYPUS, Agassiz.

*2633. **plagiosomus,** Agass., 1847, Cat., p. 110. Cap Couronne, près de Martigues.

2634. **ovum,** Agass., 1847, Cat., p. 109. *Galerites ovum*, Gratt., Ours. foss., p. 80, pl. 2, fig. 20. France, Dax.

ECHINOLAMPAS, Gray.

*2635. **Laurillardi,** Agass. *E. affinis*, et *E. similis*, E. Sism., Ech. foss. Piem., p. 35, 36, pl. 2, fig. 5-7 (non Agass.). France, Bordeaux ; Turin.

PYGURUS, Agassiz.

*2636. **scutiformis,** Desml., Tabl. syn., p. 348. Agass., 1847, Cat., p. 107. Martigues, Nion, Montségur, Suze (Drôme), Vedènes (Vaucluse), Barbantane (Bouches-du-Rhône), les Angles, près Avignon, Sommières (Gard), St-Paul-Trois-Châteaux, Romagneux (Ain) ; Sardaigne, Nice.

*2637. **hemisphæricus,** Agass., 1847, Cat., p. 107. *Clypeaster hemisphæricus*, Lamk. Dax, St-Jean-de-Royan (Drôme), St-Paul-Trois-Châteaux, cap Couronne, Martigues (Bouches-du-Rhône).

*2638. **Laurillardi,** Agass., 1847, Cat., p. 107. *Echinolampas Richardii*, Desml., Tabl. syn., p. 342. Bordeaux, Léognan (Gironde) ; Turin.

2639. **semiglobus,** Desml., Tabl. syn., p. 314. Agass., 1847, Cat., p. 108. *Galerites semiglobus*, Gratt., Mém. Ours. foss., p. 53, pl. 2, fig. 4. Dax.

2640. **Linkii,** Agass., 1847, Cat., p. 108. *Clypeaster Linkii*, Goldf., Petref., p. 133, pl. 42, fig. 4. Env. de Vienne.

2641. **Kleinii,** Desml., Tabl. syn., p. 346. Agass., 1847, Cat., p. 108. *Clypeaster Kleinii*, Goldf., Petref., p. 133, pl. 42, fig. 5. Bünde.

2642. **angulatus,** Merian, Agass., 1847, Cat., p. 108. St-Just, au midi de St-Restitut, les Angles.

ECHINOCYAMUS, Van Phels.

2643. **Studeri,** Agass., 1847, Cat., p. 84. *Anaster Studeri*, Sism., Ech. foss. Piem., p. 46, pl. 2, fig. 8 et 9. Colline de Turin.

?2644. **ovatus,** Agass., 1847, Cat., p. 83, et Monogr. des Scutell., p. 137. *Echinoneus ovatus*, Münst. in Goldf., Petref. Germ., p. 136, pl. 42, fig. 10. Astrupp, près d'Osnabrück, Wilhelmshœhe, près Cassel ; île de Rhodes.

LOBOPHORA, Agassiz.

*2645. **elliptica,** Desor, Agass., 1847, Cat. syst., p. 78. St-Restitut (Drôme), Carry près de Martigues.

*2646. **perspicillata,** Agass., 1847, Cat., p. 78, et Monog. des Scutell., p. 74, pl. 11, fig. 6-10. Rennes (Ille-et-Villaine), Bollène (Vaucluse).

2647. **biperforata,** Desor, Agass., 1847, Cat., p. 78. *Echinodiscus biperforatus*, Park. org. Rem., 3, pl. 2, fig. 6. Italie, env. de Vérone.

2648. **Darwinii,** Agass., 1847, Cat., p. 79. Desor, Bull. Soc. géol. Fr., 1847. Tert. de Patagonie.

SCUTELLA, Lamarck.

*2649. **truncata,** Agassiz, Cat. syst., p. 76. Agass., Monogr. des Scutell., p. 78, pl. 16, fig. 1-3, 8-10, et pl. 19, fig. 3-6. Ste-Maure (Touraine), St-Restitut (Vaucluse).

*2650. **producta,** Agass., 1847, Cat., p. 77, et Monog. des Scutell., p. 82; pl. 18, fig. 6-10. Touraine, St-Georges-aux-Mines, Doué (Maine-et-Loire).

*2651. **Paulensis,** Agass., 1847, Cat., p. 77, et Monog. des Scutell., p. 83, pl. 19, fig. 8-10. St-Paul-Trois-Châteaux, près de Dax, St-Restitut.

*2652. **Patagonensis,** Desor, Bull. Soc. géol. de France, 1847. Agass., 1847, Cat. syst., p. 77. Patagonie, Port-Désiré.

*2653. **subtetragona,** Gratteloup, 1828, Mém. sur les Oursins, Actes de la Soc. lin. de Bord., 8. Agass., 1847, Cat., p. 77, et Monog. des Scut., p. 84, pl. 19, fig. 7. Env. de Dax.

*2654. **subrotunda,** Lamk., Anim. s. vert., 3, p. 284. Agass., 1847, Cat. syst., p. 76. Agass., Monog. des Scutelles, p. 76, pl. 17. Bordeaux, Dambert, commune de Gornac (Gironde).

ECHINARACHNIUS, Van Phels.

2655. **Juliensis,** Desor, Agass., 1847, Cat., p. 76. St-Julien, en Patagonie.

CLYPEASTER, Lamarck.

*2656. **umbrella,** Agass., 1847, Cat. syst., p. 72. *Clypeaster Gaimardi,* Al. Brong. *Scutella gibbosa,* Risso. *Clypeaster gibbosus,* M. de Serres. Bonifacio, et Santa-Monza (Corse), Montpellier; comté de Nice.

2657. **dilatatus,** Desor, Agass., 1847, Cat. syst., p. 72. Grèce, du Taurus, île de Crète.

2658. **acuminatus,** Desor, Agass., 1847, Cat. syst., p. 72. Hongrie, Ipoly-Shag.

*2659. **altus,** Lamk., Encycl. méth. zooph., pl. 140, fig. 1 et 2. Agass., 1847, Cat., p. 72. France, Bonifacio, Ajaccio (Corse); Afrique française, Oran; Nice, Turin; Saint-Miniato (Toscane); île de Caprée; Malte; île de Crète.

2660. **Tauricus,** Desor, Agass., 1847, Cat. syst., p. 73. Grèce, du Taurus, île de Crète.

*2661. **scutellatus,** Marcel de Serre, Agass., 1847, Cat. syst., p. 73. Boutonnet près Montpellier, la Couronne près de Martigues, plandaren, étang de la Valduc (Bouches-du-Rhône), Monségur (Drôme), Cadenet (Vaucluse), Corse; colline de Turin; Taurus.

2662. **crassicostatus,** Agass., 1847, Cat. syst., p. 73. E. Sism., Ech. foss. Piem., pl. 3, fig. 1-3. Superga, coll. de Turin.

*2663. **crassus,** Agass., 1847, Cat. syst., p. 73. *Clypeaster grandiflorus,* Bronn., Tert. Ile de Corse.

2664. **scilla,** Desml., Tabl. syn., p. 218. *Clypeaster latirostris,* Agass., 1847, Cat. syst., p. 73. Villeneuve.

2665. **Michelotti,** Agass., 1847, Cat. syst., p. 73. Tert. d'Italie.

2666. **laganoides,** Agass., 1847, Cat. syst., p. 73. *Clypeaster ambigena,* E. Sism., Echin. foss. Piem., p. 42. Italie, Savone; Piémont.

*2667. **marginatus,** Lamk., Agass., 1847, Cat. syst., p. 73. *Clypeaster Tarbellianus,* Grattel., Echin. foss. de Dax, p. 40, pl. 1, fig. 5 et 6. Dax, env. de Tours, Bonifacio (Corse).

2668. **Beaumonti,** E. Sism., Ech. foss. Piem., p. 44, pl. 3,

fig. 4, 5. Agass., 1847, Cat. syst., p. 73. Savone, Turin, la Superga.
2669. folium, Agass., 1847, Cat. syst., p. 73. Sicile, Palerme.
2670. depressus?, Sowerby, 1837, Trans. geol. Soc. of London, 2e série, 5, p. 327, pl. 24, fig. 26, 26 a. Indes, prov. de Cutch, Soomrow.
2671. oblongus?, Sowerby, 1837, Trans. geol. Soc. of London, 2e série, 5, p. 327, pl. 24, fig. 25, 25 a. Lamk. Inde, prov. de Cutch, Betwen, Joungrea et Kotra.
ECHINUS, Linné.
2672. dubius, Agass., 1847, Cat., p. 65. Echin. Suiss., 2, p. 84, pl. 22, fig. 4-6. France, Villeneuve, en Provence; Suisse, la Chaux-de-Fonds.
***2673. obliqua,** Agass., 1847, Cat., p. 65. *Echinometra margaritifera*, Nic. St-Paul-Trois-Châteaux, les Martigues; Suisse, la Chaux-de-Fonds.
2674. Serresii, Desml., Tabl. syn., p. 290. Agass., 1847, Cat. syst., p. 65. Les Martigues, Clansayes (Drôme).
2675. Woodwardi, Desor, Agass., 1847, Cat. syst., p. 65. Angleterre.
2676. parvus, Michelotti, Prec. faun. mioc., pl. 2, fig. 19, 20. Piémont, Turin.
***2677. Patagonensis,** d'Orb., 1842, Paléont. de l'Amér. mérid., p. 135, pl. 6, fig. 14-16. Port St-Julien (Patagonie).
TRIPNEUSTES, Agassiz.
2677'. planus, Agassiz, 1847, Cat., p. 60. *Echinus planus*, Agass., Cat. syst., p. 12. Villeneuve
2678. Parkinsoni, Agassiz, 1847, Cat., p. 60. Foz (Bouches-du-Rhône).
TEMNOPLEURUS, Agassiz.
2678'. Woodii, Agass., 1847, Cat. syst., p. 56. Angleterre.
ARBACIA, Gray.
***2679. monilis,** Agass., 1847, Cat. syst., p. 51. *Echinus monilis*, Desmar. in Defr., Dict. Sc. nat., 37, p. 100. St-Georges-la-Mine, près Doué (Maine-et-Loire), Ste-Maure (Touraine).
CIDARIS, Lamarck.
***2680. Avenionensis,** Desm., Tabl. syn., p. 336. Agass., 1847, Cat. syst., p. 31. Les Angles, près Avignon (Vaucluse), env. de Rennes, St-Paul-Trois-Châteaux; la Chaux-de-Fonds.
2681. incurvata, E. Sism., App. Ech. foss. Piem., Agass., 1847, Cat. syst., p. 32. *Cidarites vesiculosa*, E. Sism., l. c., p. 50, fig. 10. Turin.
2682. Sismondæ, d'Orb., 1847. *C. Munsteri*, E. Sism., Agass., 1847, Cat. syst., p. 32 (non Koninck). *Cidarites marginata*, E. Sism., App. Ech. foss. Piem., p. 49, fig. 8. Turin.
2683. signata, E. Sism., App. Ech. foss. Piem., p. 6 et p. 48, pl. 8, fig. 6. Turin.
2684. variola, E. Sism., App. Ech. foss. Piem., p. 8 et p. 50, pl. 3, fig. 9. Turin.
2685. zea-mays, E. Sism., App. Ech. foss. Piem., p. 9. Turin.
CRENASTER, Lwyd, 1689. Voy. t. 1, p. 240.

*2686. **Adriatica,** d'Orb., 1847. *Asterias Adriatica*, Desmoulins, 1832, Actes de la Soc. lin. de Bordeaux, 5, 4e liv., p. 15, pl. 2, fig. 2. Saucats, près Bordeaux.

PENTACRINUS, Miller, 1821.

2387. Gastaldii, Michelotti, Prec. faun. mioc., pl. 16, fig. 2. Turin.

ZOOPHYTES.

SPHENOTROCHUS, Edwards et Haime, 1848.

2688. intermedius, Edwards et Haime, 1848, Ann. des Sc. nat., 9, p. 243. *Turbinolia intermedia*, Münster, Goldf., 1830, Petref., pl. 37, fig. 19. *Turbinolia Milletiana*, Searles-Wood, 1844, Ann. and Mag., 13, p. 12 (non Defrance, 1828). Angleterre, Sutton; Belgique, Anvers.

2689. Milletianus, Edwards et Haime, 1848, Ann. des Sc. nat., 9, p. 244. *Turbinolia Milletiana*, Defr., 1828, Michelin, Icon. zooph., p. 307, pl. 74, fig. 1. Thorigné, près d'Angers.

*2 89'. **Rœmeri,** Edwards et Haime, 1849. Environs de Mayence. Espèce confondue sous le nom d'*intermedius*.

CERATOTROCHUS, Edwards et Haime, 1848.

*2690. **multispina,** d'Orb., 1847. *Ceratotrochus multispinosus*, Edwards et Haime, 1848, Ann. des Sc. nat., 9, p. 249. *Turbinolia multispina*, Michelotti, 1838, Spec. Zooph. del., pl. 2, fig. 6. Michelin, pl. 9, fig. 5. Tortone, Gênes.

*2691. **multiserialis,** Edwards et Haime, 1848, Ann. des Sc. nat., 9, p. 250. *Turbinolia id.*, Michelotti, 1838, Spec. Zooph. del., pl. 2, fig. 7. Michelin, pl. 9, fig. 6. Tortone.

*2691'. **duodecimcostatus,** Edwards et Haime, id., p. 250. Italie, Tortone.

CYATHINA, Edwards et Haime.

2691". clavus, Edwards et Haime, 1848, loc. cit., p. 291. *Caryophyllia clavus*, Sacchi, 1835, Philippi. Piémont, Turin.

FLABELLUM, Lesson, 1831.

2692. extensum, Michelin, 1841, Iconog. Zooph., p. 45, pl. 9, fig. 14. Edwards et Haime, 1848, Ann. des Sc. nat., 9, p. 261. Piémont, Turin.

*2693. **intermedium,** Edwards et Haime, 1848, 9, p. 261. *Turbinolia avicula* (var.), Michelotti, 1838, Spec., p. 58. *Flabellum avicula*, (pars), Michelin, 1841, Icon. Zooph., pl. 9, fig. 11 c. Piémont, Tortone.

*2694. **avicula,** Michelin, 1841, Icon. Zooph., p. 44, pl. 9, fig. 11 a. Edwards et Haime, 1848, Ann., 9, p. 263. *Turbinolia cuneata* (pars), Goldf., 1828, pl. 37, fig. 17 a. *T. avicula*, Michelotti, 1838, Spec. Zooph., p. 58, pl. 3, fig. 2. France, Villeneuve-lès-Avignon (Gard); Piémont, Turin, Tortone.

2695. Basteroti, Edwards et Haime, 1848, Ann., 9, p. 263. Dax (Landes).

2696. Galapagosense, Edwards et Haime, 1848, Ann., 9, p. 264, pl. 4, fig. 3. Iles Galapagos.

2697. Woodii, Edwards et Haime, 1848, Ann., 9, p. 267. *Fungia semilunata*, Wood, 1844, Ann. and Mag. of nat. hist., 9, p. 12. Angleterre, Iken.

2698. asperum, Edwards et Haime, 1848, Ann., 9, p. 270. *Flabellum appendiculatum* (pars), Michelin, Icon. Zooph., p. 45, pl. 9, fig. 12. Piémont, Tortone.

'**2699. Sinense,** Edwards et Haime, 1848, Ann., 9, p. 272, pl. 3, fig. 3. *Turbinolia id.*, Michelotti, 1838, Spec. Zooph., Michelotti, p. 30. Piémont, Turin.

ACANTHOCYATHUS, Edwards et Haime, 1848.

2700. Hastingsii, Edwards et Haime, 1848, Ann. des Sc. nat., 9, p. 293, pl. 9, fig. 3. Ile de Malte.

TROCHOCYATHUS, Edwards et Haime, 1848.

'**2701. plicatus,** Edwards et Haime, 1848, Ann. des Sc. nat., 9, p. 303. *Turbinolia id.*, Michelotti, 1838, Sp. Zooph. del., p. 69, pl. 2, fig. 9. Michelin, Ic., pl. 9, fig. 2, 6. Piémont, Tortone.

2702. crassus, Edwards et Haime, 1848, Ann., 9, p. 304. *Turbinolia plicata*, Michelotti, 1838, Sp. Zooph., pl. 3, fig. 1. Michelin, Icon., pl. 9, fig. 2 a (exclus. fig. 2 b). Piémont, Tortone.

'**2703. simplex,** Edwards et Haime, 1848, Ann., 9, p. 304. Piémont, Tortone.

2704. costulatus, Edwards et Haime, 1848, id., p. 304. Piémont, Turin.

2705. imparipartitus, Edwards et Haime, 1848, loc. cit., p. 304. Piémont, Tortone.

2707. Bellingherianus, Edw. et Haime, 1848, loc. cit., p. 307. *Turbinolia id.*, Michelin, 1842, Icon. Zooph., p. 41, pl. 9, fig. 3. Michelotti, 1847, p. 28. Piémont, Ste-Agathe, près de Tortone; Espagne, Grenade.

2708. versicostatus, Edwards et Haime, 1848, loc. cit., p. 308, p. 43, pl. 9, fig. 8. Michelotti, p. 30. Turin.

2709. laterocristatus, Edwards et Haime, 1848, loc. cit., p. 308, pl. 10, fig. 3. Piémont, Turin.

2710. laterospinosus, Edwards et Haime, 1848, loc. cit., p. 309. Piémont, Turin.

'**2711. raricostatus,** Edwards et Haime, 1848, loc. cit., p. 309. *Turbinolia id.*, Michelin, 1842, Icon. Zooph., p. 35, pl. 8, fig. 9. Michelotti, p. 23. Piémont, Turin, Tortone.

2712. revolutus, Edwards et Haime, 1848, Ann. des Sc. nat., 9, p. 310, pl. 10, fig. 1. Piémont, Turin.

2713. subcristatus, Edwards et Haime, 1848, loc. cit., p. 310. Piémont, Turin.

2714. Bellardii, Edwards et Haime, 1848, loc. cit., p. 310. *Turbinolia id.*, Michelin, 1842, Icon. Zooph., p. 36, pl 8, fig. 10. Michelotti, p. 24. Piémont, Turin.

2715. verrucosus, Edwards et Haime, 1848, loc. cit., p. 311. Bade.

2716. cornucopia, Edwards et Haime, 1848. Loc. cit., p. 312. *Turbinolia cornucopia*, Michelotti, 1838, p. 67. Michelin, Iconog. Zooph., p. 39, pl. 8, fig. 16. Piémont, Tortone.

APLOCYATHUS, d'Orb., 1847. Voy. t. 1, p. 291.

2716'. Sismondæ, d'Orb., 1849. *Trochocyathus Sismondæ*, Edw. et Haime, 1848, loc. cit., p. 307, pl. 10, fig. 4. Piémont, Turin.

2717. undulatus, d'Orb., 1847, M.S. *Trochocyathus undulatus*, Edw. et Haime, 1848, loc. cit., p. 312. *Turbinolia id.*, Michelin, 1842, Icon. Zooph., p. 41, pl. 9, fig. 4. Piémont, Tortone.

*****2718. obesus,** d'Orb., 1847. *Trochocyathus obesus*, Edwards et Haime, 1848, loc. cit., p. 313, pl. 10, fig. 2. *Turbinolia obesa*, Michelotti, Spec. Zooph., p. 53, pl. 2, fig. 5. Michelin, p. 34, pl. 8, fig. 7. Piémont, Tortone, Dertona.

*****2719. armatus,** d'Orb., 1847. *Trochocyathus armatus*, Edwards et Haime, 1848, loc. cit., p. 313. *Turbinolia armata*, Michelotti, 1838, Sp. Zoophyt., p. 52, pl. 1, fig. 9. Michelin, p. 35, pl. 8, fig. 8. Piémont, Turin.

*****2720. sublævis,** d'Orb., 1849. *Trochocyathus sublævis*, Edwards et Haime, 1848, loc. cit., p. 316. Piémont, Turin.

*****2721. pyramidatus,** d'Orb., 1849. *Trochocyathus pyramidatus*, Edwards et Haime, 1848, loc. cit., p. 316. *Turbinolia id.*, Michelotti, 1838, Sp. Zooph., p. 53, pl. 2, fig. 1. Michelin, p. 36, pl. 8, fig. 11. Piémont, Turin, Tortone.

PARACYATHUS, Edwards et Haime, 1848.

2721'. Turonensis, Edwards et Haime, 1848, Ann. des Sc. nat., p. 321. Mauthelan, Touraine.

DELTOCYATHUS, Edwards et Haime, 1848.

*****2722. Italicus,** Edwards et Haime, 1848, Ann. des Sc. nat., 9, p. 326, pl. 10, fig. 11. *Stephanophyllia Italica*, Michelin, 1842, Icon. Zooph., p. 32, pl. 8, fig. 3. *Turbinolia Italica*, Michelotti, 1838, Spec. Zooph., p. 51, pl. 1, fig. 8. Piémont, Tortone.

CONOCYATHUS, d'Orb., 1849. Polypier libre, régulier, à six palis styliformes sans columelle. Ensemble analogue aux *Turbinolia*.

*?2722'. **sulcatus,** d'Orb., 1849. Espèces envoyées par M. Braun, sous le nom de *Turbinolia sulcata*. Environs de Mayence.

BALANOPHYLLIA, Searles Wood, 1844.

2723. prælonga? Edwards et Haime, 1848, Ann. des Sc. Nat., 10, p. 88. *Turbinolia id.*, Michelotti, 1838, Michelin, Icon. Zooph., p. 40, pl. 9, fig. 1. Piémont, Turin.

2724. calyculus, Searles, Wood, 1844, An. and Mag. of nat. hist., 13, p. 12. Edwards, 1848, loc. cit., p. 84. Angleterre, Sutton.

?2725. cylindrica? d'Orb., 1847, Edwards et Haime, 1848, loc. cit., p. 85. *Turbinolia id.*, Michelotti, Michelin, 1841, Iconog. Zoophyt., p. 38, pl. 8, fig. 15. Piémont, Turin.

EUPSAMMIA, Edwards et Haime, 1848.

2725'. Sismondiana, Edwards et Haime, 1848. *Turbinolia id.*, Michelin, 1842, Icon. Zoophyt., p. 37, pl. 8, fig. 13. Piémont, Turin, la Superga.

FUNGINELLA, d'Orb., 1847. Voy. t. 2, p. 91.

2726. Borsoni, d'Orb., 1847. *Cyclolites Borsoni*, Michelin, Icon. Zooph., p. 33, pl. 8, fig. 4. Piémont.

DENDROPHYLLIA, Blainville, 1830.

'2729. Taurinensis, Edwards et Haime, 1848, Ann. des Sc. nat., 10, p. 99. *Dendrophyllia ramea*, Michelin, 1842, Icon. Zooph., p. 51, pl. 10, fig. 8 (non Blainville, 1830). Turin.

'2731. amica, Edwards et Haime, 1848, loc. cit., p. 101. *Caryophyllia amica*, Michelotti, 1828, Spec. Zooph., p. 85, pl. 3, fig. 5. *D. irregularis*, Michelin, 1842, Icon. Zooph., p. 51, pl. 10, fig. 9. *D. cornigera*, Michelin, 1842, pl. 10, fig. 11 (non Blainville, 1830).

'2732. digitalis, Blainville, 1830, Michelin, 1842, Icon. Zooph., p. 52, pl. 10, fig. 10. Manthelan.

'2733. irregularis, Blainville, 1830, Edwards et Haime, 1848, loc. cit., p. 103. *Dendrophyllia Theotroldensis*, Michelin, 1817, Icon. Zooph., p. 309, pl. 74, fig. 3. Doué, Dax.

CLADOCORA, Hemprich et Ehrenberg, 1834.

'2735?. multicaulis, Edwards et Haime, 1849, loc. cit., 11, p. 309. *Lithodendron multicaulis*, Michelin, 1847, Icon. Zooph., p. 313, pl. 75, fig. 4. Manthelan, Sainte-Maure.

'2735'?. manipulata, d'Orb., 1849. *Lithodendron manipulatum*, Michelin, 1842, Iconog. Zoophyt., p. 50, pl. 10, fig. 4. Piémont, Turin.

2736. intricata, d'Orb., 1849. *Lithodendron intricatum*, Michelin, 1842, Icon. Zooph., p. 50, pl. 10, fig. 5. Piémont, Turin.

SEPTASTREA, d'Orb., 1847. C'est un *Goniastrea*, sans columelle et sans palis, dont les douze cloisons simples viennent se réunir au centre ; calices assez profonds ; murailles compactes ; ensemble dendroïde.

'2737. subramosa, d'Orb., 1849, Note sur les Polypiers, p. 9. Belle espèce presque dendroïde. *Septastrea Forbesi*, Edwards et Haime, 1850, Ann. des Sc. nat., 11, p. 164. Southampton (Virginia), et au Maryland, États-Unis.

2737'. ramosa, Edwards et Haime, 1850, id., p. 164 (exclus. Syn.). *Astrea ramosa*, Defrance, 1826, Dict., 42, p. 381. Dax.

'2737''. multilateralis? Edwards et Haime, 1850, id., p. 164. ; *Astrea multilateralis* et *polygonalis*, Michelin, p. 51 et 311, pl. 12, fig. 10. Bordeaux, Dax ; Piémont.

ASTRELIA, Edwards et Haime, 1849.

2738. palmata, Edwards et Haime, 1849. *Madrepora palmata*, Goldf., 1833, Petref., 2, p. 23, pl. 30, fig. 6. Chesapeak bay (Kentucky).

'2739. Virginia, d'Orb., 1849. *Oculina Virginia*, Michelin, 1842, Icon. Zooph., p. 64, pl. 13, fig. 6 (non *O. Virginia*, Lamarck). Piémont, Turin.

'2740. semisphærica, d'Orb., 1847. *Astrea id.*, Defrance, Michelin, 1847, Icon. Zooph., p. 310, pl. 74, fig. 6. Ferrière-Larçon, Sainte-Maure, Manthelan ; Piémont, Turin.

'2741. crassoramosa, d'Orb., 1849. *Oculina id.*, Michelin, 1847, Icon. Zooph., p. 312, pl. 74, fig. 8. Manthelan, Sainte-Maure.

'2741'. Turonensis, d'Orb., 1849. Espèce à calices bien plus petits que chez l'espèce précédente. Manthelan.

PHYLLOCŒNIA, Edwards et Haime, 1848.

'2742. astroites, d'Orb., 1849. *Astrea astroites*, Goldf., 1830, Petref., 1, p. 73, pl. 24, fig. 12. Tours, Manthelan, Carry (Bouches-du-Rhône).

2742'. **thyrsiformis,** d'Orb., 1837. *Lithodendron thyrsiformis,* Michelin, 1842, Iconog. Zoophyt., p. 50, pl. 10, fig. 6. Piémont, Turin.

*2744. **radiata,** d'Orb., 1847. *Astrea radiata,* Michelin, 1842, Icon. Zooph., p. 58, pl. 12, fig. 4 (non *radiata,* Lam., 1816). *Phyllocœnia irradiata,* Edwards, 1848, p. 302. Piémont, Rivalba.

2744'. **Lucasiana,** Edw. et Haime, 1848, Ann. des Sc. nat., 10, p. 303. *Astrea id.,* Defrance. *Gemmastrea id.,* Blainville. Fossile du Piémont.

2744". **Archiaci,** Edwards et Haime, 1848, id., p. 303. Dax.

2745. **Carryana,** d'Orb. Espèce dont les calices ont trois millimètres. Carry.

ACTINOCŒNIA, d'Orb., 1849. Voy. t. 2, p. 207.

2745'. **Carryana,** d'Orb., 1849. Espèce à calices larges de trois millimètres. Carry.

ASTREA, Lamarck, 1816.

*2746. **interrupta,** Michelotti, 1838, Spec. Zoophyt. Dil., p. 130, pl. 5, fig. 1. Piémont, Turin.

2746'. **vesiculosa,** Edwards et Haime, 1850, Ann., t. 11, p. 107. Dax.

*2746". **Ellisiana,** Defrance, 1826, Edw. et Haime, 1850, id., p. 109. *Sarcinula astroites,* Goldf., pl. 24, fig. 12. *Sarc. mirifica,* Michelotti, 1838, pl. 4, fig. 1. *Astrea astroites,* Michelin, pl. 12, fig. 8. *Astrea plana,* id., pl. 12, fig. 7. Manthelan, Bordeaux, Dax; Piémont, Turin; Ile de Crète (M. Raulin); le Taurus, entre Bostaneson et Selefké.

*2746'". **Corsica,** d'Orb., 1849. Espèce dont les calices sont très-grands. Ile de Corse.

*2747. **acropora,** d'Orb. *Sarcinula acropora,* Michelotti, 1838, Spec. Zoophyt. Dil., p. 106, pl. 4, fig. 4. *S. plana,* Michelotti. *Astrea argus,* Michelin, 1842, Icon. Zoophyt., p. 59, pl. 12, fig. 6 (non Lam., 1816). *A. Defrancii,* Edwards et Haime, 1850, Ann. des Sc. nat., 12, p. 106 (non Et., 10, 538). Bordeaux, Manthelan; Turin; dans le Taurus, entre Bostaneson et Selefké (M. Tchihatcheff).

2747'. **nobilis,** Edwards et Haime, 1850, id., p. 107. Bordeaux.

2747". **Burdigalensis,** Edwards et Haime, 1850, id., p. 108. Bordeaux.

*2747'". **Guettardi,** Defrance, 1826, Michelin, 1842, Icon. Zooph., p. 58, pl. 12, fig. 3. France, Dax, Bordeaux; Piémont, Turin; dans le Taurus, entre Bostaneson et Selefké (M. Tchihatcheff).

2747 a. **Reussiana,** Edwards et Haime, 1850, id., p. 110. *Explanaria astroites,* Reuss, 1848, Foss. Polyp. des Wiener Tert. Naturw. Schafftli, vol. 2, p. 17, pl. 2, fig. 8. Vienne.

2747 b. **Raulini,** Edwards et Haime, 1850, id., p. 110. Léognan.

2747 c. **Prevostiana,** Edwards et Haime, 1850, id., p. 110. Ile de Malte.

STYLOCŒNIA, Edwards et Haime, 1848.

*2751. **Taurinensis,** Edwards et Haime, 1848, Ann. des Sc. nat.,

10, p. 295. *Astrea Taurinensis*, Michelin, 1847, Icon. Zooph., pl. 13, fig. 3. Italie, Turin.

2752. lobato-rotundata, Edwards et Haime, 1848, Ann. des Sc. nat., 10, p. 295. *Astrea id.*, Michelin, 1842, Icon. Zooph., p. 62, pl. 13, fig. 2. Piémont, Rivalba, Vérone.

ASTROCŒNIA, Edwards et Haime, 1848.

'2753. ornata, Edwards et Haime, 1848, loc. cit., p. 298. *Porites id.*, Michelotti, 1838, Sp. Zooph. Dil., p. 172, pl. 6, fig. 3. *Astrea id.*, Michelin, Zooph., pl. 13, fig. 4. Piémont, Turin, Vérone.

SIDERASTREA, Blainville, 1830, Edwards et Haime, 1848.

'2754'. crenulata, Blainville, 1830, Dict., t. 60, p. 336. Edw. et Haime, id., p. 142. *Astrea crenulata*, Goldf., pl. 24, fig. 6. Saucats, Plaisance.

'2755. Italica, Edwards et Haime, 1850, id., 11, p. 142. *Astrea Bertrandiana*, Michelin, 1847, Icon. Zooph., p. 310, pl. 74, fig. 5. Sainte-Maure, Manthelan.

'2756. galaxea, d'Orb., 1849. *Astrea id.*, Michelotti, 1838, Spec. Zooph., p. 136, pl. 5, fig. 2. Michelin, pl. 13, fig. 1. Piémont, Turin.

'2756'. regularis, d'Orb., 1849. Espèce dont les calices sont le double du *S. Italica*. Manthelan.

GONIARŒA, d'Orb., 1849. Voy. t. 2, p. 322.

'2756". Carryensis, d'Orb., 1849. Espèce à calices superficiels d'un millimètre et demi. France, Carry.

PRIONASTREA, Edwards et Haime, 1849.

'2757. irregularis? Edwards et Haime, 1850, Ann. des Sc. nat., 11, p. 133. *Astrea id.*, Defrance, 1826, Michelin, Icon. Zooph., p. 61, pl. 12, fig. 9. Bordeaux, Dax; Piémont, Turin.

2758. diversiformis? Edwards et Haime, 1850, id., p. 134. *Astrea id.*, Michelin, 1842, Icon. Zooph., p. 59, pl. 12, fig. 5. Bordeaux (Bouches-du-Rhône), Istres; Piémont, Turin.

2759. sexradiata, d'Orb., 1847. *Columnaria sexradiata*, Lonsdale, 1845, Quarterly Journal, 1, p. 497. Evergreen, James's river, Petersburg.

2759'. aranea? Edwards et Haime, 1850, id., p. 134. Bordeaux.

LITHARŒA, Edwards et Haime, 1849.

'2759'. asbestella, d'Orb., 1849. *Tethya id.*, Michelotti, p. 218. *Porites Collegniana*, Michelin, pl. 13, fig. 9. Piémont, Turin.

'2760. Martinii, d'Orb., 1849. Espèce dont les cellules sont très-petites, profondes et comme irrégulières. France, Carry (Bouches-du-Rhône).

'2760'. Carryensis, d'Orb., 1849. Espèce dont les calices sont d'un tiers plus grands. Carry.

PARASTREA, Edwards et Haime, 1849.

2760". gratissima? Edwards et Haime, 1850, Ann. des Sc. nat., 11, p. 174. *Sarcinula gratissima*, Michelin, pl. 13, fig. 7. Superga, près de Turin.

ASTRANGIA, Edwards et Haime, 1848.

2761. Americana, d'Orb., 1848. Belle espèce à cellules groupées de diverses manières. États-Unis, île de Wight.

RHYZANGIA, Edwards et Haime, 1849.

2761'. Martinii, Edwards et Haime, 1850, Ann. des Sc. nat., 11, p. 180. Carry (Bouches-du-Rhône).

PHYLLANGIA, Edwards et Haime, 1849.

2761''. conferta, Edwards et Haime, 1850, Ann. des Sc. nat., 11, p. 182. Touraine.

SOLENASTREA, Edwards et Haime, 1848.

'**2762'. Turonensis,** Edw. et Haime, 1850, Ann. des Sc. nat., 11, p. 123. *Astrea Turonensis*, Michelin, pl. 75, fig. 1. Manthelan.

CARYOPHYLLIA, Lamarck, 1816.

2763'. Basteroti, Edwards et Haime, 1849, Ann. des Sc. nat., 11, p. 237. France, Dax.

RHYPIDOGYRA, Edwards et Haime, 1848.

2764. Lucasiana, Edwards et Haime, 1848, Ann. des Sc. nat., 10, p. 283. *Meandrina id.*, Defr. *Lobophyllia id.*, Blainville. *Lobophyllia contorta*, Michelin, 1842, Icon. Zooph., p. 53, pl. 10, fig. 12. Piémont, Rivalba.

GYROPHYLLIA, d'Orb., 1847. Nous plaçons dans ce genre des *Symphyllia* dont le sommet des collines est creusé d'un sillon.

2766. cerebriformis, d'Orb., 1847. *Meandrina id.*, Michelotti, 1836. *Meandrina bisinuosa*, Michelin, 1842, Icon. Zooph., p. 55, pl. 11, fig. 6. *Symphyllia id.*, Edwards et Haime, 1848, Ann. des Sc. nat., 11. Piémont, Rivalba.

2767. vetusta, d'Orb., 1847. *Meandrina vetusta*, Michelin, 1842, Icon. Zooph., p. 56, pl. 11, fig. 8. Piémont, Rivalba.

MYCETOPHYLLIA, Edwards et Haime, 1848.

2769. stellifera, Edwards et Haime, 1839, loc. cit., t. 11, p. 259. *Meandrina stellifera*, Michelin, 1842, Icon. Zooph., p. 54, pl. 11, fig. 4. Piémont, Rivalba.

MEANDRINA, Lamarck, 1816.

2770. Bellardii, d'Orb., 1847. *M. filograna*, Michelin, 1842, Icon. Zooph., p. 56, pl. 11, fig. 7 (non *filograna*, Lam., 1816). *M. dædalea*, Michelotti, 1838 (non *dædalea*, Lam., 1816). Piémont, Turin.

2771. Michelottii, d'Orb., 1847. *M. Phrygia*, Michelin, 1842, Icon. Zooph., p. 55, pl. 11, fig. 5 (non *Phrygia*, Lam.). *M. filograna*, Michelotti (non *filograna*, Lam.). Piémont, Turin.

OULOPHYLLIA, Edwards et Haime, 1849.

2772. profunda, d'Orb., 1849. *Meandrina profunda*, Michelin, 1842. Icon. Zooph., p. 54, pl. 11, fig. 3. Piémont, Rivalba.

STEPHANOPHYLLIA, Michelin, 1842.

2775. elegans, Michelin, 1842, Icon. Zooph., p. 32, pl. 8, fig. 2. *Fungia elegans*, Bronn, 1837. Ste-Agathe, près Tortone, Castel Arquato ; Piémont, Dertona.

2775'. Nystii, d'Orb., 1847. *S. imperialis*, 1844, Descript. des Coq., p. 633, pl. 48, fig. 17 (non Michelin, 1842). Belgique, Anvers.

MADREPORA, Linné.

'**2776. lavandulina,** Michelin, 1842, Icon. Zooph., p. 67, pl. 14, fig. 2. Bordeaux, Dax, Manthelan ; Piémont, Turin.

13.

'2777. exarata, Michelotti, 1838, Spec. Zooph. Del., p. 186, pl. 6, fig. 6. Michelin, pl. 14, fig. 3. Piémont, Turin.

EXPLANARIA, Lamarck.

'2778. cyathiformis, d'Orb., 1847. *Gemmipora cyathiformis*, Blainville, 1834, Michelin, 1847, Icon. Zooph., p. 65, pl. 13, fig. 8. Bordeaux, Dax.

'2778 a. Turonensis, d'Orb., 1847. Espèce très-aplatie, lamelleuse, à calices moins grands que chez la précédente. Manthelan.

CRYPTANGIA, Edwards et Haime, 1848.

'2778'. parasita, Edwards et Haime, 1850, Ann., 11, p. 178. *Lithodendron parasitum*, Michelin, Icon., pl. 75, fig. 3. Manthelan (Indre-et-Loire).

2778". cariosa, d'Orb., 1850. *Madrepora cariosa*, Wood, 1844, Annals and Mag., 23, p. 12 (non Goldfuss). *C. Woodii*, Edwards et Haime, 1848, Comptes rendus de l'Ac. des Sc., 1848. Angl., Suffolck, à Ramsholt.

'2778'". intermedia, d'Orb., 1849. Espèce dont les calices sont beaucoup plus grands que chez le *C. parasita*. Manthelan.

POCILLOPORA, Lamarck.

2779. Supergiana, d'Orb., 1847. *Heliopora Supergiana*, Michelin, 1842, Icon. Zooph., p. 66, pl. 13, fig. 10. Piémont, Superga.

'2779'. glabra, d'Orb., 1847. *Madrepora glabra*, Michelin, 1842, Icon. Zooph., p. 66, pl. 14, fig. 1. Goldf., pl. 30, fig. 7. Dax; Piémont, Turin.

2779". raristella, d'Orb., 1845. *Astrea id.*, Defrance, 1828, Michelin, 1842, Icon. Zooph., p. 63, pl. 13, fig. 5. *Sarcinula punctata*, *Porites complanata*, Michelotti, 1838. Bordeaux, Dax; Piémont, Turin, Rivalba.

CERIOPORA, Goldfuss, 1826.

'2780. intricata, d'Orb., 1847. *Heliopora id.*, Michelin, pl. 75, fig. 6. Manthelan, Doué.

'2781. palmata, d'Orb., 1847. *Cellepora id.*, Michelin, 1847, Icon. Zooph., p. 325, pl. 78, fig. 1. Étang de Valduc (Bouches-du-Rhône), Cadenet, les Angles (Vaucluse), Sainte-Maure, Manthelan, Doué.

2782. subpunctata, d'Orb., 1847. *Millepora punctata*, Philippi, 1844, Tert. du N.-E. de l'Allem., p. 67, pl. 1, fig. 13 (non Goldfuss, 1830). Allem., Cassel.

2783. variabilis, V. Münst., Philippi, 1844, Foss. tert. du N.-E. de l'Allem., p. 36, pl. 1, fig. 10. Cassel.

2784. subrhombifera, d'Orb., 1847. *Cellaria rhombifera*, V. Münst., Philippi, 1844, Foss. tert. du N.-E. de l'Allem., p. 37 (non Phillips, 1836). Cassel.

2785. subgracilis, d'Orb., 1847. *Cellaria gracilis*, Philippi, 1844, Foss., p. 38, pl. 1, fig. 14 (non Phillips, 1842). Cassel.

2786. Supergiana, d'Orb., 1847. *Cellepora Supergiana*, Michelin, 1842, p. 73, pl. 15, fig. 2. Peut-être *C. concentrica*, Michelin, fig. 3. Vieilles branches. Piémont, Turin.

2787. tortilis, d'Orb., 1847. *Heteropora tortilis*, Lonsdale, 1845, Quarterly Journal, 1, p. 500. Williamsburg, Petersburg.

POLYTREMA, Risso, 1826.
*2788. **lyncurium,** d'Orb., 1847. *Tethya id.*, Michelin, 1842, Icon. Zooph., p. 78, pl. 15, fig. 13. Piémont, Turin.
2788'. **simplex,** d'Orb., 1847. *Tethya id.*, Michelin, 1842, id., p. 78, pl. 15, fig. 12. Piémont, Turin.
2789. **spongiosa,** d'Orb., 1847. *Ceriopora spongiosa*, Philippi, 1844, Beitr. zur Kenntn., pl. 1, fig. 22. Cassel (Hesse).
*2790. **applicata,** d'Orb., 1847. *Retepora id.*, Blainville, Michelin, 1847, pl. 76, fig. 4. Doué.
CORALLIUM, Linné.
*2791. **sepultum,** d'Orb. *Gorgonia sepulta*, Michelotti, 1838, p. 34. *Corallium rubrum*, id., p. 24. *Corallium pallidum*, Michelin, 1842, Icon. Zooph., p. 76, pl. 15, fig. 9. Nous conservons un des deux noms donnés par M. Michelotti. Piémont, Turin.
ANTIPATHES, Lamarck.
2792. **vetusta?** Michelotti, 1838, Sp. Zooph. Del., p. 43; Michelin, Icon. Zooph., p. 77, pl. 15, fig. 11. Piémont, Turin.
ISISINA, d'Orb., 1847. Nous séparons sous ce nom les *Isis* dont les axes pierreux sont lisses et non cannelés extérieurement.
*2793. **Militensis,** d'Orb., 1847. *Isis Militensis*, Goldfuss, Michelin, Icon. Zooph., p. 77, pl. 15, fig. 10. Piémont, Turin, Lipari, Malte.

FORAMINIFÈRES, d'Orb.

GLANDULINA, d'Orb., 1825, Foraminifères de Vienne, p. 29.
*2794. **ovula,** d'Orb., 1846, Foraminifères de Vienne, p. 29, pl. 1, fig. 6, 7. Autriche, Kalenberg, Nussdorf.
*2794'. **angulata,** d'Orb., 1846, Foraminifères de Vienne, p. 30, pl. 1, fig. 8, 9. Autriche, Baden.
NODOSARIA, Lamarck, d'Orb., 1825. Voy. t. 1, p. 241.
*2795. **Lamarckii,** d'Orb., 1825, Ann. des Sc. nat., p. 88. Espèce à fines stries. Bordeaux.
*2796. **longicostata,** d'Orb., 1846, Foraminif. de Vienne, p. 32, n. 6, pl. 1, fig. 10-12. Baden.
*2797. **irregularis,** d'Orb., 1846, Foraminif. de Vienne, p. 32, n. 7, pl. 1, fig. 13-14. Baden.
*2798. **Mariæ,** d'Orb., 1846, Foraminif. de Vienne, p. 32, n. 8, pl. 1, fig. 15, 16. Autriche, Baden.
*2799. **rudis,** d'Orb., 1846, Foraminif. de Vienne, p. 33, n. 9, pl. 1, fig. 17-19. Autriche, Baden.
*2800. **semirugosa,** d'Orb., 1846, Foraminif. de Vienne, p. 34, n. 10, pl. 1, fig. 20-23. Autriche, Baden.
*2801. **aculeata,** d'Orb., 1846, Foraminif. de Vienne, p. 35, n. 12, pl. 1, fig. 26, 27. Autriche, Baden.
*2802. **quadrata,** d'Orb., 1846, Foraminif. de Vienne, p. 36, n. 13, pl. 1, fig. 28, 29. Autriche, Nussdorf.
*2803. **Boueana,** d'Orb., 1846, Foraminif. de Vienne, p. 37, n. 14, pl. 1, fig. 30, 31. Autriche, Nussdorf.
*2804. **spinosa,** d'Orb., 1846, Foraminif. de Vienne, p. 37, n. 15, pl. 1, fig. 32, 33. Autriche, Baden.

***2805. Badenensis,** d'Orb., 1846, Foraminif. de Vienne, p. 38, pl. 1, fig. 34, 35. Autriche, Baden.

DENTALINA, d'Orb., 1825.

***2806. Badenensis,** d'Orb., 1846, Foraminif. de Vienne, p. 44, n. 19, pl. 1, fig. 48, 49. Autriche, Baden.
***2807. elegans,** d'Orb., 1846, Foraminif. de Vienne, p. 45, pl. 1, fig. 52, 56. Autriche, Nussdorf, Baden.
***2808. pauperata,** d'Orb., 1846, Foraminif. de Vienne, p. 46, pl. 1, fig. 57, 58. Autriche, Baden.
2809. consobrina, d'Orb., 1846, Foraminif. de Vienne, p. 46, pl. 2, fig. 1-3. Autriche, Baden.
***2810. Boueana,** d'Orb., 1846, Foraminif. de Vienne, p. 47, pl. 2, fig. 4-6. Autriche, Baden.
***2811. Verneuilii,** d'Orb., 1846, Foraminif. de Vienne, p. 48, pl. 2, fig. 7, 8. Autriche, Baden.
***2812. brevis,** d'Orb., 1846, Foraminif. de Vienne, p. 48, pl. 2, fig. 9, 10. Autriche, Baden.
***2813. guttifera,** d'Orb., 1846, Foraminif. de Vienne, p. 49, pl. 2, fig. 11-14. Autriche, Baden.
***2814. punctata,** d'Orb., 1846, Foraminif. de Vienne, p. 49, pl. 2, fig. 14, 15. Autriche, Baden.
***2815. Adolphina,** d'Orb., 1846, Foraminif. de Vienne, p. 51, pl. 2, fig. 18-20. Autriche, Baden.
***2816. scripta,** d'Orb., 1846, Foraminif. de Vienne, p. 51, pl. 2, fig. 21-23. Autriche, Baden.
***2817. semiplicata,** d'Orb., 1846, Foraminif. de Vienne, p. 52, pl. 2, fig. 24, 25. Autriche, Vienne.
***2818. semicostata,** d'Orb., 1846, Foraminif. de Vienne, p. 53, pl. 2, fig. 26-28. Autriche, Baden.
***2819. antennula,** d'Orb., 1846, Foraminif. de Vienne, p. 53, pl. 2, fig. 29, 30. Autriche, Baden.
***2820. urnula,** d'Orb., 1846, Foraminif. de Vienne, p. 54, pl. 2, fig. 31, 32. Autriche, Baden.
***2821. elegantissima,** d'Orb., 1846, Foraminif. de Vienne, p. 55, pl. 2, fig. 33-35. Autriche, Baden.
***2822. spinosa,** d'Orb., 1846, Foraminif. de Vienne, p. 55, pl. 2, fig. 36, 37. Autriche, Baden.
***2823. bifurcata,** d'Orb., 1846, Foraminif. de Vienne, p. 56, pl. 2, fig. 38, 39. Autriche, Nussdorf.
***2824. acuta,** d'Orb., 1846, Foraminif. de Vienne, p. 56, pl. 2, fig. 40-43. Autriche, Baden.
***2825. striata,** d'Orb., 1825, Ann. des Sc. nat., p. 89, n. 44. Espèce très-arquée, à fines stries longitudinales. *Nodosaria acicula*, Philippi, 1844, pl. 1, fig. 33. France, Dax.

FRONDICULARIA, Defrance. Voy. t. 1, p. 241.

2826. lævigata, d'Orb., 1825, Ann. des Sc. nat., p. 89, n. 7. Espèce lisse, allongée. France, Dax.
***2827. annularis,** d'Orb., 1846, Foraminif. de Vienne, p. 59, pl. 2, fig. 44-47. Autriche, Baden.

2828. oblonga, V. Münst., Rœmer, p. 382, n. 1, fig. 4. Philippi, 1844, Foss. tert. du N.-E. de l'Allem., p. 4. Cassel.

2829. linearis, Philippi, 1844, loc. cit., p. 5, pl. 1, fig. 32. Cassel.

2830. pseudo-ovata, d'Orb., 1847. *F. ovata*, Philippi, 1844, Foss. tert. du N.-E. de l'Allem., p. 4 (non Rœmer, 1841). Cassel.

2831. lancea, Philippi, 1844, loc. cit., pl. 1, fig. 31. Cassel.

2832. elongata, V. Münst., Rœm., p. 382, n. 3, fig. 6. Philippi, 1844, Foss. tert. du N.-E. de l'Allem., p. 5. Cassel.

LINGULINA, d'Orb., 1825, Foraminifères de Vienne, p. 60.

***2833. rotundata**, d'Orb., 1846, Foraminif. de Vienne, p. 61, pl. 2, fig. 48-51. Autriche, Baden.

***2834. mutabilis**, d'Orb., 1846, Foraminif. de Vienne, p. 61, pl. 2, fig. 52-54. Autriche, Nussdorf.

***2835. costata**, d'Orb., 1846, Foraminif. de Vienne, p. 62, pl. 3, fig. 1-5. Autriche, Baden.

MARGINULINA, d'Orb., 1825, Foraminifères de Vienne, p. 68.

***2836. regularis**, d'Orb., 1846, Foraminif. de Vienne, p. 68, n. 45, pl. 3, fig. 9-12. Autriche, Baden.

***2837. pedum**, d'Orb., 1846, Foraminif. de Vienne, p. 68, pl. 3, fig. 13, 14. Autriche, Baden.

***2838. similis**, d'Orb., 1846, Foraminif. de Vienne, p. 69, pl. 3, fig. 15, 16. Autriche, Baden.

***2839. striata**, d'Orb., 1825, Ann. des Sc. nat., p. 89, n. 4. Espèce noueuse, striée obliquement. France, Dax.

***2840. rugoso-costata**, d'Orb., 1846, Foraminif. de Vienne, p. 70, pl. 3, fig. 19-21. Autriche, Nussdorf.

***2841. triangularis**, d'Orb., 1846, Foraminif. de Vienne, p. 71, pl. 3, fig. 22, 23. Autriche, Baden.

VAGINULINA, d'Orb., 1825, Foraminifères de Vienne, p. 65.

***2841'. Badenensis**, d'Orb., 1846, Foraminif. de Vienne, p. 65, pl. 3, fig. 6-8. Autriche, Baden.

2842. lævigata, Rœmer, p. 383, fig. 11. Philippi, 1844, Foss. tert. du N.-E. de l'Allem., p. 5. Cassel.

CRISTELLARIA, Lamarck. Voy. t. 1, p. 242.

***2843. Hauerina**, d'Orb., 1846, Foraminif. de Vienne, p. 84, pl. 3, fig. 24, 25. Autriche, Baden.

***2844. simplex**, d'Orb., 1846, Foraminif. de Vienne, p. 85, pl. 3, fig. 26, 29. Autriche, Nussdorf.

***2845. cymboides**, d'Orb., 1846, Foraminif. de Vienne, p. 85, pl. 3, fig. 30, 31. Autriche, Nussdorf.

***2846. subcompressa**, d'Orb., 1847. *C. compressa*, d'Orb., 1846, Foraminif. de Vienne, p. 86, pl. 3, fig. 32, 33 (non Rœmer, 1841). Autriche, Baden.

***2847. subarcuata**, d'Orb., 1847. *C. arcuata*, d'Orb., 1846, Foraminif. de Vienne, p. 87, pl. 3, fig. 34-36 (non Philippi). Autriche, Baden.

***2848. Josephina**, d'Orb., 1846, Foraminif. de Vienne, p. 88, pl. 3, fig. 37, 38. Autriche, Nussdorf.

*2849. **reniformis,** d'Orb., 1846, Foraminif. de Vienne, p. 88, pl. 3, fig. 39, 40. Autriche, Baden.

*2850. **semiluna,** d'Orb., 1846, Foraminif. de Vienne, p. 90, pl. 3, fig. 43, 44. Autriche, Baden.

*2851. **subcrassa,** d'Orb., 1847. *C. crassa,* d'Orb., 1846, Foraminif. de Vienne, p. 90, pl. 4, fig. 1-3 (non Rœmer, 1841). Autriche, Baden.

2852. **compressiuscula,** d'Orb., 1847. *Marginulina compressiuscula,* Philippi, 1844, Foss. tert. du N.-E. de l'Allem., p. 5, pl. 1, fig. 29. Cassel.

2853. **arcuata,** d'Orb., 1847. *Marginulina arcuata,* Philippi, 1844, Foss., p. 5, pl. 1, fig. 28. Cassel.

2854. **spirata,** d'Orb., 1847. *Marginulina spirata,* Philippi, 1844, Foss., p. 5, pl. 1, fig. 27. Cassel.

2855. **subcostata,** V. Münst., Rom., p. 391, fig. 64? Philippi, 1844, Foss., p. 5. Cassel.

2856. **gladius,** d'Orb., 1847. *Marginulina gladius,* Philippi, 1844, Beitræge, p. 40, pl. 1, fig. 37. Cassel.

2857. **intermedia,** d'Orb., 1847. *Planularia intermedia,* Philippi, 1844, Beitræge, p. 40, pl. 1, fig. 38. Cassel.

2858. **semicircularis,** d'Orb., 1847. *Planularia semicircularis,* Philippi, 1844, Beitr., p. 41, pl. 1, fig. 39. Cassel.

FLABELLINA, d'Orb., 1825.

2859. **linearis,** d'Orb., 1847. *Frondicularia linearis,* Philippi, 1844. Foss. tert. du N.-E. de l'Allemagne, p. 5. Cassel.

ROBULINA, d'Orb., 1825, Foraminifères de Vienne, p. 97.

*2860. **similis,** d'Orb., 1846, Foraminifères de Vienne, p. 98, pl. 4, fig. 14, 15. Autriche, Baden.

*2861. **ornata,** d'Orb., 1846, Foraminif. de Vienne, p. 98, pl. 4, fig. 16, 17. Autriche, Baden.

*2862. **clypeiformis,** d'Orb., 1846, Foraminif. de Vienne, p. 101, pl. 4, fig. 23, 24. Autriche, Nussdorf.

*2863. **inornata,** d'Orb., 1846, Foraminif. de Vienne, p. 102, pl. 4, fig. 25, 26. Autriche, Baden.

*2864. **simplex,** d'Orb., 1846, Foraminif. de Vienne, p. 102, pl. 4, fig. 27, 28. Autriche, Baden.

*2865. **Austriaca,** d'Orb., 1846, Foraminif. de Vienne, p. 102, pl. 5, fig. 1, 2. Autriche, Baden, Nussdorf.

*2866. **intermedia,** d'Orb., 1846, Foraminif. de Vienne, p. 104, pl. 5, fig. 3, 4. Autriche, Baden, Nussdorf.

*2867. **imperatoria,** d'Orb., 1846, Foraminif. de Vienne, p. 104, pl. 5, fig. 5, 6. Autriche, Baden.

*2868. **marginata,** d'Orb., 1825, Ann. des Sc. nat., p. 124, n. 19. Espèce lisse pourvue autour d'un large bourrelet. France, Bordeaux.

2869. **Cummingi,** Michelotti, Rizop. sopracret., p. 40, Préc. faun. mioc., pl. 1, fig. 3. (Espèce douteuse.) Piémont, Turin.

2870. **depressa,** Michelotti, Rizop. sopracret., p. 39, Préc. faun. mioc., pl. 1, fig. 1. (Espèce douteuse.) Piémont, Turin.

NONIONINA, d'Orb., 1825. Foraminifères de Vienne, p. 127.

*2871. **Lamarckii,** d'Orb., 1825, Ann. des Sc. nat., p. 128, n. 13. Espèce discoïdale à loges très-étroites. France, Dax.

*2872. **elongata,** d'Orb., 1825, Ann. des Sc. nat., p. 128, n. 18. Espèce très-ovale, comprimée, lisse. France, Dax.

*2873. **Gratteloupi,** d'Orb., 1825, Ann. des Sc. nat., p. 128, n. 19. Espèce ovale, très-comprimée, lisse. France, Dax.

*2874. **communis,** d'Orb., 1825, Ann. des Sc. nat., p. 128, n. 19. Plus épaisse que la précédente, de même forme. Id., Foraminifères de Vienne, p. 106, pl. 5, fig. 7, 8. France, Bordeaux, Dax; Autriche, Nussdorf; Italie, Sienne.

*2875. **Boueana,** d'Orb., 1846, Foraminif. de Vienne, p. 108, pl. 5, fig. 11, 12. Autriche, Nussdorf.

*2876. **tuberculata,** d'Orb., 1846, Foraminif. de Vienne, p. 108, pl. 5, fig. 13, 14. Autriche, Nussdorf.

*2877. **perforata,** d'Orb., 1846, Foraminif. de Vienne, p. 110, pl. 5, fig. 17, 18. Autriche, Nussdorf, Vienne.

*2878. **punctata,** d'Orb., 1846, Foraminif. de Vienne, p. 110, pl. 5, fig. 21, 22. Autriche, Nussdorf.

HAUERINA, d'Orb., 1846. Foraminif. de Vienne, p. 119.

*2879. **compressa,** d'Orb., 1846, Foraminif. de Vienne, p. 119, pl. 5, fig. 25, 27. Autriche, Vienne.

OPERCULINA, d'Orb., 1825. Voy. t. 2, p. 111.

*2880. **complanata,** d'Orb., 1825, Ann. des Sc. nat., p. 115, n. 1, Modèles, n. 80, pl. 14, fig. 7-9. Bordeaux, Dax.

*2881. **costata,** d'Orb., 1825, Ann. des Sc. nat., p. 115, n. 2. Espèce pourvue de côtes sur les sutures des loges. Dax.

2882. **granulosa,** Michelotti, Rizop. sopracret., p. 34, Préc. faun. mioc., pl. 1, fig. 6. Piémont, Turin.

2883. **Taurinensis,** Michelotti, Rizop. sopracret., p. 32, Préc. faun. mioc., pl. 1, fig. 4. Piémont, Turin.

POLYSTOMELLA, Lamarck, d'Orb., Foraminif. de Vienne, p. 121.

*2884. **angularis,** d'Orb., 1825, Ann. des Sc. nat., p. 118, n. 2 (exclus. citation vivante). Espèce très-épaisse. Chavagne, Pontlevoy.

*2885. **Burdigalensis,** d'Orb., 1847. *Nonionina semistriata*, d'Orb., 1825, p. 128, n. 8. Bordeaux.

*2886. **Hauerica,** d'Orb., 1846, Foraminif. de Vienne, p. 122, pl. 6, fig. 1, 2. Autriche, Vienne.

*2887. **rugosa,** d'Orb., 1846, Foraminif. de Vienne, p. 123, pl. 6, fig. 3, 4. Autriche, Baden, Vienne.

*2888. **obtusa,** d'Orb., 1846, Foraminif. de Vienne, p. 124, pl. 6, fig. 5, 6. Autriche, Vienne, Nussdorf.

*2889. **Fichtelliana,** d'Orb., 1846, Foraminif. de Vienne, p. 125, pl. 6, fig. 7, 8. Autriche, Nussdorf.

*2890. **flexuosa,** d'Orb., 1846, Foraminif. de Vienne, p. 127, pl. 6, fig. 15, 16. Autriche, Nussdorf, Baden.

*2891. **Antonina,** d'Orb., 1846, Foraminif. de Vienne, p. 128, pl. 6, fig. 17, 18. Autriche, Nussdorf.

*2892. **Listeri,** d'Orb., 1846, Foraminif. de Vienne, p. 128, pl. 6, fig. 19-22. Autriche, Baden.

*2893. **regina,** d'Orb., 1846, Foraminif. de Vienne, p. 129, pl. 6, fig. 23, 24. Autriche, Baden.

*2894. **Josephina,** d'Orb., 1846, Foraminif. de Vienne, p. 130, pl. 6, fig. 25, 26. Autriche, Baden.

*2895. **aculeata,** d'Orb., 1846, Foraminif. de Vienne, p. 131, pl. 6, fig. 27, 28. Autriche, Baden.

PENEROPLIS, Montfort, 1808.

*2896. **orbicularis,** d'Orb., 1825, Ann. des Sc. nat., p. 120, n. 5. Espèce dont les loges semblent former un disque complet. Dax.

DENDRITINA, d'Orb., 1825. Voy. Foramin. de Vienne, p. 135.

*2897. **elegans,** d'Orb., 1846, Foraminif. de Vienne, p. 135, pl. 7, fig. 5, 6. Autriche, Baden, Tarnapol en Gallicie.

*2898. **arbuscula,** d'Orb., 1825, Ann. des Sc. nat., p. 119. n. 1, pl. 15, fig. 6, 7; Modèles, n. 21. France, Bordeaux.

*2899. **Haueri,** d'Orb., 1846, Foraminif. de Vienne, p. 134, pl. 7, fig. 1, 2. Autriche, Nussdorf.

*2900. **Juleana,** d'Orb., 1846, Foraminif. de Vienne, p. 134, pl. 7, fig. 3, 4. Autriche, Vienne.

SPIROLINA, Lamarck, 1822, d'Orb., Foraminif. de Vienne, p. 136.

*2901. **Austriaca,** d'Orb., 1846, Foraminif. de Vienne, p. 137, pl. 7, fig. 8, 9. Autriche, Nussdorf.

*2902. **agglutinans,** d'Orb., 1846, Foraminif. de Vienne, p. 137, pl. 7, fig. 10-12. Autriche, Baden.

ORBICULINA, Lamarck, d'Orb., Foraminif. de Vienne, p. 141.

*2903. **rotella,** d'Orb., 1846, Foraminif. de Vienne, p. 142, pl. 7, fig. 13, 14. Autriche, Buitur en Transylvanie.

ALVEOLINA, Bosc, 1804. Voy. t. 2, p. 185.

*2904. **bulloides,** d'Orb., 1825, Ann. des Sc. nat., p. 140, n. 1. Espèce globuleuse à loges saillantes. Dax.

*2905. **Hauerina,** d'Orb., 1846, Foraminif. de Vienne, p. 148, pl. 7, fig. 17, 18. Vienne.

ROTALIA, Lamarck, Voy. t. 1, p. 242.

*2906. **Calembergensis,** d'Orb., 1846, Foraminif. de Vienne, p. 151, pl. 7, fig. 19-21. Autriche, Nussdorf.

*2907. **Haueri,** d'Orb., 1846, Foraminif. de Vienne, p. 151, pl. 7, fig. 22-24. Autriche, Nussdorf.

*2908. **Partschiana,** d'Orb., 1846, Foraminif. de Vienne, p. 153, pl. 7, fig. 28-30; pl. 8, fig. 1-3. Autriche, Nussdorf, Baden.

*2909. **Schreibersii,** d'Orb., 1846, Foraminif. de Vienne, p. 154, pl. 8, fig. 4-6. Autriche, Nussdorf, Baden.

*2910. **Haidengerii,** d'Orb., 1846, Foraminif. de Vienne, p. 154, pl. 8, fig. 7-9. Autriche, Nussdorf.

*2911. **Akneriana,** d'Orb., 1846, Foraminif. de Vienne, p. 156, pl. 8, fig. 13-15. Autriche, Nussdorf.

*2912. **trochus,** d'Orb., 1825, Ann. des Sc. nat., p. 106, n. 4. Espèce très-conique à disque inférieur. Bordeaux.

*2913. **discoides,** d'Orb., 1825, Ann. des Sc. nat., p. 106, n. 5. Elle diffère de la précédente par les sutures non arquées de ses loges. Bordeaux.

'2914. **Grattelonpi,** d'Orb., 1825, Ann. des Sc. nat., p. 106, n. 10. Disque étoilé sur la face inférieure plane. Dax.
'2915. **pileus,** d'Orb., 1825, Ann. des Sc. nat., p. 106, n. 11. Sans disque central. Dax, Bordeaux, Saucats.
'2916. **Burdigalensis,** d'Orb., 1825, Ann. des Sc. nat., p. 107, n. 21. Loges bordées en dessus. Bordeaux.
'2917. **armata,** d'Orb., 1825, Ann. des Sc. nat., p. 107, n. 22. Modèles, n. 70. Chavagne, Bordeaux.
'2918. **carinata,** d'Orb., 1825, Ann. des Sc. nat., p. 107, n. 24. Espèce déprimée. Bordeaux, Dax.
'2919. **elliptica,** d'Orb., 1825, Ann. des Sc. nat., p. 107, n. 28. Espèce ovale dont l'accroissement est rapide. Dax.
2920. **Northamptoni?** Michelotti, Rizop. sopracret., p. 31, pl. 1, fig. 6. Piémont, Turin.
'2921. **Dutemplei,** d'Orb., 1846, Foraminif. de Vienne, p. 157, pl. 8, fig. 19-21. Autriche, Nussdorf.
*2922. **aculeata,** d'Orb., 1846, Foraminif. de Vienne, p. 159, pl. 8, fig. 25-27. Autriche, Nussdorf.
GLOBIGERINA, d'Orb., 1825.
'2923. **trilocularis,** d'Orb., 1825, Ann. des Sc. nat., p. 111, n. 2. Espèce très-globuleuse. Bordeaux.
'2924. **fragilis,** d'Orb., 1825, Ann. des Sc. nat., p. 111, n. 11. Espèce à cinq loges. Dax.
'2925. **regularis,** d'Orb., 1846, Foraminif. de Vienne, p. 162, pl. 9, fig. 1-3. Autriche, Nussdorf.
'2926. **quadrilobata,** d'Orb., 1846, Foraminif. de Vienne, p. 164, pl. 9, fig. 7-10. Autriche, Nussdorf.
'2927. **bilobata,** d'Orb., 1846, Foraminif. de Vienne, p. 164, pl. 9, fig. 11-14. Autriche, Nussdorf.
TRUNCATULINA, d'Orb., 1825.
'2928. **infractuosa,** d'Orb., 1825, Ann. des Sc. nat., p. 113, n. 3. Espèce pourvue de très-grands pores. Bordeaux.
'2929. **Boueana,** d'Orb., 1825, Foraminif. de Vienne, p. 169, pl. 9, fig. 24-26. Autriche, Nussdorf.
ANOMALINA, d'Orb., 1825, Foraminif. de Vienne, p. 115.
'2930. **elegans,** d'Orb., 1825, Ann. des Sc. nat., p. 116, n. 4. Modèles, n. 42. Bordeaux.
'2931. **nautiloides,** d'Orb., 1825, Ann. des Sc. nat., p. 116, n. 5, Espèce carénée. Étang de Bère.
'2932. **variolata,** d'Orb., 1825, Foraminif. de Vienne, p. 170, pl. 9, fig. 27-29. Autriche, Nussdorf.
'2933. **Badenensis,** d'Orb., 1846, Foraminif. de Vienne, p. 171, pl. 10, fig. 1-3. Autriche, Baden.
'2934. **rotula,** d'Orb., 1846, Foraminif. de Vienne, p. 172, pl. 10, fig. 10-12.
ROSALINA, d'Orb., 1825.
'2935. **complanata,** d'Orb., 1846, Foraminif. de Vienne, p. 175, pl. 10, fig. 13-15. Autriche, Nussdorf.
'2936. **imperatoria,** d'Orb., 1846, Foraminif. de Vienne, p. 176, pl. 10, fig. 16-18. Autriche, Tarnapol en Gallicie.

*2937. **dubia**, d'Orb., 1846, Foraminif. de Vienne, p. 177, pl. 10, fig. 19-21. Autriche, Nussdorf.
*2938. **Viennensis**, d'Orb., 1846, Foraminif. de Vienne, p. 177, pl. 10, fig. 22-24. Autriche, Baden.
*2939. **simplex**, d'Orb., 1846, Foraminif. de Vienne, p. 178, pl. 10, fig. 25-27. Autriche, Baden.
*2940. **obtusa**, d'Orb., 1846, Foraminif. de Vienne, p. 179, pl. 11, fig. 4-6. Autriche, Nussdorf.
*2941. **affinis**, d'Orb., 1825, Ann. des Sc. nat., p. 105, n. 8. Espèce étoilée sur l'ombilic. Saucats, près de Bordeaux.
VALVULINA, d'Orb., 1825.
*2942. **Austriaca**, d'Orb., 1846, Foraminif. de Vienne, p. 181, pl. 11, fig. 7, 8. Autriche, Nussdorf.
BULIMINA, d'Orb., 1825, Voy. t. 2, p. 185.
*2943. **pyrula**, d'Orb., 1846, Foraminif. de Vienne, p. 184, pl. 11, fig. 9, 10. Autriche, Vienne, Baden.
*2944. **pupoides**, d'Orb., 1846, Foraminif. de Vienne, p. 185, pl. 11, fig. 11, 12. Autriche, Nussdorf, Baden.
*2945. **ovata**, d'Orb., 1846, Foraminif. de Vienne, p. 185, pl. 11, fig. 13, 14. Autriche, Nussdorf.
*2946. **Buchana**, d'Orb., 1846, Foraminif. de Vienne, p. 186, pl. 11, fig. 15-18. Autriche, Nussdorf, Baden; Bohilth, en Styrie.
*2947. **arcuata**, d'Orb., 1825, Ann. des Sc. nat., p. 104, n. 2. Espèce lisse, flexueuse. Dax.
UVIGERINA, d'Orb., 1825.
*2948. **trilobata**, d'Orb., 1825, Ann. des Sc. nat., p. 103, n. 4. Espèce comprimée, les loges sur deux faces. France, Bordeaux.
*2949. **urnula**, d'Orb., 1846, Foraminif. de Vienne, p. 189, pl. 11, fig. 21, 22. Autriche, Baden.
*2950. **semiornata**, d'Orb., 1846, Foraminif. de Vienne, p. 189, pl. 11, fig. 23, 24. Autriche, Nussdorf.
*2951. **aculeata**, d'Orb., 1846, Foraminif. de Vienne, p. 191, pl. 11, fig. 27, 28. Autriche, Nussdorf.
ASTERIGERINA, d'Orb., 1846.
*2952. **rosacea**, d'Orb., 1847. *Rotalia id.*, d'Orb., 1825, Ann. des Sc. nat., p. 107, n. 15. Modèles, n. 39. Bordeaux.
AMPHISTEGINA, d'Orb., 1825, Foraminif. de Vienne, p. 207.
*2953. **mamillata**, d'Orb., 1846, Foraminif. de Vienne, p. 208, n. 145, pl. 12, fig. 6-8. Autriche, Nussdorf.
*2954. **rugosa**, d'Orb., 1846, Foraminif. de Vienne, p. 209, pl. 12, fig. 9-11. Autriche, Nussdorf.
*2955. **vulgaris**, d'Orb., 1825, Ann. des Sc. nat., p. 130. Modèles, n. 40. Bordeaux, Étang de Bère.
*2956. **Hauerina**, d'Orb., 1846, Foraminif. de Vienne, p. 207, pl. 12, fig. 3-5. Autriche, Nussdorf.
HETEROSTEGINA, d'Orb., 1825, Foraminif. de Vienne, p. 211.
*2957. **costata**, d'Orb., 1846, Foraminif. de Vienne, p. 212, pl. 12. fig. 15-17. Autriche, Nussdorf.
*2958. **simplex**, d'Orb., 1846, Foraminif. de Vienne, p. 211, pl. 12, fig. 12-14. Autriche, Nussdorf.

DIMORPHINA, d'Orb., 1825, Foraminif. de Vienne, p. 219.

*2959. **obliqua,** d'Orb., 1846, Foraminif. de Vienne, p. 220, pl. 12, fig. 18-20. Autriche, Baden.

*2960. **nodosaria,** d'Orb., 1846, Foraminif. de Vienne, p. 221, pl. 12, fig. 21, 22. Autriche, Baden.

GUTTULINA, d'Orb., 1825.

*2962. **lævigata,** d'Orb., 1825, Ann. des Sc. nat., p. 100, n. 19. Bordeaux (non Adriatique).

*2963. **Austriaca,** d'Orb., 1846, Foraminif. de Vienne, p. 223, pl. 12, fig. 23-25. Autriche, Nussdorf.

GLOBULINA, d'Orb., 1825, Foraminif. de Vienne.

*2964. **gibba,** d'Orb., 1825, Ann. des Sc. nat., p. 100, n. 20. Modèles, n. 63. *Id.*, 1846, Foraminif. de Vienne, p. 227, pl. 13, fig. 13, 14. Dax, Bordeaux, Chavagne (non Paris, non Adriatique) ; Autriche, Nussdorf.

*2965. **ovata,** d'Orb., 1825, Ann. des Sc. nat., p. 100, n. 22. Espèce ovale, acuminée. Bordeaux (non Beauvais, non Rimini).

*2966. **Gratteloupi,** d'Orb., 1825, Ann. des Sc. nat., p. 101, n. 23. *G. elongata id.*, n. 24. Espèce costulée en long. Dax.

*2967. **deformis,** d'Orb., 1825, Ann. des Sc. nat., p. 101, n. 27. Espèce plus large que longue, lisse. Pontlevoy.

*2968. **irregularis,** d'Orb., 1846, Foraminif. de Vienne, p. 226, pl. 13, fig. 9, 10. Autriche, Nussdorf.

*2969. **æqualis,** d'Orb., 1846, Foraminif. de Vienne, p. 227, pl. 13, fig. 11, 12. Autriche, Nussdorf.

*2970. **tubulosa,** d'Orb., 1846, Foraminif. de Vienne, p. 228, pl. 13, fig. 15, 16. Autriche, Nussdorf.

*2971. **punctata,** d'Orb., 1846, Foraminif. de Vienne, p. 229, pl. 13, fig. 17, 18. Autriche, Baden.

*2972. **rugosa,** d'Orb., 1846, Foraminif. de Vienne, p. 229, pl. 13, fig. 19, 20. Autriche, Baden.

*2973. **tuberculata,** d'Orb., 1846, Foraminif. de Vienne, p. 230, pl. 13, fig. 21, 22. Autriche, Baden.

*2974. **spinosa,** d'Orb., 1846, Foraminif. de Vienne, p. 231, pl. 13, fig. 23, 24. Autriche, Nussdorf.

POLYMORPHINA, d'Orb., 1825. Voy. t. 2, p. 185.

*2975. **oblonga,** d'Orb., 1846, Foraminif. de Vienne, p. 232, pl. 12, fig. 29-31. Autriche, Nussdorf.

*2976. **subcompressa,** d'Orb., 1847. *P. compressa*, d'Orb., 1846, Foraminif. de Vienne, p. 233, pl. 12, fig. 32-34 (non Philippi, 1844). Autriche, Nussdorf.

*2977. **ovata,** d'Orb., 1846, Foraminif. de Vienne, p. 233, pl. 13, fig. 1-3. Autriche, Nussdorf.

*2978. **subacuta,** d'Orb., 1847. *P. acuta*, d'Orb., 1846, Foraminif. de Vienne, p. 234, pl. 13, fig. 4, 5 (non 1825). Autriche, Baden.

*2979. **complanata,** d'Orb., 1846, Foraminif. de Vienne, p. 234, pl. 13, fig. 25-30. Autriche, Nussdorf, Baden.

*2980. **digitalis,** d'Orb., 1846, Foraminif. de Vienne, p. 235, pl. 14, fig. 1-4. Autriche, Nussdorf.

*2981. **Burdigalensis,** d'Orb., 1825, Ann. des Sc. nat., p. 99, n. 2. Modèles, n. 29. France, Bordeaux.

*2982. **acuta,** d'Orb., 1825, Ann. des Sc. nat., p. 99, n. 7. Espèce très-allongée. Dax, dans les grosses natices.

*2983. **contecta,** d'Orb., 1825, Ann. des Sc. nat., p. 99, n. 10. Espèce très-large, gibbeuse. France, Dax.

*2984. **dilatata,** d'Orb., 1825, Ann. des Sc. nat., p. 99, n. 11. Espèce presque carénée sur les côtés. France, Chavagne.

*2985. **pupa,** d'Orb., 1825, Ann. des Sc. nat., p. 99, n. 9. Espèce courte, renflée. Bordeaux (non Beauvais, non Toulon).

2986. **teretiuscula**? Rœm., p. 385, n. 4, fig. 24. Philippi, 1844, Foss. tert. du N.-E. de l'Allemagne, p. 5. Cassel.

2987. **anceps,** Philippi, 1844, Beitr., p. 43, pl. 1, fig. 34. Cassel.

2988. **compressa,** Philippi, 1844, Beitr., p. 69, pl. 1, fig. 35. Cassel.

BIGENERINA, d'Orb., 1825. Voy. Foraminif. de Vienne, p. 237.

*2989. **agglutinans,** d'Orb., 1846, Foraminif. de Vienne, p. 238, pl. 14, fig. 8-10. Autriche, Nussdorf.

TEXTULARIA, Defrance.

*2990. **consecta,** d'Orb., 1825, Ann. des Sc. nat., p. 96, n. 7. Espèce très-allongée. *T. acuta id.*, n. 9. Bordeaux.

*2991. **rugosa,** d'Orb., 1825, Ann. des Sc. nat., p. 97, n. 10. Espèce plane sur les côtés. Bords de l'étang de Tau.

*2992. **elongata,** d'Orb., 1825, Ann. des Sc. nat., p. 97, n. 11. Espèce lobée. Bords de l'étang de Tau.

*2993. **lobata,** d'Orb., 1825, Ann. des Sc. nat., p. 97, n. 12. Espèce comme tuberculeuse. Bords de l'étang de Tau.

*2994. **lingula,** d'Orb., 1825, Ann. des Sc. nat., p. 97, n. 19. Espèce plus large que le *T. cuneiformis*. Chavagne.

*2995. **quadrangularis,** d'Orb., 1825, Ann. des Sc. nat., p. 97, n. 21. Espèce quadrangulaire. Étang de Tau.

*2996. **Nussdorfensis,** d'Orb., 1846, Foram. de Vienne, p. 243, pl. 14, fig. 17-19. Autriche, Nussdorf.

*2997. **Bronniana,** d'Orb., 1846, Foraminif. de Vienne, p. 244, pl. 14, fig. 20-22. Autriche, Nussdorf.

*2998. **deperdita,** d'Orb., 1846, Foraminif. de Vienne, p. 244, pl. 14, fig. 23-25. Autriche, Nussdorf.

*2999. **Mayeriana,** d'Orb., 1846, Foraminif. de Vienne, p. 245, pl. 14, fig. 26-28. Autriche, Nussdorf, Baden.

*3000. **Mariæ,** d'Orb., 1846, Foraminif. de Vienne, p. 246, pl. 14, fig. 29-31. Autriche, Baden.

*3001. **subangulata,** d'Orb., 1846, Foraminif. de Vienne, p. 247, pl. 15, fig. 1-3. Autriche, Nussdorf.

*3002. **gramen,** d'Orb., 1846, Foraminif. de Vienne, p. 248, pl. 15, fig. 4-6. Autriche, Baden.

*3003. **Haueri,** d'Orb., 1846, Foraminif. de Vienne, p. 250, pl. 15, fig. 13-15. Autriche, Nussdorf.

*3004. **articulata,** d'Orb., 1846, Foraminif. de Vienne, p. 250, pl. 15, fig. 16-18. Autriche, Baden.

BOLIVINA, d'Orb., 1839, Foraminif. de Vienne, p. 239.

*3005. **antiqua,** d'Orb., 1846, Foraminif. de Vienne, p. 240, pl. 14, fig. 11-13. Autriche, Baden.

BILOCULINA, d'Orb., 1825.

*3006. **affinis,** d'Orb., 1846, Foraminif. de Vienne, p. 265, pl. 16, fig. 13. Autriche, Baden.

*3007. **contraria,** d'Orb., 1846, Foraminif. de Vienne, p. 266, pl. 16, fig. 4-6. Autriche, Baden.

*3008. **inornata,** d'Orb., 1846, Foraminif. de Vienne, p. 266, pl. 16, fig. 7-9. Autriche, Baden.

*3009. **alata,** d'Orb., 1825, Ann. des Sc. nat., p. 132, n. 6. Espèce tranchante en arrière. Dax.

*3010. **clypeata,** d'Orb., 1846, Foraminif. de Vienne, p. 263, pl. 15, fig. 19-21. Autriche, Nussdorf.

*3011. **lunula,** d'Orb., 1846, Foraminif. de Vienne, p. 264, pl. 15, fig. 22-24. Autriche, Baden.

*3012. **simplex,** d'Orb., 1846, Foram. de Vienne, p. 264, pl. 15, fig. 25-27. Autriche, Nussdorf.

SPIROLOCULINA, d'Orb., 1825.

*3013. **canaliculata,** d'Orb., 1846, Foraminif. de Vienne, p. 269, pl. 16, fig. 10-12. Autriche, Baden.

*3014. **Badenensis,** d'Orb., 1846, Foraminif. de Vienne, p. 270, pl. 16, fig. 13-15. Autriche, Baden.

*3015. **dilatata,** d'Orb., 1846, Foraminif. de Vienne, p. 271, pl. 16, fig. 16-18. Autriche, Baden.

*3016. **excavata,** d'Orb., 1846, Foraminif. de Vienne, p. 271, pl. 16, fig. 19-27. Autriche, Baden.

*3017. **Gratteloupi,** d'Orb., 1825, Ann. des Sc. nat., p. 132, n. 3. Espèce très-allongée. Dax.

*3018. **tricarinata,** d'Orb., 1825, Ann. des Sc. nat., p. 132, n. 5. A trois carènes extérieures. Dax.

*3019. **lyra,** d'Orb., 1825, Ann. des Sc. nat., p. 132, n. 7. Bisanguleuse extérieurement. Dax, Bordeaux.

TRILOCULINA, d'Orb., 1825.

*3020. **affinis,** d'Orb., 1825, Ann. des Sc. nat., p. 133, n. 2. Espèce voisine du *Trigonula*, mais moins anguleuse. Dax.

*3021. **cylindrica,** d'Orb., 1825, Ann. des Sc. nat., p. 134, n. 10. Espèce cylindrique. Dax.

*3022. **reversa,** d'Orb., 1825, Ann. des Sc. nat., p. 134, n. 20. Espèce costulée, globuleuse. Dax.

*3023. **Austriaca,** d'Orb., 1846, Foraminif. de Vienne, p. 275, pl. 16, fig. 25-27. Autriche. Nussdorf.

*3024. **bipartita,** d'Orb., 1846, Foraminif. de Vienne, p. 275, pl. 17, fig. 1-3. Autriche, Baden.

*3025. **scapha,** d'Orb., 1846, Foraminif. de Vienne, p. 276, pl. 17, fig. 4-6. Autriche, Nussdorf.

*3026. **oculina,** d'Orb., 1846, Foraminif. de Vienne, p. 277, pl. 17, fig. 7-9. Autriche, Baden.

*3027. **consobrina,** d'Orb., 1846, Foraminif. de Vienne, p. 277, pl. 17, fig. 10-12. Autriche, Nussdorf.

*3028. **inflata,** d'Orb., 1846, Foraminif. de Vienne, p. 278, pl. 17, fig. 13-15. Autriche, Nussdorf.
*3029. **inornata,** d'Orb., 1846, Foraminif. de Vienne, p. 279, pl. 17, fig. 16-18. Autriche, Nussdorf.
*3030. **pulchella,** d'Orb., 1846, Foraminif. de Vienne, p. 279, pl. 17, fig. 19-21. Autriche, Nussdorf.
*3031. **subangusta,** d'Orb., 1847. *T. angusta*, Philippi, 1844, Beitr., p. 43, pl. 1, fig. 40 (non Desh., 1831). Cassel.
3032. **carinata,** Philippi, 1844, Beitr., p. 43, pl. 1, fig. 36. Cassel.
3033. **ovalis,** Rœm., p. 393, fig. 73, Philippi, 1844, Beitr., p. 6. Cassel.
3034. **orbicularis,** Rœm., p. 393, fig. 75. Philippi, 1844, Beitr., p. 6. Cassel.
3035. **rostrata,** Michelotti, Rizop. sopracret., p. 48, pl. 3, fig. 3. Piémont, Turin.

ARTICULINA, d'Orb., 1825.

*3036. **gibbosula,** d'Orb., 1846, Foraminif. de Vienne, p. 282, pl. 20, fig. 16-18. Autriche, Tarnapol en Gallicie.

SPHÆROIDINA, d'Orb., 1825. Voy. Foramin. de Vienne, p. 283.

*3037. **Austriaca,** d'Orb., 1846, Foraminif. de Vienne, p. 284, pl. 20, fig. 19-21. Autriche, Nussdorf.

QUINQUELOCULINA, d'Orb., 1825.

*3038. **pauperata,** d'Orb., 1846, Foraminif. de Vienne, p. 286, pl. 17, fig. 22-24. Autriche, Nussdorf.
*3039. **Hauerina,** d'Orb., 1846, Foraminif. de Vienne, p. 286, pl. 17, fig. 25-27. Autriche, Baden.
*3040. **Mayeriana,** d'Orb., 1846, Foraminif. de Vienne, p. 287, pl. 18, fig. 1-3. Autriche, Nussdorf.
*3041. **Bronniana,** d'Orb., 1846, Foraminif. de Vienne, p. 287, pl. 18, fig. 4-6. Autriche, Nussdorf.
*3042. **Buchiana,** d'Orb., 1846, Foraminif. de Vienne, p. 289, pl. 18, fig. 10-12. Autriche, Nussdorf.
*3043. **Haidingerii,** d'Orb., 1846, Foraminif. de Vienne, p. 289, pl. 18, fig. 13-15. Autriche, Baden.
*3044. **orbicularis,** d'Orb., 1825, Ann. des Sc. nat., p. 136, n. 37. Espèce presque tranchante. Bordeaux.
*3045. **dubia,** d'Orb., 1825, Ann. des Sc. nat., p. 137, n. 47. Espèce presque enroulée comme une spiroloculine. Bordeaux.
*3046. **Akneriana,** d'Orb., 1846, Foraminif. de Vienne, p. 290, pl. 18, fig. 16-21. Autriche, Baden.
*3047. **Ungeriana,** d'Orb., 1846, Foraminif. de Vienne, p. 291, pl. 18, fig. 22-24. Autriche, Baden.
*3048. **Partchii,** d'Orb., 1846, Foraminif. de Vienne, p. 293, pl. 19, fig. 4-6. Autriche, Buitur.
*3049. **Boueana,** d'Orb., 1846, Foraminif. de Vienne, p. 293, pl. 19, fig. 7-9. Autriche, Nussdorf.
*3050. **Dutemplei,** d'Orb., 1846, Foraminif. de Vienne, p. 294, pl. 19, fig. 10-12. Autriche, Nussdorf.
*3051. **Nussdorfensis,** d'Orb., 1846, Foraminif. de Vienne, p. 295, pl. 19, fig. 13-15. Autriche, Nussdorf.

*3052. **zigzag,** d'Orb., 1846, Foraminif. de Vienne, p. 295, pl. 19, fig. 16-18. Autriche, Buitur.
*3053. **Verneuiliana,** d'Orb., 1846, Foraminif. de Vienne, p. 296, pl. 19, fig. 19-21. Autriche, Baden.
*3054. **Schreibersii,** d'Orb., 1846, Foraminif. de Vienne, p. 296, pl. 19, fig. 22-24. Autriche, Baden.
*3055. **Josephina,** d'Orb., 1846, Foraminif. de Vienne, p. 297, pl. 19, fig. 25-27. Autriche, Nussdorf.
*3056. **Juleana,** d'Orb., 1846, Foraminif. de Vienne, p. 298, pl. 20, fig. 1-3. Autriche, Nussdorf.
*3057. **contorta,** d'Orb., 1846, Foraminif. de Vienne, p. 299, pl. 20, fig. 4-6. Autriche, Nussdorf.
*3058. **Rodolphina,** d'Orb., 1846, Foraminif. de Vienne, p. 299, pl. 20, fig. 7-9. Autriche, Baden.
*3059. **Badenensis,** d'Orb., 1846, Foraminif. de Vienne, p. 299, pl. 20, fig. 10-12. Autriche, Baden.
*3060. **Mariæ,** d'Orb., 1846, Foraminif. de Vienne, p. 300, pl. 20, fig. 13-15.

ADELOSINA, d'Orb., 1825, Foraminif. de Vienne, p. 302.
*3061. **pulchella,** d'Orb., 1846, Foraminif. de Vienne, p. 303, pl. 20, fig. 25-29. Autriche, Baden.

AMORPHOZOAIRES.

CLIONA, Graut, 1826. *Vioa*, Nardo, 1839.
*3062. **Duvernoyi,** d'Orb., 1847. *Vioa id.*, Michelin, Icon. zooph., pl. 79, fig. 7. Environs de Tours.
*3063. **nardina,** d'Orb., 1847. *Vioa id.*, Michelin, 1847, Iconogr. zoophyt., pl. 79, fig. 8. Env. de Tours.

VINGT-SEPTIÈME ÉTAGE : SUBAPENNIN.

MOLLUSQUES CÉPHALOPODES.

ARGONAUTA, Linné, d'Orb., Paléont. univ., 1, p. 147; id., Mollusques, p. 210.
1. **hians,** Solander, d'Orb., Paléont. univ., 1, p. 150, pl. 2, fig. 6-10. Piémont, Astezan, viv. Océan Atlantique et grand Océan.

MOLLUSQUES GASTÉROPODES.

HELIX, Linné, 1758.
'1' **insignis,** Schübler, Zieten, 1830, Pétrif. du Wurtemberg, p. 38, pl. 39, fig. 1. Wurtemberg, Steinheim dans le Stubenthal.
'2. **Sylvestrina,** Zieten, 1830, Pétrif. du Wurtemberg, p. 38, pl. 29, fig. 2. *Helicites Sylvestrinus*. Schlot., Pétrif., n. 1, p. 99. Wurtemb., Steinheim dans le Stubenthal.
*3. **globulosa,** Benz, Zieten, 1830, Pétrific. du Wurtemberg, p. 38, pl. 29, fig. 3. Wurtemberg, Ulm.
'4. **rugulosa,** Martens, Zieten, 1830. Pétrif. du Wurtemb., p. 38, pl. 29, fig. 5. Wurtemberg, Niederstotzingen près d'Ulm.
'5. **pseudodepressa,** d'Orb., 1847. *H. depressa*, Martens, Zieten, 1830, p. 38, pl. 29, fig. 6 (non Montagu, 1803). Wurtemberg, près de Ganslosen.
'6. **inflexa,** Martens, Zieten, 1830, Pétrif. du Wurtemberg, p. 41, pl. 31, fig. 1. Wurtemberg, Ulm.
'7. **subangulosa,** Benz, Zieten, 1830, p. 41, pl. 31, fig. 2. Wurtemberg, Ulm.
8. **sepulta,** Michelotti, Revist. Gaster., p. 1. Sysm. Cal., 1847, p. 56. Piémont, Astezan.
9. **vermicularis,** Mich., Revist. Gast., p. 1. Piémont, Astezan.
PUPA, Draparneau, 1801.
'10. **antiqua,** Schübler, Zieten, 1830, Pétrif. du Wurtemb., p. 39, pl. 29, fig. 7. Wurtemberg, Stubenthal, près de Steinheim.

CLAUSILIA, Draparneau, 1805.

*11. **antiqua,** Schübler, Zieten, 1830, Pétrif. du Wurtemberg, p. 41, pl. 31, fig. 3 et 4. Wurtemberg, Ulm.

AURICULA, Lamarck, 1796.

*12. **myotis,** Bonelli. *Voluta myotis*, Brocc., Conch. subap., p. 640, pl. 15. fig. 9. Sismonda, 1847, Syn. meth., p. 56. Astezan.

LIMNEA, Draparneau, 1801.

*13. **peregra?** Lamarck, Zieten, 1830, Pétrif. du Wurtemb., p. 41, pl. 31, fig. 6. Wurtemberg, Ulm.

*14. **subventricosa,** d'Orb., 1847. *L. ventricosa*. Martens, Zieten, 1830, p. 41, pl. 31, fig. 7 (non Desh., 1824). Wurtemberg, Ulm.

*15. **vulgaris?** Pfeiffer, Zieten, 1830, Pétrif. du Wurtemb., p. 42, pl. 31, fig. 8. Wurtemberg, Ulm.

*16. **socialis,** Schübler, Zieten, 1830, Wurtemberg, p. 40, pl. 30, fig. 4. Steinheim.

*17. **striata,** Schübler, Zieten, 1830, Pétrif. du Wurtemb., p. 40, pl. 30, fig. 5. Wurtemberg, Steinheim.

*18. **subpyramidalis?** d'Orb., 1847. *L. pyramidalis*, Zieten, 1830, p. 39, pl. 30, fig. 1 (non Sow.). Wurtemberg, Berg, près de Stuttgart.

19. **subovata,** Hartmann, Zieten, 1830, Pétrif. du Wurtemberg, p. 39, pl. 30, fig. 2. Niederstotzingen, près d'Ulm.

20. **gracilis,** Zieten, 1830, Pétrif. du Wurtemb., p. 39, pl. 30, fig. 3. Wurtemberg, Ulm.

PLANORBIS, Guettard, 1756.

*21. **pseudoammonius,** Voltz, Zieten, 1830, Pétrif. du Wurtemberg, p. 39, pl. 29, fig. 8. Steinheim dans le Stubenthal.

*22. **imbricatus,** Müller, Zieten, 1830, Pétrif. du Wurtemb., p. 39, pl. 29, fig. 9. Wurtemberg, Steinheim.

*23. **subhemistoma,** Zieten, 1830, Pétrif. du Wurtemberg, p. 39, pl. 29, fig. 10 (non Sow.). Wurtemberg, Steinheim.

*24. **contortus??** Müller, Zieten, 1830, Pétrif. du Wurtemb., p. 41, pl. 31, fig. 5. Wurtemberg, Ulm.

ANCYLUS, Geoffroy, 1776.

*25. **deperditus,** Desmarest, Zieten, 1830, Pétrif. du Wurtemb., p. 40, pl. 37, fig. 4, 5. Wurtemberg, Grimmelsingen, près d'Ulm.

CYCLOSTOMA, Lamarck, 1801.

26. **glabrum,** Schübler, Zieten, 1830, Pétrif. du Wurtemb., p. 42, pl. 31, fig. 9. Wurtemberg, Grimmelsingen.

*27. **bisulcatum,** Zieten, 1830, Pétrif. du Wurtemb., p. 40, pl. 30, fig. 6. Wurtemberg, Ulm.

PALUDESTRINA, d'Orb., 1839. Voy. t. 2, p. 300.

*28. **multiformis,** d'Orb., 1847. *Paludina multiformis*, Bronn., Zieten, 1830, p. 40, pl. 30, fig. 7-10. Wurtemberg, Stubenthal, près Steinheim.

*29. **pseudoglobulus,** d'Orb., 1847. *Paludina globulus*, Zieten, 1830, p. 40, pl. 30, fig. 11. Steinheim.

*30. **thermalis,** d'Orb., 1847. *Paludina thermalis*, Zieten, 1830, p. 42, pl. 31, fig. 11. Michelsberg, près d'Ulm.

RISSOA, Freminville, 1814.

31. Bonelli, E. Sismonda, 1847, Syn. meth., p. 30 et p. 53. *Rissoa carinata*, Bonelli (non Philippi). Astezan.

32. brevis, E. Sismonda, 1847, Syn. meth., p. 30 et p. 53. *Alvania brevis*, All., p. 37, pl. 10, fig. 10. Astezan.

33. cimex, Sismonda, 1847, Syn. meth., p. 53. *Turbo cimex*, Brocchi, Conch. subap., p. 363, pl. 6, fig. 3. Astezan.

***34. costulina,** Bonelli, E. Sismonda, 1847, Syn. meth., p. 31 et p. 53. Piémont, Astezan.

35. equestris, Bonelli, E. Sismonda, 1847. Astezan.

36. lævigata, E. Sismonda, 1847, Syn. meth., p. 30, 31, et p. 53. *Alvania lævigata*, Bonelli. Astezan.

***37. minuta,** E. Sismonda, 1847, Syn. meth., p. 30 et p. 53. *Alvania minuta*, All., p. 37, pl. 10, fig, 1-3. Astezan.

38. striolata, Risso, Prod. de l'Europe mérid., 4, p. 119. E. Sismonda, 1847, Syn. meth., p. 31 et p. 53. Astezan.

39. Sulzeriana, E. Sismonda, 1847, Syn. meth., p. 53. *Alvania Sulzeriana*, Risso, Prod. de l'Europe mérid., p. 145, pl. 4, fig. 124. Piémont.

40. textilis, E. Sismonda, 1841, Syn. meth., p. 30 et p. 53. *Alvania textilis*, Bonelli. Astezan.

41. acinus, Bronn., It. tert. geb., p. 75. *Pupa acinus*, Brocchi, Conch. subap., p. 381, pl. 6, fig. 4. *Alvania craticula*, Bonelli, Sismonda, 1847, Syn. meth., p. 53. Piémont.

42. acuta, Desmarets, Bull. soc. phil. (1814), p. 8, pl. 1, fig. 4. Lam., An. s. vert., 8, p. 470. Sismonda, 1847, Syn. meth., p. 53. Piémont.

43. antiqua, Bonelli, E. Sismonda, 1847, Syn. meth., p. 31 et p. 53. Astezan.

RISSOINA, d'Orb., 1839. Voy. t. 1, p. 297.

***44. pusilla,** d'Orb., 1847. Voy. Étage falunien, n. 392. Astezan.

SCALARIA, Lamarck, 1801.

45. alternicostata, Bronn., It. tert. geb., p. 66. *S. lativaricosa*, Bonelli, Sismonda, 1847, Syn. meth., p. 28 et p. 53. Astezan.

46. cancellata, Defr., Bronn., It. tert. geb., p. 68. *Turbo cancellata*, Brocchi, Conch., subap., p. 377, pl. 7, fig. 8. Sismonda, 1847, Syn. meth., p. 54. Astezan.

***47. clathra,** Sismonda, 1847, Syn. meth., p. 54. *Turbo clathra*, Brocchi, Conch. subap., p. 378. Sow., Gen. of sh., fig. 2. *S. communis*, Lam., An. s. vert., 9, p. 75. France, Perpignan (Pyrénées-Orient.); Astezan.

48. impressa, Bonelli, Denom. ined. Test. mus. Taurin. Sismonda, 1847, Syn. meth., p. 54. Astezan.

***49. muricata,** Risso, Prod. Europ. merid., 4, p. 113. Kien., Icon., pl. 4, fig. 11. Sismonda, 1847, Syn. meth., p. 54. France, Perpignan; Astezan.

***50. pseudoscalaris,** Sismonda, 1847, Syn. meth., p. 54. *Turbo pseudoscalaris*, Brocchi, Conch. subap., p. 379, pl. 7, fig. 1. *S. foliacea*, Sow., Min. Conch., 4, p. 125, pl. 190, fig. 2 (non Lam.). Perpignan; Astezan.

51. **pumicea,** Sismonda, 1847, Syn. meth., p. 54. *Turbo pumicea,* Brocchi, Conch. subap., p. 380, pl. 7, fig. 3. Astezan.

52. **sulculata,** Bonelli, E. Sismonda, 1847, Syn. meth., p. 28 et 54. Astezan.

53. **tenuicosta,** Michaud, Philippi, Enum. moll. sic., 2, p. 145. *S. planicosta,* Bivon, Phil., l. c., p. 168, pl. 10, fig. 4. Sismonda, 1847, Syn. meth., p. 54. Astezan.

54. **Trinacria,** Phil., Enum. moll. sic., 2, p. 145, pl. 24, fig. 23. Sismonda, 1847, Syn. meth., p. 54. Astezan.

55. **variabilis,** Jan. in Epist. et Specim. Sismonda, 1847, Syn., p. 54. Astezan.

TURRITELLA, Lamarck, 1801. Voy. t. 2, p. 67.

'56. **communis,** Risso, Prod. Eur., 4, p. 156, pl. 4, fig. 37. *Turbo terebra,* Brocchi (non L.), p. 364, pl. 6, fig. 8. *T. angulata,* Mich. (non Gmel.), Sismonda, 1847, Syn. meth., p. 54. Perpignan; Astezan.

'57. **quadricarinata,** Sismonda, 1847, Syn. meth., p. 55. *Turbo quadricarinata,* Brocchi, Conch. subap., p. 375, pl. 7, fig. 6. Perpignan; Astezan.

'58. **varicosa,** Sismonda, 1847, Syn. meth., p. 55. *Turbo varicosa,* Brocchi, Conch. subap., p. 374, pl. 6, fig. 15. Perpignan; Astezan.

'59. **vermicularis,** Sismonda, 1847, Syn. meth., p. 55. *Turbo vermicularis,* Brocchi, Conch. subap., p. 372, pl. 6, fig. 13. Perpignan; Astezan.

TURBONILLA, Risso, 1826.

'60. **columnaris,** Bonelli. *Chemnitzia columnaris,* E. Sismonda, 1847, Syn. meth., p. 31 et p. 52 (non Étage 6, 126). Astezan.

'61. **decussata,** Bonelli. *Chemnitzia decussata,* E. Sismonda, 1847, Syn. meth., p. 31 et p. 52. Astezan.

'62. **plicatula,** d'Orb., 1847. *Chemnitzia plicatula,* E. Sismonda, 1847, Syn. meth., p. 31 et p. 52. *Turbo plicatulus,* Brocchi, Conch. subap., p. 376, pl. 7, fig. 5. Astezan.

EULIMA, Risso, 1826. Voy. t. 1, p. 116.

63. **subbrevis,** d'Orb., 1847. *E. brevis,* Sismonda, 1847, Syn. meth., p. 53 (non Sowerby, 1834). Astezan.

64. **subhastata,** d'Orb., 1847. *E. hastata,* Sismonda, 1847, Syn. meth., p. 58 (non Sowerby, 1834). Astezan.

'65. **polita,** Deshayes, Lam., An. s. vert., 8, p. 453. Sismonda, 1847, Syn. meth., p. 53. Perpignan; Astezan.

66. **scillæ,** Phil., Enum. moll. sic., 2, p. 135, pl. 24, fig. 6. *Melania scillæ,* Scacc. notiz., p. 51, pl. 2, fig. 2. Sismonda, 1847, Syn. meth., p. 53. Astezan.

67. **subulata,** Desh., Lam., An. s vert., 8, p. 455. *Turbo subulatus,* Donav. *Helix subulata,* Brocchi, pl. 3, fig. 5. *Melania subulata,* Sismonda, 1847, Syn. meth., p. 53. Astezan.

ACTEON, Montfort, 1810. Voy. t. 1, p. 263.

68. **achatina,** d'Orb., 1847. *Tornatella achatina,* Bonelli, E. Sismonda, 1847, Syn. meth., p. 28 et p. 52. Astezan.

'69. **tornatilis,** Montfort, 1810. *Tornatella fasciata,* Lam., An. s. vert., 9, p. 41. Kien., Icon., pl. 1, fig. 3. *Voluta tornatilis,* Lin. Sismonda, 1847, Syn. meth., p. 52. Perpignan; Astezan.

70. semistriata? d'Orb., 1847. *Tornatella semistriata*, Defrance, Bast. coq. foss. Bord., p. 25. Lam., An. s. vert., 9, p. 48. *T. Brocchii*, Bonelli, E. Sismonda, 1847, Syn. meth., p. 52. Astezan.

NISO, Risso, 1825.

*71. **terebellum,** Philippi, En. moll. sic., 2, p. 136. *Helix terebellata*, Brocchi, Sismonda, 1847, Syn. meth., p. 52. Astezan.

RINGICULA, Deshayes, 1838.

*72. **marginata,** Desh., Lam., An. s. vert., 8, p. 345; Sismonda, 1847, Syn. meth., p. 52. Perpignan ; Astezan.

NATICA, Adanson, 1757.

*73. **glaucina,** Lam., An. s. vert., 8, p. 625. Gault., Test., pl. 67, fig. b. *Nerita glaucina*, Linn., Sismonda, 1847, Syn. meth., p. 51. Astezan.

*74. **helicina,** Sismonda. *Naurita helicina*, Brocchi, Conch. subap., p. 297, pl. 1, fig. 10. *N. monilifera*, Lam., Sismonda, 1847, Syn. meth., p. 51. Astezan.

*75. **millepunctata,** Lam., An. s. vert., 8, p. 636. Chemn., Conch., 5, p. 186, fig. 1862-63. *N. cancrina*, Brocchi, Conch., p. 296. Sism., 1847, Syn. meth., p. 51. France, Perpignan ; Piémont, Astezan.

*76. **olla,** Marcel de Serre, Géog. terr. tert., pl. 1, fig. 1, 2. Lam., An. s. vert., 8, p. 650. *Nerita glaucina*, Brocchi, Conch., p. 296. Sismonda, 1847, Syn. meth., p. 51. Perpignan ; Astezan.

77. **plicatula,** Bronn., It. Tert. Geb., p. 72. Sismonda, 1847, Syn. meth., p. 51. Astezan.

78. **umbilicosa,** Bonelli, E. Sismonda, 1847, Syn. meth., p. 51. Piémont. Astezan.

*79. **Valenciennesi,** Payrodeau, Cat. moll. de Corse, p. 118, pl. 5, fig. 23, 24. *N. Marechensis*, E. Sismonda, 1847, Syn. meth., p. 27 et p. 51 (non Lam). Astezan.

SIGARETUS, Adanson, 1757.

*80. **subhaliotideus,** d'Orb., 1847. *S. haliotideus*, Sismonda, 1847, Syn. meth., p. 51 (non Lam.). Perpignan ; Astezan.

PHORUS, Montfort, 1810.

*81. **crispus,** Konig., Icon. sec., 58. *Trochus agglutinans*, Brocchi, Conch. subap., p. 358 (non Lam.). Sismonda, 1847, Syn. meth., p. 50. Perpignan ; Astezan.

82. **Deshayesi,** Michelotti. *Trochus Benettiæ*, Gratt., Conch. foss. Ad., pl. 13, fig. 1 (non Sow.). Sismonda, 1847, Syn. meth., p. 50. Piémont, Astezan.

*83. **infundibulum,** Bronn., It. Tert. Geb., p. 61. *Trochus infundibulum*, Brocchi, Conch. subap., p. 352, pl. 5, fig. 17. Sismonda, 1847, Syn. meth., p. 50. Perpignan ; Astezan.

TROCHUS, Linné, 1758.

84. **crenulatus,** Brocchi, Conch. subap., p. 354, pl. 6, fig. 2 (non Lam.). *T. exasperatus*, Penn., Sismonda, 1847, Syn. meth., p. 49. Astezan.

*85. **fanulum?** Gmel., Lam., An. s. vert., 9, p. 154. *Monodonta ægyptiaca*, Payr., Cat., p. 177, pl. 6, fig. 26, 27. Sismonda, 1847, Syn. meth., p. 49. Astezan.

86. Guttadauri, Philippi, Enum. moll. sic., 1, p. 182, pl. 11, fig. 1. Sismonda, 1847, Syn. meth., p. 49. Astezan.

***87. magus,** Linn., Lam., An. s. vert., 9, p. 130. Chemn., Conch., 5, pl. 171, fig. 1656-57, 1659-60. Sismonda, 1847, Syn. meth., p. 49. Astezan.

88. papillosus, Da-Cost., Lam., An. s. vert., 9, p. 145 (in not). *T. granulosus,* Born., Ph. en. moll. sic., 1, p. 171, pl. 10, fig. 22. Sismonda, 1847, Syn. meth., p. 50. Astezan.

***89. patulus,** Brocch., Conch. subap., p. 356, pl. 5, fig. 19. Sismonda, 1847, Syn. meth., p. 50. Astezan.

***90. striatus,** Linn., Lam., An. s. vert., 9, p. 156. Bronn, p. 661, pl. 16, fig. 4. *T. depictus,* Desh., Exp. mor., p. 143, pl. 18, fig. 23-25 (f. Ph.). Sismonda, 1847, Syn. meth., p. 50. Astezan.

91. turgidulus, Brocchi, Conch. subap., p. 353, pl. 5, fig. 16. Sismonda, 1847, Syn. meth., p. 50. Astezan.

***92. sublimbatus,** d'Orb., 1847. *Monodonta limbata,* Phil., Enum. moll. sic., 2, p. 157, pl. 25, fig. 19 (non Schloth, 1820). Sismonda, 1847, Syn. meth., p. 49. Perpignan ; Astezan.

93. polyodonta, d'Orb., 1847. *Monodonta polyodonta,* Bronn., It. Tert. Geb., p. 56. *M. corallina,* Mich. *M. Pharaonula,* Bonelli, E. Sismonda, 1847, Syn. meth., p. 30 et p. 49. Astezan.

***94. cingulatus,** Brocch., Conch. subap., p. 351, pl. 5, fig. 15. Sismonda, 1847, Syn. meth., p. 49. Astezan.

***95. conulus,** Linn., Lam., An. s. vert., 9, p. 142. Sismonda, 1847, Syn. meth., p. 49. Astezan.

***96. vorticosus,** Brocchi, Conch. subap., p. 357, pl. 5, fig. 14 (recensit. fide Brocc.). Sismonda, 1847, Syn. meth., p. 50. Astezan.

SOLARIUM, Lamarck, 1801. Voy. t. 1, p. 300.

***97. simplex,** Bronn, It. Tert. Geb., p. 63. *Trochus pseudo-perspectivus,* Brocchi. *S. sulcatum,* Bonelli. *S. neglectum,* Mich. de Solar, pl. 2, fig. 7, 9. Sismonda, 1847, Syn. meth., p. 49. Perpignan ; Astezan.

***98. subvariegatum,** d'Orb., 1847. *S. variegatum,* Sismonda, 1847, Syn. meth., p. 49 (non Lam., 1822 ; non *Troch. variegatus,* Gmel.; non *S. stramineum,* Lam). E. Sismonda. Astezan.

PHASIANELLA, Lamarck, 1801. Voy. t. 1, p. 67.

***99. rubra,** E. Sismonda, 1847, Syn. meth., p. 48. *Tricolia rubra,* Risso, Prod. Eur. merid., 4, p. 122. Piémont.

TURBO, Linné, 1758.

***100. rugosus,** Linn., Lam., An. s. vert., 9, p. 106, Scilla, pl. 16, fig. 8. *Trochus solaris,* Brocc., p. 357. pl. 5, fig. 13. Sismonda, 1847, Syn. meth., p. 48. Perpignan ; Astezan.

***101. costatus,** d'Orb., 1847. *Fossarus costatus,* Philip., En. moll. sic., 2, p. 148. *Nerita costata,* Brocchi, Conch. subap., p. 300, pl. 1, fig. 11. *Stomatia costata,* E. Sismonda, 1847, Syn. meth., p. 28 et p. 47. Astezan.

VERMETUS, Adanson, 1757.

***102. articulatus,** Bellardi. *Serpula articulata,* Bonelli, E. Sism., Syn. meth., p. 14. Astezan.

***103. subglomeratus,** d'Orb., 1847. *Vermetus glomeratus,* E. Sismonda (non *Serpula glomerata,* L.), Lam., An., s. vert., 5, p. 619.

Mart., Conch., 1, pl. 3, fig. 23 (*intorta?* Lam.). Perpignan; Astezan.

HALIOTIS, Linné, 1758.

*104. **tuberculata,** Linn., Lam., An. s. vert., 9, p. 25. Mart. Conch., 1, pl. 16, fig. 149. Sismonda, 1847, Syn. meth., p. 47. Astezan.

SILIQUARIA, Lamarck.

*104'. **subanguina,** d'Orb. Voy. Étage falunien, n. 781. Astezan.

CYPRÆA, Linné, 1740.

*105. **elongata,** Brocchi, Conch. subap., p. 284, pl. 1, fig. 12. Sismonda, 1847, Syn. meth., p. 46. Perpignan; Astezan.

*106. **Europæa,** Montagu. *C. coccinella,* Lam., An. s. vert., 10, p. 544. Bronn, Læth. geogn., pl. 42, fig. 7. Sismonda, 1847, Syn. meth., p. 46. Astezan.

*107. **labrosa,** Bonelli, E. Sismonda, 1847, Syn. meth., p. 43 et 44. *C. inflata,* Brocch., p. 285 (non Lamarck). Astezan.

108. **obsoleta,** Bonelli, E. Sismonda, 1847, Syn. meth., p. 43 et p. 47. Astezan.

*109. **subpediculus,** d'Orb., 1847. *C. pediculus,* Sismonda, 1847, Syn. meth., p. 47 (non *pediculus,* Lam.). Astezan.

*110. **porcellus,** Brocchi, Conch. subap., p. 283, pl. 2, fig. 2. *C. pyrula,* Sismonda, 1847, Syn. meth., p. 42 et p. 47 (non Lam.). Astezan.

*111. **physis,** Brocc., pl. 2, fig. 3. Sismonda, 1847, Syn. meth., p. 47. Astezan.

*112. **sphæriculata?** Lam., An. s. vert., 10, p. 574. *Trivia sphæriculata,* Gray. *C. pediculus?* Brocc. (pro parte), Sismonda, 1847, Syn. meth., p. 47. Astezan.

OVULA, Bruguière, 1791.

*113. **passerinalis,** Deshayes, Lam., An. s. vert., 10, p. 478. Sismonda, 1847, Syn. meth., p. 46. Astezan.

*114. **spelta,** Lam., Phil., En. moll. sic., 1, p. 233, pl. 12, fig. 17. *Bulla spelta,* Linn. *O. birostris,* Lam. *O. brevirostris,* Bonelli, Sismonda, 1847, Syn. meth., p. 46. Astezan.

MARGINELLA, Lamarck, 1801.

*115. **clandestina,** Kien., Icon., p. 39, pl. 13, fig. 1. Sismonda, 1847, Syn. meth., p. 46. *Voluta clandestina,* Brocchi, Conch. subap., p. 642, pl. 15, fig. 11. Piémont.

*116. **miliacea?** Phil., Enum. moll. sic., 2, p. 197. *Volvaria miliacea?* Lam., Payr., Cat., pl. 8, fig. 28, 29. Sismonda, 1847, Syn. meth., p. 46. Piémont.

ERATO, Risso, 1825.

*117. **lævis,** d'Orb., 1847. *Marginella lævis,* Desh., Lam., An. s. vert., 10, p. 552. *Voluta lævis,* Donov. *Voluta cypræola,* Brocchi, Conch. subap., p. 321, pl. 4, fig. 10. Sismonda, 1847, Syn. meth., p. 46. Astezan.

MITRA, Lamarck, 1801.

*118. **ebenus,** Lam., An. s. vert., 10, p. 334. Kien., Icon., pl. 12, fig. 35. *M. cornicula,* Auct. ped. (non Lam.). *M. incognita,* Philippi (non Baster.), Sismonda, 1847, Syn. meth., p. 42. Astezan.

'**119. fusiformis,** Sismonda, 1847, Syn. meth., p. 43. *Voluta fusiformis*, Brocc., Conch. subap., p. 315. Desh., Exp. mor. moll., p. 201, pl. 24, fig. 32, 33. Astezan.

120. pseudo-papalis, Bonelli, E. Sismonda, 1847, Syn. meth., p. 41 et p. 43. Astezan.

121. subpupa, d'Orb., 1847. *M. pupa*, Bonelli, E. Sismonda, 1847, Syn. meth., p. 42 et p. 43 (non Dujardin, 1837). Astezan.

'**122. striatula,** E. Sismonda, 1847, Syn. meth., p. 41 et p. 43. *Voluta striatula*, Brocc., Conch. subap., p. 318, pl. 4, fig. 8. *Mitra alligata*, Defr. *M. striosa*, Bonelli. Perpignan ; Astezan.

CANCELLARIA, Lamarck, 1801.

'**123. varicosa,** Brocc., Bell. canc. foss. Piem., p. 11, pl. 1, fig. 7-8. Perpignan ; Astezan.

'**124. cassidea,** Brocc., Bell. cancell. foss. Piem., p. 32, pl. 4, fig. 9, 10. Astezan.

125. scabra, Desh. *C. scalaris*, Bellardi, Canc. foss. Piem., p. 33, pl. 4, fig. 1, 2. Astezan.

'**126. umbilicaris,** Bell., Canc. foss. Piem., p. 36, pl. 4, fig. 17, 18. *Voluta umbilicaris*, Brocchi. Astezan.

'**127. uniangulata,** Deshayes, Bell., Canc. foss. Piem., p. 17, pl. 2, fig. 5, 6, 15, 16, 19, 20. *C. elegans*, Géné. Astezan.

'**127'. subcancellata,** d'Orb., 1847. Voy. Étage falunien, n. 929. Astezan.

'**128. ampullacea,** Bellardi. Voy. Étage falunien, n. 936. Astezan.

CONUS, Linné, 1758.

'**128'. Aldrovandi,** Brocchi, Conch. subap., p. 287, pl. 2, fig. 5. Sismonda, 1847, Syn. meth., p. 43. Astezan.

'**129. betulinoides,** Lam., An. s. vert., 11, p. 153. Knorr, Petr., 2, pl. 103, fig. 3. Sismonda, 1847, Syn. meth., p. 44. Astezan.

130. bisulcatus, Bellardi et Michelotti, Sagg. oritt., p. 62, pl. 6, fig. 9, 10. *C. acuminatus*, Borson (pro specim. astensibus). Sismond., 1847, Syn. meth., p. 44. Astezan.

'**131. Brocchii,** Bronn, It. Tert. Geb., p. 12. *Conus deperditus*, Brocc., Conch. subap., p. 292, pl. 3, fig. 2 (non Brug.). Sismonda, 1847, Syn. meth., p. 44. Perpignan ; Astezan ; Cassel.

'**132. clavatus,** Lam., An. s. vert., 11, p. 153. Knorr, Petr., pl. 101, fig. 3. Sismonda, 1847, Syn. meth., p. 44. Astezan.

133. Deshayesi, Bellardi et Michelotti, Sagg. oritt., p. 61, pl. 6, fig. 12. Sismonda, 1847, Syn. meth., p. 44. Astezan.

'**134. Mercatii,** Brocc., Conch. subap., p. 287, pl. 2, fig. 6. Sismonda, 1847, Syn. meth., p. 44. Astezan.

135? Noe, Brocc., Conch. subap., p. 293, pl. 3, fig. 3. Sismonda, 1847, Syn. meth., p. 44. Astezan.

137. ponderosus, Brocc., Conch. subap., p. 293, pl. 3, fig. 1. Sismonda, 1847, Syn. meth., p. 44. Astezan.

138. pyrula, Brocc., Conch. subap., p. 288, pl. 2, fig. 8. Sismonda, 1847, Syn. meth., p. 44. Astezan.

'**139. striatulus,** Brocc., Conch. subap., p. 294, pl. 3, fig. 4. *C. parvulus*, Borson, var. *C. Emman.*, Gen., B. et M., Sagg. oritt., p. 62, pl. 7, fig. 12, 13. Sismonda, 1847, Syn. meth., p. 44. Perpignan ; Astezan.

140. subtextile, d'Orb., 1847. *C. textile*, Bellardi et Mich., Sagg. oritt., p. 60 ; Encycl., pl. 344, fig. 5. Sismonda, 1847, Syn. meth., p. 44 (non Linné, 1767). Astezan.

***141. virginalis,** Brocchi, Conch. subap., p. 290, pl. 2, fig. 10. Sismonda, 1847, Syn. meth., p. 44. Astezan.

STROMBUS, Linné, 1758.

***142. Mercatii,** Desh., Exp. mor. moll., p. 192, pl. 25, fig. 5, 6. *S. fasciatus*, Brocchi (non Linné). *S. Italicus*, Bonelli, Sismonda, 1847, Syn. meth., p. 45. Astezan ; Perpignan.

CHENOPUS, Philippi, 1837.

***143. pes-pelicani,** Phil., En. moll. sic., 1, p. 215. *Strombus pes-pelicani*, L. *Rostella pes-pelicani*, Lam., Spec. iun. *Murex graculus*, Brocchi, pl. 9, fig. 10. Sismonda, 1847, Syn. meth., p. 45. Perpignan ; Astezan.

PLEUROTOMA, Lamarck, 1801.

144. Leufroyi, Michelotti, *Raphitoma Leufroyi*, Bell., Mon. pl. Piem., p. 89. Mich. Kien., pl. 4, fig. 3. *Pl. Cyrilli*, Costa. *Pl. inflata*, Jan. Astezan.

145. Moulinsii, d'Orb., 1847. *Raphitoma Desmoulinsi*, Bell., Mon. pl. Piem., p. 91, pl. 4, fig. 16. Piémont.

146. angusta, Jan. *Raphitoma angusta*, Bell., Monog. pleur. Piem., p. 103, pl. 4, fig. 25. Astezan.

147. bucciniformis, d'Orb., 1847. *Raphitoma bucciniformis*, Bell., Mon. pleur. Piem., p. 110, pl. 4, fig. 22. Astezan.

148. cancellina, Bonelli. *Raphitoma cancellina*, Bell., Mon. pl. Piem., p. 96, pl. 4, fig. 23. E. Sism., Syn. meth., p. 23. Astezan.

149. cærulans, Philippi, *Raphitoma cærulans*, Bell., Mon. pleur. Piem., p. 103. Philippi, En. moll. sic., 2, p. 168, pl. 26, fig. 4. *Pl. mitræola*, Bonelli. Astezan.

***150. hystrix,** Jan. *Raphitoma hystrix*, Bell., Mon. pleur. Piem., p. 85, pl. 4, fig. 14. Astezan.

***151. Brocchii,** Bonelli, Bell., Mon. pl. Piem., p. 77, pl. 4, fig. 7. *Murex oblongus*, Brocchi, var. Astezan.

***152. Coquandi,** Bell., Mon. pl. Piem., p. 59, pl. 3, fig. 13. *Pl. Bellardi*, E. Sism., Syn. meth., p. 33. Astezan.

***153. spinifera,** Bellardi, Mon. pl. Piem., p. 66. *Pl. spinulosa*, Bon., Bell., Mich., Sagg. oritt., 8, pl. 1, fig. 9. Astezan.

154. Rochettæ, Bell., Mon. pleur. Piem., p. 69, pl. 4, fig. 1. Astezan.

155. plicatella, Bell., Mon. pl. Piem., p. 92, pl. 4, fig. 18. Sism., 1847, Synopsis methodica, p. 36. *Pl. plicatilis*, Jan. Astezan.

***156. purpurea,** Bell., Mon. pl. Piem., p. 87. *Murex purpureus?* Montag. Test. Br., pl. 9, fig. 3. *Pl. granum*, Phil., Man. pur. Risso, Sism., 1847, Syn. methodica, p. 36. Astezan.

157. quadrillum, Bell., Mon. pl. Piem., p. 104. Tourr., p. 291, pl. 20, fig. 23. Dujard., Mém. *Pl. rude*, Ph. *Pl. granum*, Philippi, Sism., 1847, Syn. meth., p. 36. Astezan.

***158. reticulata,** Bell., Mon. pl. Piem., p. 86. *Murex reticulatus*,

Renieri. *M. echinatus*, Br., pl. 8, fig. 3. *Pl. Cordieri*, Payr. *Pl. reticulatus*, Bronn., Sism., 1847, Syn. meth., p. 36. Perpignan; Astezan.

159. rhingens, Bell., Mon. pl. Piem., p. 104, pl. 4, fig. 24. Sism., 1847, Syn. meth., p. 36. Astezan.

***160. Scacchii,** Bell., Mon. pl. Piem., p. 88, pl. 4, fig. 15. Sism., 1847, Syn. meth., p. 36. Astezan.

161. subsemicostata, d'Orb., 1847. *P. semicostata*, Bell., Mon. pl. Piem., p. 94, pl. 4, fig. 19 (non Reeve, 1843). Astezan.

***162. septangularis,** Bell., Mon. pl. Piem., p. 102. *Murex septangularis*, Montag., Test. Brith., 3, p. 268, pl. 9, fig. 5. *Pl. heptangularis*, Sc. *Pl. septangularis*, Phil., Sism., 1847, Syn. meth., p. 36. Astezan.

163. septangulata, Bell., Mon. pl. Piem., p. 99. *Murex septangulatus*, Donov., pl. 179, fig. 4. Sismonda, 1847, Syn. meth., p. 30. Astezan.

***164. sigmoidea,** Bronn, *Raphitoma id.*, Bell., Mon. pl. Piem., p. 109, pl. 4, fig. 29. *Murex harpula*, Brocc., *Pl. eburnea*, Bon., Sism., 1847, Syn. meth., p. 36. Astezan.

165. stria, Bell., Mon. pl. Piem., p. 90. *Pl. stria*, Calc. ric. mal., p. 11, pl. 1, fig. 5. *Pl. semiplicata*, Bon., E. Sism., Syn. meth., p. 33. Sism., 1847, Syn. meth., p. 36. Astezan.

166. submarginata, Bon., Bell., Mon. pl. Piem., p. 95, pl. 4, fig. 20. E. Sism., Syn. meth., p. 33. Sismonda, 1847, Syn. meth., p. 36. Astezan.

***167. sulcatula,** Bonn., Bell., Mon. pl. Piem., p. 96, pl. 4, fig, 21. Sismonda, 1847, Syn. meth., p. 36. Astezan.

***168. vulpecula,** Pusch, Bellardi, Mon. pl. Piem., p. 93. *Murex vulpeculus*, Renieri, Brocchi, pl. 8, fig. 10. *Fusus vulpeculus*, Bronn. *Pl. vulpeculus*, Sism., 1847, Syn. meth., p. 36. Astezan.

FUSUS, Bruguieri, 1791.

***169. angulosus,** E. Sism., 1847, Syn. meth., p. 37. *Murex angulosus*, Brocchi, Conch. subap., p. 411, pl. 7, fig. 16. E. Sism., Syn. meth., p. 38. Mich., Mon. gen. Mur., p. 22. Astezan.

***170. Bonellii,** Gen., Bell. et Mich., Sagg. oritt., p. 20, pl. 2, fig. 5. Sism., 1847, Syn. meth., p. 38. Astezan.

***172. clavatus,** Sismonda, 1847, Syn. meth., p. 38. *Murex clavatus*, Brocchi, Conch. subap., p. 418, pl. 8, fig. 2. Astezan.

***173. lignarius,** Lamk., An. s. vert., 9, p. 455. *Fusus corneus*, Auct. Pedem. (non Linné). Sism., 1847, Syn. meth., p. 38. Astezan.

***174. rostratus,** Sism., 1847, Syn. meth., p. 39. *Murex rostratus*, Olivier, Brocchi, Conch. subap., p. 416, pl. 8, fig. 1. Astezan.

PYRULA, Lamarck, 1801.

175. geometra, Bors., Oritt. Piem., p. 179. *Ficulina geometra*, E. Sismonda, 1847, Syn. meth., p. 37. *P. ficus*, Auct. Pedem. (non Lam.). Astezan.

***176. subintermedia,** d'Orb., 1847. *Ficulina intermedia*, E. Sism., 1847, Syn. meth., p. 37 (non Melleville, 1843). *P. ficoides*, Desh., Lam., An. s. vert., 9, p. 511 (non Brocc.). *P. reticulata*, Auct. Ped. (non Lam.). Astezan.

FASCIOLARIA, Lamarck, 1801.

*177. **fimbriata,** Bronn, Sismonda, 1847, Syn. meth., p. 36. *Fusus fimbriatus*, Brocchi, Conch. subap., p. 419, pl. 8, fig. 8. Astezan.

MUREX, Linné, 1758.

178. **cristatus,** Brocc., Conch. subap., p. 394, pl. 7, fig. 15. *Mur. Blainvillei*, Payr., Sism., 1847, Syn. meth., p. 40. Astezan.

179. **erinaceus,** Linn., Lamk., An. s. vert., 9, p. 591. Kien., Icon., pl. 44, fig. 1. Brocc., pl. 7, fig. 11. Sism., 1847, Syn. meth., p. 40. Astezan.

*180. **foliosus,** Bon., Denom. ined. Test. mus. Taurin. Sismonda, 1847, Syn. meth., p. 40. Astezan.

181. **heptagonatus,** Bronn, It. Tert. Geb., p. 35. Michelotti, Mon. gen. Mur., p. 21, pl. 4, fig. 5, 6. *Mur. Astensis*, Bell., Sism., 1847, Syn. meth., p. 41. Astezan.

*182. **plicatus,** Linné, Brocchi, Conch. subap., p. 410. *Purpura plicata*, Lamarck, Anim. s. vert., 10, p. 82. Martini, Conch., p. 123, fig. 1141, 1142. Sism., 1847, Syn. meth., p. 41. Astezan.

*183. **polymorphus,** Brocchi, C. sub., p. 415, pl. 8, fig. 4. Mich., Mon. gen. Mur., p. 12, pl. 2, fig. 4-7. Sism., 1847, Syn. meth., p. 41. Astezan.

*184. **scalaris,** Brocchi, Conch. subap., p. 407, pl. 9, fig. 1. Sismonda, 1847, Syn. meth., p. 41. Astezan.

*185. **trunculus,** Linné, Lamarck, An. s. vert., 9, p. 587. Bronn, Læth., pl. 41, fig. 25. Michelotti, Mon. gen. Mur., pl. 4, fig. 3, 4. Sism., 1847, Syn. meth., p. 41. Perpignan; Astezan.

*186. **turritus,** Borson, Oritt. Piedem., p. 64, pl. 1, fig. 9. Michelotti, Mon. gen. Mur., p. 18. Sism., 1847, Syn. meth., p. 42. Perpignan; Astezan.

*187. **Brandaris,** Linné, Syst. nat., p. 1214. Desh., 1836, Moll. de Morée, p. 189. Voy. pl. 25, fig. 10, 12. Michelotti, pl. 3, fig. 8, 9. Perpignan; Astezan; Morée.

*188. **pseudo-costatus,** d'Orb., 1847. *Buccinum costatum*, Desh., 1836, Moll. de Morée, p. 197. Voy. pl. 25, fig. 12, 13 (non Born, 1780). Morée.

189. **brevicanthos,** E. Sismonda, 1847, Syn. meth., p. 40. Att., Congr. Nap. *M. saxatilis*, Auct. Ped. (non Linné). Mich., Mon. gen. Mur., pl. 2, fig. 8. Astezan.

*190. **Brocchii,** Cantraine, Coq. nouv. Bull. Acad. des Sc. de Brux., 2, p. 397. *M. siphonostoma*, Bon. Mich., Mon. gen. Mur., p. 17, pl. 1, fig. 10, 11. Astezan.

*191. **craticulatus,** Brocc., Conch. subap., p. 406, pl. 7, fig. 14. Sism., 1847, Syn. meth., p. 40. Astezan.

*192. **conglobatus,** Michelotti, Mon. gen. Mur., p. 16, pl. 4, fig. 7. E. Sism., 1847, Syn. meth., p. 40. Astezan.

RANELLA, Lamarck.

*193. **submarginata,** d'Orb., 1847. *R. marginata*, Bronn, It. Tert. Geb., p. 33 (non *Buccinum marginatum*). Brocc., Conch. subap., pl. 4, fig. 17. Sismonda, 1847, Synopsis meth., p. 39. Astezan; Perpignan.

194. **nodosa,** E. Sismonda, 1847, Syn. meth., p. 40. *Murex nodosus*, Borson, Oritt. Piem., p. 178, pl. 19, fig. 33. Astezan.

*195. **reticularis**, Desh., Lamk., An. s. vert., 9, p. 540 (in not.). *Murex reticularis*, Linné. *M. gyr.*, Bl., Kien., Icon, pl. 1. V. *Tr. par.*, Bon. *R. gigantea*, Lam.; v. R. inc. M. Sism., 1847, Syn. meth., p. 40. Perpignan; Astezan.

TIPHIS, Montfort, 1810.

*196. **tetrapterus**, Michelotti. *Murex tetrapterus*, Bronn, Læth., p. 1077, pl. 41, fig. 13. *Murex siphonellus*, Bon., Sism., 1847, Syn. meth., p. 42. Astezan.

TRITON, Montfort, 1810.

*198. **distortum**, Defr. *Murex distortus*, Brocc., Conch. subap., p. 399, pl. 9, fig. 8. Sism., 1847, Syn. meth., p. 39. Astezan.

*199. **doliare**, Brongniart, 1823, Vicentin, p. 67, pl. 6, fig. 5. *Murex doliare*, Brocc., Conch. subap., 398. Sism., 1847, Syn. meth., p. 39. Astezan.

200. **gyrinoides**, C. Sism., 1847, Syn. meth., p. 39. *Murex gyrinoides*, Brocchi, Conch. subap., p. 401, pl. 9, fig. 9. Astezan.

*201. **heptagonum**, Defr. *Murex heptagonus*, Brocc., Conch. subap., p. 104, pl. 9, fig. 2. Sism., 1847, Syn. meth., p. 39. Astezan.

*202. **intermedium**, Defr. *Murex intermedius*, Brocchi, Conch. subap., p. 400, pl. 7, fig. 10. Sism., 1847, Syn. meth., p. 39. Astezan.

203. **nodiferum**, Lamarck, An. s. vert., 9, p. 624. Kien., Icon., p. 29, n° 28, pl. 1. Sism., 1847, Syn. meth., p. 39. Astezan.

*204. **scrobiculator**, Lamk., An. s. vert., 9, p. 626. *Murex scrobiculator*, Linné. *Ranella scrobiculator*, Kien., Icon., pl. 10, fig. 1. Sism., 1847, Syn. meth., p. 39. Astezan.

*205. **affine**, Desh., Exp. mor. moll., p. 188, pl. 24, fig. 23, 24. *Murex pileare*, Brocchi. *T. uniflosum*, Bon., E. Sism., 1847, Syn. method., p. 38 et 39. Turin.

*206. **tortuosum**, E. Sism., 1847, Syn. meth., p. 39. *Murex tortuosus*, Bors., Oritt. Piem., p. 60, pl. 1, fig. 4. *Triton personatum*, M. de Serr. ol. *T. anus*, Auct. Ped. (non Lam.). Astezan.

COLUMBELLA, Lamarck, 1822.

*207. **corrugata**, Bon. *Buccinum corrugatum*, Brocc., Conch. sub., p. 652, pl. 15, fig. 16. *B. harpula*, Mich., Riv. Gast., p. 26. Sism., 1847, Syn. meth., p. 42. Astezan.

*208. **erythrostoma**, Bon., E. Sism., 1847, Syn. meth., p. 41 et 42. Bellardi, 1848, Mon. des Columb., p. 9, pl. 1, fig. 4, 5. Astezan.

*209. **pseudo-scripta**, d'Orb., 1847. *C. scripta*, Bellardi (non Lam., 1822). *Buccinum corniculum*, Lam. *C. cornicula*, Sow, Th. Conch, pl. 38, fig. 101, 102. Sismonda, 1847, Synopsis methodica, p. 42. Astezan.

*210. **semicaudata**, Bonelli, E. Sismonda, 1847, Syn. method., p. 41 et 42. Bellardi, 1848, Mon. des Columb., p. 8, pl. 1, fig. 3. Astezan.

PURPURA, Bruguière, 1791.

*211. **intermedia**, Mich., Riv. Gast., p. 22. E. Sism., Syn. meth., p. 39 (non Kiener). Astezan.

*212. **striolata**, Bronn, It. Tert. Geb., p. 26. Olim *P. hæmastoma*, Lam., Auct. Ped. (non Lamarck). Astezan.

CERITHIUM, Adanson, 1757.

*213. **crenatum,** Sism. *Murex crenatus*, Brocc., Conch. subap., p. 442, pl. 10, fig. 2. Astezan.

214. **pseudo-imbricatum,** d'Orb., 1847. *C. imbricatum*, Bonelli, E. Sismonda, Syn. meth., p. 32 (non Brug., 1790). Astezan.

215. **perversum?** Lam., An. s. vert., 9, p. 305. *Trochus perversus*, Linn. *C. granulosum*, Brocc., pl. 9, fig. 18 (non Renieri). Astezan.

*216. **tricinctum,** Sismonda. *Murex tricinctus*, Brocchi, Conch. subap., p. 446, pl. 9, fig. 23. *C. cinctum*, Mich. et Sism. (non Brug.). Astezan.

*217. **vulgatum,** Brug.? Ph., En. moll. sic., 1, p. 192, pl. 11, fig. 3-9. *C. alucoides*, E. Sism. *Murex varicosus*, Brocc. Astezan.

NASSA, Klein, 1801.

218. **angulata,** Bell. *Buccinum angulatum*, Brocc., Conch. subap., p. 654, pl. 15, fig. 19 (non *angulata*, Bast.). Astezan.

*219. **Bonelli,** Bellardi. *Buccinum Bonelli*, E. Sism., Ast. congr. Nap. *B. mutabile*, Brocc., pl. 4 (non Linné). *B. politum*, Auct. Ped. (non Linné). Astezan.

*220. **subclathrata,** d'Orb., 1847. *N. clathrata*, Sism. *Buccinum clathratum*, Brocchi, Conch. subap., p. 338. Born., Mus., pl. 9, fig. 17, 18 (non Linné). Astezan.

*221. **conglobata,** Sism. *Buccinum conglobatum*, Brocchi, Conch. subap., p. 334, pl. 4, fig. 15. *Bucc. Brocchi*, Bell., Mich., Riv. Gast., p. 23. *B. pupa*, Brocchi, pl. 4, fig. 14. Astezan; Perpignan.

*222. **gigantula,** Bell. *Buccinum gigantulum*, Bon., Mich., Riv. Gaster., p. 24. E. Sism., Syn. meth., p. 41. Astezan.

223. **incrassata,** Desh., Lam., An. s. vert., 10, p. 173 (in not.). Astezan.

*224. **multistriata,** Bellardi. *Buccinum multistriatum*, Bonelli, E. Sismonda, Syn. meth., p. 40. Astezan.

*225. **musiva,** Sismonda. *Buccinum musivum*, Brocchi, Conch. subap., p. 340, pl. 5, fig. 1. Astezan.

*226. **Neritea,** Lam., An. s. vert., 10, p. 184. Kien., Icon., pl. 29, fig. 1. *Buccinum neriteum*, Linné. Astezan.

*227. **reticulata,** Sismonda. *Buccinum reticulatum*, Linné, Brocc., Conch. subap., p. 336, pl. 5, fig. 11. Astezan.

228. **scalaris,** Borson, Oritt. Piem., p. 176, pl. 3, fig. 30. Astezan.

*229. **serrata,** Sismonda, *Buccinum serratum*, Brocchi, Conch. subap., p. 338, pl. 5, fig. 4. Astezan.

*230. **variabilis,** Bellardi. *Buccinum variabile*, Phil. (pro parte), Enum. moll. sic., 1, p. 221, pl. 12, fig. 1-7. Perpignan; Astezan.

*230'. **prismatica,** Defrance. Voy. Étage falunien, n° 1547.

BUCCINUM, Linné, 1758.

*231. **maculosum,** Lamarck, An. s. vert., 10, p. 164. *Volut. str.*, Gmel. *Purpura maculata*, Blainv., Kien., Icon., pl. 42, fig. 98. Astezan; Perpignan.

*232. **polygonum,** Brocchi, Conch. subap., p. 344, pl. 5, fig. 10. Mich., Préc. faun., pl. 13, fig. 2. Astezan.

TEREBRA, Lamarck, 1801.

*233. **Astezana,** d'Orb., 1847. *T. duplicata*, Sismonda (non Lam.). Perpignan; Astezan.

'234. **subflammea,** d'Orb., 1847. *Terebra flammea,* Sism. (non Lam.) Astezan.

'236. **substrigilata,** d'Orb., 1847. *Terebra strigilata,* Sismonda (non Lam.). Astezan.

DOLIUM, Lamarck, 1801.

'237. **subdenticulatum,** d'Orb., 1847. *D. denticulatum,* Desh., Expéd. mor. moll., p. 191, pl. 25, fig. 1, 2 (non Quoy, 1834). *D. pomum,* Brocc. *D. triplicatum,* Bon. *D. latilabris,* E. Sism. (non Kien.). Piémont, Astezan; Morée.

CASSIS, Bruguière, 1791.

'238. **pseudo-crumena,** d'Orb., 1847. *C. crumena,* Sism., Syn. (non Lam., non Brug., 1791). Astezan.

'238'. **texta,** Bronn. Voy. Étage falunien, nº 1673. Astezan.

MORIO, Montfort, 1810. *Cassidaria,* Lamarck, 1811.

'239. **fasciata,** d'Orb. *M. cassidaria,* Bellardi. *Pyrula fasciata,* Borson, Oritt. Piem., p. 75, pl. 1, fig. 20. *Cassis striata,* Bon. (non Sow.), E. Sism., Syn. meth., p. 39. Astezan.

CAPULUS, Montfort, 1810.

240. **glabratus,** d'Orb., 1847. *Pileopsis glabrata,* Bon., E. Sism., Meth., p. 24. Astezan.

241. **Pedemontanus,** d'Orb., 1847. *Pileopsis pedemontana,* Bon., E. Sism., Syn. meth., p. 24. Astezan.

'242. **sulcosus,** d'Orb., 1847. *Pileopsis sulcosa,* Desh., Lam., An. s. vert., 7, p. 613. *Nerita sulcosa,* Brocchi, Conch. subap., p. 296, pl. 1, fig. 3. Astezan.

243. **Ungaricus,** Sow. *Pileopsis ungarica,* Lam., An. s. vert., 7, p. 609. *Capulus Ungaricus,* Sow., Gen. of Sh., fig. 1. *P. dispar,* Bonelli, Michelotti, Préc., pl. 5, fig. 1, 2. Astezan.

244. **lævis,** d'Orb., 1847. *Brocchia lævis,* Bronn, It. Tert. Geb., p. 8, pl. 3, fig. 1. *Pileopsis dispar,* Bonelli, E. Sismonda, Syn. method., p. 24. Astezan.

'245. **sinuosa,** d'Orb., 1847. *Brocchia sinuosa,* Bronn, It. Tert. Geb., p. 7. *Patella sinuosa,* Brocchi, Conch. subap., p. 257, pl. 1, fig. 1. Astezan.

INFUNDIBULUM, Montfort, 1810. Voy. t. 2, p. 232.

'246. **muricatum,** d'Orb., 1847. *Patella muricata,* Brocch., Conch. subap., p. 254, pl. 1, fig. 2. Astezan.

CREPIDULA, Lamarck, 1801.

'247. **cochlear?** Bast., Coq. foss. Bord., p. 71, pl. 5, fig. 10. Astezan.

248. **mytiloidea,** Bellardi et Mich., Sagg. oritt., p. 74, pl. 8, fig. 9, 10. Piémont.

248'. **convexa,** Say. États-Unis.

248''. **glauca,** Say. États-Unis.

248'''. **plana,** Say. États-Unis.

FISSURELLA, Bruguière, 1791.

'249. **Græca,** Lam., An. s. vert., 7, p. 592. Blainv., Malac., pl. 48, fig. 3. *Patella græca,* Linn. Astezan.

EMARGINULA, Lamarck, 1801.

250. fissura, Lam., An. s. vert., 7, p. 582. *Patella fissura*, Linn. *E. reticulata*, Sow., Min. Conch., 1, p. 73, pl. 33. Astezan.

PATELLA, Linné, 1758.

251. diluvii, Michelotti, E. Sism., Syn. meth., p. 24. *P. Astensis*, Bonelli. Astezan.

DENTALIUM, Linné, 1758.

***252. aprinum,** Linn., Desh., Mém. Soc. hist. natur. de Paris, 2, p. 351, pl. 16, fig. 18-19. *Dentalium striatulum?* Linn. Astezan.

***253. dentale,** Linn., Desh., Mém. Soc. histor. nat. de Paris, 2, p. 353, pl. 16, fig. 9-10. Astezan.

***254. fissura,** Lam., Desh., Mém. Soc. hist. nat. de Par., 2, p. 368, pl. 18, fig. 6-7. Astezan.

255. Noe, Bonelli, Denom. ined. test. mus. Taurin. Astezan.

***255'. elephantinum,** Brocchi. Voy. Étage falunien, n. 1761. Perpignan ; Astezan.

BULLA, Linné, 1758.

256. acuminata, Brug., Phil., Enum. moll. sic., 1, p. 122. Sold., Sagg., pl. 10, fig. 62. Sismonda, 1847, Syn. meth., p. 56. Astezan.

***257. subampulla,** d'Orb., 1847. *B. ampulla*, Sismonda, 1847, Syn. meth., p. 56 (non Lam.). (Elle est entièrement lisse.) Astezan.

258. convoluta, Brocc., Conch. subap., p. 277 et 635, pl. 1, fig. 7. Sismonda, 1847, Syn. meth., p. 56. Astezan.

259. decussata, Bonelli, E. Sismonda, 1847, Syn. meth., p. 26 et p. 56. Piémont.

260. semisulcata, Phil., l. c., p. 123, pl. 7, fig. 19. Sismonda, 1847, Syn. meth., p. 57. Piémont.

261. truncatula, Brug., Phil., Enum. moll. sic., 1, p. 122, pl. 7, fig. 21. Sismonda, 1847, Syn. meth., p. 57. Astezan.

***262. utriculus,** Brocc., Conch. subap., p. 633, pl. 1, fig. 6. *B. striata*, Brocc., l. c., p. 276. Sismonda, 1847, Syn. meth., p. 57. Astezan.

263. fusiformis, Bonelli, E. Sismonda, 1847, Syn. meth., p. 26 et 56. Astezan.

***264. hydatis,** Linn., Lam., An. s. vert., 7, p. 671. Poli, Test., 3, pl. 46, fig. 28. Sismonda, 1847, Syn. meth., p. 56. Astezan.

***265. spirata,** d'Orb., 1847. *B. Agassizii*, E. Sismonda, 1847, Syn. meth., p. 56. *Voluta spirata*, Brocchi, 1814, Conch. subap., p. 644, pl. 15, fig. 12 (non *Bullina spirata*, Bronn.). Astezan.

SCAPHANDER, Montfort, 1810.

***266. lignaria,** Montfort, 1810. *Bulla lignaria*, Linn., Lam., An. s. vert., 7, p. 667. Sismonda, 1847, Syn. meth., p. 56. Astezan.

UMBRELLA, Lamarck.

267. Mediterranea, Lam., An. s. vert., 7, p. 574. Phil., Enum. moll. sic., 1, pl. 7, fig. 11. Sismonda, 1847, Syn. meth., p. 56. Astezan.

CUVIERIA, Rang, 1828.

268. Astesana, Rang, 1829, Ann. des sc. nat., p. 7, pl. 19, fig. 2. Bronn., Leth. geog., pl. 40, fig. 25. Astezan.

VAGINELLA, Daudin. *Cleodora*, Peron., 1804.

269. sublanceolata, d'Orb., 1847. *Cleodora lanceolata*, Rang, 1829, Ann. des Sc. nat., p. 6, pl. 19, fig. 1 (non Peron., 1804). Astezan.

MOLLUSQUES LAMELLIBRANCHES.

CLAVAGELLA, Lamarck, 1807.

270. Brocchii, Lam., 1818, Anim. s. vert., 5, p. 432. *Teredo echinata*, Brocc., 1814, pl. 15, fig. 1 (non Lam., 1804). Astezan.

SOLEN, Linné, 1758.

271. ensis, Linn., Lam., An. s. vert., 6, p. 55. Poli, pl. 11, fig. 14. Astezan.

272. Olivii? Mich., Brach. ed. Acef., p. 34. Astezan.

'273. vagina, Linn., Lam., An. s. vert., 6, p. 53. Desh., Trait. él. Conch., pl. 6, fig. 4-6. Astezan.

PANOPÆA, Ménard, 1807.

'274. Faujasi, Ménard, Phil., Enum. moll. sic., 1, p. 7, pl. 2, fig. 3. *Mya Panopæa*, Brocchi. Astezan.

LUTRARIA, Lamarck, 1801.

'275. solenoides, Lam., An. s. vert., 6, p. 90. Blainv., Malac., pl. 77, fig. 3. Astezan.

'275'. elliptica, Lamarck. Perpignan ; Astezan.

THRACIA, Leach, 1825. Voy. t. 1, p. 216.

276. phaseolina, Kien., Phil., Enum. moll. sic., 1, p. 19 (exclus. f.). *Amphidesma phaseolina*, Lam. Piémont.

'277. pubescens, Leach, Phil., En. moll. sic., 2, p. 16, pl. 1, fig. 7 (non fig. 10). *Mya declivis*, Penn. *Amphidesma pubescens*, Flem. Astezan.

GASTROCHÆNA, Spengler, 1783. Voy. t. 1, p. 275.

278. abbreviata, Bonelli, Denom. ined. test. mus. Taurin. Astezan.

279. dubia? Desh., Trait. élém. Conch., 2, p. 34, pl. 2, fig. 4, 5. *Mya dubia*, Pen. *Pholas hians*, Brocchi. *G. cuneiformis*, Auct. Pedem. (non Lam.). Astezan.

SAXICAVA, Fleuriau, 1802.

'280. arctica, Phil., Enum. moll. sic., 1, p. 20, pl. 3, fig. 3. *Mya arctica*, Gmel. *Mytilus carinatus*? Brocc. Astezan.

SOLECURTUS, Blainville, 1824.

'281. coarctatus, Desmoulins, Répart. des esp. dans les genr. Sol., Solec., etc., p. 21. Chemn., 6, pl. 6, fig. 45. *Solen coarctatus*, Lin. *Solen antiquatus*? Lam. Perpignan ; Astezan.

282. dilatatus, E. Sismonda, Syn. meth., p. 16. *Solen dilatatus* Bonelli. Astezan.

'283. strigilatus, Blainv., Man. de Malac., p. 569, pl. 79, fig. 4. *Solen strigilatus*, Linn. Perpignan ; Astezan.

POLIA, d'Orb., 1848, Paléont. franç., 3, p. 391.

'284. legumen, d'Orb., Paléont. franç., 3, p. 391. *Solen legumen* Linn., Desh., Trait. élém. Conch., pl. 6, fig. 8-10. Astezan.

SOLEMYA, Lamarck, 1819.

285. Mediterranea?? Lam., Phil., Enum. moll. sic., 1, p. 15, pl. 1, fig. 17. *Tellina togata*, Poli. Turin.

MACTRA, Linné, 1758.

286. lisor, Ant., Verzeich. der Conch., p. 2. *Lisor*, Ad., pl. 17, fig. 16. *M. stultorum*, Auct. Ped. (pro parte, non Linné). Astezan.

'287. stultorum, Linn., Lam., An. s. vert., 6, p. 99. Phil., pl. 3, fig. 2. Astezan.

'288'. triangula, Ren., Brocc., Conch. subap., p. 535, pl. 13, fig. 7. *M. lactea*? Poli. Astezan ; Cassel.

'288. rugosa, Lamarck. Astezan.

DONACILLA, Lamarck, 1812. Voy. t. 2, p. 75.

289. unicostalis, d'Orb., 1847. *Tellina unicostalis*, Desh., 1836, Mollusq. de Morée, p. 92. Voy. pl. 20, fig. 11-13. Morée.

AMPHIDESMA, Lamarck, 1819.

290. subtrigona, Desh., 1836, Mollusq. de Morée, p. 89, pl. 20, fig. 3-5. Morée.

291. ovata, Desh., 1836, Mollusq. de Morée, p. 89. Voy. pl. 20, fig. 6-8. Morée.

TELLINA, Linné, 1758.

'292. tumida, Brocc., 1814, pl. 12, fig. 10 (non *lacunosa*, Lamarck). Astezan.

'293. nitida, Poli, pl. 15, fig. 2-14. Lam., Anim. s. vert., 6, p. 199. Perpignan ; Astezan.

'294. planata, Linn., Lam., An. s. vert., 6, p. 195. Dub., pl. 5, fig. 1. Sec. Phil. *T. complanata*, Gmel. et Brocc. Astezan.

'295. serrata, Ren., Brocc., Conch. subap., p. 510, pl. 12, fig. 1. Astezan.

'296. striatella, Brocchi, Conch. subap., p. 669, pl. 16. fig. 6. Astezan.

297. subcarinata, Brocchi, Conch. subap., p. 512, pl. 12, fig. 5. Astezan.

'298. compressa, Brocchi, Conch. subap., p. 514, pl. 12, fig. 9. France, Perpignan ; Astezan.

299. Feroensis, Linn. *Psammobia Feroensis*, Phil., Enum. moll. sic., 1, p. 23, pl. 3, fig. 7. *Tellina Feroensis*, Brocc. *T. muricata*, Brocc. Astezan.

300. uniradiata, Brocc., Conch. subap., 1, p. 511, pl. 12, fig. 4. Astezan.

301. vespertina, d'Orb., 1847. *Psammobia vespertina*, Lam., An. s. vert., 6, p. 173. Blainv., Malac., pl. 76, fig. 4. *Solen vespertinus*, Gmel. Astezan.

302. elliptica, Brocchi, Conch. subap., p. 513, pl. 12, fig. 7. Astezan.

ARCOPAGIA, Brown, 1827. Voy. t. 2, p. 75.

'303. gigantea, d'Orb., 1847. *Tellina gigantea*, E. Sism. *Lucina gigantea*, Bon. *L. Sedgwichi*, Michel., Brach. ed. Acef., p. 22. Astezan ; Perpignan.

'304. telata, d'Orb., 1847. *Tellina telata*, E. Sism. *Lucina telata*, Bonelli, Michelotti, Brach. ed. Acef., p. 22. Astezan.

'305. corbis, d'Orb., 1847. *Tellina corbis*, Bronn, It. Tert. Geb.,

p. 94. *Lucina serrulosa*, Bonel., Michel., Brach., ed. Accf., p. 21. Astezan.

306. crassa? d'Orb., 1847. *Tellina crassa*, Penn? Zool. Brit., p. 48, fig. 28. Lam., An. s. vert., 6, p. 201. *Venus crassa*, Gmel. Astezan.

DONAX, Linné, 1758.

307. vinacea, d'Orb., 1847. *D. longa*, Bon., Phil., Enum. moll. sic., 1, p. 37, pl. 3, fig. 13. *Tellina vinacea*, Gmel., 1789. Astezan.

***308. minuta,** Bronn, It. Tert. Geb., p. 95. *Donax trunculus*, Brocc. Astezan.

LEDA, Schumacher, 1817. Voy. t. 1, p. 11.

***308'. substriata,** d'Orb., 1847. *Nucula striata*, Auct. Pedem. (non Lamarck). Astezan.

***309. subnicobarica,** d'Orb., 1847. *Nucula Nicobarica*, Auct. Pedem. (non Lamarck). Astezan.

***309'. subrostrata,** d'Orb., 1847. *Nucula rostrata*, Sismonda (non Lamarck; non *Arca rostrata*, Mart. Chemn., fig. 550, 551). Astezan; Perpignan.

PETRICOLA, Lamarck, 1801.

310. rupestris? Dubois, 1831. *Petricola lamellosa*, Lam., 1818, An. s. vert., 6, p. 156. *Venus rupestris*, Brocc., 1814, pl. 14, fig. 1. Astezan.

311. lithophaga, Bronn, It. Tert. Geb., p. 92. *Venus lithophaga*, Brocchi, pl. 13, fig. 15. Astezan.

VENUS, Linné, 1758. Voy. t. 2, p. 15.

312. Boryi, d'Orb., 1847. *Cytherea Boryi*, Desh., 1836, Mollusq. de Morée, p. 97. Voy. pl. 23, fig. 8, 9. Morée.

***313. eremita,** Brocchi, Conch. subap., p. 546, pl. 14, fig. 4. *Petricola eremita*, Bronn. Astezan.

***314. orbicularis,** d'Orb., 1847. *Artemis orbicularis*, Ag., Icon. coq. tert., p. 19, pl. 2, fig. 1, 4. *Cyth. concentrica*, Bronn (non *V. concentrica*, Linné). Astezan.

***315. lævis,** d'Orb., 1847. *Cytherea lævis*, Agass., 1845, Icon. des Coq. tert., p. 46, pl. 10, fig. 6-9. *Venus Chione*, Brocchi, 2, p. 547; Bronn, nº 184 (non Linné). Astezan; Perpignan.

317. umbonaria, Agass., 1845, Icon. des Coq. tert., p. 29, pl. 6. *Cytherea umbonaria*, Lam., 6, p. 292. *Cyprina gigas*, Lam., 6, p. 289. Astezan.

***318. Agassizii,** d'Orb., 1847. *V. Islandicoides*, Agassiz, 1845. Icon. des Coq. tert., p. 31, pl. 7, fig. 5 et 6 (non *Islandicoides*, Basterot, 1825). *V. Islandica*, Brocc., pl. 14, fig. 5. Perpignan; Astezan.

***319. subexcentrica,** d'Orb., 1847. *Venus excentrica*, Ag., 1845, Icon. des Coq. tert., p. 34, pl. 5, fig. 9-11 (non Lamarck). *V. verrucosa*, Brocchi, 2, p. 545. Bronn (non Lamarck). Astezan.

***320. subcincta,** d'Orb., 1847. *V. cincta*, Agass., 1845, Icon. des Coq. tert., p. 36, pl. 4, fig. 7-10 (non Gmelin, 1789). *V. rugosa*, Brocchi, 1814, p. 548. Bronn, p. 955 (non Lamarck). Plaisantin; Perpignan.

321. alternans, E. Sism., Syn. meth., p. 18. *Cytherea alternans*, Bonelli. Astezan.

322. apicialis, E. Sism., Syn. meth., p. 18. *Cyther. apicialis*, Phil., Enum. moll. sic., 1, p. 40, pl. 4, fig. 5. *C. pusilla*, Bon. Astezan.

*323. **Brongniartii,** Payr., Phil., En. moll. sic., 1, p. 43. *V. revoluta*, Bon. *V. dysera*, Brocchi (pro spec., pl. 16, fig. 8). Astezan.
*324. **gallina?** Linné, Lamarck, An. s. vert., 6, p. 347. *V. senilis*, Brocchi, pl. 13, fig. 13. Astezan.
*325. **Genei,** Mich., Brach. ed. Acef., p. 27. *V. rotundata*, Brocchi (non Linné). Perpignan; Astezan.
326. **geographica,** Chemn., 7, pl. 42, fig. 440. Lamk., An. s. vert., 6, p. 355. *Venus litterata*, Poli (non Linné). Astezan.
*327. **Pedemontana,** E. Sism. *Cyth. Ped.*, Ag., Icon. Coq. tert., p. 38, pl. 8, fig. 1-4. *Cyprina Pedemontana*, Lam. *V. Brocchii*, Desh. (pro parte). Astezan.
*328. **subplicata,** d'Orb., 1847. *V. plicata*, Goldfuss, Petref., 2, pl. 151, fig. 9 (non Gmel., 1789). Astezan.
*329. **Venetiana,** E. Sism. *Cyth. Venetiana*, Lam., Phil., Enum. moll. sic., 1, p. 40, pl. 4, fig. 8. *Venus pectunculus*, Brocc. (non Linné). *Venus rudis*, Poli. Astezan.
330. **verrucosa,** Linné, Lamarck, Anim. s. vert., 6, p. 338. Poli, pl. 21, fig. 18, 19. Astezan.
GNATHODON, Gray, 1836.
*331. **Grayi,** Conrad, 1838, Foss. of the tert. form., p. 23, pl. 13, fig. 1. États-Unis (Virginie), Yorktown.
*332. **minor,** Conrad, 1842, Sillim. Journ., 42, pl. 2, fig. 14; Foss. of the tert. form., p. 69, pl. 39, fig. 6. Dublin co. (Nord Caroline).
CORBULA, Bruguière, 1791. V. t. 1, p. 275.
333. **costellata,** Deshayes, Expéd. Mor., 3, p. 86, pl. 24, fig. 1-3. *Anatina costata*, Bon., E. Sism., Syn. meth., p. 16 (non *C. costulata*, Lam.). Astezan.
*334. **proboscidea,** E. Sism., Denom. ined. Test. mus. Taurin. *Mya rostrata*, Bonelli (non Chemnitz). Astezan.
335. **revoluta,** E. Sismonda. *Tellina revoluta*, Brocchi, Conch. subap., p. 516, pl. 12, fig. 6. Astezan.
*336. **gibba,** Oliv., 1792, Zool. ad., p. 101. *C. nucleus*, Lam., 1818, p. 496. Astezan; Perpignan.
CARDITA, Bruguière, 1791. Voy. t. 2, p. 77.
*337. **intermedia,** Lamarck. *Chama intermedia*, Brocchi, Conch. subap., p. 520, pl. 12, fig. 15. Astezan.
*338. **pectinata,** E. Sism. *Chama pectinata*, Brocc., Conch. subap., p. 667, pl. 16, fig. 12. Perpignan; Astezan.
*338'. **elongata,** Bronn. Voy. Étage falunien, n° 2125. Astezan.
ERYCINA, Lamarck, 1805.
339. **stricta,** d'Orb., 1847. *Erycina angulosa*, Bronn, It. Tert. Geb., p. 90. *Tellina stricta*, Brocchi, 1814, pl. 12, fig. 3. *Tell. angulosa*, Ren. (non Mart.). Astezan.
340. **Renierii,** Bronn, Phil., Enum. moll. sic., 1, p. 12, pl. 1, fig. 16. *Tellina apelina*, Ren. (non Gmel.). *Tellina pellucida*, Brocc., 1814. Astezan.
340'. **complanata,** Récl., Prodr. Monog. gen. Eryc. in Rev. zool., p. 333 (1844). *Bornia complanata*, Phil., pl. 1, fig. 14. Piémont.
340''. **corbuloides,** Bivon. *Bornia corbuloides*, Phil., Enum. moll. sic., 1, p. 14, pl. 1, fig. 15. Piémont.

340'''. seminulum, d'Orb., 1847. *Bornia seminulum*, Phil., Enum. moll. sic., 1, p. 14, pl. 1, fig. 16. Piémont.

LUCINA, Bruguière, 1791. Voy. t. 1, p. 76.

'**341. commutata,** Phil., Enum. moll. sic., 1, p. 32, pl. 3, fig. 15. *L. digitaria*, Poli. Astezan.

342. cordata, Bonelli, Denom. ined. Test. mus. Taurin. Astezan.

344. glabella, Bon., E. Sism., Syn. meth., p. 18. Astezan.

345. globosa, Bon., E. Sism., Syn. meth., p. 17. Astezan.

'**346. lactea,** Lam., An. s. vert., 6, p. 228. Poli, pl. 15, fig. 28, 29. *Tellina lactea*, Brocchi. Astezan.

347. leonina, Agass., 1845, Ic. Coq. tert., p. 62, pl. 12, fig. 13-15. *Venus Tigerina*, Brocc., p. 551. *Cytherea leonina*, Bast., pl. 6, fig. 1. *Cytherea Tigerina*, Bronn, p. 98. Astezan.

'**348. unguis,** Bon., E. Sism., Syn. meth., p. 17. Astezan.

'**348'. subpensylvanica,** d'Orb., 1847. *L. Pensylvanica*, Auct. Pedem. (non Lamarck). Astezan.

CARDIUM, Bruguière, 1791.

'**349. aculeatum,** Linné, Lamarck, An. s. vert., 6, p. 397. Poli, pl. 17, fig. 1-3. *C. ciliare*, Linné. Astezan.

350. Clodiense, Ren., Brocc., Conch. subap., p. 500, pl. 13, fig. 8. Astezan.

'**351. echinatum,** Linné, Lamarck, An. s. vert., 6, p. 396. Poli, pl. 17, fig. 4-6. *C. tuberculatum*, L. *C. Deshayesi*, Payr. Perpignan; Astezan.

351'. fragile, Brocc., Conch. sub., p. 505, pl. 13, fig. 4. Astezan.

'**352. hians,** Brocc., Conch. subap., p. 508, pl. 13, fig. 6. *C. Indicum* et *C. Burdigalinum*, Lam. Astezan.

352'. papillosum, Poli, Phil., En. moll. sic., p. 51. Poli, pl. 16, fig. 2-4. *C. planatum*, Brocc. *C. punctatum*, Brocc. Astezan; Cassel.

'**353. pectinatum,** Linné, Syst. nat., p. 1124. Chemnitz, pl. 18, fig. 187, 188. *C. Æolicum*, Born. Astezan.

'**354. rusticum,** Chemn., Phil., Enum. moll. sic., 1, p. 52, pl. 4, fig. 12, 14. *C. edule*, Brocchi (non Linné). Astezan.

355. Sotterii, Mich., Brach. ed Acef., p. 17. Astezan.

356. striatissimum, Bonelli, E. Sismonda, Syn. meth., p. 19. Astezan.

'**357. striatulum,** Brocchi, Conch. subap., p. 507, pl. 13, fig. 3. Astezan; Cassel.

358. sulcatum, Lam., An. s. vert., 6, p. 401. Nyst., pl. 14, fig. 3. *C. oblongum* ? Chemn. Astezan.

'**358'. multicostatum,** Brocchi, 1814, Conch. subap., p. 506, pl. 13, fig. 2. Astezan; Cassel.

'**359. edule,** Linné, Lamarck. Astezan.

CARDILIA, Desh., 1844.

'**359'. Michelotti,** Desh., Mag. de zool., p. 8 (1844). *Leptina isocardia*, Bonelli, Denom. ined. Test. mus. Taurin. Astezan.

ISOCARDIA, Lamarck, 1799.

'**360. cor,** Lam., An. s. vert., 6, p. 445. *Chama cor*, Linné, Poli, pl. 23, fig. 1, 2. Goldf., p. 211, pl. 141, fig. 2. Astezan; Cassel; Perpignan.

361. molthiauoides, Bell., E. Sism., Syn. meth., p. 19. Astezan.

NUCULA, Lamarck, 1801.

'**362. Placentina,** Lamarck, Philippi, 1844, Foss. tert. du N.-E. de l'Allemagne, p. 14. Philippi, Enum., p. 65, pl. 5, fig. 7. Astezan; Cassel.

363. sulcata? Bronn, Reise, 2, p. 617. Philippi, 1844, Foss. tert. du N.-E. de l'Allemagne, p. 14. Cassel.

'**363. margaritacea,** Lam., Goldf., 1838, Petref., 2, p. 158, pl. 125, fig. 21. Philippi, 1844, Foss. tert. du N.-E. de l'Allemagne, p. 14. Phil., Enum., p. 64, pl. 5, fig. 8. Perpignan; Astezan; Cassel.

365. minuta, Bronn, Philippi, 1844, Foss. tert. du N.-E. de l'Allemagne, p. 14. Goldf., p. 158, pl. 125, fig. 21? Cassel.

365'. Polii, Phil., Enum. moll. sic., t. 1, p. 63, pl. 5, fig. 10. Astezan.

366. costulata? Bonelli, E. Sismonda, Synopsis meth., p. 20. Astezan.

LIMOPSIS, Sassy, 1827. Voy. t. 1, p. 280.

'**367. pygmæa,** E. Sism. *Pectunculus pygmæus*, Phill., Goldf., 1838, Petref., 2, p. 167, pl. 126, fig. 11. Phillips, Enum. sic., p. 68, pl. 5, fig. 9. Astezan; Cassel.

PECTUNCULUS, Lamarck, 1801.

'**368. glycimeris,** Lamk., Anim. s. vert., 6, p. 485. Gualt., pl. 72, fig. g. *Arca glycimeris*, Linné. Astezan; Perpignan.

'**369. inflatus,** Sism. *Arca inflata*, Brocchi, Conch. subap., p. 494, pl. 11, fig. 7. Astezan.

'**370. Insubricus,** Sism. *Arca Insubrica*, Brocc., Conch. subap., p. 492, pl. 11, fig. 10. *P. violacescens?* Lam. Astezan; Perpignan.

'**371. nummarius,** Sism. *Arca nummaria*, Brocchi, Conch. sub., p. 483, pl. 11, fig. 8. Astezan.

'**372. pilosus,** Sism. *Arca pilosa*, Brocc., Conch. subap., p. 487. Nyst., pl. 19, fig. 6. *P. pulvinatus*, Lam., Brongn., Vicentin, pl. 6, fig. 16. Astezan; Perpignan.

373. polyodontus, Goldf. *Arca polyodonta*, Brocc., Conch. subap., p. 490. Goldf., 2, p. 161, pl. 126, fig. 6, 7. Astezan; Autriche, Korod; Cassel, Orbenburg, Dusseldorf.

374. undatus, Sism. *Arca undata*, Brocc., Conch. subap., p. 489. *Arca undata?* Linné. Astezan.

ARCA, Linné, 1758. Voy. t. 1, p. 13.

375. subaffinis, d'Orb., 1847. *A. affinis*, Gené, E. Sismonda, Syn. meth., p. 20 (non Dujardin, 1837). Astezan.

376. barbata, Linn., Lam., An. s. vert., 6, p. 405. Poli, Conch., 2, pl. 25, fig. 6, 7. Astezan.

377. didyma, Brocchi, p. 479, pl. 2, fig. 2. Philippi, 1844, Foss. tert. du N.-E. de l'Allem., p. 12. Cassel.

'**378. subhelbingii,** d'Orb., 1847. *A. Helbingii*, Auct. Pedem. (non Brug., Lam., An. s. vert., 6, p. 469). Astezan.

'**379. mytiloides,** Brocc., Conch. subap., p. 477, pl. 11, fig. 1. Astezan.

'**380. nodulosa?** Linn., Brocc., Conch. subap., p. 478, pl. 11, fig. 6. Astezan.

***381. pseudo-Noe,** d'Orb., 1847. *A. Noe*, Sism. (non Linn., Lam., An. s. vert., 6, p. 461). Astezan.

***382. pectinata,** Brocc., Conch. subap., p. 476, pl. 10, fig. 15. Astezan.

***382'. subantiquata,** d'Orb., 1847. Voy. Étage falunien, n. 2318. Astezan; Perpignan.

PINNA, Linné.

383. nobilis, Brocc., Conch. subap., p. 588 (non Linné). Astezan.

***384. tetragona,** Brocchi, 1814, Conch. subap., p. 589. *Pinna subquadrivalvis*, Lam., 1819. Astezan; Perpignan.

MYTILUS, Linné, 1758.

***385. barbatus,** Linn., Phil., Enum. moll. sic., 1, p. 70. Poli, pl. 32, fig. 6, 7. *M. modiolus*, Brocc. *Modiola barbata*, Lam. Astezan.

***386. subedulis,** Brocc., Conch. subap., p. 584. Poli, pl. 31, fig. 1. Astezan.

387. Galloprovincialis, Lam., Phil., Enum. moll. sic., 1, p. 72, pl. 5, fig. 12, 13. Astezan.

388. longus, E. Sismonda. *Modiola longa*, Bronn., It. Tert. Geb., p. 113. Astezan.

389. mytiloides, E. Sism. *Modiola mytiloides*, Bronn, It. Tert. Geb., p. 113. Astezan.

LITHODOMUS, Cuvier, 1817.

***390. sericeus,** d'Orb., 1847. *Mytilus sericeus*, E. Sism. *Modiola sericea*, Bronn, Phil., Enum. moll. sic., 1, p. 71, pl. 5, fig. 14. *Mytilus inflatus*, Bon. Astezan.

***391. lithophagus,** d'Orb., 1847. *Mytilus lithophagus*, Linné, Poli, pl. 32, fig. 9, 10. *Modiola lithophaga*, Lam., An. s. vert., 7, p. 26. Astezan.

LIMA, Bruguière, 1791.

***392. inflata,** Lam., An. s. vert., 7, p. 115. *Pecten inflatus*, Chemn., pl. 68, fig. 649. *Ostrea tuberculata*, Brocchi. Astezan.

393. squamosa, Lamk., An. s. vert., 7, p. 115. *Ostrea lima*, Linné, Poli, Test., 2, p. 28, fig. 22, 23. Astezan.

AVICULA, Klein, 1753.

394. submedia, d'Orb., 1847. *A. media*, Sism., 1847, Catalogue (non Sow., Min. Conch., 1, p. 13, pl. 2). Astezan.

PERNA, Bruguière, 1791.

***395. maxillata,** Sow., 1835. *P. Soldanii*, Desh., Lam., An. s. vert., 7, p. 79. Sold., Test., 2, pl. 24, fig. a, b. *P. maxillata*, Brocc. (non Lamarck). Astezan.

CHAMA, Linné, 1758.

***396. Brocchii,** Desh., Expéd. Mor. moll., p. 107. *C. gryphoides*, Brocc. (non Linné). Astezan.

397. dissimilis, Bronn, Phil., Enum. moll. sic., 1, p. 69, pl. 5, fig. 15. Astezan.

***398. gryphina,** Lam., An. s. vert., 6, p. 587. Knorr., Mon. dil., t. D., 3, fig. 3, 4. *Chama sinistrorsa*, Brocc. (non Brug.). Astezan.

399. subsquamata, d'Orb., 1847. *C. squamata*, Desh., Expéd. Mor. moll., p. 107, pl. 22, fig. 3-5 (non Rumphius, 1739). *Chama laxarus ?* Brocchi (non Linné). Astezan.

400. asperella, Lam., An. s. vert., 6, p. 584. Sism., 1847. *Chama echinulata,* Lam. Astezan.

PECTEN, Gualtieri, 1742.

***401. cristatus,** Bronn, It. Tert. Geb., p. 116. Goldf., 1836, Pet., 2, p. 77, pl. 99, fig. 13. *Ostrea pleuronectes,* Brocchi (non Linné). Perpignan; Astezan, Plaisance; Autriche, Vienne; Algérie.

402. Dumasi, Payr., Bronn, It. Tert. Geb., p. 118. *O. plica,* Brocc. (non Linné). Astezan.

403. latissimus, Sism. *O. latissima,* Brocc., Conch. sub., p. 581. Aldrov., p. 232, fig. 1, 2. *P. laticostatus,* Lamk. Astezan.

404. medius, Lamk., An. s. vert., 7, p. 130. Astezan.

405. opercularis, Lam., An. s. vert., 7, p. 142. Goldf., Petref., p. 95, fig. 6. *O. opercularis,* Linné. *O. plebeia,* Brocc. Astezan.

***406. pes-felis,** Lamk., An. s. vert., 7, p. 140. Bronn, Mus., pl. 6, fig. 2. *O. pes-felis,* Brocc. Astezan.

***407. pusio,** Lamarck, An. s. vert., 7, p. 152. *O. pusio,* Linné. *O. multistriata,* Poli, pl. 28, fig. 14. Astezan.

***408. polymorphus,** Bronn., It. Tert. Geb., p. 119. *P. inæquicostatus,* Lam. *O. striata,* Brocchi. *O. discors,* Brocchi, pl. 14, fig. 9-13. Astezan.

***409. dubius,** d'Orb., 1847. *P. scabrellus,* Lam., 1819. Goldf., Petref., 2, p. 62, pl. 95, fig. 5. *Ostrea dubia,* Brocchi, 1814. Astezan; Perpignan.

***410. varius,** Penn., Lam., An. s. vert., 7, p. 147. *Ostrea varia,* Linné, Poli, Test., p. 28, fig. 10. Astezan.

411. flabelliformis, Desh., Expéd. Mor. moll., pl. 20, fig. 1, 2. *Ostrea flabelliformis,* Brocc., Conch. subap., p. 580. Astezan.

JANIRA, Schumacher, 1817.

***412. pyxidata,** d'Orb., 1847. *Pecten pyxidata,* Sism. *Ostrea pyxidata,* Brocc., Conch. subap., p. 579, pl. 14, fig. 12. Astezan.

***413. Jacobæa,** d'Orb., 1847. *Pecten Jacobæus,* Lam., An. s. vert., 7, p. 130. Blainv., Malac., pl. 60, fig. 4. Perpignan; Astezan.

414. maxima, d'Orb., 1847. *Pecten maxima,* Lamk., An. s. vert., 7, p. 129. Chemn., Conch., 7, p. 60, fig. 585. *Ostrea maxima,* Linné. Turin.

***414'. flabelliformis,** d'Orb., 1847. *Ostrea flabelliformis,* Brocc., 1814, Conch. sub., p. 580. Val d'Andona (Astezan).

HINNITES, Defrance, 1821.

***415. crispus,** Bronn, It. Tert. Geb., p. 120. Aldow., Mus., p. 463, fig. 1, 2. *H. Cortesii,* Defr. *Ostrea crispa,* Brocc. Astezan.

416. sinuosus, Desh., Lamk., An. s. vert., 7, p. 148. *Pecten sinuosus,* Lamk. Astezan.

SPONDYLUS, Linné, 1758.

417. subcostatus, d'Orb., 1847. *S. costatus,* Sism., Cat. (non Lam.). Astezan.

***418. crassicosta,** Lam., An. s. vert., 7, p. 191. *Spondylus gæderopus,* Brocchi (non Linné). Astezan; Vienne.

***419. gæderopus,** Linné (pro parte), Lam., An. s. vert., 7, p. 184. Chemn., pl. 44, fig. 459. Astezan.

420. quinquecostatus, Desh., 1836, Mollusq. de Morée, p. 121. Voy. pl. 22, fig. 1, 2, 3e série. Astezan; Morée.

PLICATULA, Lamarck, 1801. Voy. t. 1, p. 202.

421. dilatata, Michelotti, Brach. ed. Acef., p. 6. Astezan.

422. lævis, Bell., E. Sism., Syn. meth., p. 23. Astezan.

'**423. pliocenia,** E. Sism. *Plicatula ramosa*, Auct. Pedem. (non Lam.) Astezan.

OSTREA, Linné, 1752.

'**424. cochlear,** Poli, Lamk., An. s. vert., 7, p. 221. Nyst., pl. 32, fig. 2. *O. navicularis*, Brocchi. *O. Italica*, Desh. Perpignan; Astezan.

425. denticulata, Chemn. (non Born.), Brocch., Conch. subap., p. 568. Encycl., pl. 183, fig. 1, 2. Astezan.

'**426. subgibbosa,** d'Orb., 1847. *O. gibbosa*, It. Tert. Geb., p. 124 (non Lamarck). Astezan.

427. hyotis, Chemn., Conch., pl. 75, fig. 685. Lam., An. s. vert., 7, p. 235. *Mytilus hyotis*, Linné. Astezan.

'**428. lamellosa,** Brocchi, Conch. subap., p. 564. Goldf., Petref., 2, pl. 78, fig. 3. Astezan.

'**429. undata,** Lam., Goldf., Petref., 2, p. 18, pl. 78, fig. 2. *O. cornu-copiæ*, E. Sismonda (non Lamarck). France, Perpignan; Astezan.

'**430. navicularis,** Brocc., Desh., 1836, Moll. de Morée, p. 124. Voy. pl. 24, fig. 7, 8, 3e série. Morée; mers de Sicile.

ANOMYA, Linné, 1758.

'**431. costata,** Bronn, It. Tert. Geb., p. 124. *A. costata*, Brocchi, pl. 10, fig. 15. *A. sulcata*, Brocchi (non Poli). Astezan; Perpignan.

432. electrica, Linn., Brocc., Conch. subap., p. 461. Astezan.

433. plicata, Brocc., 1814. *A. ephippium*, Phill., Enum. moll. sic., 1, p. 92 (non Linné). *A. cepa*, et *plicata*, Brocchi, 1814. Astezan.

'**434. striata,** Brocc., Conch. sub., p. 465, pl. 10, fig. 13. Goldf., pl. 88, fig. 4. Astezan, Plaisance; Perpignan.

435. orbiculata, Brocc., Goldf., 1835, 2, p. 40, pl. 88, fig. 5. Italie, Plaisance.

MOLLUSQUES BRACHIOPODES.

TEREBRATULA, Lwyd, 1699.

'**436. bipartita,** Sism., Cat. *Anomia bipartita*, Brocc., Conch. sub., p. 469, pl. 10, fig. 7. Perpignan; Astezan.

'**437. grandis,** Blum., Phill., Enum. moll. sic., 2, p. 67. *Anomia ampulla*, Brocc., pl. 10, fig. 5. Astezan; Perpignan.

MOLLUSQUES BRYOZOAIRES.

ESCHARA, Lamarck, 1816.

438. foliacea, Lamarck, 1816, Mich., Iconog. zoophyt., p. 70, pl. 14, fig. 9. Astezan; riv. Méditerranée, Adriatique.

CELLEPORA, Lamarck.

439. concentrica, Michelin, Icon. zoophyt., p. 73, pl. 15, fig. 3. Astezan.

RETEPORA, Lamarck.

?440. echinulata, Blainv., 1834, Mich., Iconog. zoophyt., p. 72, pl. 14, fig. 11. Astezan.

ENTALOPHORA, Lamouroux, 1821.

?441. cervicornis, d'Orb. 1847. *Eschara id.*, Michelin, 1842, Ic. zooph., p. 70, pl. 14, fig. 8 (exclus. Syn.). Astezan.

ACTINOPORA, d'Orb.

442. Mediterranea, d'Orb., 1847. *Lichenopora id.*, Blainville, Michelin, Iconog. zoophyt., p. 68, pl. 14, fig. 5. Astezan; riv. de la Méditerranée.

MYRIOZOUM, Donati. *Myriapora*, Blainville, 1834.

443. truncata, d'Orb., 1847. *Myriapora truncata*, Blainv., 1834. *Id.*, Michelin, 1842, Iconog. zoophyt., p. 69, pl. 14, fig. 7. Astezan; riv. Méditerranée.

FASCICULIPORA, d'Orb., 1839.

444. Marsillii, d'Orb. *Frondipora Marsillii*, Michelin, 1842, Icon. zoophyt., p. 68, pl. 14, fig. 4. Astezan; riv. Méditerranée?

ÉCHINODERMES.

SCHIZASTER, Agassiz.

'445. scillæ, Agass., 1847, Cat., p. 127. Sicile, Palerme, Monte-Pelegrino, Asti; Millas, près Perpignan.

HEMIASTER, Agassiz.

446. canaliferus, d'Orb., 1847. *Schizaster canaliferus*, E. Sism., Ech. foss. Piem., p. 20. *H. major*, Desor, 1847, Cat., p. 125. Astezan.

BRISSOPSIS, Agassiz.

'447. Borsoni, Agass., 1847, Cat., p. 121. *Schizaster Borsoni*, E. Sism., Echin. foss. Piem., p. 25, pl. 1, fig. 8-12. Castiglione, dans l'Astezan.

448. Romuli, Desor, Agassiz, 1847, Cat., p. 121. Italie, Monte-Mario, près Rome.

BRISSUS, Klein.

449. cylindricus, Agassiz, 1847, Cat., p. 120. Sicile, Palerme.

AMPHIDETUS, Agassiz.

450. Sartorii, Agass., 1847, Cat., p. 118. Sicile, Palerme.

SPATANGUS, Klein.

451. Siculus, Agass., 1847, Cat., p. 112. Park., Org. Rem., 3, pl. 3, fig. 9. Sicile, Palerme; Monte-Mario, près Rome.

452. Philippii, Desor, Agassiz, 1847, Cat., p. 113. Sicile, cap Safran, près Palerme; Monte-Mario, près Rome.

PYGURUS, Agassiz.

453. Hoffmanni, Desor, Agassiz, 1847, Catal., p. 108. Sicile, Palerme.

ECHINOLAMPAS, Gray.

454. Studeri, Agass., 1847, Catal., p. 107. Echin. suiss., 1,

p. 58, pl. 9, fig. 4-6. Suisse, Sec. (cant. d'Appenzell), Jungfrau ; Sardaigne, Castel-Nuovo, dans l'Astezan.

ECHINOCYAMUS, Van Phels.

455. Siculus, Agass., 1847, Cat., p. 83, et Monog. des Scutelles, p. 134, pl. 27, fig. 33-36. Sicile.

RUNA, Agassiz.

456. Comptoni, Agass., 1847, Catal., p. 81, et Monogr. des Scutelles, p. 32, pl. 2, fig. 11-19. Sicile, Palerme.

ECHINUS, Linné.

457. costatus, Agass., 1847, Cat. syst., p. 66. Italie, Monte-Mario, près Rome; Palerme (Sicile).

458. Astensis, E. Sism., Agass., 1847, Cat. syst., p. 65. *Echinus lineatus*, E. Sism., Echin. foss. Piém., p. 51. Sardaigne ; Astezan.

SALMACIS, Agassiz.

459. pepo, Agass., 1847, Cat. syst., p. 55. Sicile, Palerme.

ARBACIA, Gray.

460. spadæ, Desor, Agass., 1847, Cat. syst., p. 51. Italie, Monte-Mario, près Rome.

CIDARIS, Lamarck.

461. serraria, Bronn, Agass., 1847, Catalog. syst., p. 31. Italie, Castel-Arquato.

462. rosaria, Bronn, Agass., 1847, Cat. syst., p. 31. Italie, Castel-Arquato.

463. Desmoulinsii, E. Sism., Agass., 1847, Cat. syst., p. 32. *Cidarites Blumenbachii*, E. Sism., App. Echin. foss. Piem., p. 49, pl. 3, fig. 11. Sardaigne, Asti.

464. hirta, E. Sism., Agass., Cat. syst., p. 32. *Cidarites nobilis*, E. Sism., App. Echin. foss. Piem., p. 48, fig. 3, 7. Sardaigne, Astezan, Turin.

ZOOPHYTES.

CERATOTROCHUS, Edwards et Haime, 1848.

'465. duodecimcostatus, Edw. et Haime, 1848, An. des Sc. nat., 9, p. 250. *Turbinolia duodecimcostata*, Goldf., 1826, p. 52, pl. 15, fig. 6. *Turbinolia antiquata*, *T. cyathus*, *T. corniformis*, Risso, 1826, 5, pl. 9, fig. 48, 49, 65. *T. decemcostata*, Blainv., 1834, p. 342. Michelin, Icon. zooph., p. 42, pl. 9, fig. 7. Asti, Torrita (Toscane).

FLABELLUM, Lesson, 1831.

'466. Michelini, Edwards et Haime, 1848, An. des Sc. nat., 9, p. 265. *F. cuneatum*, Michelin, 1841, Icon. zoophyt., p. 45, pl. 9, fig. 13 (non Goldf., 1827). Italie, Sienne; Saint-Martin-d'Aubigny, Perpignan.

'467. Siciliense, Edwards et Haime, 1848, *loc. cit.*, p. 267. Italie, Palerme.

'468. subturbinatum, Edwards et Haime, 1848, *loc. cit.*, p. 268. Italie, Plaisance.

'469. laciniatum, Edwards et Haime, 1848, *loc. cit.*, p. 273. *Phillodes laciniatum*, Philippi, 1841, Neue Jahrb. Italie, Calabre.

CYATHINA, Ehrenberg, 1834.

470. pseudoturbinolia, Edwards et Haime, 1848, Ann. des Sc. nat., 9, p. 289, pl. 9, fig. 1. *Caryophyllia pseudoturbinolia*, Michelin, 1842, Icon. zoophyt., p. 48, pl. 9, fig. 18. Italie, Monte-Pelegrino, près de Parme ; Sicile ; riv. Méditerranée.

PARACYATHUS, Edwards et Haime, 1848.

471. Pedemontanus, Edwards et Haime, 1848, Ann. des Sc. nat., 9, p. 321. *Turbinolia cyathus*, Michelotti, 1838, Spec. zooph., p. 72, pl. 3, fig. 3. *Caryophyllia Pedemontana* (pars), Michelin, 1841, p. 47, pl. 9, fig. 16. *Cyathina Pedemontana*, E. Sism., Syn., 1847, p. 3. Astezan.

472. cyathus, Edwards et Haime, 1848, *loc. cit.*, 9, p. 330. *Caryophyllia cyathus*, Mich., 1842, Icon. zooph., p. 47, pl. 9, fig. 17 (non *Caryoph. cyathus*, Lamouroux, 1821). Piémont, Godiasco.

BALANOPHYLLIA, Searles Wood, 1844.

472'. Italica, Edwards et Haime, 1848, Ann. des Sc. nat., 10, p. 86. *Caryophyllia id.*, Michelin, 1841, pl. 9, fig. 15. Astezan.

CLADOCORA, Hemprich et Ehrenberg, 1834.

474. cæspitosa? d'Orb. 1847. *Caryophyllia id.*, Michelotti, 1838, Sp. zoophyt. Dit., p. 83. *Lithod. flexuosum*, Michelin, 1842, p. 49, pl. 10, fig. 2 (non *flexuosa*, Lamour., 1821). Astezan.

475. granulosa, Edwards et Haime, 1849, Ann. des Sc. nat., 11, p. 309. *Lithodendron granulosum*, Goldf., 1831, Petref. Germ., pl. 37, fig. 12. Italie, Castel-Arquato.

475'. Prevostina, Edwards et Haime, 1849, id., p. 309. Sicile.

CLAUSASTREA, d'Orb., 1849. Voy. t. 1, p. 293.

'475''. Savignyi? Edwards et Haime, 1850, Ann. des Sc. nat., 11, p. 159. Égypte.

STEPHANOPHYLLIA, Michelin, 1842.

476. imperialis, Michelin, 1842, Iconog. zoophyt., p. 31, pl. 8, fig. 1. Astezan.

CERIOPORA, Goldfuss, 1826.

477. ornata, d'Orb., 1847. *Ceriopora ornata*, Michelin, 1842, Icon. zooph., p. 73, pl. 15, fig. 1. Astezan.

MONTICULIPORA, d'Orb., 1847. Voy. t. 1, p. 25.

478. echinata, d'Orb., 1847. *Cellepora echinata*, Michelin, 1842, Icon. zooph., p. 74, pl. 15, fig. 4. Astezan.

FORAMINIFÈRES (D'ORB.).

ORBULINA, d'Orb., 1845, Foraminifères de Vienne, 1846.

'479. universa, d'Orb., 1846, Foram. de Vienne, p. 22, pl. 1, fig. 1. Italie, Sienne ; Autriche, Baden.

OOLINA, d'Orb., 1839. Voy. Foraminifères de Vienne.

'480. clavata, d'Orb., 1846, Foraminif. de Vienne, p. 24, pl. 1, fig. 2, 3. Autriche, Baden.

GLANDULINA, d'Orb., 1825. Voy. Foraminifères de Vienne.

'481. lævigata, d'Orb., 1825, Ann. des Sc. nat., p. 86, pl. 10, fig. 1-3. Foram. de Vienne, pl. 1, fig. 4, 5. Italie, Sienne ; Autriche, Baden, Nussdorf.

NODOSARIA, Lamarck. Voy. t. 1, p. 241.

*482. **ovicula,** d'Orb., 1825, Ann. des Sc. nat., p. 87, n. 6. Italie, Sienne.

*483. **semistriata,** d'Orb., 1825, Ann. des Sc. nat., p. 87, n. 9. Italie, Sienne.

*484. **dubia,** d'Orb., 1825, Ann. des Sc. nat., p. 87, n. 10. Italie, Sienne.

*485. **interrupta,** d'Orb., 1825, Ann. des Sc. nat., p. 87, n. 11. Italie, Sienne.

*486. **glabra,** d'Orb., 1825, Annal. des Sc. nat., p. 87, n. 12. Sienne.

*487. **pyrula,** d'Orb., 1825, Annal. des Sc. nat., p. 85, n. 13. Sienne.

*488. **filiformis,** d'Orb., 1825, Annal. des Sc. nat., p. 87, n. 14. Sienne.

*489. **longicauda,** d'Orb., 1825, Ann. des Sc. nat., p. 88, n. 28. Sienne.

*490. **cancellata,** d'Orb., 1825, Annal. des Sc. nat., p. 88, n. 29. Sienne.

*491. **Soldanii,** d'Orb., 1825, Annales des Sc. nat., p. 88, n. 30. Sienne.

*492. **nitida,** d'Orb., 1825, Ann. des Sc. nat., p. 88, n. 33. Italie, Coroncina.

*493. **raphanistrum,** d'Orb., 1847. *Nautilus id.*, Linné. *Bacillum*, Defrance, Foram. d'Autriche, p. 40, pl. 1, fig. 40-47. Italie, Sienne ; Autriche, Baden.

*494. **hispida,** d'Orb., 1846, Foram. de Vienne, p. 35, n. 11, pl. 1, fig. 24, 25. Italie, Sienne ; Autriche, Baden ; riv. Rimini.

*495. **affinis,** d'Orb., 1846, Foram. de Vienne, p. 39, n. 17, pl. 1, fig. 36-39. Autriche, Baden.

*496. **inornata,** d'Orb., 1846, Foraminif. de Vienne, p. 44, pl. 1, fig. 50, 51. Autriche, Baden.

*497. **floscula,** d'Orb., 1846, Foram. de Vienne, p. 50, pl. 2, fig. 16, 17. Autriche, Baden ; riv. Adriatique?

DENTALINA, d'Orb., 1825. Voy. t. 1, p. 242.

*498. **caudata,** d'Orb., 1825, Ann. des Sc. natur., p. 89, n. 37. Lisse, à queue arquée, retournée du côté opposé à la courbure. Italie, Sienne.

*499. **substriata,** d'Orb., 1825, Ann. des Sc. nat., p. 89, n. 46. Italie, Coroncina.

*500. **cornicula,** d'Orb., 1825, Ann. des Sc. natur., p. 89, n. 47. Italie, Sienne.

FRONDICULARIA, Defrance, 1824. Voy. t. 1, p. 241.

*501. **striata,** d'Orb., 1825, Ann. des Sc. nat., p. 90, n. 3. Sold., 4, pl. 9, fig. Q, R. Italie, Coroncina.

*502. **pupa,** d'Orb., 1825, Ann. des Sc. nat., p. 91, n. 4. Sold., 4, pl. 9, fig. S. Italie, Coroncina.

*503. **complanata,** Defrance, d'Orb., Ann. des Sc. nat., p. 91, n. 4. Defrance, Dict. des Sc. nat., fig. 4. Italie, Sienne.
*504. **diluvii?** E. Sism., Michel., Spec. zooph. diluv., p. 223, pl. 7, fig. 8. Astezan.

LINGULINA, d'Orb., 1825. Voy. Foram. de Vienne.
*505. **carinata,** d'Orb., 1825, Ann. des Sc. nat., p. 91, n. 1. Modèles, n. 26. Italie, Sienne.

MARGINULINA, d'Orb., 1825. Voy. t. 1, p. 242.
*506. **glabra,** d'Orb., 1825, Ann. des Sc. nat., p. 93, n. 6. Modèles, n. 55. Italie, Sienne.
*507. **hirsuta,** d'Orb., 1825, id., Foramin. de Vienne, p. 69, pl. 3, fig. 17, 18. Autriche, Nussdorf, Baden ; Italie, Sienne; riv. Rimini.

CRISTELLARIA, Lamarck. Voy. t. 1, p. 241.
*508. **lanceolata,** d'Orb., 1846, Foram. de Vienne, p. 89, pl. 3, fig. 41, 42. Autriche, Baden ; Italie, Sienne.
*509. **auris,** d'Orb., 1847. *Orthoceras auris*, Soldani, 2, pl. 104, fig. A. *Planularia id.*, d'Orb., 1825, Ann. des Sc. nat., p. 94, n. 5. Italie, Plaisantin, Castel-Arquato.
*510. **cassis,** d'Orb., 1825, Modèles, n. 44, 83; Ann. des Sc. nat., p. 124, n. 3; Foram. de Vienne, pl. 4, fig. 4, 7. Italie, Coroncina, Sienne; Autriche, Baden; Piémont, Astezan.
*511. **nitida,** d'Orb., 1825, Ann. des Sc. nat., p. 125, n. 5. Soldani, 1, pl. 56, fig. O, R. Italie, Coroncina.
*512. **marginata,** d'Orb., 1825, Ann. des Sc. nat., p. 125, n. 7. Soldani, 1, pl. 57, fig. S, T. Italie, Coroncina.
*513. **rostrata,** d'Orb., 1825, Ann. des Sc. nat., p. 126, n. 9. Espèce très-lisse, à forte carène, dont les loges sont convexes. Italie, Sienne.
*514. **elongata,** d'Orb., 1825, Ann. des Sc. nat., p. 126, n. 11. Soldani, 1, pl. 58, fig. *aa*, *bb*, *cc*. Italie, Coroncina.
*515. **bilobata,** d'Orb., 1825, Ann. des Sc. nat., p. 126, n. 12. Sold., 1, pl. 57, fig. 2. Italie, Coroncina.
*516. **aculeata,** d'Orb., 1825, Ann. des Sc. nat., p. 126, n. 14. Sold., 1, pl. 57, fig. *tt*. Italie, Sienne.
*517. **elegans,** d'Orb., 1825, Ann. des Sc. nat., p. 127, n. 21. Sold., 1, pl. 56, fig. q. Italie, Coroncina.
*518. **papillosa,** d'Orb., 1825, Ann. des Sc. nat., p. 127, n. 25. *Nautilus papillosus*, Sold., 1, pl. 59, fig. SS.
*519. **Italica,** d'Orb., 1825, Ann. des Sc. nat., p. 127, n. 26; Modèles, n. 19. *Saracenaria id.*, Defrance. Italie, Sienne, riv. Rimini.

ROBULINA, Montfort, 1808.
*520. **orbicularis,** d'Orb., 1825, Ann. des Sc. nat., p. 122, n. 2, pl. 15, fig. 8, 9. Italie, Sienne.
*521. **vortex,** d'Orb., 1825, Ann. des Sc. nat., p. 122, n. 4. Fich. et Moll., pl. 2, fig. d, i. Italie, Sienne.
*522. **Soldanii,** d'Orb., 1825, Ann. des Sc. nat., p. 122, n. 5. Soldani, 1, p. 69, pl. 59, fig. *uu*. Italie, Coroncina.
*523. **calcar,** d'Orb., 1846, Foram. de Vienne, p. 99, pl. 4, fig. 18-20. Autriche, Baden; Italie, Sienne, riv. Rimini.
*524. **cultrata,** d'Orb., 1825, Foram. de Vienne, p. 121, n. 1. Mo-

dèles, n. 82. Foram. d'Autriche, p. 96, pl. 4, fig. 10-13. Autriche, Baden, Nussdorf; Italie, Sienne, riv. Rimini.

*525. **Ariminensis,** d'Orb., 1825, id., 1846, Foram. de Vienne, p. 95, pl. 4, fig. 8, 9. Autriche, Baden; Bohitsch en Styrie; riv. Rimini.

*526. **echinata,** d'Orb., 1846, Foram. de Vienne, p. 100, pl. 4, fig. 21, 22. Autriche, Baden; Italie, Sienne; riv. Rimini.

NONIONINA, d'Orb., 1825.

527. **bulloides,** d'Orb., 1825, Ann. des Sc. nat., p. 172, n. 2. Espèce sphérique, id., 1846, Foram. de Vienne, p. 107, pl. 5, fig. 9, 10. Italie, Sienne; Autriche, Nussdorf, Vienne.

*528. **melo,** d'Orb., 1825, Ann. des Sc. nat., p. 127, n. 4. Sold., 4, p. 33, pl. 8, fig. ZZ, A, B, C. Italie, Sienne.

*529. **umbilicata,** d'Orb., 1825, Ann. des Sc. nat., p. 127, n. 5, pl. 15, fig. 10-12. Modèles, n. 86. Italie, Sienne.

*530. **granosa,** d'Orb., 1825, Ann. des Sc. nat., p. 128, n. 8. Id., d'Orb., 1846, Foraminifères de Vienne, p. 110, pl. 5, fig. 19, 20. Autriche, Nussdorf; Italie, Castel-Arquato.

*532. **Soldanii,** d'Orb., 1846, Foram. de Vienne, p. 109, pl. 5, fig. 15, 16. Autriche, Nussdorf; Itâlie, Sienne.

POLYSTOMELLA, Lamarck.

*533. **semistriata,** d'Orb., 1825, Ann. des Sc. nat., p. 118, n. 7. Espèce déprimée, striée sur la moitié des loges seulement. Italie, Castel-Arquato.

*534. **crispa,** Lamarck, d'Orb., 1846, Foram. de Vienne, p. 125, pl. 6, fig. 9-14. Autriche, Baden, Nussdorf, Vienne; Italie, Sienne.

ROTALIA, Lamarck.

*535. **Soldanii,** d'Orb., 1825, id., 1846, Foram. de Vienne, p. 155, pl. 8, fig. 10-12. Autriche, Nussdorf; Italie, Sienne; riv. Rimini.

*536. **Brongniartii,** d'Orb., 1825, Annal. des Sc. nat., p. 107, n. 27. Soldani, 1, p. 57, pl. 38, fig. H. Id., Foram. de Vienne, pl. 8, fig. 22-24. Italie, Castel-Arquato; Autriche, Baden.

*537. **lævis,** d'Orb., 1847. *Gyroidina id.*, 1825, Ann. des Sc. nat., p. 112, n. 3. Espèce lisse, peu convexe. Sienne; riv. Rimini.

*538. **Boueana,** d'Orb., 1846, Foramin. de Vienne, p. 152, pl. 7, fig. 25-27. Autriche, Nussdorf, Baden; riv. Rimini.

GLOBIGERINA, d'Orb., 1825.

*539. **elongata,** d'Orb., 1825, Ann. des Sc. nat., p. 111, n. 4. Soldani, 2, p. 117, pl. 123, fig. K. Italie, Castel-Arquato; riv. Rimini.

*540. **bulloides,** d'Orb., 1825, Mod., n. 17; id., 1846, Foram. de Vienne, p. 163, pl. 9, fig. 4-6. Autriche, Nussdorf; Italie, Sienne; riv. Rimini.

PLANORBULINA, d'Orb., 1825.

*541. **Mediterranensis,** d'Orb., 1825; id., 1846, Foraminif. de Vienne, p. 166, pl. 9, fig. 15-17. Autriche, Nussdorf; riv. Méditerranée.

TRUNCATULINA, d'Orb., 1825.

*542. **lobulata,** d'Orb., 1847, Foram. de Vienne, p. 166, pl. 9, fig. 18-23. Autriche, Nussdorf; Italie, Sienne; riv. Rimini.

ANOMALINA, d'Orb., 1825.

*543. **Austriaca,** d'Orb., 1846, Foram. de Vienne, p. 172, pl. 9, fig. 4-4. Autr., Nussdorf; Ital., Sienne.

ROSALINA, d'Orb., 1825.

*544. **subrotunda,** d'Orb., 1847. *Rotalia id.*, d'Orb., 1845, Ann. des Sc. nat., p. 107, n. 14. Espèce convexe en dessous. Italie, Castel-Arquato; riv. Rimini.

545. **Italica,** d'Orb., 1847. *Rotalia id.*, 1825, Ann. des Sc. nat., p. 109, n. 43. Soldani, 4, pl. 2, fig. F, G. Italie, Castel-Arquato; riv. Méditerranée.

*546. **Siennensis,** d'Orb., 1847. *Rotalia id.*, d'Orb., 1825, Ann. des Sciences natur., p. 109, n. 50. Soldani, 4, pl. 4, fig. K, 4. Italie, Sienne.

*547. **ammoniformis,** d'Orb., 1847. *Rotalia id.*, 1825, Ann. des Sc. nat., p. 110, n. 55. Soldani, 1, p. 65, pl. 34, fig. K. Italie, Coroncina.

BULIMINA, d'Orb., 1825. Voy. t. 2, p. 185.

*548. **costata,** d'Orb., 1825, Ann. des Sc. nat., p. 103, n. 1. Espèce largement costulée. Italie, Coroncina.

*549. **echinata,** d'Orb., 1825, Ann. des Sc. nat., p. 103, n. 5. Espèce épineuse, lisse. Italie, Sienne.

*550. **semistriata,** d'Orb., 1825, Ann. des Sc. nat., p. 104, n. 15. Espèce ovale finement striée. Italie, Coroncina.

*550'. **elongata,** d'Orb., 1825, id., 1846, Foram. de Vienne, p. 187, pl. 11, fig. 19, 20. Autriche, Nussdorf; Italie, Rimini.

UVIGERINA, d'Orb., 1825.

*551. **rugosa,** d'Orb., 1825, Ann. des Sc. nat., p. 103. Espèce couverte d'aspérités. Italie, Sienne.

*552. **pygmæa,** d'Orb., 1825, Ann. des Sc. nat., p. 103. Modèles, n. 67. Idem, 1846, Foram. de Vienne, p. 190, pl. 11, fig. 25, 26. Autriche, Baden, Nussdorf; Italie, Sienne.

PYRULINA, d'Orb., 1825.

*553. **gutta,** d'Orb., 1825, Ann. des Sc. nat., p. 101. Modèles, n. 30. Italie, Castel-Arquato.

CLAVULINA, d'Orb., 1825.

*554. **cylindrica,** d'Orb., 1825, Ann. des Sc. nat., p. 102, n. 1. Espèce finement striée en long. Italie, Sienne.

*555. **communis,** d'Orb., 1846, Foram. de Vienne, p. 196, pl. 12, fig. 1, 2. Autr., Nussdorf; riv. Adriatique.

ASTERIGERINA, d'Orb., 1846.

*556. **planorbis,** d'Orb., 1846, Foram. de Vienne, p. 205, pl. 11, fig. 1-3. Autriche, Nussdorf.

GUTTULINA, d'Orb., 1825.

557. **problema,** d'Orb., 1825, Ann. des Sc. nat., p. 100, n. 14. Modèles, n. 61. Id., d'Orb., 1846, Foram. de Vienne, p. 224, pl. 12, fig. 26-28. Italie, Castel-Arquato; Autriche, Nussdorf.

*558. **communis,** d'Orb., 1825, Ann. des Sc. nat., p. 100, n. 15. Id., 1846, Foram. de Vienne, p. 224, pl. 13, fig. 6-8. Castel-Arquato; Autriche, Nussdorf.

POLYMORPHINA, d'Orb., 1825. Voy. t. 2, p. 185.

'559. **truncata,** d'Orb., 1825, Ann. des Sc. nat., p. 99, n. 3. Espèce subcylindrique. Italie, Castel-Arquato.

'560. **inæqualis,** d'Orb., 1825, Annal. des Sc. natur., p. 99, n. 4. Grande espèce lisse. Italie, Castel-Arquato (non Chavagne).

TEXTULARIA, Defrance.

'561. **punctata,** d'Orb., 1825, Ann. des Sc. nat., p. 96, n. 8. Espèce très-obtuse subcylindrique. Italie, Castel-Arquato.

'562. **gibbosa,** d'Orb., 1825, Ann. des Sc. natur., p. 96, n. 6. Modèles, n. 28. Italie, Castel-Arquato.

'563. **plana,** d'Orb., 1825, Ann. des Sc. nat., p. 97, n. 14. Sans aucune saillie, unie. Italie, Sienne.

'564. **cuneiformis,** d'Orb., 1825, Ann. des Sc. nat., p. 97, n. 18. Espèce carénée, comprimée. Italie, Castel-Arquato.

'565. **sagittula,** d'Orb., 1825, Ann. des Sc. natur., p. 97, n. 20. Sold., 2, p. 133, fig. T. Italie, Castel-Arquato.

'566. **trochoides,** d'Orb., 1825, Ann. des Sc. natur., p. 97, n. 22. Espèce trochoïde, courte et large. Italie, Castel-Arquato.

'567. **lævigata,** d'Orb., 1846, Foram. de Vienne, p. 243, pl. 14, fig. 14-16. Autriche, Nussdorf; riv. Rimini.

'568. **carinata,** d'Orb., 1846, Foram. de Vienne, p. 247, pl. 14, fig. 32-34. Autriche, Nussdorf; Italie, Sienne; riv Rimini.

'569. **abbreviata,** d'Orb., 1846, Foram. de Vienne, p. 249, pl. 15, fig. 9-12. Autriche, Baden, Nussdorf; Italie, Sienne.

BILOCULINA, d'Orb., 1825.

'570. **limbata,** d'Orb., 1825, Annal. des Sc. natur., p. 133, n. 12. Soldani, 3, pl. 19, fig. M. Italie, Castel-Arquato.

571. **complanata,** Michelotti, Rizop. sopracret., p. 46, pl. 3, fig. 2. Piémont.

SPIROLOCULINA, d'Orb., 1825.

'572. **depressa,** d'Orb., 1825, Ann. des Sc. natur., p. 132, n. 1. Sold., 3, pl. 155, fig KK?

'573. **orbicularis,** d'Orb., 1825, Ann. des Sc. nat., p. 132, n. 8. Espèce lisse sans angles. Italie, Castel-Arquato.

'574. **elongata,** d'Orb., 1825, Ann. des Sc. nat., p. 132, n. 11. Espèce épaisse, tranchante des deux côtés de chaque loge. Italie, Castel-Arquato.

'575. **limbata,** d'Orb., 1825, Ann. des Sc. natur., p. 133, n. 12. Sold., 3, p. 54, pl. 19, fig. M. Italie, Castel-Arquato.

'576. **Brongniartii,** d'Orb., 1825, Ann. des Sc. natur., p. 134, n. 23. Sold., 3, pl. 154, n. 66, c? Italie, Castel-Arquato.

TRILOCULINA, d'Orb., 1825.

'577. **gibba,** d'Orb., 1846, Foram. de Vienne, p. 274, pl. 16, fig. 22-24. Autriche, Nussdorf; Italie, Sienne.

578. **carinata?** Michelotti, Rizop. sopracret., p. 48, pl. 3, fig. 4. Piémont.

QUINQUELOCULINA, d'Orb., 1825.

'579. **rugosa,** d'Orb., 1825, Ann. des Sc. nat., p. 136, n. 24. Espèce bicarénée. Italie, Castel-Arquato.

'580. **undulata,** d'Orb., 1825, Ann. des Sc. nat., p. 136, n. 27. Espèce striée, ondulée. Italie, Castel-Arquato.

*581. **depressa,** d'Orb., 1825, Ann. des Sc. natur., p. 136, n. 38. Espèce tranchante. Italie, Castel-Arquato.

*582. **longirostra,** d'Orb., 1825, Ann. des Sc. nat., p. 137, n. 46. Idem, 1846, Foram. de Vienne, p. 291, pl. 18, fig. 25-27. Autriche, Baden; Italie, Castel-Arquato.

*583. **triangularis,** d'Orb., 1825; id., 1846, Foram. de Vienne, p. 288, pl. 18, fig. 7-9. Autriche, Nussdorf; Italie, Sienne.

*584. **peregrina,** d'Orb., 1846, Foram. de Vienne, p. 292, pl. 19, fig. 1-3. Autriche, Baden; Italie, Sienne.

ADELOSINA, d'Orb., 1825.

*585. **lævigata,** d'Orb., 1825, Annal. des Sc. natur., p. 138, n. 1. D'Orb., 1846, Foram. de Vienne, p. 302, pl. 20, fig. 22-24. Soldani, 3, p. 158, fig. S, T, U. Italie, Castel-Arquato; Autriche, Nussdorf.

*586. **striata,** d'Orb., 1825, Ann. des Sc. nat., p. 138, n. 2. Modèles, n. 18 et 97. Italie, Castel-Arquato.

FIN DU PRODROME DE PALÉONTOLOGIE.

TABLE ALPHABÉTIQUE ET SYNONYMIQUE

DES GENRES ET DES ESPÈCES

CONTENUS DANS LE

PRODROME DE PALÉONTOLOGIE

STRATIGRAPHIQUE UNIVERSELLE.

TABLE ALPHABÉTIQUE ET SYNONYMIQUE

DES GENRES ET DES ESPÈCES

CONTENUS DANS LE

PRODROME DE PALÉONTOLOGIE

STRATIGRAPHIQUE UNIVERSELLE.

AC

ACTEONINA.	Étages	Numéros
ventricosa...	15	25
Actinacis.		
Martiniana..	21	247'
Actinaræa.		
granulata...	13	635
Actinastrea.		
Goldfussii...	22	1208
Actinhella.		
elegans.....	22	1315
Actinoceras.		
crebiseptum.	1 *a*	47
Cuvieri.....	1 *a*	48
giganteus...	5	85
gracilis.....	1 *a*	46
nummularius	1 *b*	52
tenuifilum..	1 *a*	47
Actinoceris.		
Eudesii.....	10	521
Cenomanensis	20	684
Actinociathus.		
Balticus.....	1 *b*	375
crenularis...	3	1000
Hennahii....	2	1154"
Phillipsii....	2	1154'
Actinocœnia.		
compressa..	21	315
mirifica.....	26	2745
rustica......	20	702
Actinoconchus.		
paradoxus..	3	815
Actinocrinus.		
arthriticus.	1 *b*	349
concavus....	3	924
constrictus.	3	925
costus......	3	919
expansus...	1 *b*	343
Gilbertsoni..	3	920
globosus....	3	922
lævis.......	3	923
moniliformis	1 *b*	340
polydactylus	3	918
pusillus....	3	941
retiarius...	1 *b*	344
simplex....	1 *b*	353
tesseliatus...	3	921
tesseraconta-dactylus..	1 *b*	350
trimontadac-tyl[illegible].....	3	917
Actinos[illegible]ia.		
Cenoma[illegible]..	20	686
Actinospon[illegible]a.		
ornata.....	11	515
Actita.		

AD

ACTITA.	Étages	Numéros
Munsteriana	3	318
Adelocœnia.		
castellum....	14	515
corallina....	14	517
Lancelotii...	14	59
Moreana....	14	518
tubulosa....	14	516
Adelosina.		
lævigata....	27	585
pulchella...	26	3061
striata......	27	586
Adeone.		
lamellosa...	26	2566
reteporifor-mis......	26	2565
Aganides.		
æquabilis...	2	155
æquilobatus.	6	29
acutus......	2	134
ammon.....	2	216
angustisepta-tus.......	2	135
angustus....	2	136
arcuatus....	2	137
armatus....	6	22
atratus.....	3	121
Aluri......	26	304
Barbotanus.	3	126
Bavariensis.	2	190
Beaumontii..	6	37
Becheri.....	2	138
Belvalianus.	3	116
bicostatus...	2	219
bidorsalis...	5	113
bidorsatus...	6	53
biferus......	2	139
bisimpressus.	2	140
bisulcatus...	2	213
Bronnii.....	2	141
Bronnii....	3	134
Buchii......	2	142
Buchii.....	6	39
Bucklandi..	2	143
calculiformis	2	144
canalifer....	2	145
calyx.......	3	98
cancellatus..	2	146
carbonarius.	3	132
carina......	3	122
carinatus...	2	147
ceratitoides.	3	114
cinctus.....	2	212
clymeniformis	2	148
complicatus.	3	117

AG

AGANIDES.	Étages	Numéros
contiguus...	2	149
costatus....	2	152
costulatus...	2	151
Cottai......	2	150
Coyanus....	3	154
cucullatus...	2	155
cyclolobus..	3	105
Dannenbergii	2	207
decoratus...	6	41
diadema....	3	125
divisus.....	2	154
Dufrenoyi...	6	31
Eryx.......	6	23
evexus.....	2	156
expansus....	2	157
falcifer.....	2	158
fasciculatus..	3	133
Friesei.....	6	27
furcatus....	6	25
furcatus...	3	103'
Gibsoni.....	3	96
Gilbertsoni..	3	99
glaucus.....	6	24
globosus....	2	159
Haidingeri..	6	35
Haueri.....	2	161
Hœninghausi	2	160
Henlowi....	3	104
hybridus....	2	162
Jossæ.......	3	127
incertus....	2	163
infrafurcatus.	6	36
Ingleri......	2	218
insignis.....	2	164
intermedius.	2	165
interruptus.	3	123
intercostatus	3	107
intumescens.	2	166
iris.......	6	34
Kingianus..	3	130
Klipsteini...	6	39
Koninckianus	3	129
latiseptatus..	2	210
latistriatus..	2	167
linearis.....	2	168
Listeri.....	3	124
Looneyi.....	3	100
maximus....	2	169
micronotus..	3	112
mixolobus...	3	106
multilobatus.	2	171
multiseptatus	2	170
Munsterii...	2	172
mutabilis....	3	120

AG

AGANIDES.	Étages	Numéros
Nœggerathi .	2	208
nitidus......	3	95
nummularius	2	211
obscurus....	2	173
obtusus.....	3	102
orbicularis..	2	174
orbiculus...	2	175
Orbignyanus	3	131
ornatus.....	6	40
ovatus......	2	176
paucilobus..	3	101
paucistriatus	2	177
pessoides...	2	178
planus	2	179
platylobus...	3	110
primordialis.	2	182
pisum......	6	28
planidorsatus	2	180
princeps....	3	125
Proslii......	2	181
quadriparti-tus......	2	184
radiatus....	6	32
Rœmeri.....	2	185
retrorsus....	2	183
Rosthornii..	6	30
rotatorius...	3	115
semistriatus.	2	206
simplex.....	2	186
sinuosus	2	220
Soboleskianus	3	128
solaroides...	2	187
speciosus ...	2	189
sphæricus ..	3	119
spirorbis....	3	111
spurius.....	6	21
strangulatus.	2	215
striatus.....	3	118
striatulus...	2	191
striolatus ...	3	105
subarmatus..	2	192
subbilobatus.	2	193
subcarinatus.	2	195
subfurcatus .	3	103'
subinvolutus	2	194
sublævis....	2	197
sublinearis..	2	196
subnautilinus	2	209
subsulcatus..	2	198
sulcatus.....	2	188
suprafurcatus	6	58
tenuistriatus.	2	199
transitorius .	2	200
tripartitus .	2	201

AG

AGANIDES.	Étages	Numéros
truncatus...	3	109
tuberculosus.	2	202
Uchtensis...	2	214
undulosus...	2	203
Ungeri.....	2	204
Wissmanni..	6	26
Wurmii.....	2	217
Verneuili...	2	205
vesica......	3	97
vittiger.....	3	122'
Agaricia.		
agaricites...	13	640
Apennina..	26	2768
convexa	11	467'
elegantula..	10	551
graciosa....	14	615
granulata..	13	635
granulata..	14	584
infundibuli-formis...	25	1666
irregularis..	14	612
lobata.....	10	544
lobata.....	14	581
Ludoviciana	20	721
Neocomiensis	17	533''
plana.......	14	614
ramosa.....	6	687
ramulosa....	11	466
rotata......	13	631
rotata......	14	567
Sœmmeringii	13	641
Sœmmerin-gii.......	14	614
sulcata......	11	467
tuberosa....	10	549
Alligena.		
lævis.......	26	2158
striata.....	26	2157
Allerisma.		
regularis...	3	362
Alvania.		
brevis......	27	32
craticula...	27	41
lævigata...	27	36
minuta.....	27	37
Sulzeriana .	27	39
textilis.....	27	40
Alveolina.		
Boscii......	25	1313
bulloides....	26	2904
compressa...	21	357
cretacea....	20	736
elongata....	25	1314
Haueriana...	26	2905

AL

ALVEOLINA.	Étages	Numéros
melo........	24	689
oblongus....	24	691
ovum.......	20	757
Alveolites.		
celleporatus.	2	1161
cervicornis..	2	1162
confertus...	3	1012
fibrosus....	2	1165
fibrosus....	1 *b*	381
funiculina..	3	1021
hemisphæri-cus.......	1 *b*	383
irregularis .	3	1020
Lonsdalii...	1 *b*	382
polymorphus	2	1163
producti....	4	89
scabra......	3	1020
spongites...	2	1164
subfibrosus..	1 *b*	381
tuberosus...	2	1166
tumida.....	3	1022
Alveopora.		
elegans.....	24	668
incrustata..	14	579
microsolena.	11	465'
racemosa...	14	588
tuberosa....	14	586
Amblacrinus.		
inequidacty-lus.......	3	942
rosaceus....	2	1101
Amblocyathus.		
Bowerbanksii	19	335
conica......	17	514
Neocomiensis	17	515
Amblophyllia.		
cretacea....	20	699'
obtusa......	13	602'
Ruppellensis	14	484
Amblypygus.		
apheles.....	24	604
dilatatus....	24	605
Ambonychia.		
amygdalina	1 *a*	212
bellistriata.	1 *a*	201
Alcyonium.		
infundibu-lum......	20	788
lycoperdites.	29	1466
Alecto.		
Bajocensis..	10	469
Calloviensis	12	252
Calypso.....	22	1096
Corallina....	14	401

AL

ALECTO.	Étages	Numéros
dichotoma..	11	363
dichotoma..	10	468
dichotomoi-des.......	10	403
divaricata...	20	591
gracilis.....	17	760
granulata...	17	453'
granulata..	20	590
incrassata...	17	433
inflata.....	l a	424
intermedia..	14	400
nummulita-rum......	24	566
parvula.....	26	2589
ramea......	22	1095
reticulata...	20	590
Rupellensis.	14	402
Smithii.....	11	366
versiculosa..	20	2588
Ammonites.		
Aalensis....	9	34
Aballoensis.	7	30
acanthopsis.	9	39
acanthus....	8	41
Achilles.....	14	8
Acis........	6	67
Acostæ.....	17	603
Acteon......	8	9
acuto-costatus	6	73
Adelæ......	12	48
Adonis......	19	35
Æduensis...	7	31
Ægion......	8	10
Æolus......	19	56
æquatorialis.	17	610
æquinodosus	6	61
Æropus.....	12	39
Agassizianus.	19	30
Ajax......'.	12	49
Alexandrinus	17	611
Alpinus....	19	35
Altenensis...	14	6
alternans...	13	31
alternatus...	17	606
amaltheus...	8	
amaltheus..	13	30
amœnus....	6	83
anceps......	12	25
angulicostatus	17	588
angulosus..	22	54
annulatus...	9	35
Aon........	6	61
Aonis......	17	40
aphideus...	3	114

AM

AMMONITES.	Étages.	Numéros
aratus.....	6	86
arbustigerus.	11	5
Archiacianus	19	19
Arduennensis	13	34
armato-cingulatus...	6	71
armatus....	8	21
armiger....	12	23
arthriticus..	12	40
articulatus..	7	27
asper......	17	18
asperrimus..	17	32
Astierianus..	17	19
athleta......	12	23
atratus....	5	121
angustilobatus.......	6	85
auritus.....	19	12
Babeanus...	12	38
Balduri.....	13	69
Bakeriæ.....	12	17
Bakeriæ....	14	7
Balmatianus	19	46
Banksii.....	12	50
Baugieri....	12	42
Beaumontianus......	20	19
Bechei......	8	25
Belus.......	18	30
Belvalianus	3	116
Beudanti....	19	33
bicarinatus.	6	63
bicrenatus.'.	6	93
bicurvatus...	18	16
bidenticulatus	6	66
bidichotomus	17	28
bidorsatus..	22	27
bifer.......	7	14
biflexuosus..	11	10
bifrons......	9	29
bifrons.....	12	17
bipartitus...	12	41
biplex......	13	32
Birchii.....	7	15
bispinosus..	13	6
bisulcatus...	7	3
Blagdeni....	10	29
Boblayei....	8	14
Bogdoanus].	5	4
Bogotensis..	17	593
Bonnetianus.	19	59
Boucaultianus	7	17
Bouchardianus.......	19	44

AM

AMMONITES.	Étages	Numéros
Bouei.......	6	77
Bourgeoisianus.....'.	22	16
Bourretianus	19	52
Boussingaultii	17	607
Braikenridgii	10	31
Braunianus..	9	41
Bravaisianus.	21	3
brevispina...	8	22
Brongnartii.	10	32
Brongnartianus.....	19	59
Brottianus...	19	39
Brotheus...	6	61
Buchana...	17	38
Buddha.....	22	46
bullatus.....	15	15
Buvignieri..	8	35
Cadomensis..	10	24
Caillaudianus	17	600
cala........	22	34
Calisto.....	15	10
Calloviensis.	12	45
calvus......	12	59
Calypso.....	9	37
Camatteanus.	19	17
camelinus...	17	617
canaliculatus	15	36
capellinus..	9	54
capricornu..	17	33
capricornus.	9	40
caprinus...	13	32
carina.....	5	122
Carlavantii..	18	23
Carolinus..	21	4
Carteroni...	17	33
Carusensis..	7	14
cassida....	17	578
Cassisianus..	20	27
Castellanensis	17	587
catenatus....	7	21
catenatus...	6	84
catenulatus.	13	56
catillus.....	20	23
catillus....	20	18
catinus.....	21	14
Candollianus	19	46
Caumontii...	10	34
Causonianus.	17	595
Cenomanensis.......	20	25
Centaurus...	8	19
Ceranonis...	17	54
cesticulatus.	18	25

AM

AM

AMMONITES.	Étages	Numéros
Gauduasensis	17	604
Gaytani.....	6	60
Geinitzii....	22	30
geometricus.	7	21
Germani...	9	38
Gervillei....	10	38
Geslinianus..	20	18
Gevrilianus..	17	22
gibbosulus..	17	46
giganteus...	16	5
gigas.......	16	6
Goldfussii...	6	72
Goliathus...	13	42
Collevillensis	22	17
Goodhallii..	20	29
Gossianus..	19	36
Goupilianus.	21	6
Gowerianus	12	34
granuloso - striatus...	6	79
Grasianus...	17	23
Gravesianus.	17	3
Greenoughi..	9	58
Grenouillouxi	8	31
Guerinianus.	16	596
Guersanti..	19	16
Guettardi...	18	31
Guibalianus.	8	34
Hagenowi...	7	32
Hollandrei..	9	43
Hambronii..	18	22
Haueri.....	6	92
hecticus....	11	13
	12	14
Hector......	15	15
Hector.....	16	9
Heliacus....	17	591
Henleyi....	8	25
Hermione...	13	47
Henrici.....	13	43
Hercules....	17	605
Hersilia.....	13	49
Herveyi....	11	12
	12	16
heterophyl-lus-amal-thei......	9	55
heterophyllus	9	47
Himalayæ...	12	62
Hippocrepis	22	55
hircinus....	9	58
histrix......	17	594
Hommairei..	12	30
Honoratianus	17	575

AM

AMMONITES.	Étages	Numéros
Hopkinsii...	17	608
horridus....	17	615
Huberianus	19	24
Hugardianus	19	40
Humboldtii.	6	61
Humpriesia-nus......	10	30
Hyacinthus..	13	50
hybrida.....	8	27
ibex.......	8	14
ignobilis...	12	22
impressus...	17	29
Inca.......	17	576
incertus....	17	34
Indicus.....	22	56
inæqualicos-tatus.....	17	574
India.......	22	55
inflato-bino-dus......	15	6
inflatus.....	19	46
	20	15
inflatus....	14	6
inflatus....	15	5
infundibulum	6	84
infundibulum	17	579
inornatus...	18	9
insignis.....	9	50
intermedius.	17	577
interruptus..	10	16
interruptus.	5	125'
interruptus.	19	10
Irius........	16	4
Ischmæ....	12	15
Itierianus...	19	47
Ixion.......	17	584
Jallabertia-nus......	19	30
Jamesoni...	8	36
Jarbas......	6	82
Jason......	12	43
Jaubertianus	18	21
Jeannotii...	17	27
Johannis-Au-striæ.....	6	64
Johnstoni...	7	11
Josephinus..	17	47
Juilleti.....	17	25
Juilleti.....	22	34
Juliæ.......	17	597
Julii........	11	7
Jupiter.....	8	39
Jurensis....	9	37
Jurinianus.	19	52

AM

AMMONITES.	Étages	Numéros
Kœnigii....	13	58
Kayei......	22	32
Kirghisensis.	13	55
Kirchisensis	15	12
Kridion.....	7	9
labiatus....	6	64
lacunatus..	7	20
Lafresnaya-nus......	22	10
Laigneletii..	7	19
Lalandeanus	12	37
Lallierianus.	13	5
Lamberti...	12	35
lamellosus..	8	53
lamellosus..	12	15
Landriotii...	7	33
Largilliertia-nus......	20	17
larva.......	6	80
latæcostata..	8	40
latidorsatus.	19	50
	20	14
latilabiatus..	6	70
lautus......	19	13
Leai.......	17	586
Layeri......	6	90
linguiferus..	11	4
lenticularis..	12	20
Leopoldinus.	17	18
lepidus.....	17	383
Levesquei...	9	32
lævigatus...	8	38
Lewesiensis.	21	9
Lewesiensis.	22	17
liasicus.....	7	6
ligatus......	17	576
lineatus....	8	39
lingulatus..	13	43
lingulatus-nudus....	13	45
Linneanus...	10	23
Listeri.....	5	124
longispinus.	15	6
Loscombi...	8	18
Lucretius...	15	66
Ludovicus...	17	618
lunula......	12	22
Lyelli......	19	24
Lynx.......	8	28
macilentus..	17	39
macrocepha-lus.......	11	14
	12	15
macrocepha-		

AM

AM

AMMONITES.	Étages	Numéros
Rouxianus..	19	46
Rouyanus...	17	579
Rouyanus..	22	45
Royerianus..	18	19
Royerianus.	18	36
Rupellensis..	14	7
rusticus.....	21	14
Sabaudianus.	12	36
Sabinus.....	9	56
salinarius...	6	94
Santefecinus.	17	612
Santonensis.	22	18
Sartousianus	17	592
Sutherlandiæ	12	51
Sauzeanus...	7	23
Sauzei......	10	35
Scipionianus.	7	10
semiornatus.	22	13
semistriatus	17	56
semisulcatus.	17	26'
Seoebrianus.	19	57
Senequieri..	19	9
Seranonis...	17	618
serpentinus.	9	28
serrulatus..	13	45
Silimani....	22	25
Simonyi....	6	91
simplus....	17	29
Sinemuriensis	7	22
sinuosus....	17	31
Sismondæ...	7	25
Siva........	22	37
Syrtalis.....	22	23
Syriacus...	20	11
Syssollæ....	13	68
soma.......	22	33
Sowerbyi...	10	12
sphæricus..	3	119
spinatus....	8	7
spinulo-costatus.....	6	61
splendens...	19	11
stellaris....	7	8
sternalis....	9	40
Stobæi......	22	19
Stobeckii...	18	15
strangulatus.	17	35
striatisulcatus	18	26
striatulus..	6	60
striatus....	3	118
subalpinus..	9	35
subarmatus.	[illegible]	20
Subakeriæ..	11	11
subcingulatus		68

AM

AMMONITES.	Étages	Numéros
subcomplanatus.....	20	28
subcordatus	13	31
subdiscus...	11	9
subfimbriatus	17	20
subgaleatus.	6	89
sublævis...	12	27
subradiatus.	10	11
subreniformis	22	56
subtricarinatus.......	22	9
subumbilicatus.......	6	60
sugata......	22	47
Suprajurensis	18	7'
Surya......	22	43
Talavignesii.	21	17
tatricus.....	12	52
	13	58
tarde-furcatus.......	19	22
Taylori.....	8	33
Tchefkini...	13	59
Terverii....	17	38
Tessouianus.	10	27
tetrasinuata	20	16
Tethys......	17	36
Timotheanus	19	52
Tollotianus..	19	58
tornatus....	6	86
torquatus...	12	54
tortilis.....	7	7
tortisulcatus.	13	29
torulosus....	9	39
Toucasianus.	13	41
tricarinatus	22	9
tripartitus..	12	46
triserialis...	20	30
Truellei....	10	10
tuberculatus	19	14
tumidus....	12	28
Turoniensis..	21	16
Turneri....	6	94
umbilicatus.	6	74
Ungeri.....	6	69
Uralensis...	13	65
Valdani.....	8	16
Vandeckii...	17	602
variabilis...	9	51
varians.....	20	16
varicosus...	19	46
varicosus...	19	41
varuna....	22	35
Velledæ....	19	54

AM

AMMONITES.	Étages	Numéros
Velthemii..	6	61
ventrocinctus	19	50
venustus....	18	34
Verneuilianus	22	11
verrucosus..	17	29
versicostatus	19	57
vespertinus..	22	24
viator......	12	29
Vibrayeanus.	20	10
Vibrayeanus	22	30
Vielbaucii...	21	11
Villersensis.	12	52
virgatus....	15	62
Vishau......	22	31
vitliger....	3	122'
Walcotii...	6	94
Walcotii...	9	20
Wallichii...	12	61
Wengensis..	6	76
Williamsoni.	13	52
Woolgarii...	21	4
Yo.........	15	7
Zetes.......	9	55
Ziguodianus.	12	33
zigzag......	10	25
Amorphospongia.		
acute-marginata......	6	730
angustata...	22	1546
alveolites...	22	1549
byssoides...	22	1542
cancellata...	13	725
capitatum...	22	1540
capulus.....	20	807
Carantonensis	20	804
cervicornis..	20	802
cherotonum.	13	723
corallina....	14	638
crassa......	22	1543
crispa......	13	726
dactylus....	10	581
deformis....	20	803
digitata.....	20	805
dumosa.....	20	806
echinata....	20	808
favosa......	13	727
fungiformis..	22	1539
Gaudryna...	20	809
glomerata...	22	1538
gracilis.....	10	582
heteromorpha	22	1544
hippocastanum......	22	1541
informis....	20	800

AN

AP

AR

AR

AS

Astarte.	Étages	Numéros
abbreviata..	26	2100
Achilles....	12	141
acuta.......	22	564
acutimargo..	9	185
aliena......	13	250
alta........	8	160
amor.......	15	112
angusta.....	11	213
arata........	26	2092
arcalis......	7	82
Arcotensis..	22	567
Arduennensis	13	247
armata.....	26	2003
Aspasia.....	10	284
assilina.....	12	143
Astieriana...	17	271
Bajocina....	10	273
Basteroti...	26	284 *a*
Baugieri....	10	272
Beaumontii..	17	268
Bellona.....	19	251
bicostata....	14	245
bipartita....	26	2069
borealis....	13	271
Bosquetii...	26	284 *d*
Buchiana..	13	271
Buchii......	17	279
Burtinii....	26	2081
cælata......	22	565
carinata.....	13	261
carinata....	17	267
Cepha......	15	111
cincta......	2	531
circinaria...	26	2065
complanata..	9	187
compressa..	12	149
concentrica.	26	2097
concinna....	20	295
corbarica...	9	186
cordiformis.	10	281
Copeni.....	26	2096
Cotteausia..	14	242
crassitesta..	13	265
cuneata....	16	59
cuneata....	15	114
cuneiformis.	26	2093
curvirostris.	13	267
cyprinoides.	20	310
Darwinii....	7	83
detrita......	10	279
difficilis....	22	560
disparilis...	17	269
dorsata.....	13	268
dubia......	17	707

AS

ASTARTE.	Étages	Numéros
Duboisiana..	13	246
Dupiniana...	19	250
elegans.....	10	298
elegans.....	10	279
elegans.....	13	198
elegans.....	13	246
elegans.....	13	247
elegans-major.......	10	279
elongata.....	17	270
Eryx.......	7	81
Eudora.....	14	244
Eudoxus.....	12	147
exaltata.....	26	2102
exarata.....	10	293
excavata....	10	275
excavata...	9	182
exigua......	26	2078
exotica......	17	705
extensa.....	13	260
formosa.....	20	297
formosa....	17	272'
Galeottii....	26	2080
Gallica......	12	146
gea........	12	144
Glyceria....	8	157
gracilis.....	26	2085
granum.....	21	113
Guerangeri..	20	293
Gueuxii.....	7	80
Henkeliusiana	26	284 *e*
imbricata...	26	2079
impolita....	20	298
inæquilatera.	25	892
incrassata...	26	2083
integra.....	13	244
Kickxii.....	26	284 *c*
Koninkii...	20	294
lævigata....	26	2087
lævis.......	18	108
lævis.......	9	188
lævis.......	13	245
lamellosa...	13	266
latisulcata...	26	2089
Leda.......	8	158
leporina....	11	209
lineata......	15	113
lineolata....	26	2104
lunularis....	26	2075
lunulata....	26	2099
lurida	10	274
lurida......	13	242
Libya......	8	154
macrodonta.	22	561

AS

ASTARTE.	Étages	Numéros
major......	12	148
Medea......	8	156
Micalia.....	8	155
minima.....	10	299
minima.....	14	241
minuta.....	26	2082
modiolaris...	10	278
modiolaris..	10	277
Mosæ.......	12	145
Mosquensis..	13	269
multistriata..	20	296
multistriata	14	249
Munsteri....	10	294
Murchisoni..	26	2066
myrina.....	13	114
Mysis......	15	116
nana.......	22	563
Neocomiensis	17	275
Neptuni....	2	667
Nicias......	14	247
Nicklinii...	25	893
nitida.......	26	2068
nuculina....	26	2077
nummulina..	10	295
numismalis..	17	276
Nysa.......	14	243
Nystiana....	25	890
obliqua.....	10	277
obliquata...	26	2073
oblonga....	26	2070
obovata....	17	300
obruta......	26	2094
obtusa......	26	2067
obtusa......	13	272
orbicularis..	11	210
ovata.......	13	242
Panderi.....	13	274
Panope.....	13	252
Paphia......	13	248
papyracea...	14	246
Pasiphae....	13	249
Pelops......	13	250
perplana....	26	2095
Phædra.....	8	159
Phidias.....	13	256
Philea......	13	251
Philippii....	26	2074
Phyllis......	13	253
pisiformis...	12	152
pisum......	10	282
plana......	26	2071
plana......	13	264
planata.....	26	2072
planissima..	22	566

S

ASTARTE.	Étages	Numéros
polita.......	10	297
Pollux......	13	257
Poppea.....	13	255
porrecta....	22	362
propinqua...	26	2084
pseudo-compressa....	12	149
pseudo-lævis	13	245
pseudo-striata	17	278
pulla.......	11	208
pumila.....	11	211
pygmæa....	26	2086
Pirene......	13	254
quadrata...	3	418
radians.....	26	2101
recondita...	10	280
recurva....	25	972
retrotracta..	13	273
Rexia.......	12	142
rhombea....	8	162
rhomboidalis	18	211
rotunda.....	11	198
rotunda....	12	150
rotundata...	13	265
rugata......	25	886
rugosa......	16	41
Sabinus.....	11	199
scalaria.....	15	109
scalaris.....	26	2065
Scylla......	11	201
Semele.....	11	202
serena......	11	203
Sibylla.....	11	204
sinuata.....	18	107
socialis.....	16	40
solandra....	11	206
solidula.....	26	2076
squamula...	11	212
striata......	20	294
striato-costata......	13	243
striato-costata......	13	250
striato-costata......	17	277
striato-sulcata	8	161
striatula....	26	2064
subacuta....	17	267
subcarinata..	9	184
subcompressa	8	163
subcompressa	8	163
subcostata...	17	277
subdentata..	17	272
subelongata.	10	283

AS

ASTARTE.	Étages	Numéros
subformosa.	17	272'
sublævis....	9	188
submultistriata	14	249
subobtusa...	13	272
suborbicularis	26	2088
subplana....	13	264
subrotunda.	12	150
substriata..	17	278
subtetragona	9	182
subtextilis..	2	677
subtrigona..	10	292
sufflata....	10	281
sulcata.....	25	893
supracorallina	14	241
suprajurensis	13	115
Susanna....	11	207
symetrica...	26	2098
Syssolæ.....	13	275
tellinoides...	25	893
Thais......	10	291
Thalia.....	10	290
Thisbe......	10	288
Thoas.......	19	289
transversa..	3	403
transversa..	17	275
trigona.....	10	276
trigonella...	26	284*f*
tripha......	10	287
truncata....	17	706
Tullia.......	10	286
undata......	13	262
undulata....	26	2090
unilateralis..	12	151
Urania.....	10	285
varians.....	26	2103
Veneris.....	13	270
Vesta......	11	205
Viceina.....	26	2091
Voltzii.....	9	181
Zelcina.....	11	200
zonata......	13	258
Asterias.		
Adriatica..	26	2686
arenicola...	13	535
chilipora...	22	1261
constellata.	3	900
Dunkeri....	17	503
Jurensis....	13	536
lævis.......	25	1237
lanceolata..	8	243
lumbricalis..	8	242
Mandelslohi	10	518
matutina...	1 *a*	380
obtusa......	5	98

AS

ASTERIAS.	Étages	Numéros
poritoides..	25	1236
prisca......	8	241
quinquelobata.....	22	1257
Schulzii...	20	677
scutata.....	13	538
stellifera...	13	539
stratifera..	12	1260
tenuiradiatus......	1 *a*	381
tubulosa....	13	537
Asterigerina.		
Ferussaci...	25	1339
planorbis...	27	556
rosacea.....	26	2952
Asterocrinus.		
Murchisoni..	2	1103
Astræa.		
acropora....	26	2747
agaricites...	21	306
agaricites..	20	719
alveolata...	13	616
Ameliana..	23	1277
Americana..	25	1281
ananas....	1 *b*	374
angulosa...	22	1305
arachaoides.	2	1147
arachnoides	2	1147
arachnoides	13	630
aranea.....	3	996
araneola...	14	583
Argus......	26	2747
astroites....	26	2742
astroites....	26	2746"
Auvertiana.	23	1661
bacciformis.	11	447
bellula.....	25	1278
Bertrandiana......	26	2755
Bourgueti..	14	548'
brevissima..	25	1268
Burgundiæ.	14	565
Burgundiæ.	14	566
Cadomensis	11	461
Callandi...	24	662
Calypso....	23	54'
caryophylloides....	13	619
cistella....	21	306
clathrata...	22	1314
composita..	21	302
compressa..	21	315
confluens...	13	639
contorta....	24	667

AT

AV

AVICULA.	Étages	Numéros
simplex.....	3	571
Sinemuriensis	7	125
socialis.....	5	75
speciosa....	2	738
speluncaria..	4	40
spinigera...	2	746
spinosa.....	2	704
striata......	2	750
striata.....	6	545
subaculeata.	2	733
subalternata.	3	549
subantiqua..	2	722
subarinata..	1 *a*	206
subcostata...	6	518
subcostata..	11	310
subdepressa.	18	126
subechinata.	3	524
subelegans..	2	728
subelliptica.	1 *a*	208
subflabellula.	3	542
subfragilis..	2	747
subgranulosa	2	753
subimpressa.	6	537
sublanceolata	18	125
sublevigata..	3	572
sublineata...	22	800
sublobata...	3	565
suborbicularis	2	737

AV

AVICULA.	Étages	Numéros
suborbiculata	3	556
subovata....	2	730
subpapyracea	3	583
subpectinifor-mis......	2	744
subplana....	14	343
	15	159
subplanicosta	3	559
subplicata...	20	456
subpygmæa.	6	534
subradiata..	2	690
subretroflexa	1 *a*	203
subrugosa..	1 *b*	111
substriata...	8	207
subtruncata.	2	711
subventricosa......	3	530
sulcata.....	3	529
tegulata....	10	402
tenuicostata	22	797
tenuistria...	6	522
tenuistriata.	2	707
tessellata...	3	367
texturata...	2	691
tortuosa....	10	404
trapezoides.	6	523
Trentonensis	1 *a*	207
trigona.....	2	705

AX

AVICULA.	Étages	Numéros
trigonata...	25	1090
triloba......	22	802
triptera.....	22	799
triquetra...	1 *b*	110
truncata...	2	711
tumida.....	3	573
variabilis...	3	546
ventricosa..	13	410
ventricosa..	2	699
ventricosa..	3	530
Verneuilii...	3	341
Vesta......	2	699
vetusta.....	3	579
virgula.....	3	583
Volgensis...	13	412
Yorthii.....	2	734
Wismanni..	6	539
Wurmii.....	2	715
Axinus.		
angulatus..	25	970
angulatus..	26	285 *a*
angulatus..	26	2171
obscurus...	4	11
Axophyllia.		
Nantuacensis	14	615
Axosmilia.		
extinctorum.	10	527
multiradiata.	8	252

B

BA

Baculina.	Étages	Numéros
Rouyana....	17	67
Baculites.		
anceps.....	22	67
asper.......	22	70
baculoides..	20	40
carinatus...	22	67
columna....	22	76
compressus.	22	68
Faujasii....	22	69
incurvatus..	22	66
Lyelli......	22	72
Neocomiensis	17	66
ornata.....	22	71
ovatus......	22	68
teres.......	22	73
undulatus...	21	21

BA

BACULITES.	Étages	Numéros
vagina......	22	71
vagina.....	22	72
Balanophyllia.		
caliculus....	26	2724
cylindrica...	26	2725
desmophyllum	25	1260'
geniculata...	24	660
Italica......	27	472'
prolonga....	26	2723
Sismondiana	26	2724
tenuistriata..	25	1260''
Barysmilia.		
brevicaulis..	21	260
compressa.	21	262
confusa....	20	701''
Corbarica...	21	262'

BE

BARYSMILIA.	Étages	Numéros
Cordieri....	20	701'
gregaria....	17	513
Bathycyathus.		
ambigua....	22	3
Sowerbyi...	20	682
Belemnitella.		
mucronata..	22	1
	23	1
quadrata....	22	2
subventricosa	22	4
vera.......	20	1
Belemnites.		
acutus......	7	1
ænigmaticus	13	18
Altdorfensis.	12	5
Americanus	22	1

BI

BERENICIA.	Étages	Numéros
megastoma .	5	1017
Bidiastopora.		
cervicornis..	11	377
Eudesia.....	11	378
foliacea.....	11	376
lamellosa ...	22	1118
Luciana.....	11	380
meandrina ..	16	478
microphyllia	11	381
ramosa	22	1119
ramosissima.	11	379
Bifrontia.		
bifrons	25	195
disjuncta ...	25	194
Laudinensis .	24	238
marginata...	25	195
serrata	25	196
Bigenerina.		
agglutinans.,	26	2989
Biloculina.		
aculeata	25	1349
affinis......	26	3006
alata	26	3009
antiqua.....	21	358
bulloides ...	25	1347
clypeata....	26	3010
complanata .	27	571
contraria ...	26	3007
elongata....	25	1350
inornata....	26	3008
limbata.....	27	570
lunula......	26	3011
ringens.....	25	1348
simplex.....	26	3012
Biradiolites.		
angulosa....	21	212
canaliculata.	21	210
cornu pastoris	21	209
fissicostata..	22	1004
quadrata....	21	211
Biretepora.		
disticha	22	1090
Bissoarca.		
clathrata...	5	495
costellata...	5	490
lanceolata..	5	496
Marylandica	26	2340
semicostata.	5	497
Blumenbachium.		
globosum ...	1 *b*	597
Bolivina.		
antiqua.....	26	3005
Bonellia.		
terebellata..	25	91

BO

BONELLIA.	Étages	Numéros
terebellata..	26	486
Bornia.		
complanata.	26	2145
corbuloides..	26	2146
seminulum..	26	2147
Borsonia.		
prima......	26	1162
Bourgueticrinus.		
æqualis.....	22	1270
ellipticus....	22	1269
rugosus	10	519
Thorenti ...	24	630
Brachycyathus.		
Orbignyanus	17	511
Brachythyris.		
hemisphæ-rica......	5	758
planicostata	3	782
Brisopsis.		
angustus....	24	588
Borsoni.....	27	447
elegans.....	24	590
Genei	26	2618
intermedius.	26	2619
oblongus....	24	589
ovatus......	26	2620
Romuli.....	27	448
Brissus.		
antiquus....	24	203
Cordieri....	26	2521
cylindricus..	27	449
dilatatus....	26	2622
expansus...	24	584
Helveticus...	24	592
inæqualis...	24	583
rana.......	22	1172'
subacutus...	21	591
Brocchia.		
lævis......	26	1696
lævis......	27	244
sinuosa	27	245
Bucania.		
bidorsata...	1 *a*	138
expansa....	1 *a*	137
intexta.....	1 *a*	143
punctifrons.	1 *a*	141
rotundata..	1 *a*	140
sulcatina...	1 *a*	139
Buccinanops.		
amœnum....	25	641
arenarium...	24	113
Bragadinum.	26	1624
eburnoides..	26	1622
patulum....	25	1556

BU

BUCCINANOPS.	Étages	Numéros
prorsum....	25	640
spiratum....	26	1623
Buccinites.		
gregarius ..	5	25
Buccinum.		
acutum.....	3	155
altile.......	26	1621
ambiguum..	24	421
ambiguum..	25	653'
amœnum ...	25	641
ancillariæfor-mis	26	1586
Andrei.....	25	1555
Andrei.....	26	1193
angulatum .	16	20
angulatum .	26	1541
angulatum .	27	218
arculatum..	2	258
arenarium..	24	115
asperulum..	27	1540
baccatum ...	26	1585
bicarinatum	22	319
bicorona....	24	114
bistriatum...	25	631
Bonelli.....	27	219
breve.......	2	398
Brocchii ...	27	221
canalicula-tum.....	25	500
cancellarioi-des.......	26	1595
clathratum.	25	1587
clathratum.	27	220
columbelloi-des......	26	1648
conglobatum	27	221
contortum..	26	1559
conus......	26	1579
corniculum.	26	1548
corniculum.	27	209
corrugatum.	26	1659'
corrugatum.	27	207
costatum...	22	341
costatum...	27	188
costellatum .	26	261
crispatum..	26	1455
curtum.....	26	1650
curvilineum	3	151
cythara....	26	1663
Dalei.......	26	1603
Davelianum .	26	1611
decussatum.	25	634
desertum...	25	500
Desnoyersi..	26	1550

BU

BUCCINUM.	Étages	Numéros
turbinellus .	26	1578
turritum ...	22	530
unilineatum	11	112
variabile...	27	230
Veneris	26	1598
ventricosum	26	1558
Verneuilii...	26	1612
vittatum ...	5	238
Bulimina.		
arcuata.	26	2947
brevis......	22	1402
Buchiana...	26	2946
Cenomana. .	20	759
costata	27	548
echinata. ...	27	549
Murchisoniana.......	22	1403
obliqua.....	22	1400
obtusa......	22	1399
ovata.......	26	2945
pupoides ...	26	2944
pyrula......	26	2943
Sarthacensis.	20	760
semistriata..	27	550
variabilis...	22	1401
Bulimus.		
Alpinus. ...	25	13
Affurelensis.	24	15
Aquensis....	26	15
buccinulus. .	26	315
Christolianus	26	17
conulus.....	25	1406
costellatus. .	25	1379
crassilabrum	26	19
ellipticus ...	25	1378
Floridanus.	25	85
Galloprovincialis.....	26	16
globulus....	26	340
lævigatus .	25	20
longissimus .	24	10
lubricus. ...	26	316
Matheronianus......	26	18
meridionalis.	24	18
obliquus. ...	24	17
Panescorsii..	24	20
sextonus....	25	21
subcylindricus	26	14
sublubricus..	26	316
tenuistriatus.	25	12
terebellatus.	25	91
terebra.....	24	19

BU

BULIMUS.	Étages	Numéros
turricula...	25	30
turritus....	26	341
Bulla.		
acuminata...	26	1776?
	27	256
acuminula .	25	722
acuta......	26	1776
Agassizii ..	27	265
alternata ...	22	454
ambigua ...	26	1794
angistoma ..	24	119
angistoma. .	26	1779
Arduennensis	13	177
attenuata. .	25	725
Brocchii. ...	26	1789
Bruguieri...	25	714
Burdigalensis	26	1771
cancellata. ..	26	277
Chilensis....	22	453
clandestina.	26	1777
conica......	24	436
constricta ...	25	718
constricta ..	26	1787
conulus.....	25	713
conulus	26	1778
convoluta...	27	258
convoluta ..	26	1773
coronata....	25	715
cosmophila..	26	1793
crassatina...	26	274
cretacea. ...	22	455
cylindrica ..	25	714
cylindrica..	26	1773
cylindrica..	26	1774
cylindroides.	25	710
cylindrus. ..	26	1795
decussata. ..	27	259
Duboisiana ..	26	1784
elliptica	25	721
elongata....	13	176
fallax.	26	276
ficoides	26	1282
filosa	25	720
Fortisii. ...	24	438
Fortisii....	26	1768
fusiformis ..	27	263
galba	25	724
globulosa...	11	148'
globulus. ...	25	712
Gratteloupi	26	1768
Hildesiensis.	14	203
hydatis.....	27	264
intermedia. .	26	1791
labrella	26	1781

BU

BULLA.	Étages	Numéros
lævis.......	25	711
lævis.......	26	1772
Lajonkaireana.	26	1777
lignaria ...	26	1767
lignaria ...	26	1769
lignaria....	27	266
linearis. ...	26	1790
lineata	26	1790
Lorieri.	12	104'
Mantelliana.	17	189
marginata ..	26	275
miliaris....	26	1783
minuta.	26	272
minuta	26	1775
minutissima.	26	1775
Mortoni	22	452
olivæformis.	13	86
ovulata.....	25	709
ovulata. ...	26	1784
ovulata	26	1789
petrosa.....	25	723
plicata	25	716
plicata.....	26	1786
plicatula. ...	26	273
primæva....	11	148
pseudoconvoluta..	26	1773
retusa	26	1792
Santonensis.	22	450
semistriata..	24	435
semistriata .	26	1771
semisulcata .	27	260
simulata...	25	94
sopita	25	263
Sowerbyi...	25	719
spelta......	27	114
spirata	27	265
spirata.....	13	88
spirata.....	26	1777
striata.....	25	726
striata.	27	262
striatella....	25	717
subacuminata	25	722
subambigua.	26	1794
subampulla .	27	257
subangistoma	26	1779
subconulus..	26	1778
subconvoluta	26	1787
subcylindrica	26	1774
subfilosa. ...	25	720
subjurensis .	13	53
sublævis....	26	1772
submiliaris..	26	1783

CA

CARDIOMORPHA.	Étages	Numéros
Humboldtii..	2	621
lamellosa...	3	463
laminata....	3	450
livida......	3	453
minuta.....	4	23
nana.......	3	460
obliqua.....	3	477
oblonga	3	456
obsoleta....	3	466
orbicularis..	3	472
ovata.......	3	471
poststriata..	1 *a*	196
prestiva	3	464
prisca	3	465
Puzosiana...	3	457
pygmæa....	2	623
radiata	3	461
scalaris.....	3	467
senilis......	3	454
striata......	3	459
subangulata.	1 *a*	194
subtruncata.	1 *a*	195
sulcata.	3	462
Tanaïs	2	628
tenera.....	3	508
tenuistriata .	3	469
undulata....	3	451
ventricosa ..	1 *a*	193
ventricosa..	3	456
vetusta.....	2	622
vetusta	1 *a*	181
Cardita.		
abrupta....	11	171
aculeata	26	2123
aculeata ...	25	916
acuticostata.	25	920
affinis......	26	2112
Agassizii...	26	2176
Alpina......	24	490
alternans...	26	2115
alticostata ..	25	927
angusta....	11	213
angusticostata	25	921
arata.......	26	2136
Arduini.....	24	486
aspera......	25	1611
asperula....	25	912
Astieri......	24	488
avicularia..	25	987
Brocchii ...	26	2127
calcitrapoides	25	916
cardissoides	14	234
carinata ...	25	923
carinata ...	26	2133

CA

CARDITA.	Étages	Numéros
Cenomanensis	20	305
chamæformis	26	2118
complanata..	25	1612
Constantii...	19	233
cor avium..	25	1613
Cottaldina ..	20	309
crassa	24	151
crenata	6	477
decisa......	22	581
decussata...	24	481
	25	917
decussata...	6	469
deltoidea....	25	922
dubia.......	20	506
Duboisiana..	26	2132
Dupiniana...	19	234
elegans.....	25	915
elegans.....	6	474
elongata....	26	2125
	27	338'
exaltata.....	19	236
excavata ...	10	275
exigua.	26	2078
extensa	14	248
fenestrata...	17	284
Gallicana ...	26	2120
Geinitzii....	22	580
globosa.....	25	1614
Goldfussii..	22	472
granulata...	26	2137
Guerangeri..	20	307
Hebertiana..	23	32
hippopœa...	26	2126
Honinghausii.......	6	453
imbricata ...	25	919
intermedia..	26	2111
	27	337
intermedia .	26	2139
Jouanneti...	26	2127
Kickxii.....	26	284 *i*
lævicosta ...	26	2130
latisulca	26	284 *h*
Lauræ......	24	487
lunulata ...	10	263
lunulata ...	14	235
minuta	24	483
mitis.......	25	018
modiola....	22	614
monilifera ..	26	2114
multicostata.	24	153
Murchisoni.	4	53
Neocomiensis	17	282
nuculina...	26	2077

CA

CARDITA.	Étages	Numéros
obtusa.....	10	238
Omaliana...	26	284 j
orbicularis..	26	2122
orbicularis..	22	642
orbicularis..	26	284 j
Partschii....	26	2131
parva.	25	929
parvula. ...	22	579
Patagonica..	26	2138
pectinata. ..	27	338
pectinifera .	25	936
pectuncularis	24	152
pinnula.....	26	2116
planicosta ..	24	489
	25	913
producta....	26	2129
producta...	9	149
protracta...	26	2134
pseudocarinata	26	2135
pseudocrassa	24	151
quadrata ...	17	283
rhomboidea.	26	2129
rotunda	25	928
rudista.....	26	2129
rugosa.....	6	470
scalaris.....	26	2119
semistriata.	22	638
similis	26	2117
similis	10	266
similis.....	13	236
Sowerbyi...	26	2139
spissa	25	1615
squamosa...	25	914
squamulata..	26	2113
squamulosa .	26	2121
striata.....	11	171
striata.....	22	641
strigillata..	6	457
subcarinata..	25	925
subminuta ..	24	483
sulcata.	25	1614
tenuicosta...	19	235
tenuicosta..	20	309
tenuis.....	6	475
tricarinata..	20	308
tridentata...	26	2133
trigona.....	24	484
trigonalis ..	10	271
tuberculata.	26	2122
vicinalis	24	485
Carditamera.		
arcula.....	26	2136
protracta ..	26	2134

CA

CARDIUM.	Étages	Numéros
insculptum	22	620
intermedium	24	501
intermedium	2	590
intermedium	2	585
interpunctatum	2	581
interruptum	1 *b*	105
intersectum	22	497
intextum	13	324
irregulare	2	598
irregulare	3	445
Itierianum	22	623
Jacquinoti	22	637
Jurense	10	331
Kübeckii	26	2224
laqueatum	26	2255
laterale	2	525
latisulcatum	26	2234
latum	2	552
leptopleura	26	2260
Levesquei	24	504
Lima	25	986
lineatum	2	583
lineolatum	22	629
lithopodolicum	26	2231
lobatum	13	312
loricatum	2	464
lucerna	22	472
Luciense	11	251
Lyelli	2	613
macrodon	26	2241
Mailleanum	20	342
marginatum	2	595
Marquartii	22	634
Medridi	11	237
Mehlisii	2	580
Menippe	2	563
Michelini	20	349
minutissimum	26	2228
minutum	11	252'
minutum	26	2228
Moutonianum	20	343
multicostatum	27	358'
multicostatum	8	178
multicostatum	9	203
multiradiatum	26	2265
Munsterii	26	2263
Murchisoni	2	548
mytiloides	2	550
Niciense	24	310

CA

CARDIUM.	Étages	Numéros
nuciforme	20	353
nudum	2	561
Nystianum	26	287 *b*
obliquum	25	992
oblongum	26	2235
Ollonis	21	123
orbiculare	22	642
orbiculare	3	472
Orbignyanum	24	500
Orientale	22	641
ornatum	2	592
ovatum	26	2249
Pallasianum	26	2207
palmatum	2	590
papillosum	27	352 !
papillosum	26	287 *a*
paradoxum	2	566
paradoxum	14	236
Parisiense	25	984
Parkinsoni	26	2219
paucicostatum	26	2244
paucicostatum	2	610
pectinatum	27	353
pectinatum	26	2204
pectunculoides	2	589
pelagi	20	345
peregrinum	17	304
Peresii	24	507
pes-bovis	11	252
Philippianum	7	107
Pictaviense	12	165
pisolithicum	23	36
planatum	27	352
planicostatum	26	2229
planicostatum	2	567
planicostatum	[illegible]	[illegible]
planum	26	2256
Platense	26	2261
plicatum	2	559
Plumstedianum	24	164
Ponticeriense	22	639
porulosum	25	982
problematicum	2	578
problematicum	2	600
problematicum	6	461
productum	20	344

CA

CARDIUM.	Étages	Numéros
propinquum	22	627
propinquum	2	611
Protei	15	64
protractum	26	2231
pseudocardium	26	2254
puelchum	26	2264
pulchellum	26	2208
punctatum	27	352
pustulosum	20	347
pygmæum	2	577
quadrans	26	2256
quinquecostatum	2	542
rachitis	25	1621
radiatum	22	621
radiatum	2	599
Raulini	26	287 *a*
Raulinianum	19	248
Requienianum	21	121
retrostriatum	2	590
rhombeum	2	504
ringens	26	2206
rostratum	3	443
Rouyanum	25	1001
rusticum	27	354
semialatum	2	609
semicinctum	2	554
semiglabrum	10	333
semiglabrum	13	322
semigranulatum	25	1624
semigranulatum	24	164
semigranulosum	25	1000
semipapillatum	22	630
semipunctatum	14	282
semipustulosum	22	632
semiseptiferum	14	287
semistriatum	25	990
semistriatum	22	628
septiferum	14	285
serrigerum	26	2215
simulans	26	2209
sinuosum	2	573
Sotterii	27	255
Sowerbyanum	16	101
sphæroideum	17	307
spondyloides	26	222

CA

CASSIDARIA.	Étages	Numéros
bicatenata..	26	1686
cancellata..	25	655
carinata ...	25	652
coronata ...	25	1558
fasciata....	26	1684
	27?	239
funiculosa..	25	651
harpæformis	26	1663
Hodgii.....	25	1687
nodosa.....	25	652
Nystii	26	262'
striata.....	25	649
striatula...	26	1685
substriata..	24	427
textiliosa...	25	650
Cassidea.		
crumena ...	27	286
Cassidulus.		
æquoreus...	22	1194
complanatus	25	1224
elatus......	24	623
lapis-cancri.	22	1192
Marmini....	22	1193
porpita.....	26	299
testudinarius	24	626
Cassis.		
Æneæ......	24	426
areola......	26	1664
bicarinata..	26	1686
brevicostata.	25	658
calantica....	25	1559
cancellata...	25	655
crumena....	26	1665
crumena....	27	238
cypræiformis	26	1676
dentata.....	26	1682
diadema	26	1667
Eparcyensis.	11	47
flammea ...	26	1677
granulosa..	26	1675
harpæformis	25	654
Hodgii.....	26	1687
incrassata...	26	1670
intermedia..	26	1679
intermedia .	26	1671
lævigata....	26	1674
mamillaris..	26	1666
monilifer ...	26	1680
nuperus	25	657
oniscia.....	26	1662
pseudocru-mena.....	27	238
quadricincta	26	1679
reticulata...	26	1678

CA

CASSIS.	Étages	Numéros
Rondeleti...	26	1668
Saburon....	26	1673
sculpta	26	1681
striata.....	24	427
striata.....	25	653'
striata.....	26	1673
striata.....	26	1684
striata.....	27	239
striatella....	26	1672
subareola ...	26	1664
subcrumena.	26	1665
subflammea..	26	1677
subgranulosa	26	1675
subtesticulus	26	1669
Taitii.......	25	656
testiculus...	26	1669
texta.......	26	1673
	27	238'
Thesei......	24	425
Thesei.....	26	1666
variabilis...	26	1679
Catantostoma.		
clathratum.	22	291
Catenipora.		
agglomerata	1 *b*	406
escharoides.	1 *b*	404
labyrinthica	1 *b*	405
spongiosa ..	6	619
Catopygus.		
Alpinus....	17	483
carinatus ...	20	644
columbarius.	20	645
conformis...	22	1186
cylindricus..	19	317
depressus...	19	316'
elongatus...	22	1189
fenestratus..	22	1190
Gresslyi....	17	482
lævis.......	22	1187
Neocomiensis	17	481
pyriformis ..	22	1188
Renaudi ...	17	765
subæqualis..	20	642
subcarinatus.	22	1191
Cellaria.		
gracilis	26	2785
rhombifera.	26	2784
Smithii....	11	366
Cellastræa.		
hystrix.....	25	1282
Cellepora.		
antiqua. ...	2	1049
bipunctata .	22	1022
concentrica..	27	439

CE

CELLEPORA.	Étages	Numéros
crustulenta.	22	1059
cucullina ...	26	2557
dentata....	22	1021
echinata....	27	478
favosa......	2	1170
foliacea.....	26	2558
gracilis	26	2546
granulata..	6	695
hexagonalis	24	565
Hippocrepis	22	1034
informata...	26	2560
nobilis	26	2564
orbiculata..	10	477
orbiculata..	14	403
ornata......	22	1051
ornata	27	477
palmata....	26	2781
parasitica...	26	2559
pumicosa...	26	2605
quadrangula-ris.......	26	2562
similis......	26	2563
supergiana.	26	2786
umbilicata..	26	2561
velamen....	22	1020
Cellulipora.		
ornata......	20	589
Cemoria.		
oblonga	26	1736
Centrastræa.		
araneola....	14	583
Cenomana ..	20	719
collinaria...	17	324"
dendroidea..	14	582
excavata....	17	524'
Goldfussii...	6	689
gracilis.....	13	634'
granulata...	14	584
interrupta...	14	580
irregularis..	21	513
Micheliniana	20	720
microconos..	13	634
	14	585
microphyllia	17	524
moriana....	14	581
oculata.....	13	633
radiata	21	312
Ceratites.		
Achelous ...	6	50
Agassizii....	6	57
Agenor.....	6	51
Basileus	6	43
Bœtus......	6	54
bipunctatus .	6	44

CE

CERITHIUM.	Étages	Numéros
Koninckii...	11	127
Koninckii..	26	245
labiatum....	25	589
lævigatum ..	10	191
lævissimum.	26	1516
Lallierianum	19	188
Lamarckii ..	26	234
lamellosum..	25	574
lamellosum.	26	1476
Langrunensis	11	129
Laothoe	8	108
lapidum	25	600
larva.......	25	591
lateplicatum.	6	406
Lauræ......	26	240
lemniscatum	24	416
lemniscatum	26	241
Lesbaritziensis	26	257
Leufroyi....	25	590
lima	26	232
lima	26	1550
limæforme..	14	167
limæforme...	20	208
lineatum....	25	1530
lineolatum ..	26	1520
litteratum..	26	1499
Lorieri.....	10	176
Luschitzianum	22	416
macrogona-tum.......	8	125
Maraschini..	24	410
margarita-ceum.....	26	1554
margarita-ceum.....	25	1545
margarita-ceum.....	26	1498
marginatum	25	1506
marginatum	26	1498
marginatum	26	1504
margine no-dosum....	6	422
Marollinum .	17	172
Matheronii..	21	88
Matronense.	18	76
melanoides..	25	578
Melite......	15	50
Menestrieri..	26	1523
Merope.....	8	106
Meyeri	6	407
microstoma..	25	1500
millegranum.	26	1515
millepuncta-tum......	14	170

CE

CERITHIUM.	Étages	Numéros
millepuncta-tum	13	161
minutum...	22	425
mitreola....	24	391
mixtum.....	25	1532
moniliferum.	25	1501
moniliferum	26	1538
Moutonianum	17	696
multigranum	25	1507
multinodosum	25	615
multispiratum	25	507
multisulcatum	24	414
Murchisoni..	11	128
muricato-costatum .	10	185
muricatum .	10	188
muricatum .	13	161
muricatum .	22	406
muricinum..	26	1485
muricoides...	25	615
mutabile....	25	1558
mutabile ...	26	252
nassoides . .	26	246
nassoides...	17	177
neglectum ..	25	605
Neocomiense	17	178
Nerei.......	22	415
Niobe	8	131
nodiferum...	25	1525
nodoso-cari-natum....	6	415
nodoso-cos-tatum	10	184
nodulosum..	6	425
nodulosum..	26	1492
Normanianum	10	175
nudum	25	582
Nystii	11	123
obesum.....	24	105
obliquatum..	24	590
obscurum...	25	1504
obtusum....	24	374
Ocirrhoe....	26	245
OEnone.....	8	110
Opis........	10	180
ornatissimum	19	193
Orthesianum	26	248
Palæmon ...	14	186
Palinurus...	26	239
papale......	24	380
papaveraceum	26	1482
papillosum..	10	195
parvulum ..	5	153
parvulum ..	26	243

CE

CERITHIUM.	Étages	Numéros
pentagonum.	11	122
peregrinum.	21	84
perforatum..	25	565
Perigordia-num.....	22	597
perversum..	27	215
Petri.......	11	121
Philipsii	17	174
Philipsii...	18	78
pictum	26	1471
pleurotomoi-des.......	25	1519
plicatulum..	24	381
plicatum....	26	229
plicatum...	25	1545
plicatum...	26	1467
plicatum...	26	1525
polygonatum	8	120
polygonum..	24	409
Ponsianum..	21	90
Portlandicum	16	32
precatorium.	8	112
Prevosti....	25	610
prismoideum	15	165
productum..	20	217
propinquum.	25	1518
Prosperianum	21	86
provinciale..	22	400
provinciale.	26	239
pseudocinc-tum......	25	1544
pseudocla-thratum ..	22	410
pseudoclavus	26	1555
pseudoconoi-deum.....	22	404
pseudocoro-natum....	22	409
pseudocor-rugatum..	26	1552
pseudocos-tellatum ..	9	127
pseudoelon-gatum....	26	1500
pseudoimbri-catum	27	214
pseudolamel-losum.....	26	1476
pseudomar-ginatum ..	26	1504
pseudonodu-losum....	6	423
pseudoobe-liscum....	26	1480

CE

CERITHIUM.	Étages	Numéros
subplicatum.	26	1467
subpunclatum	25	604
subpupæfor-		
me.......	10	196
subpyramidale	17	179
subpyrenai-		
cum......	24	400
subquadran-		
gulatum ..	6	426
subquadrisul-		
catum, ...	24	399
subreticulatum	8	113
subscabrum.	25	1514
subscalari-		
forme	10	172
subspinosum	19	187
substriatum .	25	576
subsuturale.	14	192
subterebellum	26	247
subterebrale.	24	379
subthiara...	26	1528
subtriangulum	26	259'''
subtricarina-		
tum.......	17	183
subtricinctum	9	135
subtrochleare	26	254
subturritella.	7	58
subula......	25	1525
subulatum...	25	619
subvaricosum	8	123
subvariculo-		
sum......	8	122
subventrico-		
sum......	6	405
suffarcinatum	26	1512
sulcatum...	24	413
suturale....	14	192
sulurosum...	22	422
Suzanna	24	393
Syssollæ....	13	187
tæniatum....	8	115
Taitboutii...	26	1524
Taurinum...	26	1503
tectum......	19	191
tenue.......	25	1524
tenuistriatum	24	370
terebellum..	26	247
terebrale....	25	567
terebroide...	17	171
tessulatum..	22	418
Textasii.....	26	253
textile......	25	366
textum	6	129
thiara.......	25	585

CE

CERITHIUM.	Étages	Numéros
thiara......	26	1528
thiara	26	1470
thiarella.....	25	1522
thiarella...	26	1490
Thisbe......	8	111
tortile	11	117
Toucasianum	22	401
triarmatum..	9	131
tricarinatum.	25	1533
tricarinatum	17	183
tricinctum ..	27	216
tricinctum..	9	135
tricinctum..	26	259'''
triforis......	25	1537
trilineatum..	26	1510
trimonile....	19	192
Trinchinopoli-		
tense.....	22	420
tripunctatum	6	414
triseriatum..	10	193
trochiforme.	25	1510
trochleare ..	26	228
trochleare..	26	254
tuberculatum	18	75
tuberculosum	25	1534
turbinatum..	24	109
turrellum...	26	244
turriculatum	18	81
turris.......	24	108
turritella ...	26	1522
turritella...	7	58
turritella...	26	1483
turritellatum	25	1503
Ulysses.....	8	129
umbilicatum.	25	578
undosum....	24	415
unicarinatum	12	103
uniplicatum.	23	21
unisulcatum.	25	577
Urania......	23	22
Vapincense .	25	588
variabile...	24	110
varicosum..	8	123
variculosum	26	232
variculosum	8	122
Varusense ..	17	184
Venei.......	24	401
ventricosum.	25	1547
ventricosum	6	405
ventricosum	24	395
versicostatum	14	174
Vibrayeanum	19	189
Viudunense..	20	211
Vulcani.....	24	417

CH

CERITHIUM.	Étages	Numéros
vulcanicum..	24	409
vulgatum...	27	217
Zeuschneri..	26	1507
zic-zac	8	119
Ceromya.		
alata.......	13	216
Bajociana...	10	252
concentrica .	12	125
crassicornis.	19	249
elegans.....	12	124
excentrica...	14	218
	15	80
Fleuriausa ..	15	82
inflata....	15	81
obliquata....	14	219
obovata.....	15	81
orbicularis..	15	84
plicata.....	11	171
Sarthacensis.	12	126
semiradiata .	11	172
striata......	11	171
striata.....	15	81
tenera......	12	167
tetragona ...	15	83
Chama.		
aculeata....	26	2123
ammonia...	17	752
angulosa....	22	912
arietina....	14	372
arietina....	26	2274
asperella....	27	400
Ataxensis...	24	543
Brocchi	27	598
calcarata...	25	1125
calyculata..	26	2125
congregata..	26	2403
cor.........	27	350
coralliophaga	26	2140
cornucopiæ .	20	515
corticosa....	26	2404
costata	20	511
cretacea	20	512
dissimilis...	27	397
gigas.......	25	1122
gryphina ...	26	2402
	27	398
gryphoides .	27	396
intermedia .	27	337
lævigata....	24	544
lamellosa...	25	1124
lazarus	27	399
lucernata...	26	2401
Munsteri...	14	373
papyracea ..	25	1644

CH

CHEMNITZIA.	Étages	Numéros
plicatula...	27	62
Pollux......	14	22
Polosensis...	5	15
procera.....	10	50
punctata....	6	128
pupa........	26	466
Puzoziana...	17	622
pyramidalis.	22	155
quadristriata.	25	470
reflexa......	6	135
Repeliniana..	9	60
reticulata....	26	468
Rhodani.....	9	61
Roissyi......	11	51
Rouyana....	17	89
rugifera....	3	140
rugoso-costula	6	167'
scalarioides.	3	147
scalaris.....	6	175
scalata......	5	12
semicostata..	7	43
semidecussata......	26	65
semiglabra...	6	122
similis......	6	117
similis......	5	141
solidula.....	7	39
spiratissima..	26	467
strigillata...	6	166'
subarcuata..	6	161
subcarinata..	6	137
subconcentrica	6	119
subhordeacea	24	259
sublævigata.	26	465
sublineata...	13	73
submargaritifera......	11	50
subnodosa...	6	174
subnodulosa.	8	43
subornata...	20	161
subpunctata.	6	145
subscalaris..	6	155
subtenuis...	6	139
subtortilis...	6	121
subula......	26	474
subulata....	7	40
sulcifera....	6	127
supraplecta.	6	141
tenuiplicata.	25	1430
tenuis......	6	158
tenuis......	6	159
tenuissima..	6	168
terebellum..	26	472
texata......	6	131

CH

CHEMNITZIA.	Étages	Numéros
tricostata...	6	151
tristriata....	12	70
triticea.....	24	240
trochleata...	6	147
turris......	10	48
turritellaris.	6	158
undosa.....	22	108
undulata...	8	42
Varusensis..	17	662
ventricosa..	3	229
Vesta......	7	44
vetusta.....	10	52
vittata......	11	29
Walenstedtii	6	166
Zenkeni....	7	41
Chenendopora.		
complanata.	13	700
cylindrica..	20	[illegible]
fungiformis.	20	780
lamellosa...	15	710
marginata..	22	1496
microminata	22	1498
miliaris.....	22	1497
obliqua....	22	1524
pateræformis	20	783
pocillum....	22	1517
radiata.....	15	705
reticulata...	13	707
rugosa.....	13	706
subplena....	20	782
undulata....	20	781
verrucosa...	15	708
Chenopus.		
alatus......	26	1029
Anglicus....	26	1031
Bucchii....	22	528
Burdigalensis	26	1027
cingulatus.	13	151
crassus.....	26	180'
Dupinianus.	17	166
Gratteloupi..	26	1028
Margerini..	25	549
paradoxus..	26	1030
pes-carbonis	24	324
pes-graculi.	26	1032
pes-pelicani.	27	143
Philippi...	10	164
Sowerbyi...	26	180'
spinosus....	18	155
strombiformis	15	43
Chætetes.		
antiqua.....	32	1018
antiqua....	1 *b*	384
capillaris...	3	1017

CH

CHÆTETES.	Étages	Numéros
capilliformis	14	821
columnaris..	1 *a*	422
cylindrica...	3	1013
dilatata.....	3	1016
dilatata....	22	1344
expansa....	1 *a*	419
favosa......	2	1170
favosa.....	1 *b*	385
fibrosa.....	2	1167
heterosolen.	1 *a*	418
irregularis..	1 *b*	386
irregularis.	21	349
Koninckia..	3	1019
lycoperdon.	1 *a*	420
megastoma..	3	1017
Petropolitanus......	1 *a*	417
pyriformis..	25	1672
radians.....	3	1015
radiata.....	2	1168
repens......	1 *b*	388
rugosa.....	1 *a*	421
septosa.....	3	1016
tuberosa...	17	555
tuberosa...	20	734
subantiqua..	1 *b*	384
subfavosa...	1 *b*	585
subfibrosa..	2	1167
Chiton.		
antiquus....	25	693
cinereus....	26	1746
concentricus	3	351
cordifer....	3	353
geminatus..	3	352
Grignonensis	25	692
Koninckii...	11	146'
Miocenicus..	26	1747
Polii.......	26	1747
priscus.....	3	350
subcajetanus.	26	1748
subgemulatus	5	552
transenna...	26	1748
Chitonellus.		
cordifer....	3	353
Choanites.		
Konigii....	22	1467
Chonetes.		
armata......	2	781
Bucchiana..	3	709
comoides...	3	708
concentrica..	3	700
convoluta...	2	783
cornuta.....	1 *b*	125
crenulata...	2	784

CI

CI

CI

CI

CIDARIS.	Étages	Numéros
subsimilis...	6	639
subspinosa..	13	527
subspinulosa	6	624
subularis....	24	637
subvesiculosa	22	1255
tricarinata..	13	533
trigona.....	6	628
tripterygia.	14	437
vagans.....	11	423
Vapincana..	25	1235
variabilis..	17	503
variabilis..	17	505
variola.....	26	2684
variolaris..	22	1236
Vendocinensis	22	1252
venulosa....	23	51
venusta.....	6	640
vesiculosa..	20	675
vesiculosa..	17	503
vesiculosa..	26	2681
violaris....	19	328
Wachteri...	6	650
Wissmani..	6	629
zea-mays...	26	2685
Circophyllia.		
truncata....	25	1261
Cirrhus.		
armatus.....	3	233
cingulatus..	13	121
cristatus....	3	232
crotaloides.	22	276
depressus...	12	89
Leachii.....	10	119
Leonhardii.	2	284
nodosus....	10	118
Normanianus	8	88
pentagonalis	3	198
pileopsideus	3	191
plicatus....	19	166'
rotundatus.	13	139
spinosus....	2	359
spiralis....	3	214
tubulatus...	3	197
Cladocora.		
cæspitosa...	27	474
granulosa...	27	475
humilis.....	21	204
intricata....	26	2736
manipulata.	26	2735
multicaulis..	26	2735'
Prevostina..	27	475'
sulcata.....	1 *b*	308
Clausastræa.		
Savignyi....	27	475''

CL

CLAUSASTRÆA.	Étages	Numéros
subtessellata	10	548
tessellata...	25	1280
tessellata...	10	548
Clausilia.		
antiqua.....	27	11
maxima....	26	317
Clavagella.		
armata.....	22	457
Brocchii....	27	270
Brongniartii.	25	1567
Cenomaniana	20	228
clavata.....	22	460
coronata....	25	1568
cretacea....	22	456
cristata.....	25	728
echinata....	25	727
Goldfussii...	26	1804
Ligeriensis..	22	458
Lodoiska...	25	729
semisulcata..	22	459
Clavulina.		
communis..	27	855
cylindrica..	27	854
Parisiensis..	25	1338
Cleodora.		
lanceolata..	27	269
strangulata	25	1802
Cliona.		
Duvernoyi..	26	3062
irregularis..	22	1551
nardina....	26	3063
Parisiensis..	25	1375
ramosa.....	22	1552
Clymenia.		
acuticostata.	2	112
angulosa....	2	113
angustisepta	2	95
annulata...	2	94
annulosa...	2	114
antiquissima	1 *a*	71
bilobata....	2	115
binodosa....	2	116
bisulcata...	2	93
brevicostata.	2	130
cincta.....	2	96
complanata.	2	131
compressa..	2	97
dorsonodosa.	2	111
dorsocostrata	2	117
dubia.......	2	133
Dunkeri....	2	98
falcifera....	2	109
fasciata....	2	99
inæquistriata	2	118

CL

CLYMENIA.	Étages	Numéros
inflata.....	2	108
interrupta...	2	110
lævigata...	2	100
lævis.......	2	124
linearis.....	2	101
Morrisi....	26	304
ornata......	2	119
Pailletei....	2	132
paradoxa..	2	102
planorbiformis......	2	120
pleurisepta.	2	103
plicata.....	2	104
pygmæa....	2	105
sagittalis...	2	106
Sedgwickii..	2	128
semicostata..	2	121
serpentina..	2	122
spinosa.....	2	92
striata......	2	123
subarmata...	2	129
subnodosa..	2	125
tenuistria...	2	126
undulata....	2	127
valida.....	2	107
Clypeaster.		
acuminatus.	26	2658
affinis.....	24	617
affinis.....	23	1211
altus.......	26	2659
ambigena...	26	2666
Beaumonti..	26	2668
Bouei......	24	209
Brongniartii	24	211
crassicostatus	26	2662
crassus.....	26	2663
Cuvieri....	25	1214
depressus...	26	2670
dilatatus....	26	2657
dubius.....	20	639
floreatis....	22	1154
folium......	26	2669
Gaimardi..	26	2656
gibbosus....	26	2656
grandiflorus	26	2668
Hausmanni	14	407
hemisphæricus......	26	2637
Kleinii.....	26	2641
laganoides..	26	2666
latirostris..	26	2664
Leskei.....	22	1181
Linkii......	26	2640
marginatus..	26	2667

CO

CONOCARDIUM.	Étages	Numéros
canalifer ...	2	605
clathratum..	2	616
elongatum..	3	445
excrescens..	2	607
fusiforme...	3	437
giganteum..	3	438
hibernicum..	3	442
inæquicostatum......	2	615
inflatum....	3	439
irregulare...	3	445
Lyellii......	2	613
minax......	3	447
nodulosum..	3	440
Partschii....	2	604
paucicostatum	2	610
Phillipsii....	2	619
propinquum.	2	611
pyriforme...	2	603
rostratum ..	3	443
semialatum..	2	609
semistriatum	2	602
strangulatum	3	444
subtrigonale.	2	618
tetragonum..	2	606
trapezoidale.	2	617
triangulum .	2	608
trigonale ...	3	446
trigonale...	2	618
Uralicum..	3	447
Villmarense.	2	614
Conoclypus.		
acutus......	22	1180
æquidilatatus	24	206
Bouei......	24	209
conoideus...	24	207
conoideus...	24	208
costellatus..	24	208
Duboisi.....	24	210
Leskei......	22	1181
Osiris......	24	205
ovum	26	2634
plagiosomus.	26	2633
subcylindricus	24	204
Conocœnia.		
tumularis...	14	514
Conocrinus.		
Thorenti....	24	639
Conocyathus.		
sulcatus.....	26	2722'
Conodictyum.		
clavæforme.	11	485
striatum....	10	554

CO

Conophyllia.	Étages	Numéros
granulosa...	6	673
pygmæa....	6	674
Conoteuthis.		
Dupinianus..	18	1
Conotubularia.		
Cuvieri....	1 *a*	48
Conularia.		
acuta.......	2	462
Brongniartii.	2	459
Buchii......	1 *a*	138
Gerolsteinensis.......	2	460
gracilis.....	1 *a*	157
granulata...	1 *a*	155
irregularis..	3	358
ornata......	2	461
papillata....	1 *a*	156
pyramidata..	1 *a*	159
quadrisulcata	9	142
quadrisulcata.....	1 *b*	82
Sowerbyi...	1 *b*	82
Trentonensis	1 *a*	154
Conulina.		
irregularis..	21	556
Conus.		
abbreviatus.	8	47
acuminatus.	26	963
acuminatus.	27	130
acutangulus	26	1003
Aldrovandi .	27	128'
Aldrovandi	26	958
Allionis.....	26	964
Allionii ...	26	979
alsiosus.....	24	310
antediluvianus	25	335
antediluvianus......	26	174
antediluvianus......	26	965
antediluvianus......	26	1003
antiquus....	26	985
Apenninensis	26	965
Aquensis....	26	174
asperulus...	26	966
avellana....	26	173
Baidus	26	172
Bathis......	26	171
Belus.......	26	170
Berghausi...	26	967
betulinoides.	27	129
betulinoides	26	171
bicoronatus.	24	308

CO

CONUS.	Étages	Numéros
bisulcatus ..	27	130
Bredai......	26	909
brevis......	26	1007
Brocchii....	27	131
Brongniartii	24	309
Bronnii....	26	992
Cadomensis	8	46
catenulatus..	26	1005
Caumontii..	8	47'
clavatulus...	26	166
clavatus	27	132
clavatus ...	26	166
clavatus ...	26	990
concinnus ..	25	337'
concavus...	8	46'
concavus...	8	47
costellatus...	26	977
crenulatus..	25	1471
deperditus..	25	336
deperditus..	24	309
deperditus..	26	168
deperditus..	26	1002
deperditus..	27	131
Deshayesi...	27	133
diluvianus..	26	999
diversiforme	25	337
dormitor ...	25	338
elatus......	26	970
Emmanuelis	26	997
Emmanuelis	27	139
figulinus...	26	169
fuscocingulatus......	26	982
Gastaldii....	26	971
granuliferus.	26	986
Grateloupi..	26	168
gyratus.....	22	299
imperialis..	26	971
intermedius.	26	1001
Ixion......	26	958
lævigatus...	26	983
lineatus	23	334
maculosus ..	26	167
marginatus..	26	1006
Marticensis..	22	300
Marylandicus	26	1000
mercati	26	959
Mercatii	27	134
militaris....	26	1004
minimus....	11	50
Nicobaricus	26	960
Nisus.......	26	978
nocturnus..	26	989
Noe........	26	987

CO

CORBULA.	Étages	Numéros
gregaria....	25	1609
Henckeliusiana.....	26	284 *a*
Idotea......	26	2056
inæqualis...	26	2055
incerta.....	17	262
involuta...	10	309
Kochii......	26	2060
lævigata...	20	354
lanceolata..	22	485
lineata.....	22	554
longirostra..	24	148
lyrata......	12	140
minima.....	22	552
minuta......	25	866
Mosæ.......	12	138
nasuta.....	25	884
Neocomiensis	17	263
Neptuni....	14	233
nitida......	25	865
nucleus....	26	2042
nucleus....	27	336
obscura.....	11	194
obtusa......	22	555
oniscus.....	25	881
ovata......	2	525
Oxfordiensis.	15	234
pectinata...	12	139
pisum......	25	877
pisum......	26	284 c
planulata...	26	2047
proboscidea.	27	334
punctum....	18	106
radiata.....	25	863
revoluta....	26	2043
	27	335
revoluta....	25	874
rostralis....	16	54
rostrata.....	25	858
rotundata...	26	2044
rotundata..	25	877
rugosa......	25	867
rugosa.....	26	2041
rugosa.....	26	2051
rugosa.....	26	2059
senilis.....	3	454
socialis.....	19	227
striata......	25	869
striatella...	25	1604
striatula....	18	104
striatula...	2	524
striatula...	22	548
striatuloides,	22	550
subangustata	22	547

CO

CORBULA.	Étages	Numéros
subcomplanata.....	25	871
subcuspidata	26	2053
subglobosa..	22	607
subnasuta...	25	882
subpisum...	26	284 c
subrevoluta.	25	874
subrugosa..	26	2039
substriatula.	22	548
triangula....	26	284 *b*
trigona.....	16	34
trigonalis...	26	2038
truncata....	20	286
truncata....	21	112
umbonella..	25	870
Victoria...	24	471
Volhynica..	26	2049
Weali......	26	2048
corbulomya.		
complanata.	23	871
complanata.	26	2045
triangula..	26	2846
corimya.		
alta.......	10	253
elongata...	11	174
glabra.....	9	166
Gnidia.....	9	164
lens.......	11	174
Nicoleti....	17	217
pinguis....	13	218
Rœmeri...	9	165
Studeri....	15	86
Taurica....	17	219
tenera......	15	85
tenuistriata.	15	85
truncata...	9	163
vulvaria...	17	218
Coristites.		
Sowerbyi...	3	788
Coscinium.		
cyclops.....	5	884
dubium....	4	90
elegans.....	6	618
stenops.....	5	885
Coscinopora.		
alternans...	22	1420
angularis...	22	1422
Beaumontii..	22	1426
biseriata....	22	1428
crassa......	20	764
cupuliformis.	22	1417
cylindrica...	20	764'
Galdrynus..	22	1430
globularis..	22	1432

CR

COSCINOPORA.	Étages	Numéros
heterostoma.	22	1427
infundibuliformis....	22	1416
infundibuliformis...	22	1417
isopleura...	22	1424
macropora..	22	1418
meandrina..	20	763'
Murchisoni..	22	1434
nuda.......	22	1415
pedunculata.	22	1433
placenta...	2	1180
porosa.....	22	1419
quadrangularis.......	22	1431
Ricordeana..	19	557'
striato-punctata......	22	1421
Turoniensis.	22	1429
venosa.....	22	1423
Zippei.....	22	1425
crania.		
abnormis...	26	295
		2541'
antiqua.....	22	977
antiquior...	11	359
antiquissima	1 *a*	562
armata.....	13	488
aspera.....	13	490
bipartita...	13	489
Brattemburgensis...	22	979
Cenomanensis	20	557
costata......	22	978
hexagona...	17	438
Hœninghausii	26	2541'
gracilis.....	20	559
Ignabergensis	22	976
intermedia..	13	489
irregularis..	17	450
marginata...	17	439
nodulosa....	22	981
nummulus..	22	979
obsoleta....	2	1034
Parisiensis..	22	975
porosa......	13	491
proavia.....	2	1035
radiata.....	11	360
Rothomagensis.......	20	558
Sedgwikii...	1 *b*	317
spinulosa...	22	982
striata.....	22	976
tripartita....	13	492

CU

CY

CY

CY

CY

CYRTOCERAS.	Étages	Numéros
paradoxicus.	3	53
Pazosianus. .	5	51
quindecimalis	2	27
reticulatus .	2	14
rugosus.....	3	49
rusticus....	2	19
subannulatus.......	1 *a*	8
subarcuatus .	1 *b*	13
subrugosus..	2	32
teres	2	30
tessellatus...	3	50
tredecimalis.	2	28
Trentonensis.	1 *a*	16
tuberculatus.	3	55
undulatus ..	2	17
unguis	3	46
ungulatus ...	2	29
Verneuilianus.	3	47
Cyrtoceratites.		
cancellatus .	2	16
Eifelensis ..	2	7
ornatus.....	2	12
tetragonus..	2	15
Cyrtolites.		
acutus......	1 *a*	146
bilobatus....	1 *a*	145
carinatus....	2	445
compressus .	1 *a*	149
cultratus....	2	446
Deslongchamsii...†...	1 *b*	81
expansus....	1 *b*	80
filosum.....	1 *a*	15
ornatus.....	1 *a*	148
patulus	2	447
striatus.....	2	443
subcarinatus.	1 *a*	147
Trentonensis.	1 *a*	150
Trentonensis.......	1 *a*	16
trilobatus....	2	444
Cystiphyllum.		
cylindricum.	1 *b*	372
Damnoniense.	2	1136

CY

CYSTIPHYLLUM.	Étages	Numéros
excavatum...	1 *b*	373
lamellosum..	2	1140
placentiforme	2	1139
secundum...	2	1138
Siluriense...	1 *b*	371
vermicularis.	2	1141
vesiculosum.	2	1137
Cytherea.		
æquorea....	25	845'
albaria	26	2018
alternans...	27	321
apicialis...	27	322
aptycha....	7	93
Bellovacina.	24	128
Boryi......	27	312
Burdigalensis.......	26	1954
cancellata..	26	1982
Chione.....	26	1995
comis......	25	843
concentrica.	27	314
convexa....	26	2011
corbulina...	25	829
cuneata. ...	25	1597
	26	1080
Custugensis	24	457
deltoidea...	13	231
	25	828
Deshayesiana.......	26	1969
discoidalis .	25	847
distans....	25	1599
dolabra....	10	306
Duboisii ...	26	1995
elegans	25	827
elevata.....	26	2015
Erycinoides	26	1954
excavata...	22	610'
globosa. ...	25	848
globulosa...	25	830
Hydana....	25	831
Hydii	25	845
incrassata..	26	278
inflata.....	26	1983
jucunda....	22	528

CY

CYTHEREA.	Étages	Numéros
lævigata...	25	823
lævis.	27	315
Lamarckii..	26	1953
lamellosa...	7	94
latiplexa...	7	87
leonina.....	27	347
lincta......	26	1955
Marylandica	26	2021
melastriata	26	2020
Mortoni....	25	846
multisulcata	25	812
nitidula....	25	814
nitidula....	26	1988
Nuttali....	25	850
obliqua.....	24	129
obovata	26	2019
perovata...	25	845
polita......	25	831
	26	1996
Poulsoni...	25	848
pusilla.....	24	130
	27	322
reposta.....	26	2022
rugosa.....	16	41
	26	1981
rustica.....	25	1594
Sayana....	26	2011
semisulcata.	25	822
sphærica...	26	2016
striatula...	25	825
subcrassa ..	25	849
suberycinoides	25	824
subnasuta..	26	2024
subrotunda.	20	273
sulcataria.	25	813
sulculosa...	26	2030
tellinaria. .	25	826
tigerrina...	26	347
trigonata. .	25	847
trigonellaris.	8	172
trigonula. .	25	1596
umbonaria .	27	317
undata. ...	26	1979
uniformis. .	22	524
Verneuilii..	24	461

D

DE

Deltocyathus.	Étages	Numéros
Italicus.....	26	2722
Dendrarcis.		
Gervillii....	23	1660
Dendrarœa.		
racemosa ...	14	588
Dendrastrea.		
dissimilis...	11	454'
Langrunensis.	11	455
Dendritina.		
arbuscula...	26	2898
elegans.....	26	2897
Haueri.....	26	2899
Juliana.....	26	2900
Dendrocœnia.		
corallina....	14	541'
sertifera....	11	448
Dendrophyllia.		
amica......	26	2731
cariosa.....	25	1659
cornigera...	26	2731
dendrophylloides.....	23	1261'
dichotoma..	14	489
digitata	26	2732
glomerata..	14	488
irregularis..	26	2733
ramea.....	26	2729
Taurinensis.	26	2729
Theolvoldensis.......	26	2733
Dendrosmilia.		
Duvaliana. .	23	1659
Dentalina.		
aculeata....	22	1353
acuta.......	26	2824
Adolphina..	26	2815
antenna	17	772
antennula...	26	2819
Badenensis..	26	2806
bifurcata ...	26	2823
brevis......	26	2812
caudata.....	27	498
Cenomana ..	20	747
chrysalis....	17	774
communis..	22	1354
elegans.....	26	2807
elegantissima	26	2821
gracilis.....	22	1353
guttifera....	26	2813
intermedia..	17	773
linearis	17	514
Lorneana...	22	1357
matutina...	8	250
monile	17	771

DE

DENTALINA.	Étages	Numéros
multicostata.	22	1359
nodosa.....	22	1356
pauperata ..	26	2808
primæva....	8	260
punctata....	26	2814
Roncana....	26	2810
rustica......	20	746
Sarthacensis.	20	748
scripta	26	2816
semicostata..	26	2818
semiplicata..	26	2817
spinosa.....	26	2822
striata......	26	2825
subcommunis	22	1354
substriata...	27	499
sulcata.....	22	1358
Terquiemi..	8	257
urnula......	26	2820
Verneuilii...	26	2811
vetusta	8	258
vetustissima.	8	261
Dentalium.		
abbreviatum.	24	432
acuminatum.	25	694
alternatum.	25	708
antiquum...	2	458
aprinum....	27	252
Arcotinum...	22	449
asperum....	26	1749
attenuatum .	26	1763
bicarinatum.	25	695
Bouei......	26	1750
brevissum.	25	696
canaliculatum	6	447
Castellanensis	24	433
Chilense....	22	447
cinctum	13	175
compressum.	8	135
corallinum..	14	201
cornicula....	27	500
costatum....	20	1758
cylindricum.	18	84
decoratum..	6	444
decussatum .	19	201
decussatum.	20	226
dentale	26	1763
dentalis.....	27	253
duplex	25	698
eburneum ..	25	699
elephantinum	26	1761
	27	255'
elephantinum	26	1755
elongatum..	9	141
entalis.....	24	431

DE

DENTALIUM.	Étages	Numéros
entaloides...	10	205
fissura......	27	254
fossile......	26	1751
geminatum..	26	1760
giganteum..	8	134
giganteum..	26	1764
grande.....	25	1566
grande.....	26	277'
hamatum ...	22	448
inæquale....	26	1752
incertum ...	24	120
ingens......	3	355
inornatum..	5	357
Jungii.....	26	1250
læve.......	5	52
majus......	26	1766
medium	20	227
Miocenicum.	26	1753
Moreanum..	13	173
Mosæ......	22	444
nitens......	25	707
nitens......	13	52
Noe........	27	255
Normanianum.	13	52
Nystii......	26	277'
ornatum....	3	356
orsum......	26	1752
Parisiensis..	25	701
polygonum.	22	446
priscum	3	354
pseudo-entalis.......	25	700
radula.....	26	1749
rectum.....	26	1754
Rhodani....	19	201''
Rothomagense	20	226
Saturni.....	2	457
semiclausum.	26	1759
semistriatum	25	701
serratum ...	19	201'
sexcarinatum	22	445
simile......	6	446
strangulatum.	25	702
striatulum.	27	252
striatum....	25	705
striolatum ..	26	1756
subeburneum	25	699
subentalis...	24	431
subgiganteum	26	1764
subsexangulatum.....	26	1755
substriatum.	25	703
sulcatum? ..	24	122
	25	704

EL

ECHINUS.	Étages	Numéros
Gacheti....	25	1234
germinans..	14	423
granulosus.	20	658
Gravesii....	24	629
gyratus.....	13	513
hieroglyphicus......	14	420
intermedius.	11	413
lævis.......	10	509
lineatus....	27	458
mirabilis...	14	417
monilis.....	26	2679
nodulosus..	11	414
obliquus....	26	2673
parvus......	26	2676
Patagonensis	26	2677
perlatus....	14	418
planus.....	26	2677'
polyporus...	12	266
pseudodiadema......	14	423
Serresii....	26	2674
textilis.....	12	267
Woodwardi..	26	2675
Edmondia.		
compressa..	3	470
Josepha....	3	479
subangulata	1 *a*	194
subtruncata	1 *a*	192
	1 *a*	195
unioniformis	3	478
ventricosa..	1 *a*	193
Edwardsocrinus.		
ornatus.....	3	959
Egeria.		
Bucklandii.	25	799
ovalis......	25	787
plana......	25	784
triangulata.	25	799
Elenchus.		
subulatus...	3	137
Ellipsocœnia.		
inæqualis...	17	518 *c*
regularis...	17	518 *b*
Ellipsocyathus.		
bicostatus...	2	1116
grandis.....	1 *b*	368
Ellipsosmilia.		
Arcolensis..	22	1281'
Boissyana...	21	244
Bourgeoisii..	22	1283"
Caraulonensis	21	244'
complanata.	21	247
compressa..	21	246

EM

ELLIPSOSMILIA.	Étages	Numéros
cornu-copiæ.	20	687
cuneolus....	21	243 *a*
Faujasii.....	22	1283'
humilis.....	20	688
inæqualis...	20	689
inauris.....	22	1283
magnifica...	20	687
Meudonensis.	23	54
obliqua.....	22	1282
plicata.....	14	479
rudis.......	21	245
Salzburgiana.	21	243
subrudis....	21	244"
supracretacea	23	53
Emarginula.		
Æolis.......	14	196
arata.......	25	687
Blotii.......	11	155
carinata....	22	434
clathrata....	25	683
clathrata...	11	132
	26	269
clypeata....	25	682
comosa.....	22	435
costata.....	25	684
crassa......	26	1732
cretacea....	23	28
cretosa.....	22	433
decussata...	13	108
Desnoyersii.	11	136
elegans.....	25	685
elongata....	25	686
fenestrella..	26	1734
fissura......	27	250
Goldfussii...	6	437
Gratteloupi..	26	1731
Guerangeri..	20	222
lævis.......	19	200'
lobata......	10	203
Neocomiensis	17	186
Niortensis...	10	204
pelagica....	20	223
planicostula.	8	133
punctulata..	26	1735
radiola.....	25	681
reticulata...	26	1733
reticulata..	27	250
Sanctæ-Catharinæ.....	29	223'
scalaris.....	11	134
squamata...	26	1730
subclathrata.	26	269
Toucasiana..	22	432
tricarinata..	11	133

EN

EMARGINULA.	Étages	Numéros
Varusensis..	19	198
Enallastrea.		
contorta....	24	667
distans.....	24	666
Enallhelia.		
compressa..	13	610
corallina....	14	515
elegans.....	13	611
gemmata...	11	445
gracilis.....	17	516"
Rathieri....	17	516'
regularis...	23	61
Enallocœnia.		
crassoramosa	14	555'
Enallocrinus.		
punctatus...	1 *b*	559
scriptus....	1 *b*	558
Enallopora.		
perantiqua..	1 *a*	372
Encrinus.		
caryophyllatus......	13	577
entrocha....	5	102
	6	657
granulosus..	6	659
liliiformis..	5	102
	6	657
moniliformis.	5	102
pentactinus.	5	105
quinquangularis.....	13	577
Schlotheimii.	5	104
varians.....	6	658
Endopachys.		
alatus......	23	1252
Maclurii....	25	1252
Enoploteuthis.		
subsagittata.	13	7
Entalophora.		
abbreviata..	11	585
Bajocina....	10	480
cellaroides..	11	584
Cenomana..	20	605
cervicornis..	27	441
cespitosa....	11	588
clavata.....	22	1126
colliformis..	19	502
compressa..	20	609
convexa.....	19	503
echinata....	22	1125
gracilis.....	19	501
horrida.....	22	1127
Icaunensis..	17	461 *a*
irregularis..	22	1133

EU

ESCHARINA.	Étages	Numéros
micropora...	22	1054
Neptuni....	22	1057
Oceani......	22	1058
ornata......	22	1051
pavonia....	22	1045
peltata.....	22	1050
perforata...	22	1061
pertusa.....	26	2549
polystoma..	22	1049
radiata.....	24	1042
sagena.....	22	1053
Sarthacensis.	20	584
simplex.....	22	1055
subpyriformis	24	358
sulcata.....	22	1037
tumidula....	26	2555
Villiersi....	22	1056
Vieilbanci...	21	217
Escharites.		
dichotoma..	22	1322
incrustata..	22	1017
labiata.....	22	1016
nodulosa...	22	1015
Escharopora.		
recta	1 *a*	368
Eucalyptocrinus.		
cælatus	1 *b*	333
decorus.....	1 *b*	332
rosaceus....	1 *b*	334
Eucosmus.		
decoratus...	14	421
Eudea.		
attenuata...	10	563
calopora....	13	686
capitata.....	13	690
cellulosa....	13	689
clavata.....	11	498
cribraria...	11	495
	11	519
cylindrica.	20	767
elongata....	14	626
foraminosa..	20	766
gracilis.....	6	697
irregularis..	10	566
lagenaria...	11	496
lombricalis..	11	500
lycoperdoides	11	497
mammosa..	11	501
manon.....	1	696
millepora...	13	691
pertusa	13	687
pistilliformis.	11	499
polymorpha.	6	698
propinqua..	13	688

EU

EUDEA.	Étages	Numéros
pyriformis..	6	700
rugosa.....	10	565
Sarthacensis.	10	564
subcariosa..	6	699
Eugeniacrinus.		
Alpinus.....	13	586
angulatus...	13	583
annularis..	10	520
caryophyllatus	13	577
compressus.	13	582
costatus....	1 *b*	335
crenulatus...	13	585
Essensis....	20	679
granulatus..	13	587
Hoferii.....	13	581
impressus...	13	584
mespiliformis	2	1057
moniliformis.	13	580
nutans......	13	578
pyriformis..	13	579
Eulima.		
Albensis....	17	87
amphora....	21	29
angusta.....	6	105
antiqua.....	22	147
Axonensis...	11	26
brevis......	27	63
Coyana.....	2	137
distorta.....	25	85
elongata....	24	245
Floridana...	25	83
fusiformis...	6	109
gracilis.....	6	110
Grateloupi..	26	483
hastata....	27	64
incerta.....	26	480
Koninckiana	6	108
lactea......	26	481
lævigata....	26	485
Leunisii	28	469
longissima..	6	107
melanoides..	17	88
multitorquata	6	113
Nerei......	11	25
nitida......	25	84
Phillipsiana.	3	136
polita......	27	65
pupæformis.	6	111
quadristriata	26	470
Requieniana.	21	30
scillæ......	27	66
similis......	26	482
spina......	26	479
subbrevis...	27	63

EU

EULIMA.	Étages	Numéros
subcolumnaris.......	6	106
subhastata..	27	64
subnitida....	24	244
subovata....	6	112
subula......	26	478
subulata...	3	157
terebra.....	6	114
terebralis...	26	484
Eunomia.		
articulata...	14	508
Babeana....	10	533
confluens...	6	681
contorta....	14	511
Cottaldina...	14	505
dichotoma..	13	607
flabella.....	14	504
grandis.....	14	507
lævis.......	14	503
nana.......	13	609
nodosa.....	14	500
plicata......	13	606
radiata.....	11	443
rugosa.....	14	510
socialis.....	13	608
sublævis....	6	683
Euomphalus.		
acutus.....	3	187
æqualis....	3	201
æquilateralis......	1 *b*	20
alatus.....	1 *b*	44
angiostomus	3	208
angulatus..	2	301
Archiaci...	2	300
articulatus.	2	292
bifrons.....	3	199
Bronnii....	2	288
carinatus...	1 *b*	45
catenulatus	1 *b*	51
catilloides..	3	184
catillus....	3	196
circinalis...	2	303
circularis...	2	285
complanatus	6	283
contrarius..	6	341
Corndensis.	1 *a*	94
cornu-arietis	1 *b*	59
coronatus...	11	69
cristatus...	3	232
crotalostomus	3	187
delphinuloides......	2	387
dentatus....	6	293

F

FA

Fasciolaria.	Étages	Numéros
aculeata....	26	208
Afra.......	26	1288
Burdigalensis	26	1285
clandestina..	26	1283
clavata.	26	209
costata.....	26	1297
elongata ...	21	70
fimbriata....	27	177
funiculosa...	25	525
fusoidea. ...	26	1298
fusoides. ...	26	1287
fusus.......	26	1292
Gratteloupi..	26	214
Levesquei...	24	363
Michelotiana.	26	1289
nassæformis.	26	1286
ornata......	26	1284
Parisiensis..	25	1491
polygonata..	26	810
prima.	23	16
propinqua..	26	1308
punctifera ..	26	1290
Puschii.	26	1294
pusilla.....	26	1293
pyruliformis	26	214'
pyrulina....	26	211
Rœmeri....	22	316
subafra. ...	26	1288
subcarinata .	26	212
subcostata. .	26	1297
subtrapezium	26	1296
supracretacea	23	17
Tarbelliana..	26	1291
Taurina.....	26	1295
trapezium..	26	1296
tuberosa....	26	213
uniplicata...	25	527
uniplicata..	26	214
Valenciennesii......	26	1284
Fasciolites.		
elliptica....	24	691
Faujasina.		
carinata....	22	1408
Favastrea.		
heliops.	3	999
hexagona...	2	1150
hypocrateriformis....	2	1151
intercellulosa	2	1150'
quadrigemina.......	2	1149
regia.......	3	997
rugosa......	2	1152

FE

FAVASTREA.	Étages	Numéros
senilis......	3	998
striata......	1 *b*	376
sulcata.	2	1153
Favistella.		
stellata.....	1 *a*	413
Favosites.		
alveolaris...	2	1156
alveolaris. .	1 *b*	379
Archiaci.....	3	106
aspera......	1 *b*	379
basaltica....	2	1160
basaltica...	1 *b*	380
capillaris...	3	1017
cornigera...	2	1159
cylindrica...	3	1011'
dentifera....	3	1006
fibrosa.....	2	1165
Goldfussii...	2	1158
Gothlandica.	1 *b*	377
incrustans. .	3	1011
macropora..	2	1163
megastoma..	3	1009
multipora...	1 *b*	378
parasitica...	3	1007
polymorpha	1 *b*	382
septuosus...	3	1016
subbasaltica.	1 *b*	380
suborbicularis	2	1157
tenuisepta...	3	1008
tumida.	3	1010
Fenestrella.		
anceps.	4	78
	4	79
	4	82
antiqua.....	2	1049
antiqua....	1 *b*	322
	2	1048
	4	75
antiquata...	2	1046
arthritica...	2	1048
assimilis....	1 *b*	325
Bouchardi. .	2	1042
Braunii.....	2	1047
carinata ...	3	849
	3	863
crassa......	3	862
dubia.	2	1043
Ehrenbergii	4	77
ejuncida....	3	859
flabellata....	3	846
formosa....	3	864
frutex......	3	844
Geinitzi....	4	75

FI

FENESTRELLA.	Étages	Numéros
hemisphærica	3	852
hibernica...	3	851
Keyserlingii.	2	1048
Lonsdalei...	1 *b*	321
Martis......	3	861
membranacea	3	843
Michelini. ..	3	845
microstrema.	1 *b*	327
Milleri......	1 *b*	323
Morrisii....	3	853
multiporata .	3	854
oculata.....	3	855
plebeia.....	3	856
pluma......	3	847
polyporata..	3	850
prisca......	1 *b*	321
quadradecimalis....	3	857
reticulata...	1 *b*	324
retiformis...	1 *b*	326
retiformis..	4	76
Russiensis...	3	849
subantiqua..	1 *b*	322
tenuifila....	3	848
undulata....	3	844
varicosa....	3	858
Veneris.....	3	860
Verneuiliana.	2	1044
Fenestrellina.		
carinata....	3	863
crassa......	3	862
formosa....	3	864
nodulosa....	3	865
Ferussina.		
anastomæformis......	26	337
Fibularia.		
subcaudata.	25	1217
subglobosa..	22	1221
Ficula.		
clava......	26	1276
condita....	26	1279
ficoides.....	26	1282
Ficulina.		
geometra...	27	175
intermedia .	27	176
Fissurella.		
acuta......	11	131
Aquensis....	26	1722
alticosta....	26	1727
Clairbornensis	25	680
clypeata....	26	268
conoidea....	2	420
corallina....	14	194

G

GO

GLOBIGERINA.	Étages	Numéros
Parisiensis..	25	1326
quadrilobata.	26	2926
regularis...	26	2925
trilocularis.	26	2923
Globulina.		
æqualis.....	26	2969
deformis....	26	2967
depressa....	25	1343
elongata...	26	2966
gibba......	26	2964
Gratteloupi.	26	2966
irregularis..	26	2968
ovata......	26	2965
punctata....	26	2971
rugosa.....	26	2972
spinosa.....	26	2974
translucida.	25	1342
tuberculata.	26	2973
tubulosa....	26	2970
Globulus.		
anguliferus.	26	538
obtusus....	24	261
Glycimeris.		
angustata...	26	1829
Glypticus.		
affinis......	15	190
hieroglyphicus......	14	420
Koninckii...	22	1223
Glyptocrinus.		
decadactylus	1 *a*	397
expansus...	1 *b*	348
priscus.....	2	1081
retiarius....	1 *b*	344
Gnathodon.		
Grayi......	27	331
minor......	27	332
Gomphoceras.		
cordiforme..	3	57
Eichwaldi.	1 *a*	74
fusiforme...	3	56
Hallii......	1 *a*	49
minus......	1 *b*	10
pyriforme...	1 *b*	11
subfusiforme.	2	35
subpyriforme.	2	36
sulcatulum..	2	34
trochoides..	3	58
ventricosum.	3	59
Gonabacia.		
stellifera....	11	435
Gonambonites.		
inflexa.....	1 *a*	228
latissima..	1 *a*	228'

GO

GONAMBONITES.	Étages	Numéros
ovata......	1 *a*	229
plana......	1 *a*	229
quadrata...	1 *a*	228
Goniaræa.		
Alpina.....	25	1283'
elegans.....	24	668
Goniastrea..		
formosissima.	21	279'
Goniatites.		
acutus.....	2	134
æquabilis...	2	155
æquilobatus	6	29
Ammon....	2	216
angustiseptatus....	2	135
angustus...	2	136
arcuatus...	2	137
armatus....	6	22
Barbotanus.	3	126
Beaumontii.	6	37
Becheri....	2	138
bicostatus..	2	219
bidorsalis..	3	113
bidorsatus..	6	33
biferus.....	2	139
bi-impressus.	2	140
bisulcatus..	2	213
Blumii.....	6	21
Bronnii....	2	141
—	3	134
—	6	37
Buchii.....	2	142
—	6	39
Bucklandi.	2	143
calculiformis	2	144
calyx......	3	98
canalifer...	2	145
cancellatus.	2	146
carbonarius.	3	132
carina.....	5	122
—	3	108
carinatus..	2	147
ceratitoides.	3	114
cinctus.....	2	212
clymeniformis......	2	148
contiguus..	2	149
costulatus..	2	151
—	2	152
Cottai.....	2	150
crenistria..	3	118
cucullatus.	2	153
cyclolobus..	3	103
Dannenbergii	2	207

GO

GONIATITES.	Étages	Numéros
decoratus..	6	41
discus......	3	105
divisus.....	2	154
Dufrenoyi..	6	31
Eryx......	6	25
evexus.....	2	156
evolutus....	3	95
excavatus..	3	125
expansus...	2	157
falcifer....	2	158
fasciculatus.	3	135
Frissei.....	6	27
furcatus...	6	25
Gibsoni....	3	96
Gilbertsoni.	3	99
glaucus....	6	24
globosus....	2	159
Haidingeri.	6	35
Haueri....	2	161
Hœninghausi	2	160
Henslowi...	3	104
hibrydus..	2	162
implicatus.	3	118
incertus....	2	163
infrafurcatus......	6	36
Ingleri.....	2	218
insignis....	2	164
intercostalis.	3	107
intermedius.	2	165
intumescens.	2	166
Iris.......	6	34
Jossæ......	3	127
Kingianus..	3	130
Koninckianus	3	129
latiseptatus.	2	210
latistriatus.	2	167
latus......	3	119
linearis....	2	168
Looneyi....	3	100
Marianus..	3	133
maximus...	2	169
micronotus.	3	112
mixolobus..	3	106
multilobatus	2	171
multiseptatus.....	2	170
Munsterii..	2	172
mutabilis...	3	120
nitidus....	3	95
Næggerathi.	2	208
nummularis.	2	211
obscurus...	2	173
obtusus....	3	103

GU

GRYPHÆA.	Étages	Numéros
gigantea ...	12	224
globosa.....	26	2524
incurva	7	139
læviuscula..	7	139
Maccullochii	7	139
—	12	224
mutabilis...	22	925
nana.......	13	419
obliqua.....	7	139
orientalis ..	22	930
ovalis......	8	217
Pitcheri....	22	925
plicatella...	22	937
polymorpha	10	435
staumaloïdea	22	930
virgula	15	174
vomer......	22	937
Gualtieria.		
Orbignyana .	24	594
Guettardia.		
expansa....	22	1555

GY

GUETTARDIA.	Étages	Numéros
stellata	22	1435
stellata. ...	24	694
Thiolati.....	24	694
Guettardicrinus.		
dilatatus....	14	431
Guttulina.		
Austriaca ...	26	2963
caudata.....	25	1340
communis...	27	558
lævigata....	26	2962
nitida	25	1341
problema ...	27	557
Gypidia.		
borealis.....	1 b	262
conchylium	1 b	260
—	1 b	283
Gyroceras.		
aigoceras ...	3	39
armatum....	2	5
cancellatum.	2	16
convolvens..	2	11

GY

GYROCERAS.	Étages	Numéros
costatum....	1 b	8
depressum..	2	6
Eifelensis...	2	7
Goldfussii...	2	12
lineare	6	9
marginale...	2	8
Meyerianum.	3	11
nautiloideum	2	10
ornatum....	2	13
reticulatum..	2	14
serratum....	3	40
tetragonum..	2	15
undulatum..	2	17
Gyroidina.		
caracolla...	17	556
carinata ...	25	1675
lævis	27	557
Gyrophyllia.		
cerebriformis	26	2768
vetusta	26	2767

H

HA

Haliotis.	Étages	Numéros
monilifera ..	28	780
ovata.......	26	770
tuberculata..	27	104
Halirrhœa.		
brevicostata	22	1475
costata.....	20	771
lycoperdoïdes	11	497
Tessonii....	20	771
Halisites.		
agglomerata.	1 b	406
catenulata ..	2	1185
escharoides.	1 b	404
labyrinthica	1 b	405
Halobia.		
Lommelii...	5	547
Halocrinus.		
pyramidalis	2	1059
Hamites.		
Acteon......	19	82
aculicostatus	22	83
adpressus...	19	68

HA

HAMITES.	Étages	Numéros
alterno-tuberculatus...	19	75
arculus.....	22	77
armatus....	20	38
—	22	99
attenuatus ..	19	72
Beanii.....	17	71
—	18	46
biplicatus...	20	45
Bouchardianus......	19	76
capri-cornu	17	53
Carolinus...	22	80
Charpentieri	19	85
columna	22	78
consobrinus .	22	85
constrictus..	22	75
cylindricus..	22	82
decurrens...	17	76
Degenhardtii	17	651
Desorianus..	19	84

HA

HAMITES.	Étages	Numéros
dissimilis ..	17	645
dubius......	20	42
elatior	18	43
elegans.....	19	77
ellipticus...	22	81
Emericianus	17	70
Favrinus....	19	83
flexuosus ...	19	73
Geinitzii....	22	81
gigas	18	42
gracilis	21	20
grandis	18	48
hamus	17	650
incertus....	17	69
Indicus.....	22	65
—	22	89
intermedius	18	47
—	22	83
—	22	84
Ixion.......	19	87
largesulcatus	22	85

HE

HELCION.	Étages	Numéros
semistriata..	22	438
sinuosa.....	3	343
striata......	23	691
striatula....	25	1503
subaciculata.	5	30
subcentralis.	20	225
subcostaria..	26	270
sublævis....	8	132
submucronata	14	200
subquadrata.	7	61
subradiata..	2	449
subrugosa...	1 *a*	151
subtenuicosta	21	92
sulcata.....	10	200
tenorium...	22	442
tenuicosta...	19	199
tenuistriata..	13	172
Tessonii....	10	199
unguis.....	26	1742
vulgata.....	26	1737
Helicina.		
compressa..	8	92'
dubia......	25	172
expansa....	8	92
polita......	8	92
solarioides..	8	92
Helicites.		
delphinuloides......	2	387
Sylvestrinus	27	2
Heliocoeras.		
annulatum..	19	161
armatum....	22	99
Astierianum.	19	107
depressum..	19	105
elegans.....	19	109
gracile......	19	102
interruptum.	17	655
Moutonianum	19	106
obliquatum..	19	101
plicatile.....	19	103
polyplocum.	22	100
tuberculatum	19	108
Teilleuxi....	10	45
Varusense..	17	654
Helicocriptus.		
pusillus.....	14	121
radiatus....	20	121
Helicoidaris.		
mirabilis...	14	417
Heliopora.		
Blainvilliana	21	538
deformis...	25	1670
intricata...	26	2780

HE

HELIOPORA.	Étages	Numéros
Supergiana.	26	2770
Helix.		
Aquensis....	26	5
Arnoudii...	24	3
aspera......	26	11
Astieri.....	25	11
Beaumonti..	26	7
Carryensis..	26	308'
Christolii...	26	308
contorta...	26	13
Coquandiana	26	4
damnata....	24	217
depressa....	26	10
—	27	5
Desmarestina	26	1
Dufrenoyii..	26	309
expansa....	8	92
fallax......	24	10
Ferrantii....	26	2
Galloprovincialis.....	26	6
Galloprovincialis.....	24	8
Gentii.....	20	93
globosa....	25	1377
globulosa...	27	3
Haveri.....	26	314
heliciformis.	24	5
hemisphærica	24	2
inflexa......	27	6
insignis.....	27	1'
intermedia..	26	313
Jurensis....	15	96
Lemani.....	26	3
luna.......	24	1
Lunelii.....	24	4
Massiliensis.	26	8
Matheroni..	24	8
Micheliana..	26	306
mutabilis	25	125
Orbignyana	26	305
pisum......	26	307
proboscidea.	24	7
pseudo-conspurcata..	26	310
pseudo-depressa....	27	5
pseudo-globosa......	25	1377
pusilla.....	14	121
Ramondii...	25	10
Rillysensis...	24	11
rotellaris...	24	9
rugulosa....	27	4

HE

HELIX.	Étages	Numéros
sepulta.....	27	8
subangulosa.	27	7
subcontorta.	26	13
subdepressa.	26	10
subdisjuncta.	24	6
subfallax....	24	10
subglobosa..	26	312
subtrochoides	26	12
subula.....	26	478
Sylvestrina.	27	2
terebellata..	27	71
torus.......	26	9
trochoides..	26	12
vermicularis	27	9
Hemiaster.		
acuminatus..	26	2611
æquifissus...	24	202
amplus.....	22	1175
Bucardium..	22	1174
Bucklandi..	20	638'
bufo........	20	638
brevisulcatus	24	582
canaliferus..	27	446
complanatus	24	586
cor........	26	2617
cubicus.....	21	226
Edwardsii...	26	2614
elatus......	20	637
expansus....	24	584
Fournelii...	21	224
Gratteloupi..	26	2615
inæqualis...	24	583
inflatus.....	25	1200
latisulcatus.	24	587
latus.......	26	2613
Leymerii....	22	1176
major......	27	446
minimus....	19	313
nucleus.....	22	1177
obesus......	24	581
parastatus...	22	1178
Phrynus....	19	314
pisum......	20	656
prunella....	22	1173
rana.......	12	1172'
stella.......	22	1179
stellatus....	26	2612
subglobosus.	25	1199
suborbicularis......	24	201
Verneuili...	21	223
verticalis....	24	585
Hemicellaria.		
ramosa.....	17	432

I

ID

IN

IN

IS

INOCERAMUS.	Étages	Numéros
Neocomiensis	17	383
nobilis.....	8	208
obovatus ...	2	688
orbicularis..	22	821
pernoides...	9	244
pernoides...	20	471
planus	22	820
plicatus.....	17	728
problematicus	21	157
propinquus .	22	822
regularis ...	22	814
regularis...	2	684
rostratus...	9	241
Salomoni ...	19	274
semiorbicu-laris.....	2	685
semistriatus	2	689
siliqua	22	819
striatus.....	20	471
substriatus..	9	243
sulcatus	19	273
trigonus....	2	686
undulatus...	9	242
ventricosus..	8	208
vetustus....	3	588
Intricaria.		
Bajocensis..	10	482
porosa......	22	1019'
reticulata..	1 *a*	371
straminea...	10	483
Isis.		
eutrocha ...	5	102
Isisina.		
Melitensis...	26	2793
Isoarca.		
Alpina......	17	317
Bajocensis..	10	342
costata	19	256
decussata. ..	10	343
globulosa...	17	716
obesa	20	359
Stotteri.....	6	495
subspirata ..	13	327
supracreta-cea	22	651
texata......	14	289
Isocardia.		
angulata....	18	115
angulata...	10	307
—	12	170
antiqua....	2	620
arietina.....	26	2274
astarteformis	6	459
Ataxensis..	22	646

IS

ISOCARDIA.	Étages	Numéros
axiniformis.	3	476
Bajocensis ..	10	556
Basteroti ...	26	2275
bicarinata..	2	529
Blumii	6	484
brevis......	14	279
brevis......	14	372
Buchii......	6	481
Campaniensis	12	168
Carantonensis	21	127
carinata	26	287 *f*
cingulata...	10	340
concentrica.	6	483
—	10	252
—	12	125
Conradi	26	2273
cor	27	350
cor	26	2275
cordiformis .	14	281
cornuta	15	116
crassicornis.	19	249
cretacea	22	648
cryptoceras .	20	355
deperdita...	3	449
Deshayesi...	26	2267
dicerata ...	14	372
dorsata.....	13	320
Elea	7	110
elegans	12	124
elongata....	13	321
excentrica..	14	218
—	15	80
Georgeana..	15	136
gibbosa.....	10	339
Goldfussiana.	13	316
granulo-ru-gosa.......	6	480
harpa.......	26	287 *c*
Humboldtii.	2	621
inversa	10	530
laticostata .	6	460
leporina....	10	341
leporina ...	11	209
lineata......	13	319
longirostris .	22	646
lunulata....	26	2269
lunulata ...	12	645
Mandelslohi.	6	481
Markoei	26	2272
minima.....	11	233
minima	12	167
—	13	316
minuta	6	479
modiola	22	644

IS

ISOCARDIA.	Étages	Numéros
molthianoides	26	2268
	27	361
multicostata.	9	205
multicostata	26	287 *e*
Neocomiensis	17	309
nitida	10	308
nucleus.....	10	341
obliqua.....	20	356
oblonga	3	456
obovata	15	81
orbicularis.	15	84
Orbignyana.	20	359
ornata	18	109
orthocera...	14	372
ovata......	13	297
Parisiensis..	25	1002
parvula	14	283
Partschii ...	6	482
Pictaviensis .	10	537
plana......	6	458
pumila	3	448
pygmæa....	22	649
Pyrenaica..	22	643
Renauxiana.	21	128
rimosa	6	486
rimosa.....	6	485
rostrata	10	338
rostrata....	6	456
Rupellensis..	14	280
rustica	26	2271
rustica.....	26	2273
semi-glabra.	13	322
semi-puncta-ta........	14	282
semi-radiata	20	358
similis......	20	357
striata.....	15	81
subconcentri-ca.......	6	483
sublunulata.	22	645
submulticos-tata......	26	287 *e*
subrimosa...	6	485
subsinuata..	22	650
subspirata..	13	327
subtrassversa	26	287 *d*
sulcata......	25	1003
Tanais.....	2	628
tener.......	12	167
tetragona...	15	85
transversa..	13	318
transversa .	26	287 *d*
trigona.....	22	647
truncata....	13	317

LE

LE

LE

LI

LI

LINGULA.	Étages	Numéros
truncata....	17	415
Lingulina		
carinata....	27	505
costata.	26	2835
mutabilis. ..	26	3831
rotunda.....	26	2833
Litharæa.		
asbestella...	26	2759'
Carryensis..	26	2760'
Deshayesiana	25	1671'
Martini....	26	2760
Rouyana....	25	1283'
Lithodendron.		
annulatum.	3	990
articulatum	14	508
cariosum...	25	1269'
compressum.	13	610
—	13	611
concamera-tum......	3	982
confluens...	6	681
dianthus...	13	605
dichotomum	13	607
—	14	512'
discrepans..	22	725
Edwardsii..	14	494
Eunomia...	11	443
exiguum....	21	318
fasciculatum	3	981
flabellum. .	14	504
flexuosum..	27	474
funiculus. .	14	496
gemmans...	21	268
gracile.....	6	680
granulatum	6	678
granulosum.	27	475
humile.....	21	264
—	21	318"
ibicinum...	3	980
intricatum.	26	2786
irregulare..	3	984
—	25	1269
—	25	1659'
—	26	2750
lave.......	14	503
longiconicum	3	985
manipulatum	26	2735
Meyeri. ...	17	516
Moreausia-cum.....	14	493
multicaule .	26	2735'
multistellatum	25	1271
nanum.....	13	609
pauciradiale.	3	988

LI

LITHODENDRON.	Étages	Numéros
plicatum...	13	606
pseudostylina	14	492
ramulosum.	21	266
sexdecimale.	3	985
sociale......	13	608
sublæve. ...	6	683
thyrsiformis	16	2737
verticillatum	6	681
Lithodomus.		
æqualis.....	20	426
Aglae......	22	751
Aisus.......	11	293
amygdaloides	17	354
angustus ...	25	1084
Archiacii...	17	355
Argentinus..	25	1635
avellana....	17	724
Carantonensis	20	423
contortus. ..	22	752
corallinus...	14	322
cordatus....	25	1083
Cypris......	22	755
dactyloides.	3	504
elatior......	13	386
Ermanianus.	13	384
faba.......	22	754
fabellus.....	11	892'
inclusus....	11	294
intermedius.	22	750
lithophagus.	27	391
lithophagus	22	1083'
Luciensis...	11	295
oblongus...	17	356
obtusus. ...	22	752
papyraceus.	25	1636
parasiticus..	11	293'
pistilliformis	21	147
prælongus..	17	357
pyriformis..	20	427
rostratus. ..	20	422
rugosus. ...	20	425
Rupeliensis.	14	323
sericeus. ...	26	2593
	27	290?
socialis.....	17	725
spatulatus. .	22	753
subinterme-dius......	18	122
subtilopha-gus......	25	1083
suborbicularis	20	424
Toucasianus.	21	146
Lithostrotion.		
ananas.....	2	1142

LO

LITHOSTROTION.	Étages	Numéros
arachnoide..	2	1147
basaltiforme.	3	991
emarciatum.	3	993
floriforme...	3	992
Henahii. ..	2	1143
inconfertum.	3	994
Lonsdalei...	1 *b*	374
mamillare...	3	995
microphyllum.	3	993
pentagonum.	2	1144
profundum.	2	1145
quadrigemi-num......	2	1146
Litterina.		
Alberti.....	26	749
antiqua....	1 *b*	66
bicincta....	14	125
cancellata..	1 *b*	65
concinna ...	13	114
gracilis....	20	142
granicosta..	14	120
Lacordairea-na.......	3	219
pungens....	20	96
pusilla.....	3	153
Roissyi. ...	20	149
sculpta.....	22	263
solida......	3	218
striatella...	1 *a*	83
subaperta..	26	348
Lituites.		
articulatus. .	1 *b*	1
Biddulphii.	1 *b*	6
convolvens .	1 *a*	6
—	1 *b*	2
cornu-arietis	1 *a*	1
cornu-arietis	1 *a*	3
giganteus. .	1 *b*	4
Hisingerii. .	1 *d*	2
ibex........	1 *b*	5
lamellosus..	1 *b*	3
lituus......	1 *b*	7
Odini	1 *a*	2
perfectus...	1 *b*	7
Sowerbyanus	1 *a*	3
tortuosus...	1 *b*	39
undatus.....	1 *a*	5
undosus....	1 *a*	4
Lituola.		
æqualis.....	17	544
nautiloidea..	22	1384
rugosa.....	20	755
Lobaria.		
striata......	25	726

LO

LU

LUCINA.	Étages	Numéros
Brocchii....	26	2179
callosa.....	25	958
candida.....	26	2163
cardioides..	11	253
carinifera...	25	958
circinaria..	26	2159
circularis ...	20	334
columbella..	26	2162
columbella .	26	2163
commulata..	27	341
compressa ..	25	973
concava....	24	492
concentrica .	25	950
concentrica.	2	539
—	26	2175
Couradii....	26	2191
contorta....	24	155
contracta...	26	2196
Coquandiana	24	494
Corbarica..	24	491
—	24	495
corbisoides.	13	300
cordata.....	27	342
Cornueliana.	17	295
cornuta	25	968
corrosa.....	13	302
Coyana.....	3	435
crassa......	13	295
crenulata ...	26	2193
curviradiata.	26	2168
declivis.....	2	498
Delbosii.....	26	236 c
Delia.......	14	260
dentata.....	26	2173
dentata	26	2148
Deshayesii ..	6	471
Desmoulini..	22	612
despecta....	10	328
Devonica....	2	539
digitaria...	27	341
discus	21	118
divaricata..	25	937
—	25	1620
—	26	2160
—	26	2194
dolabra.....	25	972
Dufrenoyi...	2	535
Dupiniana...	17	296
duplicata....	6	472
edentula....	26	2180
elegans.....	25	955
elevata.....	26	2197
Elsgaudiæ..	15	128
Ermenonvil-		

LUCINA.	Étages	Numéros
lensis	25	1620
excavata....	22	610'
excentrica...	18	112
fallax.......	22	614
Fischeriana..	13	298
Foremani...	26	2186
Fortisiana...	25	959
Gabrielis....	9	198
Galeottina..	25	963
Georgeana ..	15	129
gibbosa.....	26	2174
gibbosula...	25	947
gigantea....	25	945
gigantea....	27	303
glabella.....	27	344
globiformis..	17	298
globosa.....	27	345
globosa.....	13	287
gracilis.....	26	286"
Grangei....	22	611
grata.......	24	160
Griffithii....	2	538
heteroclita..	13	315
hiatelloides..	26	2161
Hibernicencis	3	436
hyatelloides.	25	963
impressa....	25	969
inæqualis...	13	301
incrassata...	26	2165
jugosa......	22	613
Jurensis	11	235
lactea	27	346
lævigata	24	161
lævis.......	8	173
lamellosa...	25	976
lamina.....	3	432
laminata...	3	450
Leana......	26	2199
lens........	22	610
lens........	26	2199
lenticularis..	22	608
leonina.....	27	347
Leymeryi...	24	495
lineata	2	534
lirata.......	12	174
Lorieri	10	319
Luciensis ...	11	236
lunata.....	25	967
lupinus.....	26	2172
lyrata......	13	298
—	10	518
—	11	234
Menardi....	25	954
minima.....	15	130

LUCINA.	Étages	Numéros
minuta.....	24	162
minuta.....	4	23
minutissima.	4	23
Miocenica...	26	2178
mitis.......	25	960
modesta....	25	965
Mosæ......	14	270
multistriata.	26	2188
mutabilis ...	25	946
neglecta....	26	2170
Neptuni.....	14	272
Nereis......	20	331
nivea.......	26	2164
numismalis..	22	609
obesa.......	22	615
obliqua.....	25	953
orbicularis..	20	332
Orbignyana.	11	232
ornata......	26	2160
ornatissima.	22	613
ovata.......	13	297
pandata.....	25	973
papyracea...	25	975
parvula.....	26	2185
Pensylvanica	27	348'
Phillipsiana.	13	299
pisum......	20	333
plana	9	199
plicato-cos-tata......	17	715
Portlandica..	16	44
proavia.....	2	536
pulchella....	25	957
pumila......	8	176
—	25	969
punctulata..	26	2198
quadrata...	24	493
radians.....	26	2190
radians	24	156
Reichei.....	20	335
renulata....	25	948
retusa......	2	540
Rossica.....	4	24
rotunda....	25	974
Rouyana....	17	297
rugosa......	2	537
Rupellensis.	14	271
Sarthacensis.	12	173
saxorum....	25	1618
scalaris.....	25	952
scopulorum.	24	497
scopulorum.	26	2169
sculpta......	18	111
serrulosa...	27	305

LY

LYMNÆA.	Étages	Numéros
subpalustris.	25	1386
subpyrami-dalis......	27	18
substriata...	25	1383
subulata....	24	34
subventricosa	27	14
symmetrica.	26	26
Velutina....	26	333
ventricosa...	27	14
vulgaris....	27	15
Lymnorea.		
astroites....	6	707
denudata....	11	511
gigantea....	11	512
hemisphæri-ca........	13	702
hieroglypha.	6	709
hybrida.....	6	705
involuta....	6	708
mamillata...	10	370
mamillosa...	11	509
mamillosa..	11	510
Michelini....	11	510
milleporata.	6	706
sulcata.....	6	710
sphærica...	20	779
Lyonsia.		
abducta.....	10	244
alata.......	1 *b*	92
Albertii.....	5	40
Aldouini....	13	213
amygdalina.	1 *b*	85
anatiniformis	1 *a*	166
angustata....	3	365
anodontoides	1 *a*	178
antiqua.....	1 *b*	90
arcuata.....	3	367
Aspasia.....	9	168
attenuata....	3	374
aviculoides..	2	473
biarmica....	4	15
bicarinata...	4	17
carinifera...	20	247
centralis....	3	382
clavata......	3	384
concinna....	3	368
contracta....	2	478
cordiformis.	10	246
corrugata...	3	378
Coyana.....	3	386
curta.......	1 *a*	177
cylindrica...	3	375

LY

LYONSIA.	Étages	Numéros
donaciformis	8	147
Doris.......	7	78
dubia.......	4	14
elegans.....	20	247'
elongata....	3	385
elongata....	21	100
excavata....	12	122
faba........	1 *a*	174
gibbosa.....	1 *a*	164
gigantea....	3	373
globulosa...	22	480
grandis.....	9	169
Halliana....	1 *a*	165
impressa...	1 *b*	86
inornata.....	22	488
Kutorgana..	4	16
lata........	22	481
latirostris...	11	170
lyrata......	2	465
major.......	9	171
minima.....	3	388
minor......	3	387
modiolaris...	3	376
mytiloides...	1 *a*	172
nana.......	10	248
nasuta......	1 *a*	162
Normaniana.	1 *a*	161
nuculiformis.	1 *a*	180
oblonga....	3	377
obsoleta....	1 *b*	91
Omaliana....	3	370
ovata.......	2	477
parallela....	1 *a*	173
peregrina...	11	169
	12	121
phaseolina...	2	472
pinguis.....	9	170
prisca......	2	473
quadrata....	3	378
recurva.....	12	187
Rœmeri.....	8	146
retusa......	1 *b*	88
rigida......	1 *b*	84
rotundata...	9	167
rotundata..	17	215
Ricordiana..	18	91
sanguinola-roidea....	1 *a*	163
securiformis.	3	389
semicostulata	13	215
semisulcata..	1 *b*	89
sinuata.....	3	379

LY

LYONSIA.	Étages	Numéros
socialis.....	3	380
striato-punc-tata......	10	247
subangustata	2	474
subattenuata.	3	383
subaviculoides	1 *a*	861
subcuneata..	3	369
subimpressa.	2	466
sublata.....	1 *a*	171
submodiola-ris.......	1 *a*	175
subnasuta...	1 *a*	169
suboblonga..	2	476
subrotundata	17	215
subspatulata.	1 *a*	170
subtruncata.	1 *a*	176
subtumida...	3	381
sulcosa......	13	214
terminalis...	1 *a*	179
Trentonensis	1 *a*	167
truncata.....	2	469
tumida......	3	366
undata......	1 *b*	87
unioides.....	8	148
Verneuilii...	3	371
vetusta.....	1 *a*	181
zonata......	10	245
Lyrodesma.		
plana......	1 *a*	185
pulchella...	1 *a*	184
Lyrodon.		
curvirostre.	5	57
deltoideum.	5	48
Goldfussii..	5	51
intermedium	13	292
Kefersteinii.	5	50
lævigatum..	5	54
litteratum..	15	126
muricatum..	15	120
orbiculare	5	58
ovatum.....	5	53
pes-anseris.	5	59
similis......	9	195
simplex.....	5	56
vulgare.....	5	55
Lysianassa.		
anaglyptica	14	216
designata..	22	470
ornata.....	12	113
—	13	194
rhombifera..	13	194
subcarinata.	10	239

M

ME

MELANIA.	Étages	Numéros
scalariformis	10	172
scalaris.....	24	63
scillæ......	27	66
secalina. ...	26	350'
semicostata..	7	43
semidecus-sata.....	26	65
semigranosa.	26	354
similis.....	6	117
spina......	26	479
spiratissima	26	467
Stotteri....	6	187
striata.....	12	79
—	13	124
Stygia.....	24	241
subangulata	2	244
subcolumnaris	6	106
subconcen-trica.....	6	119
subnodosa..	6	174
subovata ...	6	112
subrugosa. .	24	60
subscalaris.	6	135
subtenuistria-ta........	24	56
subtortilis..	6	121
subulata ...	27	67
sulculosa...	3	148
supraplecta.	6	141
Tarbellina.	24	250
tenuicostata	24	23
tenuiplicata	6	185
—	25	1430
tenuis......	6	139
tenuissima..	6	168
tenuistriata.	6	101
—	24	56
terebellata..	26	547
terebra.....	6	114
texata. .	6	131
—	6	169
triticea.....	24	65
trochiformis	6	196
truncata....	25	1116
tumida.....	3	138
turricula....	24	62
turris......	10	48
turritella...	7	58
turritellaris	6	138
turritelliformis......	6	183
undulata...	10	188
variabilis. .	6	368
vittata.....	11	29

ME

MELANIA.	Étages	Numéros
Zenkeni....	7	41
Zietenii....	6	192
Melanopsis.		
ancillaroides.	24	220
Aquensis...	26	356
armata.....	24	61
attenuata..	17	182
Bonellii. ...	26	360
Bouei......	26	363
brevis......	25	1419
buccinoidea.	24	68
buccinoides.	26	358
buccinula...	24	67
carinata....	25	1418
carinata...	26	360
Clementina.	19	112
costata.....	24	70
—	26	41
Dufourii....	26	355
Dufresnii..	24	396
Emericii....	24	221
fusiformis...	24	68
Galloprovincialis.....	24	71
gibbosula...	26	40
laurea......	26	42
Lushani. ...	26	359
lyra.......	24	59
Marticensis..	24	72
Martiniana..	26	362
Nazzolina...	26	361
Nereis......	26	41
obtusa......	24	218
olivula.....	26	357
Parkinsoni..	24	219
rugosa.....	24	60
subbuccinoi-des......	26	358
subcostata..	24	70
subulata....	25	1420
tricarinata.	17	185
turricula...	24	62
Meleagrina.		
alternata...	3	523
echinata...	3	524
lævigata...	3	573
rigida.....	3	525
pulchella...	3	571
quadrata...	3	573
Melia.		
affinis......	3	92
alveolaris...	6	18
angulata....	1 *b*	33
angulifera...	2	85

ME

MELIA.	Étages	Numéros
attenuata...	3	91
Breynii.....	3	87
Cincinnatæ..	1 *a*	67
communis. .	1 *a*	65
compressa. .	2	87
convergens.	6	20
Dannenbergii	2	84
gracilis. ...	2	84
Steinhaueri.	3	86
imbricata. ..	1 *b*	34
Keyserlingi.	2	88
Munsteriana.	3	88
pygmæa....	3	89
reticulata...	6	19
subflexuosa.	2	86
triangularis..	2	82
trochlearis..	1 *a*	66
vaginata....	1 *a*	70
ventricosa. .	1 *b*	37
vestita......	3	90
Wissenbachii	2	83
Meliceritites.		
gracilis....	20	737
porosa.....	22	1019'
Rœmeri....	22	1517
seriata.....	22	1518
Melocrinus.		
cælatus. ...	1 *b*	337
cingulatus..	2	1107
dactylus....	1 *b*	336
fornicatus...	2	1068
gibbosus....	2	1069
hieroglyphi-cus......	2	1070
lævis.......	2	1067
moniliferus..	2	1106
muricatus...	2	1104
nodulosus...	2	1105
pyramidalis..	2	1071
striatus.....	2	1109
tenuistriatus.	2	1108
verrucosus..	2	1072
Melongena.		
armigera...	25	643
Melonites.		
millepora. .	3	899
Membranipora.		
bipunctata. .	22	1022
concatenata.	22	1024
Cenomana. .	20	580
crispa......	22	1028
cyclostoma..	22	1023
dentata.....	22	1021
hexagonalis.	22	1026

MI

MITRA.	Étages	Numéros
Dertonensis.	26	910
Dufresnei...	26	890
ebenus.....	27	118
eburnea....	26	154
elegans.....	26	911
elongata....	25	294
elongata...	26	891
fusellina....	25	307
fusiformis...	26	912
	27	119
fusiformis..	26	892
—	26	921
fusoides....	25	319
graniformis.	25	311
Grateloupi..	26	897
incognita...	26	893
incognita...	27	118
labratula...	25	296
labrosa.....	25	297
lævis.....	26	893
lævissima...	26	155
Lajoyi......	25	1470
marginata...	25	309
Michaudii...	26	913
mixta......	25	312
monodonta..	25	295
mutica.....	25	299
mutica.....	26	158
nassoides...	26	1047
obliquata...	25	303
obsoleta....	26	914
obsoleta....	26	896
oliva.......	26	898
olivæformis.	26	906
pactilis.....	25	317
Parisiensis..	25	304
parva.......	25	314
perexilis....	25	318
plicatella...	25	306
plicatula....	26	915
plicatula...	26	903
pseudopapalis	27	120
pulchella...	26	916
pumila.....	25	315
pupa.......	26	905
pupa.......	21	121
pyramidella.	26	918
pyramidella	26	156
raricosta....	25	301
Requieni....	20	173
reticulata...	22	314
rissoides....	26	902
Rœmeri....	22	316
scabra......	25	313

MO

MITRA.	Étages	Numéros
scrobiculata.	26	919
scrobiculata	26	897
—	26	922
Sowerbyi...	26	921
striatula....	26	920
	27	122
striatula...	26	157
striatulata..	25	316
striola......	26	890
striosa.....	26	920
—	27	122
subcostulata.	25	298
subcylindrica	26	908
subdecussata	26	904
subelegans..	26	911
subelongata.	26	891
subfusiformis	26	892
submutica...	26	158
subobsoleta.	26	896
subplicata...	25	300
subplicatula.	26	903
subpulchella.	26	916
subpupa....	27	121
subscrobicu-lata......	26	922
substriatula.	26	157
subterebellum	26	901
subsubulata.	26	900
subulata....	26	900
subventricosa	26	159
tenuistriata..	26	907
terebelloides.	24	321
terebellum..	25	308
terebellum..	26	901
turgidula..	26	260
ventricosa..	26	159
Vignyensis..	23	14
Modiola.		
acinaces....	14	313
acuminata..	4	34
—	25	1075
acuta......	2	662
amygdalina	2	651'
angularis..	24	186
angusta....	17	349
—	25	1084
antiqua....	15	90
arcuata....	20	420
—	25	1080
argentea...	25	1635
aspera.....	10	384
—	11	281
barbata....	27	385
bella.......	17	352

MO

MODIOLA.	Étages	Numéros
—	19	264
bilobata....	2	656
cancellata..	13	373
compressa..	15	155
concentrica.	2	658
concinna...	3	415
contorta....	22	752
cordata....	25	1083
—	26	2370
cuneata....	10	379
—	12	194
cymbæformis	26	2381
denticulata.	26	2372
depressa...	9	220
dimidiata..	6	509
divisa......	3	501
Ducatelli...	26	2390
elegans.....	25	1081
elongata...	3	505'
—	9	214
fabella....	11	292'
gibbosa....	12	195
gracilis....	6	513
granulosa..	3	515
hastata....	24	187
—	25	1074
Hillana....	8	195
imbricata..	12	194
inclusa.....	11	294
lævigata...	20	408
lævis......	8	192
lingualis...	3	507
lithophaga..	25	1085'
—	27	391
longa......	27	388
marginata..	26	2384
megaloba...	3	453
mytiloides..	26	2374
—	27	389
navicula...	26	2387
nitidula....	7	117
oblonga....	15	157
pallida.....	16	48
papyracea..	25	1636
parasitica..	11	293'
patula.....	3	503
pectinata...	25	1078
pectiniformis	25	1076
plana......	6	508
plicata.....	10	378
—	11	282
profunda...	25	1077
pulcherrima	13	380
pulchra....	12	201

MU

MU

MUREX.	Étages	Numéros
subincrassa-tus.......	26	1387
sublavatus..	26	1437
submargina-tus.......	26	1349
subnodiferus	26	1375
suboblongus.	26	1334
subquadri-frons.....	26	222
subrudis....	25	1497
subrugosus..	26	1390
subtricarina-tus.......	26	220
subtricarinoi-des......	26	224'
subtrunculus	26	1326
subulatus..	26	1658
subvitulinus.	26	1342
Swainsoni...	26	1354
Taurinensis.	26	1383
tetragonus..	26	1304
tetrapterus.	26	1400
—	27	196
textilis.....	26	1146
tiara......	26	1656
tortuosus...	26	1386
—	26	1454
—	27	206
torulosus...	26	1338
tricarinatus.	25	528
tricarinatus	26	224'
—	26	220
tricarinoides.	25	529
tricarinoides	26	224'
tricinctus..	27	216
tricuspidatus	25	1492
trifascialis...	26	1348
trifrons.....	26	221
trilineatus..	25	498
Triuchinopo-liteosis...	22	396
tripteroides..	25	531
tripteroides	26	1332
tripterus...	26	225
Tritonius..	26	1427
trunculus...	27	185
trunculus...	26	1320
tuberosus...	25	496
turbidus....	25	415
tubifer.....	25	546
—	25	548
—	26	225'
—	26	1598
turgidus...	25	494

MU

MUREX.	Étages	Numéros
Turonensis..	26	1351
turricula...	26	1133
turriculatus	26	1111
turritus.....	27	186
umbrifer....	26	1395
vaginatus...	26	1393
Vanuxemi..	25	544
varicosissi-mus......	26	1384
varicosus...	27	217
versicostatus	14	174
viperinus...	25	559
vitulinus...	26	1342
—	26	1375
vulpecula..	26	1060
—	27	168
Muricites.		
vulcanicus.	24	409
Mya.		
æquata.....	10	217
angulifera..	11	159
angustata..	23	1610
arctica.....	26	1851
—	27	280
calceiformis	10	218
corpulenta.	26	1833
declivis....	27	277
depressa...	15	85
—	17	216
—	18	92
dilatata....	10	216
dubia......	27	279
elongata...	26	1847
gibbosa.....	15	63
gregaria...	23	1609
intermedia.	24	123
læviuscula.	20	235
lata.......	26	1834
litterata...	11	159
—	13	190
oblonga....	27	275
ovalis......	3	426
—	14	213
Panopæa...	27	274
parvula....	7	67
phaseolina.	18	97
producta....	26	1832
pullus......	26	1836
reflexa.....	26	1825
rostrata....	27	334
rotundata..	1 b	83
rugosa.....	15	60
—	15	100
Vezelayi....	11	157

MY

MYA.	Étages	Numéros
Myacites.		
Albertii....	5	40
elongatus...	5	35
grandis....	5	37
impressus..	2	466
mactroides.	4	36'
musculoides.	5	33
obtusus.....	5	38
ventricosa..	5	34
striatulus..	2	467
Myalina.		
Goldfussiana	3	509
lamellosa...	3	510
subovata...	26	2136
virgula....	3	582
Mycetophyllia.		
stellifera....	26	2769
Myoconcha.		
Actæon.....	11	292
angulata....	20	401
aperta......	26	2362
Aspasia.....	11	291
auricula....	14	310
compressa..	14	309
crassa......	10	376
cretacea....	20	400
cuneata.....	8	197
Helmerseniana	13	368
incurva....	26	2389
lata........	6	507
Maximiliani.	6	506
Murchisoni..	4	33
Neocomiensis	17	336
obtusa......	12	192
ornata......	13	371
Pallasi......	4	31
radiata.....	13	370
Rathieriana.	15	369
Requieniana.	21	145
scalprum...	7	114
simpla......	4	32
spathula....	7	115
striatula....	10	377
Myoparo.		
costatus....	25	1010
Myophoria.		
Blainvillei...	6	465
cardissoides.	5	58
curvirostris.	5	57
decussata...	6	469
Goldfussii...	5	51
inæquicostata	6	468
Kefersteinii.	5	50
lævigata....	5	54

MY

MYTILUS.	Étages	Numéros
lævis.......	8	192
Lagus......	14	316
lamellosus. .	3	510
lanceolatus..	20	419
lanceolatus.	17	722
lassus......	14	319
latus.......	6	507
Leda.......	14	315
Leilus......	14	318
Ligeriensis..	20	407
Ligeriensis.	22	740
lineatus....	20	402
lineatus....	17	344
	18	120
lingualis....	3	507
lithophagus	27	391
lumbricalis..	14	321
longus......	27	388
Lyellii......	17	351
lynceus.....	14	317
Lysippus....	14	320
	15	154
marginatus..	26	2384
Marrotianus.	22	729
Malroneusis.	17	345
Maximilia-nus......	6	506
Medus......	15	152
Mellevillei. .	24	523
Micheliniauus	26	2371
midamus....	15	153
minimus....	9	218
minutissimus	5	66
minutus....	10	383
minutus....	5	66
modiolus...	27	385
Moulinsii....	22	731
Mulleri.....	22	742
Munsteri....	6	514
mytiloides. .	26	2374
	27	589
navicula....	26	2387
Nerei......	2	666
nitens......	22	747
nitidulus....	7	117
obliquus....	2	654
oblitus......	26	2375
oblongus...	14	157
orbiculatus..	20	418
ornatissimus.	20	410
ornatus.....	22	736
ornatus....	20	410
palatonicus.	26	2367
Pallasi....	4	31

MY

MYTILUS.	Étages	Numéros
pallidus....	16	48
parvus......	15	384
patulus.....	3	503
pectinatus...	25	1078
pectinatus..	12	197
pectiniformis	25	1076
Pelops......	8	196
peregrinus..	20	402
pernoides...	15	151
petasus.....	14	314
Phædra.....	23	41
Philippii....	26	2380
pileopsis....	21	404
plebeius....	26	2388
plicatus....	10	378
	11	282
polygonus. .	22	749
Portlandicus	16	50
præacutus. .	6	512
prælongus..	20	419
priscus.....	2	660
profundus...	25	1077
pulcher.....	12	201
pulcher....	8	194
—	22	749
pulcherrimus	17	347
pygmæus...	3	511
pygmæus...	6	510
—	26	2380
quinquesul-catus.....	11	289
radiatus..	2	599
—	22	734
Ranvillianus.	11	290
reniformis. .	10	379
Reussi......	22	740
reversus....	20	408
reversus....	17	343
rimosus.....	25	1079
rostriformis.	26	2382
rugosus....	17	350
scalaris.....	2	650
scalaris....	6	511
—	22	742
scalprum...	8	195
semicostatus	20	403
seminudus..	25	1654
semiornatus.	20	411
semiradiatus	20	408
semistriatus.	2	657
semitextus. .	13	370
sericeus....	27	390
serratus....	24	524
siliqua.....	20	406

MY

MYTILUS.	Étages	Numéros
similis......	6	508
simplex....	17	346
socialis....	5	75
Socorrinus..	17	725
solenoides...	12	193
solutus.....	22	727
Sowerbyanus	10	378
	11	282
spathulatus..	25	1073
spathulatus	26	2365
sphenoides..	22	741
spinigera...	26	2392
Strajeskianus	13	373
striato-costa-tus.......	20	414
striatulus..	10	377
striatus....	13	377
subæquiplica-tus.......	15	155
subangustus.	17	349
subantiquus.	24	185
subarcuatus.	20	420
subasper....	10	334
subcarinatus.	25	1071
subcarinatus	26	2383
subconcentri-cus......	2	658
subcordatus.	26	2370
subcuneatus.	3	506
subdimidiatus	6	509
subelongatus.	3	505
subfalcatus..	20	412
subfragilis. .	26	290
subgibbosus.	12	196
subglobosus.	26	2368
subincrassa-tus.......	20	2386
sublineatus .	17	344
	18	120
subpectinatus	12	197
	13	372
	14	311
	15	149
subplicatus..	12	193
subpulcher..	8	194
subpygmæus	6	510
subquadratus	22	733
subradiatus.	22	734
subreniformis	16	49
subrugosus .	17	350
subscalaris..	6	511
subsimplex..	17	346
substriatus..	2	652
subsulcatus..	2	655

NA

NATICA.	Étages	Numéros
antiqua.....	2	263
Antisensis...	3	173
aperta.....	26	595
Araucana...	22	198
arctecostata..	6	233
Arduennensis	19	135
Atbasiensis..	24	260
athleta.....	16	23
auriculata...	26	81
australis....	22	199
Bajocensis..	10	67
Becksii.....	6	221
Bogotina....	17	674
brevispira..	24	257
Bronnii.....	6	223
Bruguierii..	17	113
buccinoides.	3	174
bulbiformis.	22	203
bulbiformis.	21	51
bulimoides..	17	112
callosa.....	26	587
Calypso.....	13	94
canaliculata.	25	113
canaliculata	20	97
canrena....	26	567
—	27	75
carbonaria..	3	172
carinata...	20	99
—	22	203
Carteroni...	17	115
Cassisiana...	20	87'
castanea...	27	74
Catulli......	6	218
cepacea.....	25	110
cepacea....	26	87
Chauviniana.	12	73
Chilina.....	22	201
cincta......	13	98
cirriformis..	26	562
Clementina..	19	129
Clio........	13	91
Clymene....	13	95
Clytia......	13	92
cochlearia..	24	267
compressa..	26	86
conica......	25	1435
conica......	20	94
Coquandiana	17	109
Cornueliana.	18	59
costata.....	6	237
Cotentina...	2	206
Coyana.....	3	169
crassa......	26	561
crassatina...	26	77

NA

NATICA.	Étages	Numéros
crassatina..	26	549
crassilabrum	26	578
cretacea....	22	210
Crithea.....	13	93
Danae......	14	88
Daphne.....	14	89
decorata....	6	202
decussata..	14	95
Dejanira....	14	90
Delbosii.....	26	78
Delia.......	14	91
depressa....	25	115
Deshayesii..	6	219
dichotoma..	22	209
difficilis....	20	87
dilatata.....	26	575
Doris.......	14	94
dubia......	15	50
dubia......	3	172
Dupinii.....	10	132
duplicata...	26	582
eborea......	25	137
eburnoides..	26	88
		557
efossa......	2	265
Elea........	15	32
elegans.....	16	23
elliptica....	3	162
elliptica....	3	171
elongata....	3	163
elongata...	6	205
eminula....	25	135
epiglottina..	25	122
epiglottina.	26	550
—	26	569
Ervyna.....	19	133
Escragnollensis......	17	673
Eudora.....	15	31
exaltata....	22	211
excavata....	19	130
excentrica..	2	319
extensa.....	20	92
fasciata....	22	212
fasciolata...	26	577
Favrina....	19	135'
ferruginea..	26	79
fragilis....	26	596
Gaillardoti..	5	20
Gaultina....	19	131
Geinitzii....	20	97
Gentii......	20	93
gibberosa...	26	80
gibbosa....	25	134

NA

NATICA.	Étages	Numéros
gigantea....	25	129
glaucina....	27	73
glaucina...	26	561
—	26	568
glaucinoides.	24	80
	25	127
glaucinoides	2	259
—	25	1437
—	26	127
—	26	551
—	26	560
globosa.....	15	27
globosa....	2	317
—	26	86
—	26	547
globulosa...	6	229
gracilis.....	6	230
grandis.....	14	87
Grangeana..	22	200
granosa....	20	100
Grignonensis	25	114
Haidingeri..	6	227
Hautoniensis	25	128
Hautoniensis	26	89"
helicina.....	26	574
	27	74
hemiclausa..	26	573
hemisphærica	14	93
	15	26
heros.......	26	581
Hercynica...	4	4
hieroglypha.	6	232
Hispanica...	20	90
Hugardiana.	17	110
hybrida....	25	1434
hybrida....	6	237'
impressa....	6	210
inæquiplicata.	6	220
inflata.....	2	320
intermedia...	24	255
interna.....	26	580
Jurensis....	13	96
Kassiana....	6	204
Kieneriana..	26	555
labellata....	25	121
labellata...	26	89
lævigata....	10	68
lævigata...	17	108
lamellosa...	22	270
Landgrebii..	6	225
Levesquei...	24	263
limula......	25	136
lineolata....	25	1438
lirata......	3	216

NA

NATICA.	Étages	Numéros
subsolida...	26	585
subspirata..	13	97
subspirata .	6	212
substriata...	6	207
subumbili-cata.....	11	87
Suessoniensis	24	266
sulcata.....	26	559
supracreta-cea......	23	6
suturalis...	22	213
tabulata...	3	217
tectula.....	26	572
tigrina	26	548
Toucasiana..	21	55
truncata....	19	134'
tuberculata .	20	91
tumidula....	10	63
turbilina....	6	208
turbiniformis	15	29
turbinoides..	26	554
umbilicosa..	27	78
Valencienne-si........	27	79
Vapincana ..	25	132
varians.....	26	558
variata	3	164
Varusensis..	20	89
Venlockensis	1 *b*	45
Verneuili....	11	54
Volhynia....	26	576
Vulcani.....	24	258
vulgaris....	20	88
Willemetii..	25	125
Naticella.		
acute-costa-ta......	6	224
arcte-costa-ta.......	6	235
armata	6	307
Bronnii....	6	223
cincta......	6	375
compressa..	6	374
concentrica.	6	311
costata.....	6	237
decussata..	6	310
granulo-cos-tata.....	6	353
Munsterii..	6	373
neritoides..	26	91
nodulosa...	6	309
ornata.....	6	304
plicata.....	6	306
pyrulæformis	6	238

NATICELLA.	Étages	Numéros
rugoso-ca-rinata ...	6	351
striato-cos-tata.....	6	305
subornata..	6	308
Naticopsis.		
canaliculata	3	164
Dominicien-sis.......	2	547
dubia	3	172
neritoides..	3	164
Phillipsii..	3	171
Nautiloceras.		
aigoceras...	3	39
linearis.....	6	8
Meyerianum.	3	41
serratum ...	3	40
Nautilus.		
acutus......	6	4
Alabamensis	25	8
Albensis.....	19	5
Allioni......	26	303
Anglicus....	3	2
Archiacianus.	20	8
Arduennensis	13	28
arietis......	5	3
armatus	3	32
astacoïdes...	9	27
Astierianus..	19	4
Aturi......	26	304
Bajocensis ..	10	9
Barrandi....	6	7
biangulatus.	3	38
biangulatus	11	2
bicarinatus.	3	15
bilobatus....	5	33
bistrialis....	3	27
bisulcatus..	6	59
Bouchardia-nus	19	2
Breunneri ..	6	6
Bucklandi .	26	302
Burtini....	25	3
cariniferus..	3	19
cariniferus .	3	17
centralis....	25	6
clausus.....	10	8
Clementinus.	19	3
Clementinus	22	7
clitellarius.	3	35
complanatus	3	2
compressus .	3	4
concavus ...	3	35
coronatus...	3	29

NAUTILUS.	Étages	Numéros
costellatus...	3	6
Coyanus....	3	30
cyclostomus.	3	24
cymbiformis	6	64
Danicus	23	2
Dekayi	22	6
delphinus..	21	216
Deslong-champsia-nus	20	7
discors.....	3	8
discus......	3	1
dorsalis....	3	91
dorsatus ...	3	13
—	15	4
elegans.....	20	6
excavatus...	10	5
excavatus..	26	307
falcatus.....	3	31
Fleuri-usa-nus......	20	3
floridus....	6	59
Freieslebeni.	4	1
Germanicus .	2	1
giganteus...	13	27
	14	3
	15	4
globatus....	3	34
goniolobus..	3	28
granulosus .	12	12
	13	26
Hebertinus..	23	3
hexagonus ..	12	11
imperialis. .	25	5
Indicus.....	22	7
inflatus....	15	2
ingens	3	26
inornatus...	9	25
intermedius.	8	6
Julii.......	12	13
Koninckii...	3	17
lævigatus..	21	2
—	22	6
Lallierianus.	18	6
Lamarckii..	25	3
Largilliertia-nus	20	5
latidorsatus	9	23
lenticularis.	24	679
Leveilleanus.	3	5
lineatus.....	10	6
Luidii......	3	23
mamilla....	24	682
Marcousanus	16	2

NU

Nucleolites.	Etages	Numéros
Alpinus.....	17	483
analis.......	22	1196
carinatus...	20	644
Cerecleti....	19	518
clunicularis.	11	402
	12	250?
clunicularis	10	501
Collegnyi...	22	1199
conicus.....	11	405
cor-avium..	22	1201
crepidula...	11	403
cruciferus..	22	1197
depressus...	19	319
depressus...	22	1206
dimidiatus..	13	507
Edmondi....	11	406
elongatus...	12	260
Goldfussii.	12	259
granulosus..	13	501
Gresslyi....	17	482
Grignonensis	25	1214'
heptagonus.	24	620
lacunosus...	17	478
lapis-cancri.	22	1192
latiporus....	10	499
major......	15	186
Marmini...	22	1193
micraulus...	13	506
Neocomiensis	17	481
Nicoleti.....	17	473
Olfersii.....	17	480
ovulum....	22	1187
parallelus...	22	1198
paraplesius.	13	507
patellaris...	25	1216
pyriformis..	22	1188
Renaudi....	17	763
Requieni....	21	228
Sarthacensis	10	501
scrobiculatus	22	1195
scutatus	13	505
subquadratus	17	479
Terquemi...	10	500
Thurmanni..	11	404
transversus.	14	409
Nucleopygus.		
cor-avium..	22	1201
minor......	22	1200
Nucula.		
abbreviata..	25	879
acuminata..	8	151
—	10	257
acutidens...	26	1944
æquilatera.	26	2291
NUCULA.		
æquilatera-lis.......	13	230
Ahrendi...	2	486
Albensis....	19	250
Albertina...	22	657
Alpina......	25	1012
amata......	11	253
amygdaloi-des.......	9	175
—	25	805
Anglica.....	1 *b*	104
angulata...	20	268
antiquata...	20	361
apiculata...	20	363
Archiaciana.	25	287 *g*
Arduennensis	19	251
axiniformis.	10	255
Baboensis...	24	513
bellatula...	2	490
birostrata..	3	396
bivirgata....	19	252
brevirostris.	3	401
Cæcilia.....	12	176
Calliope....	12	177
cardiiformis.	3	481
carinata...	3	397
—	26	1943
Castor......	12	178
caudata....	10	259
Chassyana..	12	180
Chastellii...	26	287 *h*
clavata.....	3	398
claviformis.	3	400
—	9	174
cobboldiæ..	26	2280
complanata.	9	173
concava....	26	1959
concinna....	22	652
cordata.....	8	186
cordata....	6	497
Cornueliana.	17	319
costulata....	27	366
cuneata....	3	506
—	5	60
—	6	493
—	10	260
cuneiformis.	12	181
cylindrica...	3	480
diaphana....	26	2286
delta......	3	393
deltoidea...	22	654
—	25	1019
depressa...	26	1938
Deshaysia-na.......	25	807
NUCULA.		
dolabella...	26	2285
donaciformis	1 *a*	198
electra.....	13	330
elliptica....	13	331
elliptica....	2	634
—	6	448
emarginata.	26	1942
Erato.......	10	345
Eudora......	9	207
Eurita......	13	328
excavata....	5	42
faba.......	6	452
falcata....	22	520
Feronia....	14	290
fornicata...	2	481
Forsteri....	22	522
fragilis.....	24	175
Gabrielis....	13	140
Galeottina.	25	808
gigantea....	13	103
glaberrima.	25	802
glabra.....	26	1940
globulus....	10	344
Goldfussii...	5	61
grandæva..	2	482
gregaria....	5	47
—	13	229
Hæsendonc-kii.......	26	2283
Hamiltonen-sis.......	2	636
Hammeri...	9	206
Hammeri...	9	207
Hausmanni..	9	203
Hellica......	13	329
impressa....	20	360
impressa....	17	519
incerta.....	17	717
incrassata..	5	40
inflata.....	9	173
—	26	804
inflexa.....	10	258
Ingleri.....	2	485
intermedia..	13	332
interrupta..	26	1936
Kasanensis.	4	19
Krachtæ....	2	488
lacryma....	10	256
—	10	261
—	11	188
lacrymæ-formis....	13	228
larata.....	1 *a*	183

OR

Orbitolina.	Étages	Numéros
concava....	20	745
conica......	20	745
gigantea....	22	1350
lenticulata..	19	342
mamillata...	20	744
plana.......	20	743
radiata.....	22	1351
Orbitolites.		
complanata.	25	1295
elliptica....	24	673
media......	22	1349
Prattii.....	24	672
submedia...	24	672
Orbulina.		
universa....	27	479
Ormoceras.		
crebrisep-tum......	1 *a*	47
gracile.....	1 *a*	46
tenuifilum..	1 *a*	45
Orthis.		
æquivalvis..	1 *a*	291
	1 *b*	158
anomala...	1 *a*	242
—	1 *a*	270
antiquata...	1 *b*	149
Antoniæ....	1 *a*	277
arachnoidea	2	836
arcuata....	2	794
argentea....	1 *b*	153
arismaspus.	2	1015
ascendens..	1 *a*	271
Bechei.....	3	718
bellarugosa.	1 *a*	288
biforata.....	1 *b*	166
biloba......	1 *b*	159
bilobata....	1 *a*	247
Bouchardi..	1 *b*	155
caduca.....	3	719
calcar.....	2	795
callactis....	1 *b*	163
calligramma.	1 *a*	281
	1 *b*	157
canalis.....	1 *b*	150
carinata....	2	847
centrilineata	1 *a*	296
circularis...	2	843
circulus....	1 *b*	161
collactis....	1 *a*	275
comata.....	3	715
concentrica.	2	835
concentrica.	6	587
concinna...	2	818
Cora......	3	731

OR

ORTHIS.	Étages	Numéros
costalis.....	1 *a*	285
costata.....	1 *a*	273
crenistria...	3	725
crenistria..	2	819
crenulata..	2	784
cylindrica...	3	721
Dalmani...	6	586
Davidsonii..	1 *b*	164
demissa.....	1 *b*	162
dichotoma..	1 *a*	209
dilatata.....	2	833
dilatata....	2	782
disparilis...	1 *a*	289
divaricata..	3	728
elegans.....	2	824
elegantula..	1 *b*	150
erratica....	1 *a*	205
excavata...	4	55
expansa....	1 *a*	245
extensa.....	1 *a*	283
fascicularis..	2	822
filosa......	1 *b*	128
fissicostata..	1 *a*	292
flabellum...	1 *a*	272
Fletcheri...	1 *b*	127
formosa....	1 *b*	165
funiculata..	1 *b*	138
grandis....	1 *a*	244
granulata...	2	834
granulosa..	2	796
Goldfussii..	4	53
hemipronites.......	1 *a*	230
hians.......	2	828
Humboldtii.	1 *a*	503
hybrida.....	1 *b*	151
impressa....	2	848
loca.......	2	850
insculpa ...	1 *a*	208
interlineata.	2	829
interstrialis	2	797
irregularis.	2	800
Kellii.	3	716
Keyserlingiana.......	5	729
Keyserlingiana.......	3	731
Koninckii...	3	726
latissima...	3	717
lens.......	2	830
lentiformis..	2	845
lepis.......	2	802
Lewissii....	1 *b*	156
limitaris....	2	852

OR

ORTHIS.	Étages	Numéros
longisulcata	2	798
lunata......	2	826
lynx.......	1 *a*	279
macroptera.	2	801
Michelini...	7	723
minuta.....	2	755
monela.....	1 *a*	282
Murchisoni..	2	837
nucleiformis.	2	838
nucleus.....	2	846
oblita......	26	2540'
obovata.....	2	841
occidentalis.	1 *a*	301
Olivieriana..	3	724
opercularis..	2	844
orbicularis..	1 *a*	274
	2	851
orbicularis.	1 *b*	150
ornata......	1 *a*	254
ovalis......	2	886
oximia.....	1 *b*	133
parallela....	3	827
partita.....	2	842
parva......	1 *a*	250
pecten.	1 *b*	146
pectinatus...	2	851
pectinella...	1 *a*	297
pelargonata.	4	60
perveta.....	1 *a*	290
plicatella...	1 *a*	294
productoides	2	776
protensa...	1 *a*	239
radians.....	1 *a*	278
redux......	1 *a*	304
resupinata..	3	727
rigida.	1 *b*	152
rustica.	1 *b*	152
scabrosa....	1 *b*	148
Sedgwickii.	2	803
semicircularis.......	1 *a*	211
senilis......	3	722
Sharpei.....	3	730
Sharpei....	3	730
sinuata.....	1 *a*	301
sinuosa.....	1 *b*	165
Sowerbyi...	1 *a*	240
striatella...	1 *b*	126
striatula....	2	821
striatula...	3	720
Strogonowii.	1 *a*	265
strigosa.....	2	840
subarachnoidea.....	2	850

OR

OR

OR

P.

PA

PANOPÆA.	Étages	Numéros
Albertina...	17	205
Alduini.....	15	54
Americana..	25	1824
angusta.....	9	147
antiqua.....	13	185
Arduennensis	19	207
arenacea	10	207
Astieriana..	20	231
Basteroti....	26	1827
Beaumontii..	22	465
Brongniartina	12	107
Buvignieri..	13	181
calciformis..	10	218
Carteroni...	17	193
Castellanensis.......	24	444
Constantii...	19	208
Coquimbensis	26	1823
Cornelia....	10	214
corrugata...	7	71
Cottaldina...	17	194
crassa......	7	65
cretacea....	22	464
Crithea.....	10	215
Danae......	11	150
decurtata...	10	226
	11	153
Dejanira....	11	151
Delia.......	11	152
Deshayesii..	24	123
dilatata.....	10	216
dubia.......	26	1821
Dunkeri....	13	58
Dupiniana...	17	195
elatior......	20	234
Elea........	12	105
elegans.....	9	146
elongata....	8	137
elongata....	5	55
—	10	208
—	20	238
—	21	443
—	26	1820
elongatissima	5	55
ensis.......	10	222
Erina.......	12	106
Ewaldi.....	21	95
Faujasi.....	27	274
Faujasi....	25	735
—	26	1827
Faujasii...	26	1822
Galatea.....	7	64
Galdrina....	11	155
gibbosa.....	10	227

PA

PANOPÆA.	Étages	Numéros
glabra......	8	140
Goldfussii...	22	466
gracilis.....	15	61
grandis.....	5	57
gurgitis.....	20	233
gurgitis....	22	466
Hallie......	14	206
Hellica......	14	205
Hersilia.....	14	210
Hesione.....	14	211
hians.......	12	109
hiantula.....	15	62
Hippia......	14	208
Hylax......	14	209
Hyila.......	14	207
Idalia.......	15	59
inæquivalvis.	19	209
inæquivalvis	5	59
inflata......	26	1819
intermedia..	24	123
intermedia..	25	735
—	26	2776
—	26	277'''
irregularis...	17	196
Jurassi......	10	209
Keyserlingii.	13	189
lævigata.....	13	180
læviuscula...	20	235
lata........	17	206
lateralis.....	10	224
latissima....	13	184
Lepechiniana	13	187
Lissiana....	7	72
lunulata.....	4	13
mactroides..	5	36
mandibula..	20	232
marginata...	10	225
Massiliensis.	17	204
Munsterii....	25	1820
musculoides.	5	55
Nair........	10	213
Neocomiensis	17	197
	18	88
Normaniana.	22	463
oblata......	25	736
oblata......	26	277 *a*
obliqua.....	17	198
oblonga.....	9	148
obtusa......	5	58
Orientalis...	22	467
ovalina......	14	213
ovalis.......	20	237
ovalis......	10	220
—	12	108

PA

PANOPÆA.	Étages	Numéros
—	14	213
parvula.....	7	67
Pelea.......	8	139
peregrina...	13	182
Pherusa.....	7	68
Phileta.....	7	69
pholadina...	10	219
plicata......	19	210
porrecta....	26	1826
Prevostii....	17	698
—	18	87
pseudointermedia ...	26	277'''
Pyrenaica...	24	443
Pyrrha.....	7	70
quadrata....	16	33
Qualeniana..	13	186
recta.......	17	199
recurva.....	13	183
reflexa.....	26	1825
regularis....	21	94
Remensis...	24	124
Ringmeriensis........	20	236
Robinaldina.	17	200
robusta.....	13	57
Rœmeri.....	20	238
rostrata....	17	201
rostrata....	7	66
rotundata..	17	215
Rudolphii...	26	1822
rugosa......	13	60
rugosa.....	18	189
sanna......	26	1828
scaphoidea..	17	207
securiformis.	11	154
sinistra.....	10	221
sinuosa......	14	204
—	15	55
Sowerbyi...	12	108
striata......	14	212
striata.....	20	230
striatula....	7	63
	8	136
subæquivalvis.......	5	59
subelongata.	10	208
subintermedia	25	735
sublobata...	26	277 *a*
subovalis....	10	220
subrostrata..	7	66
substriata...	20	230
tellina......	15	56
tenuistria...	10	212

PE

PECTEN.	Étages	Numéros
alatus.....	17	754
Alpinus.....	17	730
Alternans...	26	2454
alternans...	6	552
alternatus...	2	753
Altonis.....	2	762
ambiguus...	26	2429
ambiguus...	10	416
anatipes....	25	1112
anisopleurus	13	440
anisotus.....	3	598
annulatus...	11	322
annulatus..	11	332
—	13	167
Aptiensis...	16	131
arachnoideus	2	754
Archiacianus.	17	384
arcuatus...	22	859
arenosus....	5	596
Arinus.....	3	619
Arion......	26	2478
articulatus..	10	419
articulatus.	26	2478
asper.......	20	475
asperulus...	3	619
asperulus..	26	2440
Astierianus..	17	392
atavus.....	17	
auristriatus..	6	551
barbatus....	10	415
barbatus...	13	438
Barbesillensis	22	830
Bathus.....	3	641
Beaveri.....	20	485
bellis.......	3	620
Beudanti...	26	2415
Biaritzensis.	24	530
bifidus......	26	2443
biformis....	26	2460
Boissyi.....	24	532
Bouei......	3	603
breviauritus.	24	189
Brongniartii	20	479
Buchii......	14	365
Burdigalen-sis......	26	2436
cælatus.....	3	628
calcatus.....	22	872
Calisto......	26	2434
calvus......	9	256
Calypso....	20	484
Camillus....	12	216
Campaniensis	22	838
cancellatus.	2	768

PECTEN.	Étages	Numéros
—	26	2454
—	3	621
carbonarius.	3	627
carinatus...	25	1105
Carteronianus	17	585
Cassianus...	6	560
Castor......	7	136
Cenomanensis	20	477
centralis....	26	2473
Cephus.....	8	212
Chilensis....	22	875
cicatrisatus..	22	850
cinctus.....	10	426
cingendus..	3	554
cingulatus..	8	213
—	9	251
circularis...	22	852
clathratus...	14	351
clathratus..	3	627
Clintonius..	24	2466
Cloreus.....	26	2467
cognatus...	3	580
collineus...	13	427
comans.....	20	480
comatus....	11	333
complanatus	26	2485
complicatus.	22	847
compositus..	20	487
compositus.	26	2426
comptus....	3	620
concentrice-punctatus.	22	859
concentrice-striatus..	3	553
concentricus	14	367
concinnus...	14	366
concinnus..	3	614
conoideus...	3	609
consimilis...	3	610
convexus...	2	749
Coquandianus	17	386
corallinus...	14	357
corneus.....	25	1109
corneus.....	8	210
—	24	527
costulatus..	8	211
Cottaldinus.	17	387
Coyanus....	5	621
crassitesta..	17	388
craticula...	22	889
crenulatus..	2	751
cretosus....	22	836
cretosus....	20	489
crinitus....	26	2448

PECTEN.	Étages	Numéros
crispus.....	20	480
cristatus....	26	2461
	27	401
curvatus....	21	161
Cypris......	26	2441
Darius......	19	277
Darwinianus.	26	2470
decalvatus..	22	860
Decheni....	14	355
decemcostatus	20	497
decemmarius	26	2469
decipiens...	21	163
decoratus...	6	559
decussatus..	26	2432
decussatus..	3	620
demissus...	12	214
	13	424
dentatus....	10	422
deornatus...	3	593
depilis.....	3	573
depressus...	22	844
Deshayesi..	26	290 *e*
dextilis.....	9	249
diaphanus...	26	2452
Diomedes...	26	290 *e*
disciformis.	8	210
discites.....	5	88
discors.....	26	2422
dispalatus...	26	2459
dissimilis...	3	595
distriatus..	13	167
divaricatus..	22	861
dolabriformis	2	752
Doris.......	15	168
dubius?....	26	2414
	27	409
Duboisianus.	26	2453
Dufrenoyi..	17	754
Dujardini...	22	834
Dumasi.....	27	402
duodecimla-mellatus..	26	2418
duplicatus..	25	1104
duplicatus.	2	760
duplicicosta.	3	611
Dutemplei..	19	275
elongatus...	20	480
elongatus..	3	612
Eolus......	5	87
Erebus.....	10	417
Espaillaci...	22	833
Eudoxus....	26	2410
exiguus.....	3	613
fallax.....	3	604

PE

PE

PECTEN.	Étages	Numéros
Oceani.....	2	765
octocostatus	13	426
octoplectus..	6	553
Ocyrrhoes ..	13	435
opercularis.	27	405
Opis........	13	437
orbicularis..	20	482
orbicularis.	19	277
ornatus....	25	1095
Orontes.....	13	433
—	14	356
ovatus......	3	646
Palæmon...	8	214
Palinurus...	12	217
palmatus....	26	2433
Pandarus...	9	257
papyraceus.	3	570
—	9	257
paradoxus..	9	247
Paranensis..	26	2472
Paredezii...	3	608
Parisiensis..	25	1094
partitus.....	12	218
Passyi......	20	494
Patagonensis	26	2471
pera.......	3	558
perplanus...	25	1112'
personatus..	13	439
personatus.	9	247
pes-felis....	27	406
Philenor....	8	215
Phillipsii....	2	766
Phillipsii..	26	2416
Philocles....	7	133
Phillus.....	9	258
planoclathra-tus.......	3	622
planocosta-tus.......	3	559
—	26	2122
plebeius....	15	1100
pleuronectes.	26	2421
plicatus....	3	520
Podolicus..	22	886
Pollux......	7	135
polymorphus	27	408
polymorphus	26	2422
polytrichus.	2	755
Præteus.....	9	251
princeps....	26	2412
priscus.....	8	211
proboscideus	17	732
propinquus..	26	2442
Protei......	6	555

PE

PECTEN.	Étages	Numéros
pseudorecon-ditus.....	16	290 *d*
ptychodes...	22	849
pulchellus..	22	864
pulchellus..	17	753
—	22	858
—	26	2453
pulcher.....	26	2423
pumilus....	9	247
pusillus.....	4	44
pusio.......	27	407
Puzosianus..	21	160
pygmæus...	26	2430
quadricosta-tus......	21	167
quinquecos-tatus.....	22	890
—	22	888
quinquelinea-tus.......	3	623
raricostatus.	6	356
rarispinus...	22	870
Raulinianus.	19	276
reconditus...	25	1103
reconditus..	25	1106
—	26	290 *b*
—	26	2407
rectangula-tus.......	26	2456
reticulatus.	5	87
Reussii.....	22	869
Rhætus.....	11	329
Rhotomagen-sis.......	20	495
rigidus.....	11	323
Riphæus....	11	328
Robinaldinus	17	590
Rogersii....	26	2462
Rossimon...	11	327
Royanus....	22	852
rudis.......	26	2475
rugosus....	2	760
rugulosus...	3	625
Sabinus.....	7	132
Sandbergeri.	6	562
sarmentitius.	26	2439
Saturnus....	10	420
scabrellus...	27	409
scabridus...	26	2457
scabriusculus	26	2405
scabriuscu-lus......	25	1108
sclerotis....	3	615
Sedgwickii..	3	616

PE

PECTEN.	Étages	Numéros
segregatus..	3	617
semicircula-ris.......	3	550
semicostatus.	26	2449
semistriatus	3	551
septemnarius	26	2465
septemplica-tus.......	22	862
seriato-puncta-tus.......	22	843
sericeus....	4	45
serratus....	20	493
serratus....	3	645
—	26	2457
Sibericus....	3	606
Silenus.....	10	421
—	11	325
Simbirsken-sis.......	22	885
simplex.....	3	587
—	3	571
—	26	2424
sinuosus....	27	416
solarium...	26	2488
solea.......	25	1101
solidus.....	14	361
Soomrowen-sis.......	26	2477
Sowerbyi...	26	2407
Sowerbyi...	3	641
spathulæfor-mis.......	22	867
spathulatus..	22	853
spinulosus...	26	2437
spinulosus..	3	638
spurius.....	22	865
squamifer...	20	492
squamula...	24	528
squamula..	22	878
stellaris.....	3	597
striato-costa-tus.......	26	2428
striato-costa-tus.......	20	508
striato-punc-tatus.....	17	391
—	18	132
striatus....	2	750
—	26	2409
—	26	2430
strictus.....	14	353
striolatus....	2	764
Stutchburien-sis.......	20	486

PE

PE

PECTUNCULUS.	Étages	Numéros
leus........	22	661
lentiformis..	26	2314
lunulatus...	26	2299
Marrotianus.	22	659
Marullensis..	17	322
minimus...	11	258
minor......	25	1031
minutus....	26	287 *k*
—	26	2289
modiolus...	26	2292
nummarius..	27	376
nummiformis	26	2261
obliquus....	25	1036
oblongus....	11	256
obsoletus....	20	367
oolithicus...	11	257
orbiculus....	26	2294
parilis......	26	2315
passus......	26	2313
Payteusis....	26	2307
pecten......	24	515
perplanatus.	25	1034
Petschoræ..	15	334
pilosus......	27	372
pilosus.....	26	2303
planus.....	22	660
Plumstediensis.......	24	177
polyodontus.	27	373
pseudopulvinatus.....	24	516
pulvinatus...	23	1025
pulvinatus..	25	2294
—	26	2297
—	27	372
pusillus.....	26	2300
pygmæus...	27	367
quinquerugosus.......	26	2310
Renauxianus	21	130'
Requienianus	21	150
reticulatus..	22	665
Reussii.....	20	370
scalaris....	23	1023
spinescens...	20	369
stramineus..	25	1038
subauriculatus......	22	668
subcancellatus.......	26	2502
subconcentricus......	20	366
subdecussatus	22	663
subdeletus...	26	2298

PE

PECTUNCULUS.	Étages	Numéros
sublævis....	20	367
sublævis....	22	661
subovatus...	26	2308
subpilosus...	26	2303
subpulvinatus	20	371
subsulcatus..	22	662
subterebratularis......	26	289
sulcatus....	22	662
Taurinensis..	26	2297
terebratularis.......	24	176
terebratularis.......	26	289
texatus.....	14	289
textus......	26	2301
transversus.	26	2295
tricenarius..	26	2311
trigonellus..	25	1024
tumulus.....	26	2306
undatus.....	27	374
variabilis...	26	2304
ventricosus..	20	368
violacescens.	27	370
Volhynianus	26	2296'
Pedina.		
arenata.....	10	508
Cervillii....	12	263
granulosa...	11	411
Sinaica	21	231
sublævis....	13	512
Pedipes.		
Alpinus.....	25	106
crassidens...	24	79
ovatus......	25	105
punctistrum.....	26	546
striatus....	26	544
umbilicatus..	26	495
Pelagia.		
clypeata....	11	370
Defranciana.	25	1195
Eudesii.....	20	598
infundibulum	20	599
insignis.....	20	600
Peltastes.		
acanthoides.	20	670
marginalis..	20	671
pulchellus..	20	670
punctatus...	17	496
stellulata....	17	495
Peneroplis.		
Fleuriausus.	14	624
Gervillei....	25	1307

PE

PENEROPLIS.	Étages	Numéros
opercularis..	25	1306
orbicularis..	26	2896
Orbignyi...	10	556
planatus....	25	1307
Penniretepora.		
antiqua.....	2	1051
disticha.....	2	1052
dubia......	4	78
Geinitzii....	4	79
gracilis.....	3	883
grandis.....	5	884
Lonsdalei...	1 *b*	531
pluma......	3	828
Pentacœnia.		
elegantula...	17	519 *b*
microtrema..	17	519 *d*
pulchella....	17	519 *c*
Pentacrinus.		
Alpinus....	25	1239
alternans...	14	470
alternatus...	17	510
annulatus...	17	509
Bajocensis...	10	522
basaltiformis	8	246
—	9	277
Bollensis....	9	275
Braunii.....	6	662
Briareus...	9	275
Buchii......	22	1272
Buvignieri...	11	439
carinatus....	22	1271
Cenomanensis.......	20	680
cingulatus...	13	593
cretaceus ...	19	534
cylindricus..	13	589
didactylus ..	24	640
fasciculosus..	8	245
Gastaldii....	26	2687
Goldfussii...	14	471
gracilis.....	8	247
granulosus..	13	592
inornatus....	10	523
lævigatus...	6	663
lævis........	8	247
lanceolatus..	23	1273
liasinus.....	8	248
Marcousanus	13	591
monilifer....	9	278
Neocomiensis	17	508
—		769
Nodotianus..	11	433
nodulosus...	22	1273
Oceani	8	249

PH

PHOLAS.	Étages	Numéros
aperta	25	1569
Baugieri	10	206
cithara	22	462
compressa	13	191
conoidea	25	1570
constricta	18	86
Cornueliana	18	85
crassa	11	149
cylindrica	26	1812
dimidiata	26	1810
hians	27	279
Hommairei	26	1813
Jouannetii	26	1808
Lamarckii	26	1811
Orbignyana	24	539
palmula	26	1809
prisca	17	190
recondita	13	179
rhomboides	26	1815
Rœmeri	17	191
scutata	25	1571
semicauda	26	1808
subcylindrica	19	204
Toarcensis	9	144
Waldheimii	13	178
Phorus.		
Aquensis	26	627
Borsoni	26	628
canaliculatus	22	226
confusus	23	153
crispus	27	81
cumulans	24	275
Dehayesi	26	95
—	27	82
extensus	25	155
gigas	26	628
Gravesianus	24	276
Grateloupi	26	96
infundibulum	27	83
leprosus	22	227
Parisiensis	25	154
pilcomphalus	20	020
scrutarius	26	625
subconchyliophorus	25	1441
subextensus	26	96'
testiger	26	629
Phyllocœnia.		
Archiaci	26	2744''
arachnoides	22	1300
astroites	26	2743
Caryana	26	2743'
Corbarica	21	297
Cottaldina	17	518

PI

PHYLLOCŒNIA.	Étages	Numéros
cribraria	21	295
Donblieri	21	292
glomerata	21	298
grandis	21	264'
intermedia	21	271
irradiata	26	2744
irregularis	23	1269
Icaunensis	17	518''
Lucasiana	26	2744'
macrocona	22	1300'
Marticensis	21	273
Neocomiensis	17	518'
pediculata	21	275
pediculata	21	315'
radiata	26	2744
regularis	21	295
sculpta	21	299
sculpta	21	299
striata	21	293
sulcato-lamellosa	21	292
Vallisclausæ	21	272
varians	21	291
variolaris	21	274
Phyllocrinus.		
Malbosianus	17	767
Physa.		
columnaris	24	26
doliolum	24	30
Draparnaudi	24	27
Galloprovincialis	24	28
Gardauensis	24	29
gigantea	24	32
Michaudi	24	31
pulchella	24	33
Phytogyra.		
Deshayesiana	14	594
magnifica	14	594'
Pileolus.		
costatus	14	106
cretaceus	20	103
lævis	11	59
Moreanus	14	108
neritoides	25	152
plicatus	11	58
radiatus	14	107
Pileopsis.		
anciliformis	26	265
angusta	3	316
Aquensis	26	1690
arquata	22	225
bistriata	26	1691
[illegible]sidea	2	431

PI

PILEOPSIS.	Étages	Numéros
compressa	2	422
cornu-copiæ	25	663
dilatata	25	664
dispar	27	243
—	27	244
—	26	[illegible]
elegans	25	660
—	26	1689
elongata	20	221
favaniella	26	1693
glabrata	27	240
granulosa	26	1688
Jurensis	13	123
lævigata	24	429
lineata	2	351
neritoides	5	516
opercularis	25	659
patelloides	25	1560
Pedemontana	27	241
pennata	25	667
prisca	2	423
reticulata	9	102
retortella	25	661
rugosa	9	140
spirirostris	25	662
squamæformis	25	659
substriata	2	352
sulcosa	27	242
trigona	2	421
trilobus	3	315
tubifera	3	317
Ungarica	27	243
variabilis	25	668
vetusta	3	315
—	3	316
Pinna.		
affinis	25	1068
ampla	10	371
ampla	15	146
arata	22	721
arcuata	25	1069
bicarinata	20	393
Brocchii	26	2561
Buchii	10	375
compressa	20	398
consobrina	22	722
costata	5	517
Cottæ	22	720
crassissima	12	191
cuneata	10	372
decussata	20	399
decussata	22	722
depressa	20	399

PL

PLANORBIS.	Étages	Numéros
radiatus....	20	121
rotundatus..	26	28
Sparnacensis.	24	39
subangulatus	25	1396
subcingulatus	24	35
subhemisto –		
ma.......	27	23
subovatus...	24	37
trilobatus ..	1 *b*	78
Planorbulina.		
Mediterra –		
neus......	27	541
Planularia.		
Bronnii....	17	547
costata.....	17	781
depressa....	11	489
elongata ...	11	487
longa.......	17	779
reticulata...	17	780
striata......	11	488
Planulina.		
Orbignyi...	17	549'
ornata......	17	550
Plasmopora.		
antiqua.....	3	1033
Platycrinus.		
Buchii......	2	1075
contractus...	3	937
depressus...	2	1077
ellipticus....	3	932
elongatus....	3	936
expansus....	3	940
gigas.......	3	934
granulatus...	3	929
granulifer...	2	1074
hieroglyphi –		
cus.......	2	1078
interscapula-		
ris.......	2	1076
laciniatus....	3	933
lævis.......	3	926
ornatus	3	959'
pentangularis	3	931
pentangula-		
ris.......	3	912
Phillipsii....	2	1080
punctatus....	3	935
rosaceus....	2	1101
rugosus.....	3	927
similis......	3	938
striatus.....	3	930
triacontadac-		
tylus.....	3	959
tuberculatus.	3	928

PL

PLATYCRINUS.	Étages	Numéros
ventricosus..	2	1079
Platymya.		
dilatata....	17	227
hiantula....	15	62
longa.......	15	222
minuta.....	18	96
rostrata....	17	223
tenuis......	17	228
Platyschisma.		
Jamessii....	3	193
Kircholmien-		
sis.......	2	293
Uchtensis...	2	492
Platytrochus.		
Goldfussii...	25	1245"
Stokesii.....	25	1245'
Plectambonites.		
ibex........	1 *a*	237
—	1 *b*	138
Pleuraster.		
arenicola....	13	533
obtusa......	8	98
Pleurocænia.		
Provincialis..	21	347
Pleurocora.		
alternans....	20	722"
explanata....	20	722'
gemmans...	21	268
Haueri......	21	269
Koninckii...	20	722'''
Pailletteana..	21	267
ramulosa....	26	266
Pleuromya.		
æquistriata..	8	148
Aldouini...	12	107
alta........	10	207
angusta.....	9	147
arenacea ...	10	207
crassa......	7	65
Donacina...	14	204
elongata....	10	208
Galatea	7	64
glabra......	8	140
Gresslyi....	15	55
pholadina..	10	219
recurva. ...	13	185
rostrata....	7	66
striatula...	7	63
—	8	136
tellina	13	56
tenuistria...	10	212
Voltzii.....	15	56
Pleuronites.		
pusillus.....	4	44

PL

Pleurepora.	Étages	Numéros
Provincialis..	21	347
Pleurorhynchus.		
aliformis...	3	441
armatus....	3	441
elongatus...	3	443
fusiformis...	3	437
giganteus...	2	438
hibernicus..	3	442
inflatus....	3	439
minax......	2	619
—	3	447
nodulosus...	5	440
trapezoidalis	2	617
trigonalis...	2	618
—	3	446
Pleurostoma.		
lacunosum...	22	1505
radiatum....	22	1506
Pleurotoma.		
abbreviata..	26	1104
aciculina....	26	185
acuminata..	26	195 *d*
acutangula –		
ris	25	354
aculicosta...	26	195 *j*
acutirostra...	25	440
affinis......	24	333
Agassizii....	26	1098
alternata....	25	435
amœna.	26	1094
angulata....	24	101
angulosa....	25	384
angusta.....	27	146
Aquensis....	26	182
articulata..	1 *b*	70
asperula....	26	1050
asperulata..	26	1043
attenuata ...	25	407
attenuata...	24	340
—	25	1092
Basteroti....	26	1085
Beaumontii..	26	434
Belgica.....	26	195 *b*
Bellardii....	26	1101
Bellardii...	27	152
bicatena.....	25	352
bicatenaria..	26	1160
biseriata.....	25	439
bistriata.....	25	397
Blumii.....	6	412
Borsoni.....	26	1047
Bosquetii....	26	195 *e*
brachyura...	26	1141'
bracteata ...	26	1102

PL

PLEUROTOMA.	Étages	Numéro
mitræola....	25	358
mitræola...	27	149
mitrula.....	26	1163
modiola....	26	1121
monilifera...	24	338
monilis.....	26	1040
monilis.....	26	1041
Morreni....	26	193'
Moulinsii ...	27	145
Moulinsii...	26	184
multicostata.	25	399
multicostata	26	193 *d*
multinoda..	26	183
nana.......	25	389
Neptuni....	26	1073
Nisus.......	26	193 *i*
nodosa.....	26	1123
nodularis...	25	365
nodulosa....	25	398
nupera.....	25	436
Nystii......	26	193 *g*
Nystii.....	26	1075
obeliscus....	26	188
obliterata...	25	388
oblonga.....	26	1103
obsoleta....	26	1133
obtusangula..	26	1068
Opis........	26	1058
Orbignyi....	26	1124
ornata......	26	1081
pannus.....	26	1060
Partschii ...	26	186
parva......	26	1155
parviuscula..	25	437
Phillipsii ..	26	1137
plicata.....	25	366
plicata.....	26	1063
plicatella...	27	155
plicatella ..	26	1142
plicatilis....	25	400
plicatilis...	27	155
—	26	1142
plicatula....	26	193
plicatula...	26	1115
polita......	26	1069
polygona....	25	372
prima......	26	1162
prisca......	25	1475
propinqua...	25	1476
proruta.....	25	438
pseudoattenuata....	26	1092
pseudocolon.	24	342
pseudodia-		

PL

PLEUROTOMA.	Étages	Numéros
cors......	26	1151
pseudofusus.	26	1048
pseudoharpula......	25	369
pseudojavana........	26	1056
pseudospirata........	24	337
pseudoturbida.......	26	188'
purpurea ...	27	156
purpurea...	26	1067
pustulata...	26	1055
pyrenoides..	26	1159
pyrulata....	25	379
quadrillum..	23	1093
ramosa.....	26	1049
regularis...	26	193 *m*
Renierii....	26	1134
Requienii...	26	1065
reticulata...	26	1049
—	27	158
rhiugens....	27	159
rissoides....	14	161
Rochettæ....	27	154
rostrata....	25	429
rostrata....	26	193 *m*
rotata......	26	1041
rotata.....	26	1036
rotifera.....	26	1153
rotulata....	26	1125
rudis	27	157
rugosa......	25	357
rugosa.....	25	436
rustica.....	26	1126
Scacchii....	27	160
scalaria.....	26	1143
Selysii......	26	184'
semicolon...	25	193 *g*
semicostata.	27	161
semilineata.	22	342
semimarginata......	26	1058
seminuda ...	24	335
semiplicata.	22	364
—	27	165
semistriata..	25	396
semistriata.	26	1118
—	26	1141
septangularis	27	162
septangularis......	27	163
septangulata	27	163
sigmoidea...	27	164

PL

PLEUROTOMA.	Étages	Numéros
simplex.....	25	370
—	26	1149
sinuata.....	26	1127
Sismondai..	26	1128
spinescens..	26	1129
spinifera....	27	153
spinosa.....	26	1043
spinosa....	22	394
—	26	1050
spinulosa...	27	153
spiralis.....	26	1130
spirata.....	24	337
—	26	1097
Stoffelsii	26	193 *l*
Stoffelsii...	26	1133
stria.......	27	165
stria.......	27	163
striatella....	25	362
striatula...	25	427
—	26	1086
striatulata...	26	1070
striolaris....	24	328
strombillus..	26	1088
subacuminata.......	26	193 *d*
subæqualis..	26	1167
subaffinis...	24	333
subangulata.	25	401
subattenuata	24	340
subcanaliculata......	26	1164
subconoides.	26	193 *a*
subcostellata	26	1054
subcrebricosta........	26	1110
subcrenulata	26	1083
subdecussata	25	376
subdentata.	26	1036
—	26	1041
subdiscors..	26	1151
subelegans..	24	331
subfilosa....	26	194
subfusiformis.......	22	393
subgranulata.......	6	433
subgranulosa	24	339
subharpula.	26	1106
subincrassata........	26	1087
subinterrupta........	25	430
subintorta..	26	1033
sublævigata.	24	334

PL

PLEUROTOMARIA.	Étages	Num.
Cauchyana..	3	266
centrifuga...	2	373
cingulifera..	8	99''
cirriformis..	2	384
clathrata...	13	137
—	3	310
cochlea.....	9	382
compressa...	8	92'
concava. ...	25	219
concava....	6	380
concentrica.	3	275
concinna....	6	390
conica......	3	279
conoidea. ..	10	126
constricta...	10	136
contraria ...	3	284
—	17	152
coronata....	6	389
coronata....	19	166 *f*
costata......	2	393
Credneri....	6	337
crenata....	6	352
crotaloides..	22	276
Cydippe.....	12	86
Cypria......	12	83
Cypris......	12	84
Cytherea....	12	85
Dalcidensis..	2	377
Debuchii ...	8	98
Debuchii...	8	98'
—	8	99
—	8	99'
—	8	99'
decipiens...	8	101''
decipiens...	8	102
—	8	102'
decorata....	10	152
decorata...	6	385
decussata...	3	311
Defrancei...	17	149
Defrancei...	2	407
delphinuloi-des.......	2	387
delphinuloi-des......	3	261
dentata.....	10	144
dentata....	10	145
depressa....	12	88
Deshayesii...	8	102''
Deshayesii..	8	103
—	8	103'
—	8	103''
—	8	104
—	8	104'

PL

PLEUROTOMARIA.	Étages	Num.
Deslongchamp-sii.......	8	104'
Devonica....	2	360
discingulata.	6	387
dictyota....	22	244
dimorpha...	17	158
discus......	10	128
disticha.....	22	288
distincta....	22	283
distincta...	22	280
dives.......	3	298
Dumontii....	20	170
Dupiniana ..	17	144
Electra.....	13	132
elegans.....	2	383
elegans.....	17	681
Eliana......	3	296
ellipsoidea..	8	95'
elliptica....	6	393
elongata....	10	154
Escheri....	8	93
Espailliaciana	22	275
Eudora.....	13	131
Euterpe.....	13	133
—	14	149
exaltata.....	2	386
excavata....	3	252
expansa.....	8	92
expansa....	3	287
falcata......	20	160
fallax.......	10	142
fasciata.....	10	155
fasciata....	2	367
—	2	391
—	10	146
—	10	147
—	26	138
Faucigoyana	19	166 *a*
filigrana...	13	127
—	13	130
filosa.......	3	300
Fittoni......	17	150
Fittoni....	19	166 *h*
flammigeri-na.......	2	281
Fleuriausa...	22	271
formosa	20	138
foveolata....	7	56
foveolata...	8	93'
—	8	94
—	8	94'
—	8	94''
—	8	95'
—	8	95'

PL

PLEUROTOMARIA.	Étages	Num.
fraga.......	10	150
fragilis.....	3	293
Frenoyana..	3	278
funata......	22	290
fusiformis..	3	250
Galatea.....	14	150
Galeottiana..	3	280
Galliennei...	21	65
Gaultina....	19	159
Geinitzii....	20	165
gemmulifera.	3	297
Gibbsii......	19	161
gigantea....	17	148'
gigantea ...	20	165
—	22	289
gigas.......	8	104''
Glycera.....	14	151
Goldfussii...	22	280
gracilis.....	2	388
gracilis....	6	344
granulata...	10	121
granulata..	10	123
—	10	151
—	26	121'
granulifera..	22	286
granulosa...	3	294
granulosa..	6	343
Griffitthii...	3	308
Guerangeri .	20	164
gurgitis....	19	161
guttata.....	12	88
gyrocycla...	26	133
gyrocycla..	26	138'
gyroplata...	26	137'
gyroplata...	10	131
Hainesii...	3	282
helicinoides.	3	183
helicoides ..	3	194
Hesione....	15	37
Honii.......	20	170'
hyphanta....	8	100'
hyphanta...	8	101
Iason.......	17	685
imbricata...	2	375
impendens...	2	378
inconspicua.	3	256
indenta.....	1 *a*	122
Indica......	22	293
insculpta....	3	268
instata......	3	269
intermedia..	9	113
interstrialis..	3	273
Itieriana....	19	166 *b*
Johannis-Aus-		

PL

PT

PSAMMOBIA.	Étages	Numéros
regia......	26	1924
rigida......	1 *b*	84
rudis......	25	1585
rugosior....	26	2149
semicostata.	20	262
solida......	25	1905
—	25	1586
vespertina..	27	301
Pseudocœnia.		
Bernardina..	14	533
digitata.....	14	535
elegans.....	14	540
octonis.....	14	538
ramosa.....	14	541
suboctonis..	14	532
subramosa..	14	534
Pterinea.		
bicarinata..	2	712
Bilsteinensis	2	710
carinata...	1 *a*	209
—	2	713
costata.....	2	714
desquamata	3	531
elegans....	2	728
elongata...	2	724
fasciculata.	2	731
intermedia.	3	532
lævis.......	2	721
ovata......	2	730
Seckendorffii......	2	729
suborbicularis......	2	737
truncata...	2	711
Pterocera.		
Aglaia......	12	96
Amyntas....	12	95
angulata....	16	29
aranea.....	13	149
	14	157
Ariadne....	12	94
armigera...	12	97
Arsinoe.....	12	93
Artemis....	12	90
Aspasia.....	12	91
Athulia.....	12	92
atractoides..	11	102
balanus.....	11	104
Beaumontiana.......	17	687
bicarinata...	19	168
bicarinata..	13	142
—	22	319
carinata.....	9	124

PT

PTEROCERA.	Étages	Numéros
carinella....	19	168 *a*
Cassiope....	13	146
caudata.....	9	118
cingulata...	13	151
cirrus......	11	108
Clio.......	13	147
Collegnei...	20	182
Corinna....	24	412
cornuta.....	11	101
costata.....	13	151'
costellata...	13	143
curvicauda..	9	125
Doublieri...	10	166
Dupiniana...	17	155
Emerici....	17	157
Eola.......	14	159
Eudora.....	14	158
Fittoni......	18	70
Galatea.....	15	44
Gaultina....	19	168"
Glaucus....	15	43
gracilis.....	9	119
gracilis....	21	47
hamulus....	11	107
hamus.....	10	162
incerta....	15	42
—	20	175
inflata......	20	179
Keyserlingii.	13	145
lævis.......	13	42
liasina......	8	105
Loriozi.....	10	167
marginata...	20	178
minuta.....	9	123
Moreausiana.	17	154
musca......	15	46
Myurus.....	10	163
naticoides...	16	30
Neocomiensis.......	17	158
nodifera...	13	152
nodosa.....	9	122
Oceani......	15	40
	16	23
oolithica....	11	109
paradoxa...	11	106
pelagi......	17	156
Philippi....	10	164
Phillipsii....	10	165
polycera....	20	177
Ponti.......	15	41
Ponti......	14	135
—	13	40
pseudobicarinata.....	22	319

PT

PTEROCERA.	Étages	Numéros
pseudoretusa.......	19	168'
pupæformis.	11	110
rudis.......	24	326
retusa......	20	181
retusa......	11	103
—	19	168'
Rochatiana..	17	688
Rupellensis..	14	155
semicarinata.......	9	120
sexcostata..	15	41
speciosa....	17	159
speciosa....	17	153
stella......	13	148
strombiformis......	13	43
subbicarinata	13	142
subpunctata.	8	105'
subretusa....	11	105
subretusa...	19	168'
supracretacea.......	22	317
tenuistria...	9	121
tetracera....	14	156
Toucasiana..	22	318
tricarinata..	17	160
tridactyla...	13	144
trifida......	13	150
Verneuilii...	20	182'
vespa......	11	103
vespertilio..	15	47
Pterocoma.		
pinnata.....	13	548
scutellata...	13	548
Pterodonta.		
carinella...	19	168 *a*
elongata....	20	85
Gaultina...	19	168"
gracilis.....	21	48
Guerangeri.	20	83
inflata......	20	86
intermedia..	22	190
naticoides...	21	47
ovata.......	22	189
pupoides....	22	191
scalaris.....	22	192
Pteronites.		
angustatus.	3	526
latus......	3	527
semisulcatus	3	528
sulcatus....	3	529
ventricosus.	3	530

PY

PYGURUS.	Étages	Numéros
brevis......	24	614
Columbinous	17	763
curtus......	24	613
Delbosii.....	24	616
depressus...	12	256
dorsalis.....	24	611
ellipsoidalis.	24	608
Escheri.....	24	609
Faujasii.....	22	1182
geometricus.	22	1183
Hausmanni..	14	407
hemisphæricus......	26	2637
Hoffmanni...	27	453
Jurensis....	16	60
Kleinii	26	2641
Laurillardi..	26	2633
Linkii......	26	2640
Marmonti...	12	258
Meyeri.....	19	315
minor......	17	475
Montmolini..	17	472
nasutus.....	14	403
obovatus....	17	476
orbiculatus..	12	257
politus......	24	607
productus...	17	474
pulvinatus..	20	640
rostratus....	17	473
scutiformis..	26	2636
semiglobosus	26	2639
subsimilis...	24	610
tenuis......	15	184
trilobus.....	20	639
varians.....	24	618
Pyramidella.		
Alberti......	26	491
arenosa.....	26	494
canaliculata..	21	40
cancellata..	26	71
carinata...	21	41
elaborata....	26	493
elongata.....	24	77
Grateloupi .	26	489
mitrula	26	490
nitida......	24	217
striatella....	26	72

PY

PYRAMIDELLA.	Étages	Numéros
subcarinata..	21	41
suturalis....	26	492
terebellata..	25	93
terebellata..	25	92
—	26	489
turrella.....	24	246
Pyrina.		
depressa....	19	319
Desmoulinsii	20	651
Franchesiei..	23	30
Goldfussii...	22	1206
nucleus.....	22	1211
ovata.......	22	1208
ovulum.....	22	1207
Petrocoriensis.......	22	1210
pygæa......	17	484
Pyripora.		
contexta....	25	1168
crenulata...	23	1060
dispersa.....	23	1062
perforata ..	22	1064
pyriformis...	26	2556
tuberculum .	25	1167
Pyrula.		
Brightii....	20	204
cancellata..	22	384
—	25	523
—	26	207
carinata....	22	361
—	22	368
Carolina...	22	391
clathrata...	26	1277
clava......	26	1276
condita.....	26	1279
costata.....	22	562
Cottæ......	22	570
depressa....	20	205
depressa....	22	369
distans.....	26	1280
elegans.....	25	520
elegans.....	26	206
elegantissima	25	524
fasciata....	25	1684
—	27	239
fenestrata...	22	390
ficoides.....	26	1278

PY

PYRULA.	Étages	Numéros
ficoides....	26	1282
—	27	176
ficus.......	27	175
geometra...	27	173
infracretacea	17	169
intermedia..	24	102
intermedia.	27	176
Jauberti....	26	1197
lævigata....	25	480
Lainei......	26	1198
longicauda..	26	207
longirostra.	22	375
megacephala.......	26	1281
melongena..	26	1193
microtricha	2	345
minax......	26	202
minima.....	22	389
nexilis......	23	521
nexilis.....	26	205'
Nystii......	26	205'
ornata......	17	170
penita.......	25	523
planulata..	22	360
Pondicheriensis... ...	22	391
reticulata...	27	176
rusticula...	26	1333
Smithii....	19	186
spirillus. ..	26	1333
stromboides.	26	1189
subcarinata	20	203
—	25	481
subclathrata.......	26	1277
subelegans..	26	206
subintermedia......	27	176
subficoides .	26	1278
Tarbelliana	26	203
tricarinata..	25	522
tricostata....	24	504
undata.....	26	1282
Pyrulina.		
acuminata...	22	1405
gutta.......	27	553

Q

R

RA

RADIOPORA.	Étages	Numéros
pustulosa....	20	615
substellata ..	20	617
tuberculata .	20	616
tuberosa...	26	2604
Ranella.		
anceps.....	26	1411
bufo.......	26	1413
cancellata...	26	1407
Deshayesii. .	26	1414
elongata	26	1415
gigantea...	26	1406
granifera...	26	1412
—	28	1259
granulata..	26	1403
Grateloupi..	26	1404
lævigata....	26	1402
leucostoma..	26	1409
longispina..	10	168
marginata...	26	1402
marginata..	27	195
Michaudi....	26	1416
nodosa	27	194
pseudotube - rosa......	26	1418
pygmæa....	26	1410
ranina.....	26	1408
reticularis ..	26	1406
scrobiculata.	26	1409
scrobicula - tor.......	27	204
semigrano - sa.......	26	1404
spinosa.....	26	1417
subanceps...	26	1411
subbufo.....	26	1413
subgranifera.	26	1412
subgranulata	36	1403
submargina - ta........	27	193
subpygmæa.	26	1410
subranina...	26	1408
subspinosa..	26	1417
subtuberosa.	26	1405
tuberosa....	26	1405
—	26	1418
Raphitoma.		
angusta....	27	164
buccinifor - mis......	27	117
cærulans...	27	119
cancellina..	27	148
columnæ...	26	1140
Desmoulin - sii.......	27	145

RE

RAPHITOMA.	Étages	Numéros
gracilis....	26	1136
harpula. ..	26	1137
hispidula...	26	1138
hypothetica.	26	1139
histrix.....	27	150
inflata.....	26	1101
Leufroyi...	27	144
planistria..	1 *a*	105
plicatella..	26	1142
scalaria....	26	1143
septangula - ta........	26	1144
sigmoidea..	26	1145
straminea..	1 *a*	106
striata.....	1 *a*	104
textilis.....	26	1146
Renulites.		
opercularis.	25	1306
Requienia.		
carinata ...	17	753
gryphoides..	17	756
Retepora.		
antiqua....	2	1045
applicata...	26	2790
Archimedes.	2	1052
Biaritziana..	24	566
bifurcata...	3	869
Boloniana...	2	1036
Braunii....	2	1047
cancellata..	22	1086
cellulosa....	26	2585
clathrata...	22	1887
—	22	1092
crassa......	20	764
cylindrica..	20	764'
disticha....	22	1000
—	22	1101
echinulata..	26	2586
	27	440
echinulata..	24	566
Ehrenbergii.	4	77
explanata...	2	1039
fenestrata...	26	2584'
Ferussaci....	25	1185
flabellata...	3	846
flabelliformis	26	2584
flexuosa....	3	872
flustrifor - mis......	2	1051
—	3	870
frustulata...	27	2533
glabra......	26	2583
granosa....	26	2587
infundibu -		

RH

RETEPORA.	Étages	Numéros
lum......	1 *b*	328
—	2	1043
irregularis..	3	840
laxa........	3	841
lichnoides..	22	1085
Martis......	3	862
membrana - cea......	3	843
nodulosa....	3	865
pertusa.....	2	1038
Phillipsiana.	3	1037
pluma.....	3	882
polyporata..	3	850
prisca......	2	1040
retiformis..	2	1036
—	3	866
ripisteria....	3	839
tenuifila. ..	3	848
truncata...	22	1140'
undata	2	842
undulata ...	3	844
Veneris. ..	3	860
Reteporidea.		
cancellata...	22	1086
dactylus....	22	1090
lichenoides..	22	1085
ramosa.....	22	1089
Royana.....	22	1098
Reteporina.		
prisca.......	2	1040
Reticularia.		
reticulata..	3	773
Reticulipora.		
clathrata....	22	1092
culteata.....	22	1094'''
dianthus....	11	364
Girondina...	22	1094
Ligeriensis..	22	1091
obliqua.....	22	1093
papyracea...	22	1094''
Retispongia.		
Hœninghau - sii	22	1434
retiformis...	22	1435
Rhizangia.		
brevissima..	25	1268
Martinii....	26	2761'
Rhodocrinus.		
canaliculatus	2	1096
crenatus....	2	1096
gyratus.....	2	1099
tortuosus ...	2	1098
verus.......	1 *b*	552
Rhynchonella.		

RH

RH

RI

RO

ROSTELLARIA.	Étages	Numéros
tricostata...	19	171
tridactyla..	15	144
trifida.....	13	150
turrita......	22	330
varicosa....	20	185
Varusensis..	17	694
velata.. ...	25	347
vespertilio..	22	334
Westphalica.	22	333
Rotalia.		
aculeata....	26	2922
Akneriana..	26	291
ammoniformis.....	27	547
armata.....	26	2917
Audouini...	25	1525
auricula....	17	553
Brocchii....	26	2912
Brongniartii.... ..	27	536
Burdigalensis.	26	2916
caracalla....	17	556
carinata.....	26	2918
carinata....	25	1675
complanata.	25	1315
conica......	22	1391
consobrina..	24	793
Cordieriana.	22	1389
crassa......	22	1388

RO

ROTALIA.	Étages	Numéros
discoides....	26	2913
Dufresnii...	25	1321
Dutemplei...	26	2921
elliptica....	26	2919
Ferussaci..	25	1359
gibbosa.....	22	1390
Grateloupi..	26	2914
Guerini.....	25	1324
Haidingerii..	26	2910
Haueri......	26	2907
Italica.....	27	545
Jurensis....	11	495
Kalimbergina.......	26	2906
lævis......	27	537
marginata...	25	1320
marginata..	17	788
Micheliniana.	22	1380
Northamptoni	26	2920
orbicularis.	25	1328
papillosa...	25	1322
Partschiana.	26	2908
pileus......	26	2915
rosacea.....	26	2952
Roncana. ..	27	538
saxorum....	25	1319
Schreibersii.	26	2909
seminarginata.......	25	1317
Siennensis..	27	546

RU

ROTALIA.	Étages	Numéros
Soldanii....	27	535
subcarinata.	25	1675
submarginata........	17	788
subrotunda.	27	544
Suessonensis........	24	692
sulcata.....	17	557
Terquiemi...	8	270
Thouini.....	25	1323
trochiformis.	25	1318
turbo......	25	1316
umbilicata..	22	1387
vesicularis..	25	1329
Voltziana....	22	1385
Rotella.		
Archiaciana.	20	118
Defrancii..	26	703
expansa....	8	92
Goldfussii..	6	372
heliciformis.	2	267
helicoides..	6	239
lucida......	10	83
nana.......	26	702
polita......	8	92
suturalis...	26	708
Wurmii....	2	325
Runa.		
Comptoni...	27	436
decemfissa..	26	297

S

SA

Saccocoma.	Étages	Numéros
filiformis ...	13	546
pectinata ...	13	545
tenella.. ...	13	544
Wagneri ...	13	547
Sagrina.		
rugosa......	22	1413
Salenia.		
areolata	22	1243
areolata....	17	496
folium-querci........	17	497
geometrica..	22	1242

SA

SALENIA.	Étages	Numéros
gibba	20	673
heliopora...	22	1245
personata...	20	672
minima.....	22	1244
petalifera...	20	672
rugosa......	20	674
sentigera....	19	331
stellulata...	17	495
Studeri.....	19	332
Salmacis.		
pepo.......	27	459
Vandenerkei	24	628

SA

Sanguinolaria.	Étag.	Numér.
Alpina.....	0	473
angustata..	2	474
—	3	365
arcuata.....	3	367
carinata....	2	509
compressa..	2	518
—	23	747
costellata..	3	475
curta.......	3	363
dorsata.....	2	519
elegans ...	9	146
elliptica....	2	523

SA

SC

SC

SC

SCALARIA.	Étages	Numéros
la........	17	689
subreticulata	26	413
subscalaris..	26	394
subspinosa...	26	397
subturbinata.	22	110
subulata....	26	402
subundulata.	22	107
sulculata ...	27	52
tenuicosta...	27	53
tenuilamella.	25	51
terebralis...	26	393
torulosa. ...	26	416
trinaeria. ...	27	54
turbinata...	22	110
turritella....	25	46
undata.	22	108
undosa.	25	38
undulata...	22	107
variabilis...	27	55
venusta....	6	500
Scalites.		
angulatus...	1 *a*	103
Dumanicien-		
sis.......	2	347
Isedon.	3	209
planistria...	1 *a*	105
Rœmeri. ...	2	348
stramineus..	1 *a*	106
striatus.....	1 *a*	104
Verneuilii...	3	210
Scaphander.		
attenuata....	23	723
conica......	24	436
Fortisii.....	24	438
Grateloupi ..	26	1768
lignaria.....	27	266
Parisiensis..	21	437
Sowerbyi...	26	1769
sublignaria..	26	1767
Scaphites.		
æqualis....	20	33
Alpinus	17	621
aqualis.....	20	34
Astierianus..	19	62
binodosus...	22	60
Bowerbankii.	18	38
compressus..	22	52
compressus.	22	61
Conradi. ...	22	54
constrictus..	22	55
Cuvieri. ...	22	53
Geinitzii. ...	22	58
gigas.......	18	42
hippocrepis.	22	55

SC

SCAPHITES.	Étages	Numéros
Hugardianus	19	63
inflatus.....	22	50
Ivanii......	17	620
Kilsii......	18	49
obliquus....	20	35
ornatissimus.	22	57
ornatus.....	22	64
Phillipsii....	18	39
plicatellus...	22	62
pulcherrimus	22	65
reniformis ..	22	56
Rochatianus.	20	35
Rœmeri.....	22	61
Schizaster.		
acuminatus..	24	580
æquifissus. .	24	202
Agassizii ..	26	2614
ambulacrum.	24	574
Bellardi. ...	26	2610
Borsoni....	27	447
canalifer...	27	446
Djulsensis...	24	575
Eurynotus...	26	2609
Eurynotus..	24	577
—	26	2610
Genei......	26	2618
Grateloupi.	26	2615
intermedius	26	2619
latus.......	25	1198
obliquatus...	24	579
ovatus	26	2620
Parkinsoni..	26	2607
Raulini.....	26	2608
rimosus.....	24	576
scillæ.	27	445
stellatus...	26	2512
subincurva-		
tus.......	24	578
verticalis...	24	585
vicinalis....	24	577
Schizocrinus.		
nodosus....	1 *a*	398
striatus....	1 *a*	399
Schizodus.		
Devonicus..	3	332
Rossicus...	4	24
Schlotheimii	4	14
Schizostoma.		
bistriatum..	2	396
Buchii.....	6	401
costatum...	2	393
—	6	402
fasciatum..	2	391
gracile. ...	6	391

SC

SCHIZOSTOMA	Étages	Numéros
Puzosii....	2	394
radiatum..	2	395
serratum...	6	290
tæniatum...	2	390
vittatum...	2	392
Scutella.		
crustuloides	25	1222
gibbosa.....	26	2656
inflata.....	25	1215
Patagonensis	26	2652
Paulensis...	26	2651
producta. ..	26	2650
striatula. ...	26	298
subrotunda .	26	2654
subtetragona	26	2653
truncata. ...	26	2649
Scutellina.		
complanata .	25	1224
elliptica. ...	25	1227
Hayesiana..	25	1223
nummularia.	25	1225
placentula..	25	1226
Scyphia.		
acuta..	22	1180
alternans..	22	1420
alveolites...	22	1549
angularis..	22	1492
angustata..	22	1546
armata...,	7	717
articulata..	13	671
auricularis.	22	1512
Beaumontii.	22	1426
Benettiæ...	22	1533
bifrons.....	22	1516
bissoides....	22	1542
Bronnii....	13	697
Buchii.....	13	653
calopora....	13	686
cancellata..	13	657
capitata....	6	704
cellulosa. ..	13	689
clathrata. .	13	646
conoidea....	13	694
costata.....	10	562
—	13	631
cylindrica..	13	695
—	22	1504
Decheni....	22	1451
decorata. ..	13	658
dictyota....	13	651
elegans.....	13	693
empleura...	13	677
fenestrata..	13	643
foraminosa.	20	766

SP

Sowerbya.	Étages	Numéros
crassa......	15	227
Sparsispongia.		
concinna....	6	718
pulvinaria..	20	790
radiosa.....	2	1197
ramosa.....	2	1198
rugosa.....	20	789
rugosissima.	22	1483
tuberosa....	11	516
Spatangus.		
acuminatus.	24	580
—	26	2611
acutus.....	20	633
ambulacrum	24	574
amygdala..	22	1159
ananchytes.	22	1155
angula.....	22	1169
Aquitanicus	24	573
Archiaci....	25	1208
asterias.....	26	2630
brissoides..	24	595
bucardium.	22	1174
bufo.......	20	638
capistratus.	13	503
carinatus..	13	502
chitonosus..	26	2632
columbaris.	26	2622
cor-marinum	22	1167
Corsicus....	26	2628
crassissimus	20	634
delphinus...	26	2629
depressus...	24	602
Desmarestii.	26	2627
elatus......	20	637
elongatus..	26	2626
gibbus.....	22	1171
granulosus.	22	1156
Grignonensis.	25	1206
Grignonensis	24	590
lacunosus..	22	1175
lateralis...	26	2624
Leskei.....	22	1172
Nicoleti....	26	2631
nodulosus..	20	630
obesus......	24	581
obliquatus..	24	579
ocellatus....	26	2631
ornatus....	24	597
—	26	2627
ovalis......	13	500
parastatus.	22	1178
Parkinsoni.	26	2607
pendulus....	24	603
Philippii....	27	452

SP

SPATANGUS.	Étages	Numéros
planus.....	22	1162
prunella...	22	1173
radiatus...	22	1146
rostratus..	22	1170
Siculus.....	27	451
stella......	22	1179
subglobosus.	21	221
—	25	1109
suborbicularis.......	22	1160
—	24	201
truncatus..	22	1165
Veronensis.	24	596
Sphæra.		
corrugata..	17	209
Sphærella.		
subconvexa.	26	2152
Sphæroidina.		
Austriaca...	26	3037
Sphæronites.		
testudinarius	1 *a*	380
—	1 *a*	385
Sphærulites.		
agariciformis......	20	565
Bournoni...	22	994
calceoloides.	22	1002
crateriformis.....	22	993
cylindracea	22	1000
dilatata....	22	995
foliacea....	20	565
Hœninghausii.......	22	992
ingens.....	22	1001
Jouannetii..	22	999
Ponsiana..	21	190
rotularis...	21	191
Sauvagesii.	21	200
turbinata..	21	191
undulata...	21	203
ventricosa..	21	194
Sphenia.		
argentea....	25	888
dispar......	25	884
Victoria....	24	471
Sphenotrochus.		
crispus	25	1246
granulosus..	25	1249
intermedius.	26	2688
Milletianus.	26	2689
mixtus.....	25	1247
nanus......	25	1250
nanus......	25	1250

SP

SPHENOTROCHUS	Étages	Numéros
pulchellus...	25	1248
Rœmeri....	26	2689'
semigranosus	24	654
Spinigera.		
compressa..	12	98
longispina..	10	168
ovata.......	23	346
rostellariformis......	13	153'
spinosa.....	13	153
Spiricella.		
unguiculus..	26	1692
Spirifer.		
acanthosus..	2	991
acuminatus.	2	986
acuticostatus.	3	769
acutus......	3	767
affinis......	2	949
alatus......	4	67
alatus.....	1 *a*	348
ambiguus..	3	818
Anossofi....	2	977
antarcticus..	2	997
aperturatus.	2	964
arachnoideus	3	713
Archiaci....	2	927
arenosus ...	2	937
attenuatus..	3	759
attenuatus.	3	776
bicarinatus.	3	789
bidorsatus..	6	595
bisulcatus...	3	787
Blasii......	4	65
Boliviensis..	2	994
Bouchardi..	2	923
brachynota..	1 *b*	281
Brandis....	6	597
Bronnianus.	3	771
Buchianus..	3	770
Buchii.....	6	594
cabanillas...	2	969
cabedanus..	2	958
calceola....	6	585
cardiospermiformis.	1 *b*	159
Cassianus...	6	594
chama......	1 *a*	344
Chechiel....	2	999
cheiropteryx	2	961
cheiropteryx	3	783
Chilensis...	7	150
cinctus.....	3	799
clathratus..	3	784
comprimatus	2	964

SP

SPIRIFER.	Étages	Numéros
rotundatus...	3	763
rudis.......	2	931
Saranæ.....	3	797
Schrenckii..	4	68
sculptilis....	2	992
semicircularis.......	3	787
Seminula..	3	754
senilis.....	3	722
septuosus...	3	760
sexradialis...	3	764
Signensis..	9	269
simplex....	2	933
sinuatus...	1 *b*	159
Souichei....	2	926
Sowerbyi...	3	783
speciosus...	2	930
spurius.....	6	591
spurius....	1 *b*	234
squamosus.	5	817
Strangwaysi	3	796
striatulus...	2	928
striatulus..	2	821
striatus.....	3	777
strigocephaloides....	3	803
strigoplocus.	2	975
subalatus...	1 *a*	348
subconicus..	3	776
sublamellosus	3	778
subrostratus.	8	814
subspurius..	1 *b*	284
subsulcatus.	1 *b*	285
sulcatus....	1 *b*	278
sulcatus....	1 *b*	278
superbus...	2	970
superbus...	3	799
symetricus.	3	772
Tchelfkini..	1 *a*	308
tenticulum..	2	973
transiens...	3	786
trapezoidalis.......	1 *b*	274
trianguinaris.	3	763
trigonalis...	3	780
tripartitus..	1 *a*	350
triplicatus...	3	810
triradialis.	3	771
trisulcosus..	3	771
undifer.....	2	966
undulatus...	2	969
undulatus..	4	67
unguiculus..	2	918
unguiculus.	2	849

SP

SPIRIFER.	Étages	Numéros
Venus.....	2	923
Verneuilii..	2	928
Walcotii...	7	149
zigzag......	2	959
Spiriferina.		
Chilensis....	7	153
Hartmani...	8	227
linguiferoides	7	154
microptera..	8	230
octoplicata..	7	152
ostiolata.....	8	228
oxypterus...	8	229
pinguis.....	7	150
Signensis...	9	269
verrucosa...	7	151
Walcotii....	7	149
Spirigera.		
ambigua....	3	818
Blodeana...	3	819
Campamanensis.......	2	1011
Ceres......	1 *b*	295
Circe.......	1 *b*	297
concentrica.	2	1000
crista-galli..	6	601
decussata...	2	1003
expansa.....	3	821
Ezquerra...	2	1006
Ferroncsensis	2	1005
Harpyia....	1 *b*	300
Hecate.....	1 *b*	301
Helmesenii..	2	1001
Herculea....	1 *b*	299
Hispanica...	2	1007
lamellata....	3	817
Meyendorfii.	2	1012
Palapayensis.	2	1010
passer......	1 *b*	298
pectinifera..	4	70
pentaedra..	3	822
planosulcata.	3	820
plebeia.....	2	1004
Puschana...	2	1002
quadricostata.	6	599
quinquecostata........	6	598
Roissyi.....	3	815
serpentina..	3	816
subconcentrica.......	2	1009
Toreno.....	2	1008
tricostata...	6	600
tumida.....	1 *b*	302
vultur......	1 *b*	296

SP

Spirigerina.	Étages	Numéros
affinis......	1 *b*	291
arismaspa...	2	1015
aspera......	1 *b*	292
Barrandi...	1 *b*	293
cuneata.....	1 *b*	290
desquamata.	2	1016
dumosa.....	2	1019
Ferita......	2	1023
hystrix.....	2	1020
lepida......	2	1022
marginalis..	1 *b*	289
Oliviani.....	2	1017
princeps....	1 *b*	294
quadricostata	2	1018
reticularis...	2	1013
spinosa.....	2	1014
tribulis.....	2	1021
trigonella...	5	94
Spirolina.		
æqualis....	17	534
agglutinans.	21	2902
Austriaca...	26	2901
cylindracea..	25	1308
depressa....	25	1310
lævigata....	25	1311
pedum.....	25	1312
striata......	25	1309
Spiroloculina.		
Badenensis..	26	3014
bicarinata...	25	1352
Brongniartii.	27	576
canaliculata.	26	3013
depressa....	27	572
dilatata.....	26	3015
elongata....	27	574
excavata....	26	3016
Grateloupi...	26	3017
limbata.....	27	575
lyra........	11	3019
orbicularis..	27	573
perforata...	25	1351
pulchella...	25	1677
tricarinata..	26	3018
Spiropora.		
Cenomana..	20	611
cespitosa...	11	388
elegans.....	11	382
Spirorbis.		
maximus...	2	253
Spirula.		
nodosa.....	1 *b*	7
sulcata.....	2	91
Spirulirostra.		
Bellardii....	26	301

ST

SY

Stylosmilia.	Étages	Numéros
Michelini...	14	593'
organisans..	17	517
Subclymenia.		
evoluta.....	3	93
Subretepora.		
reticulata...	1 *a*	371
Subulites.		
elongata...	1 *a*	80
Sulcobuccinum.		
fissuratum..	24	116
obtusum....	24	422
— ?	25	642
semicostatum	24	117
tiara.......	24	118
Sulcopora.		
fenestrata...	1 *a*	370
scalpellum..	1 *b*	320
Sulcoretepora.		
parallela....	3	837
raricosta....	3	838
Symbathocrinus.		
conicus	3	960
Symphyllia.		
bisinuosa...	26	2766
macroreina.	21	336
Synastrea.		
agaricites...	21	502
arachnoides.	13	630
Arduennensis.......	13	632
Ataxensis...	21	309
Babeana....	10	540
bellula.....	17	530
Cadomensis.	11	461

SY

SYNASTREA.	Étages	Numéros
cistella.....	21	306
clathrata....	22	1314
collinaria....	14	572
complanata..	14	577
composita...	21	301
conferta....	20	715'
confusa.....	14	576
consobrina..	10	542
Corbarica...	21	305
crenulata...	10	539
cristata.....	13	629
—	14	571
decipiens...	20	718
Defranciana.	10	538
excavata....	14	573
filamentosa..	22	1309
Firmasiana..	21	303
flexuosa....	22	1312
frondescens.	17	531
geometrica..	22	1313
gyrosa......	22	1310
hemisphærica......	14	570
Icaunensis..	17	580'
Jurensis....	10	543
lamellostria.	21	307
Lamourouxi.	11	460
Langruneusis.......	11	465
Leunissii....	17	526
Luciensis...	11	463
magna.....	20	717
meandra....	17	532
media......	21	309'

SY

SYNASTREA.	Étages	Numéros
micrantha...	17	528
Moreana....	14	578
Neocomiensis	17	529'
Neptuni....	11	464
Oceani......	14	574
pinnata.....	20	715
pulchella...	14	575
ramosa.....	6	687
Renauxiana.	21	308
Requieni...	21	509''
rotata......	13	631
Simonneliana	10	541
subexcavata.	21	300
superposita.	20	718'
Teissieriana.	21	304
tenuissima..	20	716
textilis......	22	1311
Tombeckiana	17	527
undulata....	17	529
Zieteni.....	6	688
Synhelia.		
gibbosa.....	22	1290
Syringopora.		
bifurcata...	1 *b*	410
cespitosa...	1 *b*	411
—	2	1183
filiformis..	1 *b*	407
granulata	3	1038
parallela...	3	1037
ramulosa...	1 *b*	412
—	3	1039
reticulata..	1 *b*	408
—	3	1041
verticillata.	1 *b*	409

T

TE

Taxocrinus.	Étages	Numéros
polydactylus	3	959
Tellina.		
Ægea.......	11	180
Ægle.......	11	181
æquilaterata.......	10	321
Agatha.....	11	183

TE

TELLINA.	Étages	Numéros
Aglaia......	11	184
alata......	13	220
Albertina...	22	511
Alcyone.....	11	185
Allita......	11	187
alta........	25	761
Amata......	11	186

TE

TELLINA.	Étages	Numéros
ambigua....	25	777
ampliata...	13	296
angulosa...	27	336
angusta....	26	1901
apelina....	27	340
arcata.....	26	1909
articulata..	26	1922

TE

TR		
TOXASTER.	Étages	Numéros
Verrany....	17	469
Toxoceras.		
æqualicosta-tum......	10	43
annulare...	17	64
Astierianum.	17	65
bituberculatum......	17	61
Cornuelianum.....	18	45
cylindricum.	10	44'
Duvalianum.	17	63
elegans.....	17	62
Emericianum	17	636
Garnoti.....	11	17
gracile......	21	20
Honoratianum	17	637
Joubertianum	17	641
Moutonianum	17	640
nodosum....	17	642
obliquatum..	17	638
Orbignyi...	10	42
plicatile....	17	639
rarispina....	10	44
Requienianum	17	644
Royerianum.	18	50
tenue......	11	18
tuberculatum.....	12	65
Varusense..	17	643
Tragos.		
acetabulum.	13	704
—	15	716
acuto-marginatum...	6	750
astroites...	6	720
capitatum..	2	1193
globulare...	22	1432
hippocastanum.....	22	1541
hybridum..	6	705
involutum..	6	708
milleporatum	6	706
patella.....	13	715
pezizoides..	13	714
radiatum...	13	703
ramulosum.	6	715
reticulatum.	13	707
rugosum...	13	706
—	20	789
spongiosum.	6	732
stellatum...	20	792
sulcatum..	6	710
verrucosum.	13	708

TR		
Tremocœnia.	Étages	Numéros
pulchella...	14	525
subornata...	14	524
varians.....	13	618
Tremospongia.		
sphærica....	20	779
Trichotropis.		
canaliculatus	26	1273
carina......	26	1272
coronatus...	26	1270
incilis......	26	1274
quadricostatus.......	26	1275
tuberculatus.	26	1271
Tridacna.		
media......	26	2276
Triforis.		
plicatus....	25	1537
Trigonia.		
abrupta....	17	709'
aculeata ...	14	258
alæformis...	21	117
aliformis....	19	240
aliformis...	22	592
angulata....	11	223
antiqua....	5	402
Archiaciana.	19	241
arcuata....	20	1539
Bachelieri...	12	163
bicostata....	14	263
bipartita....	22	594
Bronnii.....	14	259
cardissa....	12	161
cardissoides.	5	58
carinata....	17	288
Cassiope....	11	226
Castor......	11	229
caudata.....	17	292
Chiron.....	11	230
cincta.....	17	291
clavellata...	13	202
clavellata..	15	120
Clio........	11	227
Clytia......	11	228
concentrica.	15	121
concinna...	14	265
conformis..	20	324
Constantii...	19	242
Coquandiana	20	320
Corallina....	14	260
costata.....	10	311
costata.....	12	161
—	14	262
costellata...	9	196
crenulata...	20	321

TR		
TRIGONIA.	Étages	Numéros.
crispidata...	11	225
Cybele.....	11	231
Dædalea....	20	322
denticula...	10	314
disparilis...	22	591
divaricata...	17	288'
duplicata...	10	317
echinata....	22	593
elongata....	12	161
elongata...	17	288
excentrica..	20	328
excentrica..	17	289
—	22	598
Fittoni.....	19	243
Gaytani.....	6	464
geographica.	14	267
gibbosa.....	16	42
Hanetiana...	22	601
harpa......	6	463
harpa......	17	288
Houdeana...	17	711
Humboldtii.	17	712
hybrida.....	14	264
imbricata...	11	224
incurva.....	16	43
inornata....	22	590
lævigata...	5	54
Lajoyei.....	17	289
Lamarckii..	22	596
limbata.....	22	592
lineolata...	10	311
litterata....	15	126
longa.......	17	289
longirostris.	22	595
lyrata......	7	106
major......	12	162
maxima....	13	292
Meriani.....	14	262
monilifera..	13	293
muricata....	15	120
navis.......	8	175
Neptuni....	10	316
Nereis......	20	327
nodosa.....	17	291
notata.....	13	292
Orientalis...	22	602
ornata	17	290
		709
palmata.....	17	291
papillata....	15	122
paradoxa...	17	294
parvula....	13	293
perlata.....	13	292
plicata.....	15	124

TR

TRITON.	Étages	Numéros
des,.....	26	1426
subrugosum.	26	1438
subspinosum.	26	1421
subvespaceum	26	1435
Tarbellianum	26	1419
tortuosum, .	26	1434
	27	206
Tritoneum.,	26	1427
turriculatum.	25	557
unifilosum..	27	205
variegatum.	26	1433
ventricosum.	26	1423
verruculosum	26	1439
vespaceum..	26	1435
viperinum, .	25	589
Trivia.		
sphæriculata	27	112
—	26	834
Trochella.		
prisca......	5	176
Trochita.		
cylindricus,	13	589
Trocholites.		
ammonia...	1 *a*	72
angustisep-tata......	2	95
annulata....	2	94
antiquissima	1 *a*	71
antrina....	4	9
bisulcata ...	2	93
cincta......	2	96
compressa. .	2	97
Dunkeri....	2	98
fasciata. ...	2	99
helicina....	4	5
inflata......	2	108
lævigata....	2	100
linearis.....	2	101
paradoxa. . .	2	102
planorbifor-mis......	1 *a*	73
pleurisepta..	2	103
plicata.	2	104
pygmæa....	2	105
sagittalis....	2	106
spinosa.....	2	92
sulcata, . ..	2	91
valida......	2	107
Trochocyathus.		
Alpinus, ...	25	1263
armatus....	26	2719
armatus....	26	2719
Bellardii....	26	2714
Bellingheria-		

TROCHOCYATHUS.	Étages	Numéros
nus......	26	2707
bilobatus...	24	655'
brevis......	25	1255
conulus....	19	336
cornucopia..	26	2716
costulatus...	26	2704
crassus.....	26	2702
cyclolitoides	24	654'
elongatus...	24	647
gracilis.....	20	683
grandis.....	25	1264
Harveyanus	19	337
imparipartitus......	26	2706
Koninckii..,	20	683'
laterocristatus.......	26	2709
laterospinosus.......	26	2710
Magneviilianus......	10	525
Michelini..	18	593
multistriatus.	24	653
obesus.	26	2718
plicatus.....	26	2701
pyramidatus	26	2721
Pyrenaicus.,	24	648
raricostatus.	26	2711
revolutus...	26	2712
Rouyanus...	25	1262
simplex. ...	26	2703
sinuosus,...	24	649
Sismondæ..	26	2716'
subcristatus.	26	2713
sublævis....	26	2720
tenuistria...	25	1265
undulatus..	26	2717
verrucosus..	26	2715
versicostatus.	26	2708
Trochopora.		
conica......	26	2582
Trochoseris.		
distorta.. ..	25	1658
Trochosmilia.		
Basochesii...	21	247'
complanata .	21	247
compressa..	21	246
cuneolus...	21	243 *a*
Faujasii. ..	22	1283'
Salzburgiana.......	21	243'
Trochotoma.		
acuminata..	11	90
affinis.....	10	120

TROCHOTOMA.	Étages	Numéros
conuloides..	11	91
globulus....	11	92
gradus.....	8	87'
rota.......	11	89
Trochus.		
Aarouis....	26	638
abbreviatus.	10	122'
—	10	125
acanthus....	10	74
Acasta......	10	75
Acis........	10	79
Acmon.....	10	80
Actæa......	10	76
Actæon.....	8	50
acute-carinatus.......	13	45
acute-carinatus.	6	253
acutimargo.	15	39
Adelæ......	26	681
Ægion......	8.	62
Æolus......	8	54
æquilineatus.	14	113
agglutinans	25	154
—	27	81
Ajax.......	8	66
Albensis....	17	118
Albertinus .	5	24
Alpensis....	25	171
Alpinus....	19	157 *a*
Alpinus....	25	171
alternans. .	22	2[illegible]0
Amedei.....	26	657
amictus....	2	332
Amor......	8	64
anaglypticus	10	107
Anceus.....	10	81
Anglicus...	7	53
angulato-plicatus.....	14	114
angulatus..	15	103
angulosus...	2	274
annulatus..	26	666
aratus......	26	690
Arcotensis..	22	242
armillus....	26	685
Asius......	6	2[illegible]5
assimilis....	26	647
Astierianus..	17	678
Audebardii .	26	641
Aurelius....	25	165'
Baldus.....	13	103
Barremensis.	18	64
Basteroti....	20	108

TUBULIPORA.	Étages	Numéros
fascicularis..	17	461
fimbriata. .	26	2592
fungicula...	26	2590
Grignonen-sis......	23	1192
Megæra. ...	22	1108
Parca.......	22	1107
proboscidea.	25	1191
stelliformis.	25	1193
Turbinella.		
affinis......	26	1314
Allienii....	26	1311
Basteroti....	26	1307
Bellardii....	26	1308
buccinoides.	26	216
cancellata...	26	71'
coarctata...	26	1309
crassa......	26	1310
crassicosta..	26	1311
craticulata.	26	1300
elegans.....	26	215
fusoidea....	26	1312
heteroclita..	26	1302
infundibu-lum......	26	1310
labellum....	26	1318
Lynchii.....	26	1299
multistriata..	26	1301
muricata...	26	1305
muricina....	26	218
Parisiensis.	25	1491
pleurotoma .	26	1303
polygona...	26	1306
pugillaris..	26	219
pyruliformis	26	214'
subcraticula-ta.......	26	1300
submuricata.	26	1305
subpolygona.	26	1306
subpugillaris	26	219
Tritonina...	26	1304
Turbinolia.		
alata......	21	247
Alpina.....	24	651
antiquata..	27	465
appendicu-lata.....	24	644
Arcotensis..	22	1288
armata....	26	2719
avicula.....	26	2693
—	26	2694
Bilobata....	24	653'
—	24	635'
Bellardii...	26	2714

TURBINOLIA.	Étages	Numéros
Bellingheria-na.......	26	2707
brevis......	25	1265
calcar......	24	648
caryophyl-lus......	25	1256
centralis...	22	1284
cernua.....	21	243
clavus.	25	1259
complanata.	21	247
compressa..	21	246
conulus.....	19	336
corniculum.	24	659
corniformis.	27	465
cornua.....	21	253
cornucopia..	26	2716
costata......	25	1244
crispa......	25	1246
cuneata....	24	641
—	24	646
—	20	2093
cyathus....	27	465
—	27	471
cyclolitoides.	24	654'
—	24	650
cylindrica..	26	2725
cymbula...	21	259
decemcostata	27	465
didyma....	24	652
dispar......	25	1245
dispar.....	15	596
Dixonii.....	25	1241
Dufrenoyi..	24	643
duodecimcos-tata.....	27	465
elliptica. ..	25	1259
exarata....	24	655
expansa....	3	976
fungites....	3	973
Goldfussii..	26	1248''
granulosa..	25	1249
Gravesii. ..	25	1260
hemisphæria	24	659
hippuritifor-mis......	21	249
ibicina.....	3	967
inauris....	22	1283
intermedia.	26	2688
Italica.....	26	2722
Macluri....	25	1252
Magnevillia-na.......	10	525
Michelotti..	27	473
Milletiana.	26	2688

TURBINOLIA.	Étages	Numéros
—	26	2689
minor......	25	1243
mixta......	25	1247
multiserialis	26	2691
multistriata	24	653
multispina.	26	2690
nana.......	25	1250
nitida......	21	247
obesa	26	2718
patellata...	20	692
pharetra....	25	1242
plicata.....	26	2701
—	26	2702
prolonga..	26	2723
pyramidata	26	2721
ruricostata.	26	2711
Roissyana.	21	244
rudis......	21	245
semigranosa	24	654
Sinense....	26	2699
sinuosa....	24	649
Sismondia-na......	26	2724
spirata.....	3	971
Stokesii....	25	1243'
sulcata.....	25	1240
tenuistria..	25	1266
trochiformis	25	1246
truncata...	25	1261
undulata...	26	2717
unicornis...	21	243 *b*
—	21	253
vaginalis...	24	648
versicostatus	26	2708
Turbinopsis.		
pleuriradia-lis......	2	1113
Turbo.		
abbreviatus..	6	324
Agassus.....	17	139
acuminatus..	17	136
Adonis.....	17	132
Albensis....	17	145
Albertinus..	5	24
Alcem......	17	681
Alcyon.....	20	139
Alpinus.....	19	155
Alsus.......	19	152
alternans...	22	260
amatus.....	22	261
Americanus.	1 *a*	88
Amor......	13	112
anaglypticus.	10	107
Anchurus...	14	139

TU

TU

TURBO.	Étages	Numéros
granulo-costatus.....	6	333
granulosus..	6	343
granulosus .	26	755
Grateloupi ..	26	114
Gravesii....	23	10
gregarius...	5	28
Gresslyanus.	19	157'
Guerangeri .	20	131
Hallii.	1 *b*	66
haud-carinatus.	6	302
Hausmanni..	5	28
heliciformis.	9	85
helicinoides.	25	167
helicinus....	4	5
helicites....	5	27
Henrici.....	25	209
Hero.......	10	110
Hilsensis....	17	133
Hœninghausianus....	3	223
Honii.......	20	152'
hybridus...	6	237'
Icarus......	19	157
imbricatus .	10	116
inconstans. .	17	129
indecisus. ..	19	156
inflatus.....	2	311
intermedius.	6	377.
Iris........	22	252
Itys........	8	77
Ixion.......	17	139
Jaschianus..	6	318
Jazckovianus.	13	117
Johannis-Austriæ......	6	333
Julia.......	8	85'
Klipsteinii..,	6	338
Kochii......	9	94
Koninckii...	20	152"
Labadyei...	11	82
Lachesis....	26	367
Lacordairianus......	3	219
lævigatus. .	10	94
—	23	166'
—	26	113
lævis.......	22	257
Lamarckii. .	25	202
lamellosus..	26	409
Landrioti...	7	53
lapidosus.'..	22	248'
Leblancii...	20	150
Leda.......	1 *b*	57

TU

TURBO.	Étages	Numéros
Leo........	8	76
Lichas......	8	84
lima	25	1451
lineatus....	2	397
linteatus....	2	330
liratus......	3	216
litorinæformis.	7	51
Lorieri.	20	137
Lyelli.	11	83
Mailleanus...	20	150
mamillaris. .	26	762
Mantellii....	17	130
margaritiferus.	2	333
marginatus..	25	203
marginatus.	9	84
margine-nodosus....	6	346
Mariæ......	3	225
Marollinus..	17	137
Mars.......	1 *b*	67
Martinianus.	18	68
Melania.....	6	316
Meleagris...	26	117
Menippus...	8	83
Menkei.....	5	23
Meriani.....	13	107
meridionalis.	2	315
metis.......	9	92
Meyendorfii..	13	116
Meyeri.	4	7
Meynardii...	26	768
Midas......	8	82
Minerva....	2	335
minutus....	18	67
—	26	757
Misippus....	10	105
Momus.	1 *b*	63
moniliferus .	20	141
Montmollini.	19	157 c
Moreausius..	14	140
Morpheus...	13	110
Mulleti.....	20	151
multicarinatus.......	26	119
Murchisoni..	10	115
muricatus..	13	107
Munsteri....	6	347
Mysis.	2	313
naticoides. .	25	137
Nerei.......	2	309
Niciss......	8	84'
Nilsoni.	22	258
Nireus......	8	81
Nisea.......	8	85

TU

TURBO.	Étages	Numéros
Niso.......	2	337
Nisus.......	8	79
nixicosta....	2	317
nobilis......	3	227
nodosus. ...	6	213
noduloso-cancellatus...	6	319
nudus......	9	97
obliquus....	1 *a*	87
obscurus....	1 *a*	85
obtusus.....	11	78
—	20	136
—	22	265
Octavia.....	1 *b*	62
Octavius....	20	133
octocinctus..	2	324
Odius	8	80
Omaliusii...	26	760
Opis.	2	328
Orion......	8	78
ornatus. ...	10	95
ovatus......	2	310
Oxfordiensis	13	107
Palæmon...	26	765
Palinurus...	9	79
paludinæformis......	20	152
paludinarius.	9	100
Panderianus.	13	120
Panopæ	6	340
parallelus...	3	215
Parkinsoni..	26	116
Patroclus...	9	81
Pelops......	2	306
pentagonalis.	6	349
Perristii....	26	115
Perseus.....	2	312
Philemon...	7	54
Philenor....	7	52
Philinus...	9	82
Philippi. ...	6	317
Pictetianus..	19	151
Pintevillei. .	20	116
pisum.	26	758
planorbularis.......	25	168
pleurotomarioides. ..	6	355
pleurotomarius......	6	329
plicatilis....	19	150
plicato-carinatus. ...	22	255

U

W

V

VE

VE

VENUS.	Étages	Numéros
ovoides.....	15	246
ovum	22	540
parallela...	3	412
—	22	551
parva	20	282
parva......	20	332
—	22	533
parvula.....	15	103
parvula....	15	119
pectinifera ..	25	833
pectinifera .	25	956
pectinula...	26	1975
pectinulata.	26	1975
pectunculus.	27	529
Pedemontana	27	527
penita......	25	839
Pensylvanica	26	2179
pentagona..	22	576
perovata....	25	845
Petitiana....	26	2027
plana	20	272
plana......	21	108
—	22	525
plicata......	26	1987
	27	328
polita	25	831
ponderosa ..	25	894
—	26	1990
Poulsoni....	25	848
Proserpina .	24	470
pseudocan-cellata....	26	2032
pseudoelegans	26	2033
pseudoturgida	22	541
puellata	25	820
pumila.....	8	176
pusilla.....	24	130
Rabica......	24	458
radiata	26	1975
Renauxiana .	21	108
Renierii. ...	26	1976
reposta.....	26	2022
revoluta....	27	323
Rhotomagen-sis.......	21	109
Ricordiana..	17	252
Rileyi......	26	2008
Ringmeren-sis.......	20	236
Robinaldina.	17	253
Roissyi.....	18	99
rotundata..	27	325
Royana.....	22	526
Rubiensis...	24	450

VENUS.	Étages	Numéros
rudis.......	26	1968
rudis.......	27	329
rugosa.....	26	1971
—	27	320
rupestris...	26	1945
—	27	310
rustica.	25	1594
Sayana.....	26	2011
scalaris.	26	1977
scobinellata .	25	819
semicostula-ta.......	13	215
semisulcata..	25	822
senilis.....	26	1997
—	27	324
Solandri	25	838
solida	25	817
spadicea....	26	1975
sphærica....	26	2016
striatella....	26	1957
striatula. ...	25	825
		1593
subbrongni-artiana. ..	17	247
subcancellata	26	1982
subchilensis.	26	2028
subcincta. ..	26	1971
subconcentri-ca.	22	536
subcrassa...	25	849
subcuneata..	26	1980
subdecussata.	22	537
subdeltoidea.	13	231
subelegans..	25	841
subelongata.	22	542
suberycinoi-des	25	824
subexcentrica	27	319
subfaba.....	22	529
subgibbosa..	22	532
subglobosa..	25	1592
sublævigata.	26	277 d
sublævis....	20	279
sublaminosa.	22	543
submersa...	20	281
submortoni..	26	2006
subnasuta...	26	2024
subnitidula..	26	1988
subobliqua..	24	129
suborbicula-ris.......	26	1984
subovalis ...	22	534
subparallela.	22	531
subparva....	22	533

VENUS.	Étages	Numéros
subplana....	22	525
subpolita....	26	1996
subponderosa	26	1990
subpusilla...	24	130
subpyrenaica	24	460
subrotunda..	20	273
subrugosa...	26	1981
subsenilis...	26	1997
subsulcata ..	26	1962
subsulcataria	26	278'
subtransversa	24	463
subtruncata .	20	280
subturgida..	22	541
subundata...	26	1979
subvirgata..	26	2033
sulcata.....	26	1962
sulcataria...	25	813
sulcataria..	26	278'
sulculosa. ..	26	2030
tellinaria ...	25	826
tenuis......	25	1595
tenuis......	10	320
tenuistria..	3	469
—	13	276
tetrica......	26	2004
Texta......	25	818
Tigerina...	27	347
transversa...	25	832
transversa..	24	465
trapeziformis	13	281
tridacnoides.	26	2009
trigona.....	26	1961
trigonula...	25	1596
truncata...	20	280
tumida.....	22	544
turgida	22	541
—	26	1956
turgidula ...	25	816
umbonaria..	27	317
undata.....	13	262
—	26	1979
uniformis...	22	524
unioides....	8	148
Westendorpii	26	277 e
varicosa. ..	11	246
Vassiacensis.	18	100
Vectensis...	18	102
Vendoperata	17	254
Venetiana...	27	329
Verneuilii...	24	461
verrucosa...	27	330
verrucosa...	27	319
vetula......	26	1967
Vibrayena ..	19	225

Z

FIN DE LA TABLE ALPHABÉTIQUE.

ADDENDA.

CL			PH			PH		
Chilina.	Étages	Numéros	**Phragmoceras.**	Étages	Numér.	PHRAGMOCERAS.	Étages	Numéros
antiqua.....	26	333'	*arcuatum*...	1 *b*	35	*nautileum*..	1 *b*	36
Cleidophorus.			*Brateri*....	2	89	*subventricosum*	2	90
planatus...	1 *a*	182	*compressum*.	1 *b*	38	*ventricosum*.	1 *b*	37

ERRATA.

Tome Ier, p. XXIV, 34e ligne. Au lieu de *Gervilianus*, lisez *Gevrilianus*.
— p. 1, au titre A. Au lieu de *Silurien supérieur*, lisez *Silurien inférieur*.
— p. 21, no 367, 3e ligne. Au lieu de *Bue lime*, lisez *Blue lime*.
— p. 25, 9e ligne. Au lieu de *Lousdalia*, lisez *Lonsdalia*.
— p. 31, no 81. Espèce à placer au Silurien inférieur, au lieu de supérieur.
— p. 33, no 101, 2e ligne. Au lieu de *de France*, lisez *Defrance*.
— p. 63, no 239, 2e ligne. Au lieu de *Allem.*, lisez *Angl*.
— p. 65, no 296, 2e ligne. Au lieu de *Helcites*, lisez *Helicites*.
— p. 67, no 335, 2e ligne. Au lieu de 1847, lisez 1837.
— — no 337, 2e ligne. Au lieu de 1844, lisez 1814.
— p. 68, no 347, 1re ligne. Au lieu de *Naluoses*, lisez *Naticopsis*.
— — no 351, 1re ligne. Au lieu de *Peleopsis*, lisez *Pilcopsis*.
— — no 352, 1re ligne. id. id. id.
— p. 99, no 1013, 1re ligne. Au lieu de *Len.*, lisez *Lin.*
— p. 117, no 149, 4e ligne. Au lieu de *Kirbi*, *Lonsdale*, lisez *Kirbi-Lonsdale*.
— p. 133, no 464, 1re ligne. Au lieu de *Amphiderma*, lisez *Amphidesma*.
— p. 149, no 788, 1re ligne. Au lieu de *Coristile*, lisez *Coristites*.
— p. 212, no 13, 1re ligne. Au lieu de *Aphioides*, lisez *Ophioides*.
— p. 243, après le no 5, supprimez *Belopeltis Voltz* 1840.
— p. 244, nos 20 et 21. Au lieu de *Partous*, lisez *partout*.
— p. 263, no 54, 2e ligne. Au lieu de *trous*, lisez *trois*.
— p. 321, avant le no 434. Au lieu de *Anabatia*, lisez *Anabacia*.
— p. 343, no 233, 2e ligne. Au lieu de *Bajocien*, lisez *Toarcien*.
— — no 235, 1re ligne. Au lieu de no 233, lisez 245.
Tome II, p. 58, no 11. Espèce à renvoyer au 14e étage : Corallien.
— p. 251, no 846, 1re ligne. Au lieu de *Miscallus*, lisez *Miscellus*.
— p. 264, avant le no 1090. Au lieu de *Reteporina*, lisez *Reteporidea*.

TABLE DES MATIÈRES

CONTENUES DANS LE TROISIÈME VOLUME.

TERRAINS TERTIAIRES.

FIN DE LA TABLE.

Corbeil, typ. et stéréot. de Crété.

LIBRAIRIE DE VICTOR MASSON.

BIBLIOTHÈQUE SCIENTIFIQUE

FORMAT CHARPENTIER (IN-18 JÉSUS).

BICHAT. **Recherches physiologiques sur la vie et la mort**, précédées d'une Notice sur la vie et les travaux de Bichat, et suivies de notes par le docteur Cerise. Deuxième édition, ornée d'une vignette sur acier. Paris, 1852. 1 vol. .... 3 fr. 50

MOURE (A.) et H. MARTIN. **Précis de thérapeutique spéciale**, de pharmaceutique, de pharmacologie. 1 beau vol. compacte .... 3 fr. 50

SAPPEY. **Traité d'Anatomie descriptive**, avec figures intercalées dans le texte. Paris, 1850-1852. 2 vol. divisés chacun en deux parties .... 17 fr.

SÉDILLOT. **Traité de Médecine opératoire**, BANDAGES ET APPAREILS, avec figures dans le texte. 2e édition revue et augmentée. Paris, 1852. 2 vol. divisés chacun en deux parties .... 16 fr.

EDWARDS (MILNE). **Cours élémentaire de Zoologie**. 1 vol. avec 465 figures dans le texte .... 6 fr.

EDWARDS (MILNE). **Introduction à la Zoologie générale**, ou CONSIDÉRATIONS SUR LES TENDANCES DE LA NATURE dans la constitution du règne animal. Première partie. 1 vol. .... 2 fr. 25

COSSON (E.) et GERMAIN (E.). **Flore descriptive** et analytique des environs de Paris. 1 vol. divisé en deux parties, texte compacte, avec une carte des environs de Paris .... 13 fr.

COSSON (E.) et GERMAIN (E.). **Atlas de la Flore** des environs de Paris, ou illustrations de la plupart des espèces litigieuses de cette région, accompagnées d'un texte explicatif. 1 vol., cartonné, contenant 43 planches gravées en taille-douce .... 9 fr.

COSSON (E.) et GERMAIN (E.). **Synopsis analytique de la Flore** des environs de Paris. 1 vol. .. 3 fr. 50

GERMAIN DE ST-PIERRE (E.). **Guide du Botaniste**, ou Conseils pratiques sur les excursions botaniques; sur la récolte, la préparation, le classement des plantes et la conservation des herbiers; sur l'emploi du dessin et l'usage du microscope appliqués à l'étude des plantes, et sur la rédaction des travaux botaniques; accompagné d'un *Traité élémentaire des propriétés et usages économiques des plantes* qui croissent spontanément en France et de celles qui y sont généralement cultivées, et suivi d'un *Dictionnaire des mots techniques* français et latins employés dans les ouvrages de botanique. — 1 vol. publié en deux parties. Paris, 1852 .... 7 fr. 50

JUSSIEU (A. DE). **Cours élémentaire de Botanique**, 5e édition revue et corrigée. Paris, 1852. 1 vol. avec figures .... 6 fr.

BEUDANT (F. S.). **Cours élémentaire de Minéralogie et de Géologie**. 1 volume, avec figures dans le texte .... 6 fr.

D'ORBIGNY (ALCIDE). **Cours élémentaire de Paléontologie** ET DE GÉOLOGIE STRATIGRAPHIQUES. Paris, 1852. 2 tomes en 3 vol. avec 600 figures dans le texte et 17 tableaux réunis en un atlas in-4 cartonné .... 15 fr.

KLEE (FRED.). **Le Déluge**, considérations géologiques et historiques sur les derniers cataclysmes du globe. Un vol. .... 3 fr. 50

BAUDEMENT. **Cours élémentaire de Zootechnie**. 1 volume, avec figures intercalées dans le texte. (*Sous presse*.) .... 7 fr. 50

JOIGNEAUX (P.). **La Chimie du Cultivateur**. Paris, 1850. 1 vol. .... 2 fr.

DUBREUIL (A.). **Cours élémentaire théorique et pratique d'Arboriculture**, 2e édition. 1 vol., publié en 2 parties, avec 5 vignettes gravées sur acier et 692 figures intercalées dans le texte .... 9 fr.

GIRARDIN et DUBREUIL. **Traité élémentaire d'Agriculture**. 2 vol. avec figures dans le texte. Paris, 1850-1851 .... 15 fr.

FRESENIUS et SACC. **Précis d'analyse chimique qualitative**. 2e édition française. 1 vol., avec figures dans le texte .... 3 fr. 50

FRESENIUS et SACC. **Précis d'analyse chimique quantitative**. Traité du dosage et de la séparation des corps simples et composés les plus usités en pharmacie, dans les arts et en agriculture. 1 vol., avec 77 figures dans le texte .... 5 fr.

LAURENT. **Précis de Cristallographie**, suivi d'une MÉTHODE SIMPLE D'ANALYSE AU CHALUMEAU. Paris. 1 vol., avec 175 figures dans le texte .... 1 fr. 25

LIEBIG. **Lettres sur la Chimie** considérée dans ses applications à l'industrie, à la physiologie et à l'agriculture; nouvelle édition française publiée par CH. GERHARDT. 1 vol., avec un portrait de M. LIEBIG. 3 fr. 50

LIEBIG (J.). **Nouvelles lettres sur la Chimie** (Histoire de la Chimie; — Rapports de la Chimie avec la Physiologie. — Alimentation de l'homme et des animaux; — Applications à l'agriculture, etc.); traduites par CH. GERHARDT. 1 vol. .... 3 fr. 50

PELOUZE et FRÉMY. **Abrégé de Chimie**. Paris, 1852. 2 vol., avec 7 planches in-4, dessinées et gravées par WORMSER .... 5 fr.

REGNAULT. **Premiers éléments de Chimie**. Paris, 1 vol. avec figures dans le texte .... 5 fr.

REGNAULT. **Cours élémentaire de Chimie**. Paris, 1851. 3e édition. 4 vol., avec 2 planches en taille-douce et figures dans le texte .... 20 fr.

REGNAULT. **Cours élémentaire de Physique**, 4 v. avec figures dans le texte. — *Ces volumes paraîtront successivement à partir de 1852.*

DELAUNAY. **Cours élémentaire de Mécanique**. Paris. 1 vol., avec figures dans le texte .... 7 fr. 50

DELAUNAY. **Cours élémentaire d'Astronomie**. Un vol., avec figures dans le texte. (*Sous presse*.). 7 fr. 50

FIGUIER (L.). **Découvertes scientifiques modernes** (Exposition et Histoire des). Paris, 1851. 3 vol. grand in-18 .... 10 fr. 50

Le tome Ier comprend : Photographie. — Télégraphie aérienne et télégraphie électrique. — Éthérisation. — Galvanoplastie et dorure chimique.

Le tome II comprend : Aérostats. — Éclairage au gaz. — Planète Leverrier. — Poudres de guerre et poudre-coton.

Le tome III comprend : Machines à vapeur. — Bateaux à vapeur. — Chemins de fer.

ROUSSEL. **Système physique et moral de la femme**; nouvelle édition, contenant une notice biographique sur ROUSSEL et des notes, par le docteur CERISE. 1 volume .... 3 fr. 50

ZIMMERMANN. **La Solitude**. Traduction nouvelle par X. MARMIER. 1 vol. .... 3 fr. 50

GUIZOT. **Histoire de la Civilisation en Europe et en France**. 6e édition. Paris, 1851. 5 vol. ... 17 fr. 50

Corbeil, typog. de Crété.

www.ingramcontent.com/pod-product-compliance
Ingram Content Group UK Ltd.
Pitfield, Milton Keynes, MK11 3LW, UK
UKHW012150240726
13966UKWH00001B/245